居家生活实用手册

高宇飞　编著

主　编： 高宇飞

副主编： 高静波　江桂琴

参编人： 武耀辉　张　咏
高静宏　史亚红
王　彦　李小兰
于秀丽　田春苗
李　平　步云琦
李树桃　张　良

金盾出版社

内 容 提 要

现代居家生活涉及衣食住行、教育、理财等诸多方面，是一门讲究科学和技巧的艺术。本书紧贴居家生活，从饮食、服饰、美容、置家、电器、家具、厨具、休闲、婚姻、理财、医疗等与家庭生活密切相关的问题入手，旨在帮助人们更好、更快地料理好家庭生活，提高生活品质，是爱家人士理家的好帮手。

图书在版编目(CIP)数据

居家生活实用手册/高宇飞编著．—北京：金盾出版社，2019.11

ISBN 978-7-5082-8990-8

Ⅰ.①居… Ⅱ.①高… Ⅲ.①家庭生活—基本知识 Ⅳ.①TS976.3

中国版本图书馆 CIP 数据核字(2013)第 276929 号

金盾出版社出版、总发行

北京市太平路 5 号(地铁万寿路站往南)

邮政编码：100036 电话：68214039 83219215

传真：68276683 网址：www.jdcbs.cn

北京天宇星印刷厂印刷、装订

各地新华书店经销

开本：880×1230 1/32 印张：19.25 字数：480 千字

2019 年 11 月第 1 版第 1 次印刷

印数：1～3 000 册 定价：58.00 元

前言

居家生活是一件大事，关系到每一个家庭成员的身心健康；居家生活更是一种艺术，一种讲究科学和技巧的艺术。每一个把居家生活料理得有声有色、有滋有味的人都值得学习，特别是在现今这个越来越复杂，越来越讲究生活品味的时代更应提倡。

从食品的鉴别、保存、加工到食品的营养、卫生、烹调；从日常保健到用药常识；从服饰的清洗保养到收纳整理；从装修材料的选择到居室的装修美化；从宠物豢养到邮币收藏鉴赏；从家庭婚姻财产纠纷的处理到储蓄投资；从家电家具购买、保养、维修到厨具的购买、使用和保养等等都在居家生活之列，可见居家生活内容之庞杂。

为了帮助大家很好地料理现代家庭生活，我们精心编著了这本《居家生活实用手册》，鉴于现代居家生活的庞杂性，我们分门别类地设置了书的架构，使之条理清晰，检索快捷。书中内容紧贴现代居家生活，且有所侧重，涉及居家生活的方方面面。全书共分11篇，分别为:饮食篇、服饰篇、美容篇、置家篇、电器篇、家具篇、厨具篇、休闲篇、法律篇、理财篇、医疗篇。本书的最大特色是内容翔实，实用性强。

爱家，就要理好家，让本书成为您理家治家的最好帮手，成为您家庭必备的生活教科书，让所有困扰您的家庭问题不再是问题，让一切家庭烦恼迎刃而解。

编 者

目录

饮食篇

服饰篇

美容篇

置家篇

电器篇

家具篇

第二节　家具保养......389

厨具篇

第一节　厨具选购......396

休闲篇

法律篇

理财篇

医疗篇

饮食篇

第一节　食品选购、鉴别

【猪肉、牛肉、羊肉类】

如何鉴别猪肉、牛肉、羊肉的好坏

生活中通常见到的食用肉，主要是猪肉、牛肉、羊肉，这里要谈的也就是这三种肉的质量鉴别，方法如下：

1. 看。首先看肉的颜色。新鲜的猪肉，肉皮呈白色，肉色鲜红，有光泽；不新鲜的猪肉一般肉色暗红，无光泽；变质时为黄绿色。新鲜的牛肉，肉色发红，油层固定，呈白色，与肌肉紧粘在一起；不新鲜的牛肉，肉色发紫，皮层和油层都发黄。新鲜的羊肉，肉有光泽，色红而且均匀；不新鲜的羊肉，肉色稍暗；变质的羊肉，色质暗无光泽，脂肪呈黄绿色。

2. 摸。用手摸一摸肉是否具有弹性，是否发黏。新鲜的猪肉、牛肉、羊肉富有弹性，肉质坚实而且细腻，并且外表微干，不粘手。不新鲜的猪肉、牛肉、羊肉，肉质柔软，松弛没有弹性，并且有粘手的感觉。

3. 闻。闻一闻肉的气味。新鲜的猪肉、牛肉、羊肉呈各种特有的肉味；无其他杂味；而不新鲜的猪肉、牛肉、羊肉有酸味或氨味，变质的则有臭味。

可用煮汤的方法确定肉的质量好坏。切少量的肉片放入水中煮片刻，不新鲜的肉汤易浑浊。

如何鉴别猪肉、牛肉、羊肉内脏的好坏

新鲜的猪肉、羊肉、牛肉的肝呈褐色或紫色。用手触摸，坚实有弹性；不新鲜的肝颜色暗淡，无光泽，有软皱、萎缩现象，并有异味。

新鲜的猪肉、羊肉、牛肉的腰子呈浅红色，表面有一层薄膜，光泽柔润，有弹性；不新鲜的腰子呈浅青色；水泡过的腰子，体积涨大，呈白色，质地松软，有异味。

新鲜的猪肉、羊肉、牛肉的心颜色鲜红，用手挤压一下，有鲜红的血液流出，组织坚实，有弹性；不新鲜的心颜色暗红，弹性差，并有黏液和异味。

新鲜的猪肉、羊肉、牛肉的肠色泽白，黏液多；不新鲜的肠，色泽有青有白，黏液少，腐臭味较重，而且容易破。

新鲜的猪肉、羊肉、牛肉的肚，白色中略带些浅黄色，有弹性和光泽，黏液多，质地坚而厚实；不新鲜的肚，白中带青，无弹性和光泽，黏液少，肉质松软。

如何甄别各种猪肝

猪肝可分为粉肝、面肝、麻肝、石肝、病死猪肝、注水猪肝等。粉肝和面肝品质好，麻肝和石肝品质次之，后两种为劣质品。从以下几方面可区分猪肝的优劣：

1. 粉肝、面肝。粉肝和面肝比较软且嫩，稍用力，手可插入切开处。制熟后味道鲜美。两者的差别是粉肝似鸡肝色，而面肝色赭红。

2. 麻肝。麻肝的反面有显而易见的白色络网，手感不如粉肝、面肝嫩软，制熟后质韧，有嚼不烂之感。

3. 石肝。石肝的颜色暗红，比粉肝、面肝和麻肝要硬些，嚼不烂。

4. 病死猪肝。病死猪肝颜色紫红，切开后有血渗出，少数可发现有浓水泡。制熟后无鲜味，做汤或者小炒，由于加热时间短，细菌难以被完全杀死，食用有害。

5. 注水猪肝。注水猪肝颜色赭红，稍显白，看起来比未注水的猪肝饱满，手指压迫的地方会下沉，松开后能很快复原，切开后可发现有水外溢。制熟后没有鲜味。若不高温加工，细菌难以杀死，不适宜食用。

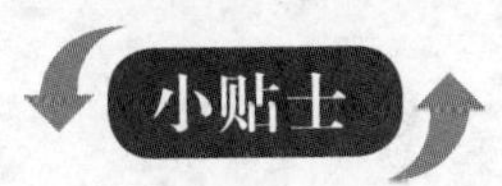

去掉猪肝腥味的方法：用水冲洗猪肝数分钟，然后切块，再将其浸入冷水中 4~8分钟，取出沥干，腥味就会被除去。

选购牛肉有何诀窍

牛体各部位的肉肥瘦老嫩和味道不同，食用方法、营养成分也不一样，买牛肉时要根据烹调需要来选择部位。挑择牛肉的诀窍如下：

1. 如果制馅，脖头、哈力巴部位的牛肉是首选。这两个部位的肉肥瘦兼有，且肉质干实，易搅打。另外，这两个部位的牛肉比嫩肉部位出馅率要高15%。

2. 如果清炖、煮，弓冠、胸口、肋条、前后腱子肉是最佳选择。弓冠肉筋多肉少，制熟后透明美观，看着有食欲。胸口肉制熟后，口感肥而不腻。肋条肉部位多筋肉，制熟后松嫩可口。腱子肉多筋肉，制熟后鲜嫩美味。这些部位的肉通常比瘦肉出肉率高 10%。

3. 如果溜、炒、炸，可选瘦肉、嫩肉，如里脊、外脊、上脑、脖头肉等。

选购羊肉有何方法

不同部位的羊肉采用不同的烹饪方法，换一句话说，不同的烹饪方法对应不同部位的羊肉，做出来的食物会更美味。比如：

炸羊肉：外脊和胸口肉是首选。

涮羊肉：三岔、磨裆肉是最佳部位。

焖羊肉：腱子肉、脖颈肉强过其他部位的肉。

扒羊肉：羊尾、三岔、脖颈、肋条均可。

烧羊肉：肋条、肉腱子、脖颈、三岔、羊尾肉均为上乘。

炒羊肉：里脊、外脊、外脊里侧、三岔、磨裆均可。

羊肉不宜与南瓜同食。主要原因在于羊肉与南瓜都属温热食物，如果一起食用，容易让人“上火 ”。出于同样的原因，在烹调羊肉时应少放点辣椒、胡椒、丁香、茴香等，因为这些调味食材都辛温燥热。

如何识别注水猪肉

可采用以下方法识别注水肉：

1. 看颜色。如瘦肉颜色红中带白，有光泽，且细嫩，表面有水往外渗，则极有可能为注过水的猪肉；若肉颜色鲜红，无水渗出，则未注过水

2. 用手摸。注过水的肉，用手摸，肉不粘手；反之，用手摸，肉粘手，表明未注过水。还可以用一张白纸贴在肉上，如果纸很快被水湿透，则表明为注水猪肉；若不容易湿透，并沾有油迹，则表明未注过水。

3. 看外观。未注过水的鲜猪肉外表呈风干状，瘦肉组织紧密，颜色略暗。注过水的猪肉，表面水淋淋的发亮，瘦肉组织松弛，颜色较淡。

如何鉴别咸肉的优劣

好的咸肉有这样的特点：表皮干硬清洁，无黏稠状；肌肉质密，切面平整，色泽鲜红或呈玫瑰红色，无斑，无虫蛀；脂肪质地坚实，色泽白或稍有微红色，无异味。

变质的咸肉，质地松软，肉皮黏滑，色泽深浅不一，脂肪黄色

或者灰白色，质似豆腐状，切面呈暗红色或带灰色、绿色，有酸味或臭味发出。

如何选择火腿肠

优质的火腿肠色泽呈黄褐色或红棕色，腿形较直，皮细腻，骨不露，脂肪较少。而且，火腿肠表面比较干燥，肌肉组织结实，不发黏；切面瘦肉的色泽呈深玫瑰色或桃红色，脂肪呈白色或微红色，散发着火腿独有的香味。变了质的火腿肠，切开后，肉质松散，呈酱色，且有斑点，脂肪呈黄褐色，缺少光泽，而严重变质的火腿肠发黏。

火腿肠不宜多吃。因为加工的肉类食品多含有一定量的亚硝酸盐，过量亚硝酸盐可致癌。另外，火腿肠中添加了防腐剂、增色剂和保色剂等，这些物质加重了人体肝脏负担。还有，火腿肠为高钠食品，大量进食会让人体摄入过多的盐分，因此火腿肠不宜多吃。

如何鉴别香肠的优劣

通常，鉴别香肠优劣可以采用如下几种方法：

1. 看肉的色泽。香肠肉色过于透明，证明腌制时加入的白硝过多，算不上优质香肠；如呈淡色，毫无油润，质量也不好；如果过于红润，证明已经上过色，最好不要食用些类香肠。

2. 看肠衣的厚薄。薄的肠衣，蒸熟后香肠较脆；如肠衣过厚，蒸熟后会发“韧”，口感欠佳。优质香肠表面干爽，如果香肠较湿润，则非上品。

3. 看肉是否肥瘦分明。肥瘦分明的属刀切肉肠，口感比较好。不分明的，是用机器将肉搅烂后制作而成的，口感较差。

如何鉴别香肚的优劣

优质的香肚表皮比较干燥，包扎紧实，没有黏液或霉点，手指压下去有弹性，且有香肚特有的味道。质量较差的香肚皮面稍有湿润或发黏，易与肉馅分离，有霉点但抹去黑点后无痕迹，脂肪有轻度酸败味。劣质的香肚表面湿润、发黏，容易和肉馅分离，并且很容易撕开，表面有大量霉点，即使擦去黑点，仍能看到痕迹，肉馅没有光泽，脂肪有明显的酸败味。如香肚颜色红润，说明使用的硝量较多，这种香肚不利于人体健康，应避免食用。

选购肉糜有何窍门

新鲜的猪肉肉糜呈淡粉红色，有一定的光泽和透明的质感，闻不到异味。质量差的肉糜呈深暗红色，缺少光泽，且有异味。

新鲜的夹心肉糜呈红白相间的条形，新鲜的瘦肉糜呈淡粉红色的条形，如果混入其他杂肉，肉糜会呈深红色的颗粒状。新鲜的夹心肉糜和腿肉糜看上去干净、细腻，而掺杂了猪肺、舌根、甲状腺及肾上腺等的肉糜，用手捏上去，能发现颗粒等异物。

用手轻轻按肉糜，新鲜的肉糜有弹性，不新鲜的肉糜缺少弹性。

如何选购腊肉

品质好的腊肉色泽鲜艳，呈鲜红色或暗红色，脂肪无色或乳白色，肉质紧密结实，且弹性很好，指压后没有明显凹痕，味道鲜美。变质的腊肉色泽灰暗，脂肪呈黄色，表面可发现长有霉斑。

在购买禽类腊肉制品时可从以下几点鉴别：

1. 看产品标志。选购时，要看产品包装上是否贴有“QS”标志；2. 看生产日期。应选择近期产品；3. 看产品外观。优先选择表面干爽的产品；4. 看产品外观色泽。颜色过于鲜艳的肉制品多添加了化学物质，不宜食用；5. 看产品弹性。有弹性的肉禽制品质量多有保证；6. 闻气味。合格的产品不会有酸败腐臭等异味。

食用腌腊制品的同时，要多摄入含钙丰富的食物，目的是让骨质中磷与钙达到平衡。另外，食用腌腊制品后，要多喝些绿茶和多吃新鲜蔬菜和水果。

【禽类】

如何鉴别光禽的优劣

将鸡鸭鹅等禽类宰杀、去禽毛后，即为光禽，光禽的质量可从以下几个方面识别：

1. 看喙。新鲜光禽的喙干燥，有光泽，没有黏液；而变质光禽的喙潮湿，无光泽，有黏液。

2. 看口腔。新鲜光禽的口腔黏膜是淡玫瑰色的，洁净，有光泽，没有异味；而变质光禽的口腔黏膜呈灰色，带有斑点，有异味。

3. 看眼睛。新鲜光禽的眼睛明亮，并充满整个眼窝；而变质光禽的眼睛明显污浊，且眼球坍陷。

4. 看皮肤。新鲜光禽的皮肤毛孔明显，表面干燥且紧致，黄色或乳白色中略微红，没有异味；变质光禽皮肤上的毛孔不明显，皮肤松，有褶皱，表面潮湿，有黏液，颜色较暗，呈淡紫铜色，有异味。

5. 看脂肪。新鲜光禽的脂肪颜色是淡黄色或黄色的，有光泽，没有异味；变质光禽的脂肪颜色灰暗或呈灰绿色，潮湿发黏，有异味。

新鲜光禽的肌肉比较紧实，弹性好，有光泽，颈、腿部位的肌肉呈玫瑰红色；变质光禽的肌肉松软，湿润，有黏液，色变暗红，灰暗，有异味。

如何鉴别冻禽的优劣

新鲜冻禽肉在没有解冻时，母禽和较肥的公禽皮色是乳黄色的；而新禽和瘦的母禽公禽皮色微红。解冻后，母禽和较肥的公禽的色泽前后没有变化，而新禽与瘦的母禽公禽的皮色微红变暗，通常呈黄白色，切面干爽。

变质冻禽分两种情形：一种是冷冻前就已经变质；另一种是解冻后没有及时食用，在高温中放置，导致变质。变质的冻禽内外均呈灰白色，有黏液，并有腐败气味；如变质严重，冻禽的表面呈青灰色，黏滑，切口处呈灰黑色，肉质松软，弹性差。变质冻禽肉有害健康，不宜食用。

如何识别注水鸡鸭

识别注水鸡鸭的方法如下：

1. 拍肉。由于注过水的鸡鸭肉弹性非常好，用力一拍，就会发出“噗噗”的声音，所以鉴别时，可用手拍肉，听声音即可鉴别是否注过水。

2. 看翅膀。可扳起鸡鸭的翅膀查看，若发现翅膀上面有红针点且呈乌黑色，则表明可能已经注了水。

3. 捏皮层。用手指捏一捏鸡鸭的皮层，若明显感到打滑，则表明其注过水。

4. 抠胸腔。有的不法商贩用注水器将水注入鸡鸭腔内的膜和网状内膜。这种情况，只要用手指在鸡鸭胸腔上轻轻一抠，注过水的鸡鸭肉网膜就会被抠破，而里面的水就会流出来。

5. 用手摸。没有注过水的鸡鸭禽肉比较平滑且干燥。而皮下注过水的鸡鸭，禽肉高低不平，就像里面长有肿块。

6. 拿纸试。拿一张干燥的薄纸用力贴在光禽上，按压片刻后取下来，点燃薄纸，如果纸能燃烧，说明没有注过水；如果不能燃烧，则说明注过水。

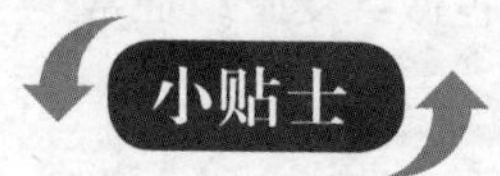

与鸭肉相克的食物有：

1. 兔肉、杨梅、木耳、胡桃、大蒜、核桃、荞麦。这些食物忌与鸭肉同食。

2. 板栗。鸭肉和板栗同食，能导致中毒。

3. 鳖肉。鸭肉与鳖肉一同食用，能导致腹泻、水肿、阳虚。

如何识别活禽屠宰和死禽屠宰

如果是活禽屠宰，会呈现以下特点：放血良好，切口不平整，切面周围组织被血液浸润呈鲜红色；表皮干燥紧缩，带微红色；脂肪呈乳白色或淡黄色，肌肉有弹性，呈玫瑰红色，胸肌白中带微红色。

如果是死禽，主要有这些特点：屠宰放血不良，切口平整；切面周围组织无血液浸润，呈暗红色；表皮粗糙，色暗红，有青紫色死斑；血管中存有紫红色血液，并有少量血滴出现。

鸡肉与鲤鱼相克：鸡肉甘温，鲤鱼甘平。鸡肉补中助阳，鲤鱼下气利水，消肿解毒。鱼类皆含丰富蛋白质、微量元素、酶类及各种生物活性物质；鸡肉成分极复杂，二者同食，对身体不利。

如何鉴别盐水鸭的优劣

质量上乘的盐水鸭体表光滑，呈乳白色，切开后，切面呈玫瑰色，尤其是腿部的肌肉，摸上去结实紧致，胸部肉凸起，腹腔内壁的盐霜清晰可见。质次的盐水鸭表皮面渗出轻微的油脂，可看到浅红或浅黄颜色，同时肉的切面为暗红色，鸭肉摸上去松软，甚至会散发一种腥霉味。变质的盐水鸭体表油脂较多，色呈深红或深黄色，肌肉切面为灰白色、浅绿色或浅红色，用手摸起来，肉软而发黏，且腹腔有大量霉点。

如何鉴别板鸭的优劣

优质的板鸭外表呈白色或乳白色，体表光滑，肌肉切面呈玫瑰红色；腿部肌肉发硬，胸肉凸起，腹腔内壁干燥有盐霜。质量较次的板鸭，外表呈淡红色或黄色，且体表带有少量油脂，肌肉切面呈暗红色，肌肉松软，腹腔潮湿有霉点并有霉味。变质的板鸭表皮发红或呈深黄色，体表有大量油脂渗出，肌肉切面呈灰白色、淡红或淡绿色，组织松软发黏，腹腔潮湿发黏，或有大量霉斑。

选购腊鸭有何窍门

在选购腊鸭时，要注意以下一些窍门：

1. 鉴定老嫩。选购腊鸭时，先看肤色及肥瘦程度，如鸭皮较松且有皱纹，应为老鸭，而油光肉细的是嫩鸭。

2. 鉴定咸淡。鉴定腊鸭的咸淡，可闻鸭身有无香味，看鸭身皮色深淡，色较淡且香味浓的多咸淡适宜；如色泽偏黄，无香味，极有可能过咸。

【蛋类】

如何选购新鲜鸡蛋

在选择鸡蛋时，要注意以下几点：

1. 看。新鲜鸡蛋外壳光洁，色泽鲜亮，壳上有一层霜状粉末；若蛋壳发暗且无光泽，或拿在手里没有分量，多为陈蛋。

2. 照。将鸡蛋向着灯光或太阳光照视，新鲜蛋可见蛋内蛋黄呈枯黄色，无任何斑点，蛋黄也不移动；坏蛋颜色发暗，不透明；孵过的蛋则有血丝或血环；臭蛋发暗或有污斑。

3. 摇。把鸡蛋放在耳边轻轻摇晃，鲜蛋着实，空头蛋有空洞声，贴皮蛋、臭蛋有敲瓦碴子声。

4. 盐水测试。先在一盆水中加上1小勺盐，溶化后，将鸡蛋放入盐水中，若是新鲜蛋会沉入水底，不新鲜的蛋则浮在水面，久置的则半浮半沉。

5. 用清水测试。将鸡蛋浸放在冷水中，如果横卧在水里，表示十分新鲜；如果倾斜或者直立，表示是陈蛋。

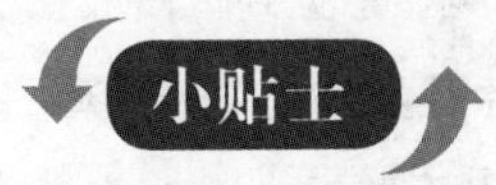

吃鸡蛋的三大禁忌：忌鸡蛋与白糖同煮；忌鸡蛋与豆浆同食；忌鸡蛋与兔肉同吃。

怎样鉴别真假柴鸡蛋

在鉴别柴鸡蛋时，除了要看鸡蛋蛋黄的颜色，还要注意以下几点：

1. 看蛋黄。真柴鸡蛋蛋黄硬且大，是普通蛋的1. 5倍，且色泽鲜艳。

2. 看蛋清。以天然食物喂养的柴鸡下的蛋，蛋清浓稠、透明，有淡淡的清香。而假柴鸡蛋则无明显的味道。

3. 看大小。真柴鸡蛋个头有大有小，而假柴鸡蛋基本上大小一致。

4. 看颜色。真柴鸡蛋外壳颜色各不相同，而假柴鸡蛋却没有多大变化。

5. 看分层。真柴鸡蛋打开之后分为蛋黄、硬蛋清、软蛋清三层。而假柴鸡蛋或普通蛋，打开之后则是混成一滩，没有分层现象。

6. 看加工后的颜色。真柴鸡蛋炒熟后，颜色呈深黄色，接近于红色，而假柴鸡蛋呈浅黄色。

如何鉴别咸鸭蛋的优劣

通常，可以通过以下方法来鉴别咸鸭蛋的好坏：

1 看外表。新鲜、优质的咸鸭蛋应该包料完整，无发霉现象，且蛋壳没有被破坏。

2. 摇晃法。把咸鸭蛋握在手里轻轻摇晃，如果是成熟的咸鸭蛋，则蛋黄坚实，蛋白呈水样，摇晃的时候能明显感觉到蛋白液在晃动，并且有撞击蛋壳的声音。而劣质的咸鸭蛋不会产生这种现象。

3. 光照法。将咸鸭蛋拿起来对着灯光或太阳照看，若蛋白透明、清晰红亮，蛋黄缩小且靠近蛋壳，则为优质的咸鸭蛋。若蛋白混浊，蛋黄稀薄，则有可能是劣质的咸鸭蛋。

如何鉴别皮蛋的优劣

皮蛋的好坏，可以通过以下方法进行鉴别：

1. 放在手心有沉重感，内部能感到有弹动的为优质皮蛋。

2. 将皮蛋放在耳边摇动，如果没有声音，则为质量合格的皮蛋，否则为质劣皮蛋。

3. 将皮蛋放在手心轻掂，如果弹颤程度大，则为好的皮蛋，无颤动的质量差。

4. 除了上述三个方法外，一般优质皮蛋还具有以下特点：蛋皮灰白，蛋皮完整，无黑斑。蛋白凝固、清洁、有弹性。纵向切开后，蛋黄呈淡褐或淡黄色，中心较稀，没有搭壳或僵硬收缩现象。

皮蛋瘦肉粥由于口感顺滑、好消化而受人们喜爱，但是，经常吃皮蛋瘦肉粥对身体不利。因为皮蛋呈碱性，会使米和瘦肉中的维生素 B1损失掉，所以皮蛋瘦肉粥不宜常食。

【水产类】

选购活鱼有何窍门

新鲜活鱼的典型特征是，能够在水中自如游动，一旦用手触碰它们时，它们会做出非常敏锐的反应，且挣扎有力，没有伤痕，不会掉鳞片，并且鱼鳞的表面清洁，色泽明亮。如果鱼肚朝上翻，或者用手触碰时反应迟钝，则是不新鲜或是带病的鱼。

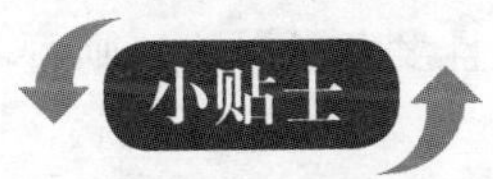

如果鱼没烧透、烧熟，就不能让宝宝吃。经常吃没有煮熟的鱼或生鱼，很有可能使宝宝患寄生虫病，出现食欲不振、腹疼、肝肿大、黄胆以及浮肿等症，严重的会引起腹水。

如何识别胖头鱼与白鲢鱼

识别胖头鱼和白鲢鱼有以下几种方法：

1. 看头部。胖头鱼的头较大，约占体长的三分之一；白鲢鱼头较小，约占体长的四分之一。

2. 看腹背。胖头鱼背部及两侧上半部微黑，腹部呈灰白色，并带有黑色花斑；白鲢鱼体色通常为银白色。

3. 看胸鳍。胖头鱼胸鳍较大，超过腹鳍基部很多；白鲢鱼胸鳍向外延伸，胸鳍尖端只到腹鳍基部。

如何识别青鱼与草鱼

在购买青鱼或草鱼时，可以通过以下方法来鉴别.

1. 看色泽。青鱼和草鱼的体色相差较大，青鱼呈乌黑色，草鱼呈茶黄色。

2. 看嘴形。青鱼嘴部呈尖形，草鱼嘴部呈圆形。

如何选购鲈鱼

海鲈鱼，每年10月至第二年4月是鲈鱼的产卵期，此时的鲈鱼最好吃。鲈鱼全身呈银色，背部有绿灰花纹，并有黑色小斑点，腹部呈银白色。淡水鲈鱼口味较好，但价格比较高。如购买鲈鱼块，需要仔细挑选，凡肉色暗淡、肉质软而无弹性且没有光泽的，则可断定为不新鲜，不能购买。

如何选购带鱼

因捕捞方式不同，带鱼可分为钩带、网带和毛刀三种。钩带是用钓钩捕捞的带鱼，这种带鱼体形完整，鱼体坚硬不弯，体大鲜肥，是带鱼中质量最好的。网带是用网具捞捕的带鱼，其体形完整，个头大小不均。毛刀就是小带鱼，它们的体形损伤严重，多破肚，刺多肉少。

不管是哪种带鱼，新鲜的带鱼全身呈银白色，有光泽，体宽厚，鱼体硬而有弹性，完整而不破肚。如果带鱼存放不当，或存放时间过长，表皮会有黏液，肉色发红，这是表面脂肪氧化的结果，这种带鱼不宜购买。

带鱼属动风发物，凡患有疥疮、湿疹等皮肤病或皮肤过敏者忌

食；癌症患者及红斑性狼疮之人忌食；心脏病者忌食用；痈疖疔毒和淋巴结核、支气管哮喘者亦忌食。带鱼忌用牛油、羊油煎炸；不可与甘草、荆芥同食。

如何选购鲍鱼

上等鲍鱼个头比较大，肉质柔嫩细滑。鲍鱼外壳似田螺，前端有触角，在水中可蠕动。新鲜的鲍鱼能悬垂爬行，且喜欢互缠在一块，这是它们的生活习性。如发现鲍鱼有坚硬感觉即可断定为不新鲜。肉质粗糙的鲍鱼属于劣质品。

选购鲜鱼、冻鱼有何窍门

通常，新鲜的鱼表皮有光泽，鱼鳞完整、贴伏，鱼背坚实有弹性。用手指轻轻一按，凹陷处有弹性，能立即平复；肚腹不膨胀，肛门不突出，将鱼放在水中不下沉，鱼腮鲜红或粉红，没有黏液，无臭味。鱼的眼睛透明、洁净而突出。不新鲜或者变质的鱼，鱼鳞色泽发暗，鳞片松动，鱼背发软，肉与骨脱离，用手指压腹部，凹陷部分很难平复。鱼鳃的颜色呈暗红或灰白，有陈腐味和臭味。鱼眼塌陷，眼睛灰暗，有时因内脏溢血而发红。如果鱼鳞已脱光，则说明质量更差。

质量好的冻鱼，表面清洁，光泽明显，鱼肉、鱼骨连接牢固不脱离。用温水解冻后，有鲜鱼本身的外形特点，如带鱼为银灰色，黄鱼为黄白色，鲤鱼为金黄色。闻其味，没有什么难闻的异味。假如解冻后的鱼，腹部变黑，鱼体不但无弹性，而且肉、骨脱离，说明鱼冷冻前已不新鲜了。要是再有难闻的异味、腥臭、恶臭等，就已是腐败变质的鱼了。

选购螃蟹有何窍门

螃蟹一般都在秋季上市，这时的螃蟹长得很丰满，肉质鲜美，营养丰富。在挑选螃蟹时，要特别注意以下几个窍门：

1. 看。蟹的颜色黑里透青，外表没有杂泥，脚毛长而挺，蟹肚上有铁锈斑颜色的为老蟹。

2. 掂。将蟹放在手心掂，一般三四两重的比较好。

3. 摸。手指触蟹眼，大蟹钳立即有反应者为好蟹。拉蟹脚，当手一放，好的蟹即有力地缩回；捏蟹脚时，掐不进蟹壳说明蟹肉饱满。

4. 放。将蟹放在地上，能快速爬行的是健壮的蟹。

5. 翻。把蟹身翻个个儿，使其肚皮朝上，如果蟹能立即翻身，属于好蟹。

6. 算。俗话说“九雌十雄 ”。蟹刚上市时，最好买雌蟹；天气转凉后，宜买雄蟹，此时雄蟹膏满肉肥。

挑螃蟹应挑选蟹壳呈青绿色、有光泽、蟹螯夹力大、腿毛顺、腿部完整饱满、爬得快、不断吐沫，并能发出声音的螃蟹。如让蟹腹朝上，蟹能迅速用腿和螯弹转翻回，动作迅速，则为鲜活的河蟹。

选购对虾有何窍门

挑选对虾要注意下面的一些方法：

1. 看外形。新鲜对虾头尾完整，有一定的弯曲度，虾身较挺。不新鲜的对虾，头尾容易脱落或易离开，不能保持其原有的弯曲度

2. 看颜色。新鲜对虾皮壳发亮，青白色，即保持原色。不新鲜的对虾，皮壳发暗，原色变为红色或灰紫色。

3. 看肉质。新鲜对虾肉质坚实、细嫩，不新鲜的对虾肉质松软。而且，优质对虾的体色依雌雄不同而各异，雌虾微显褐色和蓝色，雄虾微显褐色和黄色。

如何识别新鲜河虾

新鲜的河虾有这些特点：身体呈青绿色，表面泛光，外壳透明，头体紧密相连，拉须有牢固感，尾节伸屈性较强，肉质紧致细嫩。放置时间较长的河虾头部松弛，尾节僵硬，虾体瘫软。

选购虾米有何窍门

虾米以色泽鲜亮且味是淡口的为好，这种虾米是晴天晒制的；而色暗不光亮，味咸，是阴雨天晾制成的。另外，虾身弯曲的为好，表明是用活虾加工的；如果形体直挺挺的，个头不大，则多是由死虾加工的，质量一般较差。

选购虾仁有何窍门

选购冻虾仁时，以冻虾仁的外包冰衣完整、清洁且无融解现象的为佳。好的虾仁肉质清洁完整，呈淡青色或乳白色，无异味；劣质虾仁则肉体不整洁，组织松软，色泽变红，并有酸臭气味。

选购虾皮有何窍门

我国有许多地方都产虾皮，如辽宁、河北、山东、浙江、福建等地均有出产。其中以河北滦县产的为最好。产品盐轻、片大、味鲜、不牙碜。按季节来说，以春产虾皮为最好，春天虾肥、肉质好，晒出的虾皮色泽金黄。

虾皮有生、熟两种，内销以熟虾皮为主，外销以生虾皮为主。

一般，虾皮依质量可分为四个等级：

一等虾皮：盐轻，片大，身干，色金黄，无杂物。

二等虾皮：片不太整齐，色暗不亮，稍潮，盐重。

三等虾皮：片不整齐，碎的多，色泽不如二等。

四等虾皮：杂物较多，通常有小鱼、头蚧及其他杂物。

虾类忌与维生素C同食。

科学家研究发现，食用虾类等水生甲壳类动物，同时服用大量的维生素C，不利于人体健康。因为虾中有一种通常被认为对人体无害的砷类，在维生素C作用下，能够转化为有毒的砷。

选购鱿鱼有何窍门

市面上出售的鱿鱼主要有三种：新鲜鱿鱼、水发鱿鱼及干鱿鱼。新鲜的鱿鱼体型呈圆滚状，表皮的外膜完整，肉质有光泽，结实有弹性；如果身体转成黄白色、皮破头断，而且带有腥味，则不宜购买。水发的鱿鱼，则大部分都是经过化学药剂加工而来的。所以，最好还是直接购买干鱿鱼。购买干鱿鱼则以选购外表色泽微红，带有多量的白色粉状，身体触感厚实，用鼻子闻起来香气愈重的为好。

选购鱿鱼干有何窍门

许多人都爱吃鱿鱼干。质量好的鱿鱼干干净光洁，表皮完整，颜色如干虾肉色，体表覆盖细微的白粉，干燥淡口；质量次的则背尾部颜色暗红，两侧有微红点，体形小而宽且部分蜷曲，肉比较薄。

鱿鱼需煮熟、煮透后再食，因为鲜鱿鱼中有一种多肽成分，若未煮透就食用，会导致肠运动失调。鱿鱼之类的水产品性质寒凉，脾胃虚寒的人应少吃。

选购海参有何窍门

海参以体粗长，肉质厚，体内无沙者为佳品。体细小，肉质薄，原体不剖，腹内有沙者质量较次。灰参有刺，咸味重，容易回潮，肉质极糯；肉质薄而稍硬，体形匀细的均为次品。

购买水发海参时，一定要选择参体完整，不烂、不碎，挺拔有弹性，持之颤动，色泽近似半透明的。

选购干贝有何窍门

好的干贝体形比较完整，且大小均匀，干净好看，淡淡的黄色中透着光亮，味道腥香微甜。而质量较次的，往往无光泛黄、颗粒参差不齐，且呈松碎状。如颜色发黑变暗，就不要购买了。

贝类本身带菌量比较高，蛋白质分解又很快，一旦死去便大量繁殖病菌、产生毒素，同时其中所含的不饱和脂肪酸也容易氧化酸败。不新鲜的贝类还会产生较多的胺类和自由基，对人体健康造成威胁。选购活贝之后也不能在家存放太久，要尽快烹调。过敏体质的人尤其应当注意，因为有时候过敏反应不是因为海鲜本身，而是在海鲜蛋白质分解过程中的物质导致的。

选购海蜇皮有何窍门

优质的海蜇皮有光泽，体表呈白色或黄色，无红衣、红斑和泥沙。凡是用盐和矾加工的海蜇皮揉开后，越大、越白、越薄且质地坚韧，质量越好，反之，质量较差。

选购海蜇头的窍门

优质的海蜇头肉体完整而坚实，体表没有黏稠体和异味，颜色呈红棕色，有光泽。在购买时，先用两只手指将海蜇头拎起，如果肉体容易破裂，肉质发酥，说明质量较次。

食用海鲜时，饮用大量啤酒，会产生过多的尿酸，从而易引发痛风。一旦产生的尿酸过多，就会沉积在关节或软组织中，引起关节和软组织发炎。因此食用海鲜时不要饮大量啤酒。

【干鲜蔬菜类】

如何选购黄瓜

通常，新鲜的黄瓜顶花带刺，且挂白霜。瓜色青绿，有纵棱的是嫩瓜。条直、粗细均匀的瓜肉质好。瓜条肚大、尖头、细脖的是畸形瓜，造成畸形的原因大多是发育不良，或存放时间较长。黄色或近似黄色的瓜为老瓜。瓜条、瓜把儿萎蔫的是采摘后存放时间较长的瓜，这类瓜不宜购买。

黄瓜，对人体有许多益处，可促进机体代谢，能治疗晒伤、雀斑和皮肤过敏。黄瓜还能清热利尿、预防便秘。新鲜黄瓜中含有的丙醇二酸，能有效地抑制糖类物质转化为脂肪，因此，常吃黄瓜对减肥和预防冠心病有很大的好处。

如何选购茄子

嫩茄子呈紫色，日色泽较为均匀，鲜亮不发污，如果茄子是提前采摘上市的，则茄身明显大于茄盖的覆盖，且呈现出绿白色轮廓，这样的茄子鲜嫩。老的茄子，茄身挺硬，瓤变硬不能吃。变坏或正在腐坏的茄子，茄身变得分外松软、潮湿，表皮也皱缩，并有褐色斑点。

圆茄子果实呈圆形、扁圆形或长圆形，皮黑色、紫色、绿色或白色。圆茄的肉质比较紧密，分量较重。购买茄子时，宜选鲜嫩、有光泽、蒂部刺扎手、不伤不烂、个大均匀、蒂绿色和外皮隆胀不松皱的，这样的茄子吃起来鲜嫩味佳。

长茄子果实细长，皮较薄，呈紫色、青绿色和白色等，分量较轻，肉质较嫩，形略细小的较佳。

茄子和苦瓜一起吃，有利于心血管。苦瓜有解除疲劳、清心明目、益气壮阳、延缓衰老作用。而茄子具有去痛活血、清热消肿、解痛利尿及防止血管破裂、平血压、止咳血等功效。

要特别注意，茄子不要和螃蟹一起吃，否则会伤肠胃，容易腹泻。蟹肉性寒，茄子甘寒滑利，这两者的食物药性同属寒性。

如何选购茼蒿

茼蒿宜选短而粗壮的，以没有花蕾的为好。茼蒿依其叶子形态的大小，可分为大叶、中叶和小叶三种。其中，叶子有割裂的中叶的品质良好，味道芳香。另外，新鲜的茼蒿色泽深绿，长度愈短味道愈香。茎长且叶枯黄的是过时不宜采摘的茼蒿，味道较差。

如何选购菜花

好的菜花花球雪白、坚实、花柱细、肉厚而脆嫩、无虫伤或机械伤，而且，花球上的青叶不黄不烂。那种花球松散、颜色变黄，甚至发黑、湿润或枯萎的菜花质量低劣，不但口味欠佳，而且所含营养价值也有所下降。

如何选购山药

选购山花药时，要注意二点：

1. 看。长根种和块根种山药质量较好，扁根种次之。在挑选山药时，宜选粗细均匀、表皮斑点较硬的，以粗壮肥嫩、条直不弯曲且条长30厘米以上的为佳，外皮无伤且带黏液的为最好。

2. 握。冬季买山药可用手握住山药10分钟左右，如果山药有水渍渗出，则表明山药受冻了；如果发热就是没冻过的。掰开山药看，冻过的山药横断面黏液化成水；冻过回暖的山药有硬心且肉色发红。

另外，山药受热会霉烂，程度轻的长白点，程度重的不能食用。如发现长白点，就要切掉长白点部分。

山药具有祛病健身、补充营养的作用，所以，特别适宜糖尿病患者、腹胀、病后虚弱者、慢性肾炎患者、长期腹泻者食用。

如何选购荸荠

优质的荸荠个大洁净、新鲜皮薄、肉细汁多、爽脆味甜且无渣。荸荠有粳糯之分，一般粳荸荠个较大，色黑皮厚，环纹带（每个荸荠都有两圈环绕一周的纹带）鼓起，“脐带”长而粗大，肉粗，呈灰白色，吃后有渣滓感。糯荸荠个略小，色微红，皮薄，环纹带平，“脐带”短而小，肉细腻，呈雪白色，吃后无渣滓感。

如何选购芋头

优质的芋头外形较大，芋体不长，呈圆形，芋皮有一圈圈由上而下逐渐变狭窄的横纹。

选购红芽芋、白芽芋及荔浦芋，以咀嚼后感觉香嫩软滑者为佳。这些品种与槟榔芋比较，外形明显细小，一般以头圆身小者为好。

芋头一般生有子芋和母芋，子芋肉质细嫩，多为粉质，品质佳，口感好；母芋肉质粗，味道差。芋的种类有多子芋、魁芋和多头芋。多头芋的水分较少，组织较致密，口感较好。

如何选购鲜藕

质量上乘的鲜藕，有这样几个特点：藕节肥大、色鲜、黄白而无黑斑、清香味甜、肉质嫩且多汁、无干缩断裂、无损伤及无淤泥。还有一个选购方法，就是往莲藕身上轻轻划一下，肉质脆嫩的可划破，仅划出浅条痕迹的说明肉质较老。再就是，切一小片品尝，藕断丝不连，口感酥脆且味甜的是嫩藕；而藕断丝连，口感较绵软，肉质较粗的是老藕。

藕通常比较长，有好几节。最上面的一节肉质较嫩，甜味尤佳，最宜鲜食；第二三节稍老些。藕两头不要通气，以保证藕干净。藕切片后放入烧开的水中片刻，捞出后放在清水中清洗，可使藕不变色，还能保持爽脆。炒藕时速度要快，爆炒几下即可出锅。秋季鲜藕别生吃。

如何选购丝瓜

人们习惯将丝瓜分为线丝瓜和胖丝瓜。线丝瓜的特点是细而长，在购买时，应挑选瓜形挺直、大小适中、表面无皱、皮色翠绿、不蔫不伤的。胖丝瓜相对较短，两端大致粗细一致，购买时应挑选皮色新鲜，大小适中，表面有细皱，并附有一层白色绒状物和无外伤的。

挑选苦瓜有何窍门

要想挑选到优质的苦瓜，关键要做到“三看”：

1. 看光洁度。首先要挑洁白光亮的，因为如果苦瓜出现黄化，就代表已经过熟，果肉柔软不够脆，失去苦瓜应有的口感。

2. 看果瘤。苦瓜身上有一粒一粒的果瘤，是判断苦瓜好坏的标志。颗粒越大愈饱满，表示瓜肉愈厚；颗粒愈小，瓜肉相对较薄。

3. 看重量。在重量上，苦瓜以每根一斤左右为好。

具备以上条件的苦瓜一般不会太苦，非常适宜生吃。

小贴士

苦瓜维生素C含量丰富，有除邪热、解疲劳、清心明目的功效。但是，脾胃较虚弱，体质比较寒的人，要少吃苦瓜，否则容易出现胃脘不适、腹胀腹痛，甚至呕吐、腹泻等症状。

选购豇豆有何窍门

选购豇豆，要选择新鲜脆嫩的，要多选粗细匀称、色泽深绿色、子粒饱满、没有病虫害的。挑选时可用手触摸，如发觉豆荚较实且有弹力则可断定为鲜嫩；如有空洞感觉，或有裂口和皮皱的则断定为老豇豆；如形条过细无子的则是未发育的豇豆；如表皮有虫痕的多数是病豇豆。

选购四季豆有何窍门

优质的四季豆，有这么几个特点：豆荚饱满均匀、颜色青绿、质地脆嫩、表皮平滑无蛀虫眼、豆粒呈青白色或红棕色、鲜嫩清香。如果表皮多皱纹，外观呈乳白色且筋多，则多为老四季豆，很难煮烂。

如何鉴别催熟西红柿

自然成熟的西红柿籽粒呈土黄色，肉质呈红色，内部起沙，多汁液，口感较好，有酸甜感。反季节上市的西红柿，多为化学制剂催熟的，其特点是：体表大部分为红色，周围有些绿色，手感很硬。若将其掰开，会发现籽呈绿色，或尚未长籽，皮内发空，果肉无汁和无沙，尝之无酸甜感，且发涩。

选购洋白菜有何窍门

洋白菜又叫圆白菜、卷心菜，学名叫“结球甘蓝”。洋白菜的品种较多，最常见的有三种：尖头型、平头型和圆头型。一般来说，平头型和圆头型质量较好。一是因为这两种洋白菜“中心柱”矮短，菜球大；二是菜球结得比较紧实，心叶肥嫩，出菜率高；三是菜质细嫩，质优味美。而尖头型的洋白菜中心柱高，结球疏松，出菜率低，心叶也老，口味也差。总的来说，结球紧实的洋白菜比结球疏松的洋白菜好。

小贴士

从颜色上可以看出洋白菜是否新鲜，新鲜的洋白菜叶子绿色带光泽，有重量感。切开的洋白菜，切口白嫩表示新鲜度良好。如果切口呈茶色，则说明存放时间过久。

选购辣椒有何窍门

挑选不同种类的辣椒，要选择不同的方法：

1. 挑选甜椒。好的甜椒色泽鲜亮、外形饱满、个大肉厚、无虫眼、椒体有一定的硬度。质次的甜椒表皮色泽暗淡，并带有皱纹，用手轻捏有发软粘手之感。

2. 挑选青椒。以挑选色泽浅绿、外形饱满、有光泽、肉质细嫩、无虫眼、用手掂感到有分量的为佳。

3. 挑选红尖辣椒。以果实外形圆锥体或长圆筒形、辣味足、色泽光亮、新鲜饱满、椒体颜色通透红润为佳。

4. 挑选朝天椒。朝天椒果实较小，外形呈圆形或鸡心形，外呈红色或紫红色，辣味极强。购买时应挑选体小、色红、通体油亮、呈尖锥形、壳肉籽较多的朝天椒。

5. 挑选尖角椒。尖角椒果实较长，呈圆锥形，尖端尖锐并弯曲呈羊角状，辣味足。在购买时以挑选有一定硬度、颜色嫩绿、表面光滑平整、无虫眼、闻之辣味重的尖角椒为佳。

选购蘑菇有何窍门

优质的蘑菇有几大特点：色泽洁白、外形完整、菌伞未开、坚实肥厚、质地细嫩、清香味鲜、菌柄短而粗壮。如果颜色呈褐色，则质量较次。

需要注意的是，如下三种蘑菇不宜购买：高温菇属于催熟的蘑菇，肉薄、味淡；开花菇，这种蘑菇不新鲜，不能食用；水浸菇，这类蘑菇含水多，而且不卫生。

可以使用下面的方法辨别蘑菇是否有毒：

1. 看颜色。有毒蘑菇的颜色通常比较鲜艳，如菌伞带有红、紫、黄或其他杂色斑点，基底色红，形状怪异，且有辛辣、恶臭和苦味。

2. 看汤色。在煮蘑菇时，要观察汤色的变化，如果蘑菇有毒，煮沸3~4分钟后，汤的颜色会变成暗褐色。

3. 用水试。将蘑菇撕碎放入清水中，浸泡十多分钟，如果清水变浊或呈牛奶状浑浊，说明蘑菇有毒。

选购香菇有何窍门

在选购干香菇时，应该掌握以下窍门：

1. 看形体。质量较好的干香菇体圆齐整，菌伞肥厚，盖面平滑，虽然比较质干，但不会被轻易捏碎，菌柄较为坚硬，放开后菌伞随即恢复蓬松，色泽黄褐，菌伞下面的褶皱紧密细白，菌柄短而粗壮。

2. 看伞面。好的花菇，伞面有类似菊花一样的白色裂纹，呈黄褐色，色泽光润，菌伞厚实，边缘下垂，褶皱细密匀整，身干朵小柄短，菌伞直径多为二三公分。

3. 看颜色。伞背呈黄色或白色为好，如呈茶褐色或掺杂黑色则为质次。

4. 看伞顶。质量好的厚菇其伞顶平面无花纹，呈栗色并略带光泽，肉厚质嫩，朵稍大，边缘破裂较多。在花菇和厚菇中，如掺有太多的菇丁，则属次品。

5. 嗅气味。优质的香菇会散发一种特有的香味，远远就能闻到。

香菇和鹌鹑肉、鹌鹑蛋一起吃，面部易长黑斑。香菇和河蟹一起吃，易引起结石症状。

如何选购草菇、平菇和猴头菇

在选购草菇、平菇和猴头菇时，方法各异，具体如下：

1. 草菇。优质的草菇呈灰白色，个头整齐，菇身干，不断裂，没有霉变。

2. 平菇。鲜平菇主要有两种：菌伞呈乳白色，菌柄较长的平菇口感香脆；菌伞呈浅灰色或黑褐色，菌柄较短的平菇味道鲜美。一般来说，外形整齐，完整无损，色泽正常，质地脆嫩而肥厚，清香纯正，无杂味，无病虫害的为鲜平菇。八成熟的鲜平菇，菌伞的边缘向内卷曲，而不是翻张开，此时的鲜平茹味道鲜美，且富营养价值。如果鲜平菇上有蛛网状的绿色及煤黑色等异色通常是受了病虫侵害。

3. 猴头菇。个体均匀，色鲜黄，质地细嫩，完好洁净，须刺完整，无虫蛀，无杂质的猴头菇质量较好。

选购海带有何窍门

海带又称江白菜、昆布，是褐藻类的海生植物，它含有丰富的矿物质，特别是富含碘。市面上销售的海带分淡十品和咸干品两类。淡干海带含水分少，含盐量低，是将鲜海带放在日光下晒制而成的。咸干海带含水量略高，含盐量也高，它是通过一层海带一层盐腌制后晒干而成的。

海带质量如何，可以从其长度、厚度、宽度、颜色及含有杂质多少方面做出判断。优质的淡干和咸干海带，叶带长而宽厚，没有根，呈深褐或褐绿色，几乎没有黄白梢和杂质，含沙粒少。如果颜色不正，带薄且短小，不整齐，带色多呈褐黄色，杂质较多，则为次品。

干海带不宜长时间浸泡。通常，浸泡6个小时左右就可以了，浸泡时间过长，海带中水溶性维生素、无机盐等会溶解于水，营养价值就会降低。如果海带经水浸泡后，出现烂叶现象，说明已经变质，不能再食用。

挑选黄花菜有何窍门

挑选黄花菜有窍门可循，具体来说，主要有三点：

1. 握。把黄花菜用手抓起握紧，手感柔软有弹性，松开后很快松散的，身干水分少的质好；如果松开后不易散开，说明身潮，水分较多；如果松手有粘手感觉的说明已开始变质。

2. 看。菜色黄亮，条长而粗壮，条秆粗细均匀的为优；菜色深黄，略带微红，身条略短瘦，条秆不均匀的为中等品；菜色黄带褐，身条瘦短蜷缩，长短很不均匀，含有泥沙的为下品。

3. 闻。黄花菜有清香味的质量较好；散发出硫黄气味的，多为硫黄熏过的；有霉味的则为变质的；有烟味的则是串烟严重的。

选购银耳有何窍门

正常情况下，鲜银耳叶片会完全展开，朵形完整，富有弹性，表面洁白（或呈米黄色）光亮。身干，无霉烂，无虫蛀，耳基部呈米黄色或橙黄色。

变质的鲜银耳叶片半展开，朵形不规则，且发黏，无弹性，表面有霉蚀痕迹。另外，变质干银耳外观橙黄色，颜色深浅不一，耳基部为黑色。

选购黑木耳有何窍门

许多人都喜欢吃黑木耳，那么在挑选黑木耳时应该注意哪些方面呢？

1. 看外形。质量好的黑木耳朵面大，朵叶薄，朵面光滑油润，朵背面呈灰色；掺假的黑木耳外形干瘪，表面会附有一层类似白霜的物质，且朵片多会粘连。

2. 品味道。好的黑木耳无异味，细细品尝，有一股清香味。掺假的黑木耳有苦涩味，如有盐味则是曾用盐水浸泡过，有甜味则是用糖水浸泡过的。

3. 摸干湿。质量好的黑木耳摸上去比较干燥，分量很轻，掺假的黑木耳摸上去潮湿，手感发沉。

4. 看水发。用水泡发时，掺假的黑木耳泡发后会沉到水底，发开后粘手。

黑木虽然美味，但不可多吃，特别是孕妇、儿童要控制食用次数与数量；虚寒溏泻者应慎食。癌症、高血压、动脉硬化患者适宜食用。

选购玉兰片有何窍门

玉兰片、玉壮片就是冬笋和春笋加工的干制品，在选购时要从如下三个方面鉴定其质量好坏：

1. 观察色泽。质量好的玉兰片表面光滑，颜色呈玉白色或奶白色。质量差的玉兰片表面萎暗，色泽不匀。如玉兰片呈深黄色或有焦斑，则是烤焦所致。

2. 测量长度。阔度小的质嫩，如一级品尖宝，长不超过8厘米，阔3～4厘米。二级品冬片，长不超过12厘米，阔4厘米左右。

3. 看含水量。优质玉兰片片体较干，手捏片身，没有黏腻感。质量差的玉兰片片体潮，手捏发黏，易变质。

挑选笋干有何注意事项

笋干是用鲜笋经过水煮、压榨、日晒、熏制而成。挑选时可从发下几个方面鉴别其质量：

1. 看色泽：笋色淡黄、棕黄至褐黄且有光泽的质优；色暗黄质次；色酱黄质最次。

2. 看根节：根薄、节密、纹细、身阔的质嫩；节疏、纹粗、有老筋的质老。

3. 验干湿：笋干易折断，声音清脆者身干；笋干不易折断，即使断了也无声响者身湿。

4. 测涨性：笋身阔，肉质厚，笋节密的涨性好，1千克干笋可发至6～7千克；如果笋身窄长，肉质薄，节疏则涨性差，1千克笋干只可发3. 5千克。

如何鉴别粉丝的优劣

选购粉丝时，可以从如下三方面鉴别其优劣：

1. 从外观上鉴别。先直接观察，然后用手弯、折，以感觉它的韧性和弹性。质量上乘的粉丝、粉条粗细均匀，没有粘连、碎条，手感柔韧，有弹性，无杂质。质量较次的粉丝、粉条粗细不匀，有并条及碎条，柔韧性及弹性均差，有少量一般性杂质；劣质的粉丝、粉条有大量的并条和碎条，有霉斑，有大量杂质或有恶性杂质。

2. 从色泽上判断。可将粉条置于亮光下观察。质量较好的粉丝、粉条应是洁白带有光泽的；较差粉丝、粉条色泽稍暗或微泛淡褐色，微有光泽；劣质粉丝、粉条存有色泽灰暗，无光泽现象。

3. 从味道上鉴别。比如，可选取一些样品嗅，然后将粉丝或粉条用热水浸泡片刻再嗅其气味，再将泡软的粉丝或粉条放在口中细细咀嚼，品尝其滋味。质量较好的粉丝、粉条无任何异味；较差的粉丝、粉条为平淡无味或微有异味；劣质粉丝、粉条存有霉味、酸味、苦涩味及其他异常滋味。

【饮品类】

如何鉴别含乳饮料

除了鲜牛奶以外，含牛奶的饮品配料一般还有水、甜味剂、果味剂等，而水的含量往往是最多的。国家标准要求，含乳饮料中，牛奶的含量不得低于30%，也就是说，水的含量不得高于70%。因此，含乳饮料中如果牛奶的含量低于30%则说明该含乳饮料是不合格的。

如何鉴别变质酸奶

优质的酸奶呈乳白色或淡黄色，凝块均匀、细腻，没有气泡，表面有少量的乳清析出，入口酸甜。变质的酸奶颜色变深黄或发绿，有的不凝块，呈流质状态；有的酸味过浓或有酒精发酵味；有的冒气泡，有一股霉味。变质的酸奶不能食用。

变质酸奶的妙用如下：

1. 用来擦皮鞋。用变质酸奶擦洗皮质用品如手提包、皮鞋，可使其光亮如新。

2. 用来洗脸。把变质酸奶用清水调稀后洗脸，可以使皮肤细嫩美丽。

3. 用来擦地板。把变质酸奶滴于地板上，用桌布磨擦可去污，使地板发亮。

如何鉴别变质奶粉

奶粉是以新鲜牛羊奶作为原料，经过杀菌、浓缩、喷雾或者滚筒干燥而制成的，其含水量只有2.5%左右，所以能贮存较长的时间。例如，罐装奶粉的保存期通常为1年，如果是氮气充填，可以延长到2年；瓶装的是9～12个月；塑料袋装的是6～9个月。但是，只有当奶粉在生产、罐装、运输与存放的过程中都严格符合规定的技术条件，才能保证在存放期内不变质。如果上述的各个环节，有一个环节不符合要求，即使奶粉未过期，也可能发生变质。所以，判别贮放中的奶粉有否变质，是否还可食用，不能光看是不是超过了保存期，而应该根据奶粉的实际状况来确定。

如何来判断奶粉是否过期了呢?

1. 闻。闻一闻奶粉有没有变质的异味。如果奶粉有一种特有的奶香味，则没有变质。

2. 看。看一看奶粉有没有发霉、变色、结硬块，甚至孳生小虫。正常的奶粉是疏松粉末状的，呈光亮的浅奶黄色或奶白色。

3. 尝。可以先取少量奶粉，用舌尖细细辨别，看看有没有异味的感觉。另外，也可取少量奶粉放入杯中，并加入水。如果奶粉不能溶解于水，奶粉与水有分离现象，则说明已经变质，不宜再食用。

如何鉴别蜂蜜优劣

可以采用如下一些方法鉴别蜂蜜的优劣：

1. 看光泽。优质的蜂蜜透光性强，呈浅琥珀色，透明，颜色均匀一致，有一种很强的凝重感；劣质蜂蜜混浊而有杂质，间或有泡沫。

2. 闻味道。优质蜂蜜在采收后数月还能散发出特有的蜜香，香浓而持久，开瓶便能闻到。但如果香气太浓郁，则可能掺入了香精。

3. 看浓度。蜂蜜浓度高，流动慢。取一滴蜂蜜放于纸上，优质蜂蜜成珠形，不易散开，将蜂蜜挑起，蜂蜜会成丝状，绵长不断；而劣质蜂蜜不成形，容易散开。购买时可用小汤匙盛蜂蜜，下滴的蜜丝流断时，如向汤匙上缩得很快，即表示韧性强，是优质蜂蜜。

4. 测溶化。蜂蜜是清爽甘甜的，入喉滑润。优质蜂蜜加开水略加搅拌即溶化而无沉淀；劣质蜂蜜不易溶化，且有沉淀，并带有苦味、涩味、酸味甚至臭味。

如何选购燕麦

市面上销售的燕麦主要有两种，一种呈颗粒状，颗粒比较完整，颜色呈浅褐色、没有光泽、有淡淡麦香味，具有这种品相的燕麦品质比较好。还有一种燕麦是经过加工之后变成燕麦片的。买燕麦片时，不一定要购买价格高的。价格相对低一些的，往往没有经过深加工。价格高的可能含有较高的糖分，其营养价值并不高，也并不是对所有人都适合。

如何鉴别果汁的优劣

果汁是许多人都喜欢的一种饮品，如何鉴别果汁的优劣呢？主要有以下几种方法：

1. 看色泽。100%纯果汁，色泽近似新鲜水果汁。选购时，可以先把瓶子倒过来，对着光线看，如果颜色较深，说明含的色素较多；瓶底有杂质，极有可能该饮料已经变质。

2. 看标签。合格的产品包装上都配有成分说明，100%纯果汁的说明中一般注明100%果汁，并清楚写明“绝不含任何防腐剂、糖及人造色素”。

3. 闻气味。100%纯果汁具有水果的清香，伪劣的果汁产品闻起来有酸味。

除此之外，也可以品尝。100%纯果汁尝起来是新鲜水果的原味，入口酸甜适宜；劣质产品往往过甜，入口后回味有不清新的涩感。

如何鉴别罐头是否新鲜

购买罐头时，一定要学会鉴别其好坏。如何鉴别呢？可以尝试以下的方法：

1. 看保质期。罐头食品都有一定的保质期限，当你拿到一听罐头时，先看罐头的出厂日期，铁皮罐头的保存期一般为两年，玻璃瓶罐头一般为一年。

2. 看外形。如果是铁皮罐头，应先看接缝卷边的地方有没有凹陷或凸出。如果有凹凸，罐头上就可能有缝隙。再看看罐头外有无铁锈，如果有铁锈，就可能有孔眼。罐头有了缝隙和孔眼，空气就会进入罐头内，引起食品的变质腐败。同时，再观看罐盖和罐底。正常、完好的罐头内气体少，气压低，盖和底一般是向内凹陷或平的，罐身洁净，又有光泽，焊锡完整，封口严密。另外，还可以把罐头拿起来，用手指使劲按压它的底部，一直按到铁皮上出现压坑为止。稍等一点时间以后，如果压坑处开始复原，说明罐内食品已不新鲜了。

3. 看颜色。如果是玻璃瓶装罐头，要观看瓶内食物的形态与颜色。

如果玻璃瓶罐头是铁皮瓶盖，盖中部向内凹，瓶内食品颜色正常、汤汁清澈、瓶底内没有沉淀物、食品块形完整，说明瓶内食品是好的；如果瓶内食品变色、汤汁混浊、有沉淀物等，则说明食品已经变质。

如何鉴别啤酒的质量

啤酒品质的好坏，可从以下五个方面进行鉴别：

1. 看透明度。将啤酒倒入透明干净的玻璃杯中，对着光线观察，如果啤酒清亮透明、有光泽、无明显的悬浮物，则品质较好。反之，如果啤酒轻微失光，或有悬浮物，则品质较差；如果啤酒混浊不清，或有大量的沉淀物，则品质更差。

2. 看色泽。呈淡黄带绿色、淡金黄色、金黄色的啤酒一般品质较好。如果啤酒色泽呈暗褐色、红棕色，则品质较差。

3. 看泡沫。品质好的啤酒，泡沫比较丰富。将啤酒缓慢地倒入玻璃杯时，泡沫会缓缓升起，当泡沫达到杯口时，其高度约占杯的1/2至2/3，泡沫如雪花洁白、细腻、持久挂杯，这种啤酒品质较好。如果泡沫粗糙、不洁白，且呈黄色、不持久、不挂杯，则说明该啤酒品质一般。

4. 闻香气。品质好的啤酒有独特的啤酒清香味，入口后应有细致的酒香气。

5. 尝味道。轻轻尝一口，会发现品质高的啤酒，口味纯正、爽口、味道浓醇。

患痛风的人不宜喝啤酒。有实验结果表明，痛风病人饮一瓶啤酒，血中的尿酸浓度增加一倍，可诱使痛风急性发作。另外，患慢性胃炎的人不宜喝啤酒，啤酒会造成病人胃黏膜损害，引起食欲减退、上腹胀满。

选购茶叶有何窍门

茶叶是生活的必备饮品，如何鉴别茶叶的优劣呢？可以从以下五个方面入手：

1. 看色泽。优质的新茶色泽一致，明亮有光泽；凡色泽乱杂、枯暗无光的茶叶，一定不是优良的茶叶。

2. 看匀度。品质好的茶叶，大小、长短较均匀整齐，下脚茶、粗老茶占的比例少。相反，劣质的茶叶长短、大小参差不齐，粗老茶所占比例很大。

3. 看纯度。茶叶的纯度是指茶叶中含杂质的多少，正品茶叶中一般不允许含任何杂质，副品茶叶中不含有非茶类杂质。而质次的花茶中或多或少含有梗、片、末等杂质。

4. 闻香气。抓一些茶叶，用鼻子细闻，香气越浓郁越好。不管是什么茶叶，有烟熏味、农药味、霉味等异味的一定是劣质茶叶。

5. 看条索。条索松紧与品质优劣有一定的关系。一般来说，紧结而重实的茶叶品质较好，粗而松、细而碎的，品质相对较差。

长期饮茶有益于健康，但也有一些事项需要注意：

1. 空腹的情况下不宜饮茶。

2. 吃完饭后，不宜立刻饮茶。

3. 如果服用中药威灵仙、土茯苓时，要少饮茶。

4. 处于哺乳期的妇女不应饮用浓茶。

如何鉴别绿茶

绿茶分眉茶、珠茶、龙井茶及扇茶等几种。质量比较好的眉茶条索紧秀；好的珠茶颗粒圆结；扇茶以平削光滑、匀净、色泽翠绿或苍绿油润为优。冲泡的绿茶开盖后，会散发出一种淡淡的清香，品尝时感觉鲜爽、口感好的质量佳。绿茶的色泽以翠绿或绿中微带柠檬黄且明亮的为好。茶汤以清澈、色泽绿或碧绿中呈黄色为好。

如何鉴别乌龙茶

从整体上来说，乌龙茶以条索结实肥重、卷曲为佳，色泽以沙绿乌润或青绿油润的为上品，冲泡后闻其香气时有馥郁清幽之感。质量比较差的乌龙茶外形粗糙松碎、轻飘，色泽枯褐呈铁色或橘红色，汤色泛青、红暗且带浊，梗片过多、茶汤淡薄、乏味或有粗涩异味，其叶底红处呈暗红、绿处呈暗绿，色暗而杂。

如何鉴别花茶

优质花茶的条索圆直、紧结且整齐，不含梗、片、末等杂质，手感较重，颜色乌黑有光泽，汤色浅黄明亮，香味浓而持久，滋味爽口而富有收敛性。相反，劣质花茶条索粗松弯曲，掺有杂质，手感较轻，颜色枯黄，发暗无光泽，汤色深黄或棕黄，香气不浓，且不持久，口感苦涩，不纯正。

如何鉴别新茶与陈茶

如果不认真鉴别，是很难区分新茶与陈茶的。一般情况下，鉴别新茶与陈茶主要有三种方法：

1. 闻香气。茶叶放置的时间越久，香气就会越淡。因此，新茶闻之有清香气，沏泡后香气更浓郁；而陈茶闻之多无清气，有的还有一股陈味。对着陈茶哈哈热气，湿润处叶色黄而干涩，闻之有霉味。

2. 看色泽。从外观上看，新茶色泽绿润，有光泽；而陈茶外观色泽灰黄，晦暗无光。比如：绿茶色泽青翠碧绿、汤色黄绿明亮；红茶色泽乌润、汤色红橙泛亮，说明是新茶。若绿茶枯灰无光、汤色黄褐不清；红茶色泽灰暗、汤色混浊不清，证明是陈茶。

3. 品味道。在储藏过程中，茶叶的味道会逐渐挥发掉。所以，不管何种茶类，新茶滋味较醇厚，而陈茶却淡而不爽。

如何鉴别果酒的质量

无论哪种果酒，其酒液应该清亮、透明，没有沉淀物和悬浮物，看上去非常清澈。比如，红葡萄酒以深红、琥珀色或红宝石色为好；白葡萄酒应无色或微黄为佳；苹果酒应该为黄中带绿；梨酒以金黄色为佳品。除此之外，各种果酒应该具有自身独特的色香味，如红葡萄酒一般具有浓郁醇厚而优雅的香气；白葡萄酒有果实的清香，给人以新鲜、柔和之感；苹果酒则应该有苹果香气。

如何鉴别白酒的质量

只要掌握如下三种方法，就可以轻松鉴别白酒质量的优劣：

1. 闻酒香。用鼻子贴近瓶口，手轻轻在瓶口扇动，这时可以闻到酒的香气，通过香气的高低和香气特点便知酒的质量。

2. 察酒色。把酒倒入无色透明的玻璃杯中，对着自然光观察，好的白酒清澈透明，无悬浮物和沉淀物。

3. 品其味。先小酌一点，让其在舌面上铺开，分辨味道的薄厚、醇和和粗糙，以及酸、甜、甘、辣是否协调，余味是否绵长。低档或劣质白酒，一般是勾兑的，或是用质量差或发霉的粮食做原料，工艺粗糙，设备简陋。这类酒卫生指标不合格，对人体有害，不宜饮用。

小贴士

尽量不要在空腹、睡前、感冒或情绪激动的时候饮用白酒，以免刺激心血管，引起心血管损伤。另外，饮用白酒要适量，忌过量饮用，否则会引起急、慢性酒精中毒，从而导致慢性胃炎、营养不良、神经炎、胰腺炎、心脏病、动脉硬化等疾病。

如何鉴别真假茅台酒

市面上的假茅台酒较多，如何防止买到假茅台酒呢？可以从以下几个方面鉴别茅台酒：

1. 察看生产厂家。茅台酒厂是独营企业，没有和任何厂家合营，也没有将其商标许可权授与其他厂家，或与其他企业共享。所以，如果生产厂家不对，那极有可能是假茅台酒。

2. 看销售渠道。茅台酒的销售凭证是指销售单、标台和专用章，这三者上面都没有“仁怀县”三字特别标注，说明是假酒。

3. 看外包装材料。茅台酒所用的酒瓶是乳白色的玻璃瓶，封口为大红色螺纹扭断式防伪铝盖，顶部有“贵州茅台酒”五个字，瓶口无内塞。整瓶酒外包一张优质正方形皮纸，装在彩盒中；外包装彩盒用的是进口白版纸加细瓦楞纸。盒上字体和色泽与商标、背贴上一致。如这几方面对不上，则可断定为假酒。

4. 适当品尝。茅台酒酒液无色透明，无任何悬浮物及沉淀，口味绵软醇香，空杯留香持久，回味无穷。

如何鉴别真假五粮液

五粮液也是中国名酒，市面上的假货较多，为防止买到假五粮液，在选购时可从以下三方面进行鉴别：

1. 看产品商标。正品五粮液商标用纸、印刷、色彩十分规范。“五粮液”三个字系用凹版印制，表面光滑，有凸出感，字体清晰，边缘无毛刺感，字体线条无断裂，整体色彩饱和，套印准确，印刷精致。商标上的净含量、酒精度、原料、厂名、厂址等铅印部分的小字非常清晰。假冒的五粮液套色不好，白字套在黑色边框外，凹凸感差。

2. 看包装材质。五粮液瓶盖主要有塑料盖、三防盖、高防改进型瓶盖，颜色为大红色，色泽鲜明。真品塑料封口光泽好，字迹清晰；而假冒品则往往达不到这样的标准。

3. 看防伪用纸。正品五粮液采用了特别的防伪纸，当撕开防伪纸时，会发现撕口非常整齐。假五粮液撕口不齐，呈锯齿状，容易产生破损。

如何识别天然矿泉水

鉴别天然矿泉水也是有窍门可循的，一般来说，有以下几种方法：

1. 看水质。天然矿泉水在日光下清澈透明，且不含杂质，没有混浊或沉淀现象。

2. 看张力。天然矿泉水矿化度较大，水的表面张力相对增大。将天然矿泉水注满玻璃杯，如水面稍微隆浮，属正宗矿泉水。

3. 看瓶壁有无小水滴。在相同温度的条件下，天然矿泉水吸热、放热速度较慢。在夏天高温季节，瓶表面一般有冷凝小水滴出现。反之，为假冒矿泉水。

4. 品其味道。天然矿泉水口感甘甜无异味，碳酸型天然矿泉水有些苦涩感。如果是非天然矿泉水，会有明显的氯气味。

【水果类】

如何选购苹果

优质的苹果有几个特点：个头大，且大小均匀，色泽鲜艳，没有病虫害，酸甜适度，入口清脆，味道纯正。另外，新摘下来的苹果皮表面有一层薄薄的白霜。优质的苹果一般多生长在树冠上方或外部，因能长时间接受雨露阳光，故味甜肉脆，营养也比较高。

通常，苹果都是如何分类的呢？

一类苹果

一类苹果一般有红富士、红金星、红冠、红香蕉、红星、嘎拉等。这些苹果有一个特点，就是色泽均匀鲜艳，表面洁净光亮，红者艳如珊瑚、玛瑙，青者黄里透出微红。同时，这类苹果具有各自品种固有的清香味，肉质香甜鲜脆，味道可口，个头以中上等大小且均匀一致为佳，无病虫害，鲜有外伤。

二类苹果

二类苹果通常指青香蕉、黄元帅等。青香蕉的色泽为青色透出微黄，黄元帅色泽为金黄色。此类苹果个头以中等大小且均匀一致为佳，无虫害，没有外伤，没有锈斑。

三类苹果

三类苹果主要有国光、红玉、翠玉、鸡冠、可口香等。这类苹果色泽不一，但均有光泽且洁净。

国光苹果滋味酸甜稍淡，咬起来清脆；而红玉苹果及鸡冠苹果，颜色很相似，酸度较大。此类苹果个头以中上等大小且均匀一致为佳，无虫害，无锈斑，无外伤。

虽然苹果营养价值较高，是大多数人都喜爱的水果，但是，也有一些人不宜吃苹果，或者应少吃：

1. 溃疡性结肠炎的病人。这类病人不宜生食苹果，特别是急性发作期。由于肠壁溃疡变薄，苹果质地较硬，又加上含有1.2%粗纤维和0.5%有机酸的刺激，不利于肠壁溃疡面的愈合，且可因机械性地作用肠壁易诱发肠穿孔、肠扩张、肠梗阻等并发症。

2. 白细胞减少症的病人、前列腺肥大的病人。白细胞减少症的病人、前列腺肥大的病人均不易生吃苹果，以免使症状加重或影响治疗效果。

如何识别真假红富士苹果

从外形上看，红富士苹果主要有这些特点：首先，颜色为红色，红色的深浅也因成熟程度的不同而异。不过，有些苹果也是红色的，如红香蕉、红星苹果等，所以，不能只从颜色上进行断定；其次，果形为圆形或椭圆形，上下平面大小相同，两边没有斜度或斜度较小，顶部肚脐眼没有突起的棱角。其他苹果，如红香蕉、红星苹果等果形则为倒圆锥形，即上大下小，两边有较大的斜度，顶部肚脐眼有突起的小棱角；再次，红富士的果皮摸起来要比红香蕉、红星苹果等光滑。红富士苹果含水分较多，品尝起来甜脆可口，而红香蕉、红星苹果则质地松软，品尝起来有软绵绵的感觉。除此之外，还要看上市时间。红富士苹果属晚熟品种，上市时间较晚，11月份以后才陆续成熟上市。在此之前，虽然有少量早熟的红富士苹果上市，但数量非常少，价格也比较高。

如何选购葡萄干

购买葡萄干时，若遵循以下几个诀窍，便可以挑选到优质的品种：

1. 观察色泽。红、白葡萄干外表都应带有糖霜及光泽，并呈透明和半透明状。品质好的红葡萄干为红紫色，白葡萄干为微绿色。如果颜色为暗黄或黄褐色及黑褐色，表明这样的葡萄干质量较差。

2. 细看外形。葡萄干颗粒均匀饱满，干瘪的果粒极少，并且无果梗、叶片和杂质，颗粒之间有一定空隙，没有黏团现象，手摸有干燥感。用手攥一下再放下，颗粒能迅速散开。这样的葡萄干品质较佳。如果颗粒表面有糖油，或手捏颗粒易破裂的葡萄干质量较差。

3. 品尝味道。品尝一粒或几粒葡萄干，质量好的葡萄干味甜且鲜醇，不酸涩，无异味。质量较次的葡萄干有酸味、霉味或口感牙碜。

如何选购猕猴桃

在挑选弥猴桃时，可以参考下面的一些方法：

1. 看硬度。应挑选质地较硬的果实，大凡变软或局部有点软的，最好不要买。因为变软，说明已经存放了一段时间，如果已经选购，要尽快食用。

2. 看个头。小型果在口味上和营养上并不逊色于大型果，所以没必要一味挑选大果，尤其是个头特别大的，要谨慎选购。

3. 看外形。好果一般体形饱满、无伤无病，蒂部附近透出隐约绿色。有人喜欢看表皮毛刺的多少，其实，品种不同，毛刺多少也不同，所以不能作为挑选标准。

4. 看颜色。浓绿色果肉、味酸甜的猕猴桃品质最好，维生素和保健成分含量最高。果肉颜色浅些的质量稍次。

猕猴桃美味可口，但并非人人都可以食用。由于猕猴桃性寒，故脾胃虚寒者应慎食，经常性腹泻和尿频者不宜食用，月经过多和先兆流产的病人也应忌食。

选购菠萝有何窍门

挑选菠萝时，应选果体大而饱满，皮色黄中带青，色泽鲜艳，硬度适中，香味足，汁多味甜的为好。

成熟的菠萝皮色黄而鲜艳，果眼下陷较浅，果皮老结易剥，果实饱满味香，口感细嫩。若皮色青绿，手按有坚硬感，果实无香味，口感酸涩则说明菠萝尚未成熟。

如何选购椰子

选购椰子时，应挑选皮色呈黑褐色或黄褐色、外形饱满、呈圆形或长圆形、双手捧起时手感沉重、放在耳边摇动汁液撞击声大的。

劣质的椰子皮色灰黑，外形呈梭形、三角形，摇动果身时，汁液撞击声小。

如何选购柠檬

优质柠檬色泽鲜亮滋润，果蒂新鲜完整，果形正常，果身坚实没有萎蔫现象，果面清洁没褐色斑块，有浓郁的柠檬香味，适合用来泡水喝。

柠檬不要与海味食品如虾、蟹、海参、海蜇等同食，柠檬中的果酸会使蛋白质凝固，也可与钙结合生成不易于消化的物质，降低食物的营养价值，导致胃肠不适。

如何选购樱桃

选购樱桃时，没有什么诀窍，坚持一点准没有错，那就是要选粒大饱满、色泽鲜红或红中略带黄色的，这种樱桃往往表皮光滑、光亮，剔透饱满，富有弹性，无破皮、无渗水现象，肉质厚而软。

相比之下，劣质的樱桃果实色泽暗晦，果身软潮发皱，皮表面有胀裂，破皮处有“溃疡”现象，或果蒂部分呈褐色。

如何选购杨桃

选择杨桃时，应选果皮黄中带绿、有光泽、棱边呈绿色的品种；而过熟的杨桃皮色橙黄，棱边发黑；不熟的杨桃皮色青绿，味道酸涩。

如何选购草莓

选购草莓时，要挑选果形整齐，果面洁净，粒大，色泽鲜艳，呈淡红色或红色，汁液多，甜酸适口，香气浓，成熟度为八分熟，甜中带酸且无虫咬、无伤烂、无压伤等现象的草莓。

草莓含草酸钙较多，故脾胃虚寒、肺寒咳嗽、风热咳嗽、咽喉肿痛、声音嘶哑的人不宜过多吃草莓。

如何选购杨梅

购买杨梅时，应挑选果面干燥、无水迹现象，个大浑圆，果实饱满、圆刺、核小、汁多、味甜的为好。肉质酥软的为过熟；肉质过硬 的为过生，吃起来酸涩，口感欠佳。

如何选购哈密瓜

购买哈密瓜要选择八成熟以上的。这时瓜味最浓，口感最好。

八成熟以上的哈密瓜，其特征是瓜皮有鲜明的色彩或花纹，瓜柄基部产生离层，柄自然落蒂的瓜皮网纹明显或产生裂纹。

如何挑选西瓜

挑选西瓜时，可以参考下面的几个窍门：

1. 看皮色。熟西瓜瓜皮毛茸消失，皮色油亮有强光泽，瓜上纵纹斑已渐呈分散虚线状，青黑条纹分明，瓜把小而凹进去，瓜贴地的一面呈黄色，越黄越好。如果稍微发黄或还是深青色说明瓜尚未成熟。

2. 看瓜蒂。瓜蒂细小的多为熟瓜，蒂粗又带茸毛的多为生瓜。

3. 摸表皮。用手指摸瓜面，感觉软而发黏的是生瓜，滑而硬的是熟瓜。

4. 拍瓜身。轻拍瓜身，声音“噗噗”响，手感重的是生瓜；瓜声嘭嘭响，手感轻的，说明这个瓜酥熟。

5. 听瓜声。用拇指顶住瓜头，放耳边有沙沙之声，便可以断定是沙瓤熟瓜。

以下四类人不宜多吃西瓜：

1. 肠胃虚寒者。肠胃虚寒的人如果西瓜吃多了容易伤脾胃，导致食欲不佳，消化不良，引起腹胀、腹泻。

2. 肾功能障碍者。这类人群水分调节能力低，常吃西瓜会诱发或加重水肿症状。

3. 糖尿病患者。西瓜的含糖量较高，糖尿病患者多食无益血糖的降低。

4. 高龄老人。上了年纪的人，多数有脾胃偏寒、心肾功能差的问题，吃西瓜不宜过量。

如何选购上等香蕉

香蕉的品质因品种、产地、结果季节不同而异。品种以香芽蕉最好，龙芽蕉次之，粉蕉再次之，大蕉居后。同一品种的香蕉，一般果实较大、皮薄、新鲜、无病虫害、无伤烂、色味俱全的品质较好。在挑选香蕉时，可以使用如下的几种方法：

1. 用两指轻轻捏果身，如果有一些弹性，说明是适度成熟果；如果捏上去较硬，则为生果；果皮太软的，一捏就陷下去的为过熟果。

2. 两端带青的为成熟适度果；果皮全青的为过生果；果皮变黑的为过熟果。

3. 果肉完整、肉色洁白或略透黄的为成熟适度果；果皮不易剥离的为过生果；剥皮粘带果肉的为过熟果。

4. 甜香俱全的为成熟适度果；肉质硬实，缺少甜香的为过生果；涩味未脱的为夹生果；肉质软烂的为过熟果。

香蕉与芭蕉有何区别

香蕉和芭蕉的外形很相似，可以使用如下的方法来区分：

1. 看颜色。香蕉未成熟时为青绿色，成熟后转为黄色，带有褐色斑点，果肉呈黄白色，横断面近圆形。芭蕉果皮呈灰黄色，成熟后无斑点，果肉呈乳白色，横断面为扁圆形。

2. 看外形。芭蕉的两端较细，中间较粗； 面略平，另 面略弯，呈“圆缺状”。其果柄较长，果皮上有3个棱。香蕉外形弯曲呈月牙状，果柄短，果皮上有5~6个棱。

3. 尝味道。香蕉香味浓郁，味道甜美。芭蕉虽然也比较甜，但甜中略带一丝酸。

如何挑选荔枝

荔枝分很多品种，常见的有三月红、黑叶、桂味、米枝、挂绿、妃子笑等。在挑选不同的荔枝时，有以下窍门：

1. 黑叶荔枝的挑选。成熟好的黑叶荔枝果实呈卵圆形或歪心形，中等大，壳薄，色暗红，龟裂片平钝，大小均匀，排列规则，裂纹和缝合线明显，果肩平，核比较大。

2. 三月红荔枝的挑选。红荔枝因在农历三月下旬成熟，故得名三月红。新鲜成熟度好的三月红荔枝果色青绿带红，皮壳厚脆，龟裂纹片大小不一，果顶龟裂尖细刺手，裂纹明显，果大肩高，上宽下尖，成扁心形，核大。

3. 米枝荔枝的挑选。米枝荔枝又称糯米枝荔枝，果形上大下小，扁心形，个头大，颜色呈鲜红色，龟裂片大而隆起，片峰平滑无刺，果肩一边显著隆起，蒂部略凹，果顶浑圆，肉厚核小。

4. 桂味荔枝的挑选。品质较好的桂味荔枝果呈球形，浅红色，个头中等，果壳薄而脆，龟裂片突起呈不规则圆锥形，片锋尖锐刺手，且有较深的环线沟；裂纹和缝合线明显，有桂花香味，果核有大有小。

如何挑选新鲜龙眼

品质好的鲜龙眼一般有几个特点：新鲜，成熟适度，果大肉厚，皮薄核小，香味多汁，果壳完整，色泽不减。在具体挑选时，可从三方面把握：

1. 看。果壳黄褐且略带青色，为成熟适度的果，如果外壳多为青色，则龙眼成熟度不够。

2. 捏。用手指捏，若果壳坚硬，则为生果；如感觉果壳柔软而有弹性，是成熟的特征；果壳若软而无弹性，则龙眼成熟过度，并即将变质。

3. 剥。剥去果壳，若肉质莹白，容易离核，果核乌黑，说明成熟适度；若果肉不易剥离，果核带有红色，则表明果实偏生，风味较淡。

如何挑选柑橘类水果

柑橘类水果主要包括橘、柑、橙、柚、柠檬等几种。可根据各自特有的色、香、味来区别其优劣，一般色泽鲜艳，香气浓，甜味足或甜酸适口，汁水较多的柑橘，都属于上品。反之，皮色暗淡，无香气，酸多甜少，瓤内粗糙，汁少有渣的，就是低劣品种。

同品种的柑橘，要多观察其果色、果形、果面、果梗、果汁、风味等，以做出正确的选择，具体方法如下：

1. 果色应有成熟期色泽，底色大多为黄或橙红、鲜红，局部微带绿色。如果绿色超过果面一半，则采收偏早。

2. 果形端正，不存在半边大或小，无异状突起或凹陷等畸形。

3. 果梗应新鲜、色青，不脱落，剪口平整。

4. 果面应清洁、光亮，没有明显的病虫害、伤口和缺陷。

5. 应保持正常果汁率，无枯水现象。

6. 应反映本品种风味特点，优良品种含糖量应在10%以上，含酸量在1%左右，有香气，无苦味。

如何选购红枣

看似小小的红枣，其实挑选起来是有许多窍门的：

1. 观察外形。品质好的红枣皮色紫红，颗粒大而均匀，果形短壮圆整，皱纹少，痕迹浅，这样的红枣皮薄核小，肉质厚而细实；如果红枣皱纹多，痕迹深，果形凹瘪，则肉质差或是由未成熟的鲜枣制成的干品。如果红枣的蒂端有穿孔或粘有咖啡色或深褐色的粉末，说明红枣已被虫蛀了。

2. 用手轻捏。用手将成把红枣紧捏一下，如感到滑糯又不松泡，说明质细紧实，枣身干，核小；如果用手捏，红枣松软粗糙，质量就差；要是红枣湿软而粘手，说明枣身较潮，不耐久贮，易霉烂变质。

3. 亲口品尝。如果果肉厚实、味道甜则枣的品种好。如果肉质松软、甜味差、有酸涩味则枣的质量差。

小贴士

枣的含糖量较高，糖尿病患者不宜多吃，否则容易损害胰岛功能，引起血糖和尿糖迅速上升，加重病情。另外，枣性温，体热的人不可多吃。同时，体质燥热的女性朋友，也不适合在经期服食鲜枣，因为这极可能会引起经血过多而伤害身体健康。

选购干枣有何窍门

干枣是由鲜枣经晾晒加工而成。所以，在挑选干枣时，要尽可能细心一些。具体该如何挑选呢？可以参考下面的方法：

1. 看成色。好的干枣应为紫红色，光泽度好，且皱褶少而浅，不掉皮屑。皮色不鲜亮，无光泽或呈暗红色，表色有微霜，有软烂硬斑现象的干枣为次品。

2. 观外形。好的干枣外形完整，颗粒饱满、均匀，无损伤或霉烂。如干枣有虫眼，或局部有咖啡色粉，说明品质较差。

3. 摸干湿。干枣的干湿度与质量密切相关。检验方法是手捏干枣，松开时枣能复原，手感坚实的质量为佳。外表湿软粘手，表面返潮，极易变形的为质次品，湿度大的干枣极易生虫、霉变、不能久存。

4. 亲口品尝。好的干枣口感很甜，肉多而厚，肉色黄而细实，枣核小。如果干枣味淡不甜、有苦涩味且核大的为质量较次的。

选购质优乌枣有何窍门

许多人在购买乌枣时，不知该如何挑选。下面就给出一些挑选的方法：

1. 看果形。乌枣短壮圆整，顶圆蒂方，大而均匀，肉质坚韧细腻的为优质品；果形不整或长形，果粒不匀，肉质松泡，皮纹粗的均属次品。

2. 看色泽。乌枣色泽乌亮，黑里泛红，果皮花纹细致且浅而明晰的质优；皮色乌黑或色黑带萎的乌枣质次。枣皮褐红的乌枣是熏制不熟的次品。

3. 看干湿。抓一把乌枣，然后紧握，如果肉质紧实，枣形不变，不粘手，则含水分较少；如果枣变形，粘手，脱皮的，则含水量较多。另外，挑选时还要认真观察乌枣顶部，看有无虫眼或蛀屑。

4. 看肉质。肉质紧细而味甜，肉色蜜黄，核小的乌枣质好；肉质松泡，味淡而有粗糙感，或带有酸味，肉色淡黄，核大的乌枣质次。

【调料类】

如何选购食用盐

食用盐是家家户户必备的调料，一般大家都习惯到超市买专营的袋盐。如果购买散装盐，该如何挑选合格的盐呢？主要从以下四个方面考虑：

1. 看结晶状况。高品质的盐非常纯净，结晶很整齐，且坚硬光滑，水分少，很少返卤吸潮；如果盐中所含的杂质多，结晶不规则，容易返卤吸潮，则质量差。

2. 看盐的色泽。优质的食盐颜色洁白，呈透明或半透明状；劣质食盐色泽偏暗，或呈黄褐色。

3. 品尝咸味。纯净优质的食盐有正常的咸味，无异味。如果盐的含钙、镁等水溶性杂质较多时，会稍带些苦、涩味；如果含沙等杂质时，会有牙碜的感觉。

4. 做小实验。鉴别盐是否为加碘盐的一个小妙招是，将盐撒在淀粉溶液或切开的马铃薯切面上，如果显现蓝色，就是真碘盐。

碘是人体必需的元素。它可以在人体内合成甲状腺激素，从而有助于蛋白质合成和神经系统发育，促进糖和脂肪代谢，对水盐代谢和能量转换等人体的基本生命活动起到重要作用。如果身体长期缺碘，很容易患大脖子病。孕妇如果缺碘，还可妨碍胎儿的发育，婴儿缺碘则会发生呆小症。

如何选购食用油

食用油是日常生活中的必需品，且种类很多。如何选购到优质、正宗的食用油呢？有以下四个窍门可供参考：

1. 了解生产工艺。食用植物油的生产工艺主要有两种，即压榨和浸出。压榨法采用物理机械压力制取食用油，并用物理方法提炼，在整个生产过程中，不会添加任何化学物质，产品纯净不受污染，原汁原味，口感佳，并且保留了更多的营养成分。其中，纯物理压榨工艺是当前较为领先的制油工艺，但这类食用油价格相对较高。所谓浸出法工艺，即采用化学溶剂浸泡油料取得食用油，并用化学提炼等方法提炼，生产较为繁复。其中，化学物与轻汽油要相互混合，生产出的食用油口味、营养都会发生变化。

2. 看生产原料。国家明文规定，食用油必须标注原料来源，即标明清楚其原料是非转基产品还是转基因产品，产品的原料产地在哪里。转基因产品是人为的产物，虽然价钱便宜，但食用后是否安全健康尚无定论。非转基因食品是天然产品，虽然价钱比转基因产品贵些，但安全，对健康有保证，消费者可放心选用。产品的原料产地也是很重要的，如花生油原料最好的就是产自山东的大花生。

3. 多听专家建议。到底该选哪一种食用油，其实是很有讲究的。在购买时，先要看相关的产品验证，比如QS安全认证标志。无质量安全认证标志的，尽量别买。无认证标志，表明厂家不具备基本的生产食用油的条件。如果一种食用油不但获得QS认证，而且也是中国名牌产品、营养健康倡导产品、绿色食品，那消费者就可以放心选购。

4. 看化学添加剂。食用油中所含的营养成分较多，但每一种元素的添加量是有要求的。其中，维生素E不只是一种高价值营养素，也是一种十分优良的天然抗氧化防腐剂，有保质保鲜的作用。如果食用油是由浸出法生产的，油中的大部分维生素 E都会损失掉，为了增加油的保质期，同时考虑到成本因素，大多数食用油选用化学合成的抗氧化防腐保鲜剂。采用5S纯物理压榨工艺生产的花生油，基本会保留油中大部分维生素 E等，所以无需添加抗氧化剂就能保存很长时间，并且能够彻底去除对人身体不利的黄曲霉素，更天然，更有营养，口味也更好。

油的质量不同，气味也不同。手心上滴一两滴油，双手合拢摩擦，手发热时仔细闻其气味。有异味的油，说明质量有问题；有臭味的油很可能是地沟油；若有矿物油的气味更不能买。

如何挑选优质酱油

酱油也是生活中的必需品，几乎每天都会用到。品质好的酱油都具备哪些特点呢？

1. 酱香味重。如果酱油只有色，没有味，那算不上是酱油。质量上乘的酱油，轻轻一闻，就可嗅到一股酱香味，没有其他异味。如果酱油有霉味或焦味，则说明酱油已发霉不能食用。

2. 色泽红润。优质的酱油呈红褐色或棕褐色，澄清不浑浊，没有沉淀物。

3. 味道鲜美。品质优良的酱油，酱香浓郁、无异味。通常，味道鲜美、醇厚、咸淡适口、无异味的酱油质量比较好。

4. 无沉淀和杂质。如果是瓶装酱油，可将瓶子倒竖，视瓶底是否留有沉淀；再将其竖正摇晃，看瓶子壁是否留有杂物，瓶中液体是否浑浊，是否有悬浮物。优质酱油应澄清透明、无沉淀、沉渣、无霉花浮膜。

如何选购食用醋

从生产工艺上说，醋有勾兑和酿造之分。酿造醋品种虽因选料和制法不同，性质和特点略有差异，但总的来说，以酸味纯正、香味浓郁、色泽鲜明的醋为佳。选购食醋时，可从以下几方面进行质量鉴别：

1. 包装。认准食醋产品包装上注有的“纯酿造”之类的字样。否则，就意味着产品是勾兑出来的。

2. 看标号。如果注明的是GB18187，即为酿造醋。

3. 看酸含量。对酿造醋来说，酸度越高越好，比如，总酸度6%的就比3%的好。

4. 看质地。摇一摇，没有加增稠剂和焦糖色素的醋，质地浓厚、颜色浓重、品质较好，不必追求透明。

5. 尝味道。酸香浓郁、味感柔和、醇厚的产品品质较好。

6. 看价格。优质酿造产品成本远比勾兑醋成本高，购买食醋时勿贪图便宜。

纯正香油如何识别

市面上销售的香油较多，怎样才能购买到纯正的香油呢？主要有四种鉴别方法：

1. 看颜色。正宗的香油，颜色淡红或红中带黄。一般来说，机器压榨的香油比小磨香油颜色要淡。掺菜子油的油花呈淡黄色，掺棉籽油的油花呈黑色，掺花生油的油花呈白色。

2. 看外观。取一只小碗，在碗中倒入半碗清水，然后滴一滴香油，正宗的香油很快会扩散成薄薄的油花，然后凝成若干个小油珠；而掺假的香油油花既大又厚，且不易扩散。

3. 闻味道。正宗的香油在制作过程中，会保留浓郁而纯正的芝麻香味，而且越闻越味。正品小磨香油香味醇厚、浓郁、独特；如掺进花生油、豆油或菜子油，则香气变差，并带有花生、豆腥等气味。

4. 冷冻测试。将香油放入冰箱或冰柜内，当香油温度达到零下10℃时，纯香油和掺假香油会表现出不同的状态。纯正香油为液态，掺假香油则开始凝结。

如何鉴别花椒的质量

花椒是一种必需的调味品。不管是哪种花椒，都呈红褐色，其味麻辣微涩、芳香浓烈，炒熟后香气更浓，有助于去腥味。花椒主要有4个品种，即大花椒、小花椒、豆椒、青椒。大花椒又称油椒，其干品为酱红色，香味浓厚。小花椒也称狗椒，果实比大花椒小，皮也略薄，香味浓烈并带有腥味。豆椒又名白椒，果实皮薄，柄较长，香味淡。青椒也称七花椒，皮色青褐，品质比较差。

在选购花椒时，要特别注意以下一些技巧：

1. 看外观。品质较好的花椒壳色红艳油润，粒大且均匀。果实开口而不含有籽粒，或含极少量籽粒，整洁无枝干，无碎粒。

2. 摸干湿度。用手抓一些花椒，轻捏，如果感到糙硬、刺手，且稍用力就会捏碎，拨弄时有“沙沙”的响声，说明比较干爽。

3. 辨别成熟度。如何辨别花椒的成熟度呢？主要看花椒顶端裂口，口裂得越大，香气越浓郁，味道越麻，成熟度越高。反之，成熟度差。

如何选购鸡精

鸡精是烹饪的必备调味料，如何选购优质的鸡精呢？主要有五种方法：

1 看产品包装。正宗、合格的鸡精，通常会采用三层铝箔包装。

2. 观察颜色。如果鸡精的颜色过黄，呈深黄色，则很可能添加了色素。

3. 闻味道。正宗的鸡精受热后，香味扑鼻。而掺假的鸡精，或是劣质的鸡精，在菜晾凉后，很难闻到香味。

4. 看沉淀物。将鸡精放入盛着清水的玻璃杯中，然后用筷子搅动。优质鸡精的溶液比较浓厚，沉淀物较少。

5. 看价格。一般来说，价格稍贵的鸡精，质量更有保证。因为符合行业标准的鸡精产品，成本平均要比假冒伪劣的鸡精高出50%以上，所以价格要贵一些。

小贴士

在食用鸡精时要注意二点：一是鸡精怕高温。鸡精中含有谷氨酸钠，如果长时间高温加热，会产生有毒物质；二是鸡精里含有核苷酸，核苷酸的代谢产物就是尿酸，故痛风患者应尽量少吃。

如何鉴别味精的真假

味精是以粮食为原料经发酵提纯的结晶体。好的味精应具有正常色泽、味道，没有异味和杂物。而劣质的味精往往掺有食盐、白糖、石膏、碳酸钠等。

味精若以食盐作为掺假物，则口尝是咸味的，用水浸泡后溶解的液体也是咸的。正常味精无色透明，呈小杵状结晶，掺入食盐后则系出白色粉状结晶，易潮解。若以白糖作为掺假物，则口尝是甜味的，用水浸泡溶解后的液体也是甜的。掺入白糖后则系出白色粉状或方块状微透明结晶。若以石膏作为掺假物，口尝为苦涩味，用水浸泡不溶解，可见白色大小不等的片状结晶。若以碳酸钠作为掺假物，口尝为微咸味，用水浸泡溶解后的液体也是微咸味的。

在菜品中添加鸡精的话，尽量不要吃醋。为什么呢？因为味精在酸性环境中不易溶解，而且酸性越大，溶解度越低，鲜味效果越差。所以糖醋里脊、醋熘白菜等酸味大的菜肴都不能放味精。

选购桂皮有何窍门

在烹制肉类食物时，桂皮是经常被用到的一种调味品。如何选购合格的桂皮呢？

1. 看折断面。桂皮晒干后，质地坚实，用手折时松脆易断，声音响，断面平整；较潮的桂皮折断时声音不响而带韧性，断面呈锯齿状。

2. 尝味道。用牙咬桂皮，或是用舌头轻轻添折断处，如果香味重，且带微甜味，说明品质较好。

3. 看表面。桂皮的表面为青灰中透淡棕色，里面为棕色；表面有细纹，里外有光泽的质好。表面色黑褐，有霉绿点，或有灰白色疥斑的为劣质桂皮。

4. 测长度。桂皮的长度一般在35厘米以上，厚薄均匀，优质的桂皮厚度为3～5毫米。长度在10厘米以下的质地较差，要谨慎购买。

制作一般菜品，一次不要放入太多的桂皮，否则，桂皮的香味会盖过菜本身的味道。桂皮香气浓郁，含有可致癌的黄樟素，所以食用量越少越好，且不宜长期食用。

选购八角有何窍门

小小的八角，也是烹饪中不可或缺的调味品。在挑选八角时，可以参考下面的几种方法：

1. 看外形。之所以叫八角，是因为真八角确实有八个角，市面上有的八角为十个角，实为假品。真八角的果又肥又大，假的果又瘦又小。真八角的果柄平直，假的果柄弯曲。真八角的籽粒饱满，色泽明亮，假的籽粒瘦瘪无光泽。

2. 尝味道。取一粒八角，用牙咬下一个角，在口中嚼会有甜味，假品有刺激性苦味和樟脑味。

3. 闻气味。真八角的香味纯正，假八角有一种松叶气味。

如何选购大葱

大葱是一种调味品蔬菜，味辛辣芳香，营养比较丰富，能帮助消化以及杀灭、抑制多种致病菌。品质好的大葱，棵大、整体均匀、无腐烂、无虫蛀。购买大葱宜选葱头粗壮、葱白多、肉质厚、外面附微红色薄衣的，人们称它为“红头葱”或“肉葱 ”。葱白部分越长越好。

如何选购烹调用生姜

烹调时常用的姜有新姜、黄姜、老姜、浇姜等。新姜皮薄肉嫩，味淡薄。黄姜香辣气味由淡转浓，肉质由松软变结实，是姜中的上品。老姜俗称姜母，即姜种，其皮厚肉坚，味辛辣，但香气不如黄姜。浇姜附有姜芽，可作菜肴的配菜或酱腌，味道鲜美。

如何选购干辣椒

干辣椒是在制作菜品时经常用到的调味料，什么样的干辣椒才算得上是上品呢？在选购过程中，应从以下几个方面去挑选：

1. 看品质。选购干辣椒首先要看品质，不能太碎、不能太脏、不能有霉点。

2. 闻味道。好的干辣椒闻起来有干辣椒本身的干香味道，但是又不会太呛鼻，不会有任何化学味道。

生活中，我们经常用到的干辣椒主要有：二荆条、子弹头、七

星椒、小米辣。二荆条不太辣，但是入菜之后的香味很浓。子弹头是个头非常小的比较圆的品种，短粗如子弹头。子弹头的味道比二荆条辣一点，但是没有二荆条香。

如何识别真假花椒面

市面上，销售的花椒面往往真假难辨。为了少花冤枉钱，在挑选花椒面时，应该注意真假花椒面的特点：

1. 真花椒面的特点。正宗花椒面呈棕褐色粉末状，有刺激性特异香气，闻之刺鼻打喷嚏，用舌尖品尝很快就会有麻的感觉。

2. 掺假花椒面的特点。因掺入多量麦麸皮、玉米面等，外观上往往呈土黄色粉末状，或有霉变、结块现象，花椒香味很淡，口尝时舌尖微麻或不麻，并有苦味。

如何识别真假胡椒粉

与花椒面一样，市面销售的胡椒粉也是五花八门。那怎样买到货真价实的胡椒粉呢？这就需要了解真假胡椒粉的一些特点。

胡椒粉是由热带植物胡椒树的果实碾压而成的，分白胡椒粉和黑胡椒粉两种。白胡椒粉为成熟的果实脱去果皮的种子加工而成，黑胡椒粉是未成熟而晒干的果实加工而成。

为了降低成本，假胡椒粉可能会掺杂米粉、玉米粉、糖、麦皮、辣椒粉、黑炭粉、草灰等杂物，其中只含有少量胡椒粉，或根本不加胡椒粉。假胡椒粉色泽淡红，粉末不均匀，香气淡薄或根本无香气，味道异常，用手指头蘸上粉末摩擦，指头马上染黑。若放入水中浸泡，液体呈淡黄色或黄白色糊状，底部的沉淀物中有橙黄、黑褐色的颗粒。

如何识别真假辣椒粉

真正的辣椒粉应是红色或红黄色、油润而均匀的粉末，具有辣椒固有的辣香味，闻之刺鼻打喷嚏。

劣质的辣椒粉中常见的掺假物有麸皮、黄色谷面、番茄干粉、锯末、干菜叶粉、红砖粉等。掺假的辣椒粉多为砖红色，肉眼可见大量木屑样物或绿色的叶子碎渣，略能闻到一点或根本闻不到辣味。

黄酒与料酒的区别是什么

黄酒与料酒在外观上非常像，很多人都难以分辨。其实，黄酒是一种饮料酒，而料酒是在黄酒的基础上发展起来的一种新品种。料酒是用30%～50%的黄酒做原料，另外再加入一些香料和调味料做成的。

黄酒温饮可帮助血液循环，促进新陈代谢，具有补血养颜、活血祛寒、通经活络的作用，能有效抵御寒冷刺激，预防感冒；同时黄酒还可作为药引子食用。与黄酒相比，料酒主要是用来制作菜品的。炒菜的时候，放一些料酒，可以提味。

小贴士

白酒不能替代料酒。有的人认为，黄酒、白酒都是酒。所以，当料酒用完后，就用白酒替代，觉得这样也可以烹制出可口的佳肴。其实，这种做法是错误的。因为白酒乙醇浓度较高，容易破坏菜肴的原味，菜肴味道自然没有用料酒好。

如何识别虾油的优劣

如何识别虾油优劣呢？通常有几种方法：

1. 闻气味。用手握住瓶子，并微微摇动，品质好的虾油会散发出一种独特的鲜美香气；如果虾油品质不好，会有一股腐败臭味。

2. 观察颜色。将少许虾油倒入透明容器内，然后对着自然光观察，如果虾油透明，无悬浮颗粒物，说明油品比较好。品质差的虾油会发乌，而不会呈现应有的橙红色或橙黄色。

3. 适量品尝。取少量虾油放入口内，好的虾油味道鲜美，余味幽香，无苦涩味及异味，不发咸。

4. 摇晃测试。用手有节奏地摇动瓶子，使其产生泡沫。如果泡沫消失得快，说明其发酵完全，贮藏期可相对较长，反之则不易久存。

【米面类】

怎样识别新米和陈米

如果不细心观察，是很难区分新米和陈米的。在选购大米时，为了买到品质较好的新米，可以用下面的方法来鉴别：

1. 看颜色。新米色泽呈透明玉色，陈米则颜色较深或呈咖啡色。

2. 闻气味。新米有股浓浓的清香味，陈米则几乎没有清香味。

3. 试松软。新米含水量较高，吃起来较松软，味道清香。陈米则含水量较低，吃起来较硬。

如何鉴别面粉的优劣

面粉放久了，或是存放条件差，都容易变质。有时候，售卖者会将新面粉与劣质面粉掺在一起。如何识别面粉的优劣呢？可以参照下面的方法：

1. 看颜色。优质面粉色泽呈白色或微黄色，劣质面粉色泽暗淡，呈灰白色或深黄色。若在面粉中过量添加增白剂，面粉则呈灰白色，甚至青灰色。

2. 用手捻。新面粉捏时呈细粉末状，置于手中紧捏后放开不成团。用手指捻劣质面粉时，有粗粒感，有杂质，有结块，置于手中紧捏后放开手成团，这样的面粉易生虫。

3. 闻气味。取少量面粉，闻其气味。优质面粉无异味，劣质面粉微有霉臭味、酸味、煤油味或某种异味。

4. 尝味道。取少许面粉放入口中细嚼。优质面粉味道淡而微甜；劣质面粉微有发酵、发甜、发苦等异味，而且有刺喉感，咀嚼时有沙声。

如何选购大米

大米是一种主食，市场上的大米品种也是多种多样，挑选起来真叫人眼花缭乱。大米名称不同，口味不同，价格也悬殊。市场上常见有泰国香米、珍珠米、水晶米、长粒米……我们该如何挑选呢？

1. 看腹白。大米粒腹部常有一个不透明的白斑，白斑在大米粒中心部分被称为“心白”，在外腹被称为“外白”。腹白部分蛋白质含量较低，含淀粉较多。一般含水分过高、收割后未经后熟和不够成熟的稻谷，腹白较大。

2. 看硬度。大米粒硬度是由蛋白质的含量决定的，米粒的硬度越强，蛋白质含量越高，透明度也越好。一般新米比陈米硬，水分低的米比水分高的米硬，晚粳米比早粳米硬。

3. 看爆腰。爆腰是由于大米在干燥过程中发生急热现象后，米粒内外失去平衡造成的。在食用时，爆腰米容易外烂里生，营养会流失。如果米粒上出现一条或更多条横裂纹，就说明是爆腰米。

4. 看新陈。陈米的色泽变暗，黏性降低，失去大米原有的香味。所以，买大米时，要认真观察米粒颜色，表面呈灰粉状或有白道沟纹的米是陈米，其量越多则说明大米越陈旧。另外，看米粒中是否有虫蚀粒，如果有虫蚀粒和虫尸的也说明是陈米。

5. 闻味道。捧起大米闻一闻气味是否正常，如有发霉的气味说明是陈米。

6. 看标签。消费者在购买大米时还应注意查看包装上标注的内容。正规厂家生产的大米，包装说明完整，如包装上标注产品名称、净含量、生产企业的名称和地址、生产日期和保质期、质量等级、产品标准号等。

7. 看黄粒。米粒之所以会变黄，是因为大米中某些营养成分在一定的条件下发生了化学反应，或者是大米粒中微生物引起的。与新米相比，不论口感还是营养都很差。

用米做饭先要淘米，把夹杂在米粒中间的泥沙杂屑淘洗干净。但淘米不得其法，就容易使米粒表层的营养素在淘洗过程中随水流

失。实验表明，米粒在水中经过一次搓揉淘洗后，所含蛋白质会损失4%，脂肪会损失10%，无机盐会损失5%。

如何选购小米

小米是谷子去壳后的产物，因其粒小，直径约1毫米左右，因此得名。古称小米为粟，又叫粱禾，是中国古代的“五谷”之一，也是北方人喜爱的最主要粮食之一。小米分为粳性小米、糯性小米和混合小米。怎么选购优质小米呢？

1. 看。优质的小米米粒大小、颜色均匀，呈乳白色、黄色或金黄色，有光泽，很少有碎米，无虫与杂质。

2. 闻。优质小米闻起来具有清香味，无其他异味。严重变质的小米，手捻易成粉状或易碎，碎米多，闻起来微有异味或有霉变气味、酸臭味、腐败味和其他不正常的气味。

3. 尝。优质小米尝起来味佳，微甜。次质、劣质小米尝起来无味、微有苦味、涩味及其他不良味道。

除此之外，也可取适量小米放在软白纸上，用嘴哈气使其润湿，然后用纸包起来捻搓几次，观察纸上是否有轻微的黄色，如有黄色，说明小米中染有黄色素；也可将少量样品加水润湿，观察水的颜色变化，如有轻微的黄色，说明小米掺有黄色素。

小米的吃法有三种：一是熬粥，二是煮饭，三是磨成小米面蒸着吃。这三种吃法，各有各的滋味，但以煮粥吃最好，可以与各种粗粮搭配，做成不同风味的粥，有很好的营养和药用功效。

如何选购玉米

在选购生玉米时，最好不要挑选完全成熟的，以七八熟为好。太嫩的玉米水分多；太成熟的淀粉多，蛋白质减少，口味也差。玉米洗净煮食时，最好连汤也喝，如果连同玉米须和两层绿叶同煮，则有一定的降血压效果。在选购玉米时，尽量选择新鲜玉米，其次可以考虑冷冻玉米。冷冻玉米一旦过了保存期限，很容易受潮发霉而产生毒素，购买时注意查看生产日期和保质期。

玉米性平味甘，有调中开胃、健脾、除湿、利尿、降压、促进胆汁分泌、增加血中凝血酶和加速血液凝固等作用，主治腹泻、消化不良、水肿等，但脾胃虚弱者，食后易腹泻。

如何选购紫米

纯正的墨江紫米米粒细长，颗粒饱满、均匀。紫米外观色泽呈紫白色，或紫白色中夹杂着小紫色块。如果用水洗涤，水会呈紫黑色。用手抓取紫米，易在手指中留有紫黑色。用指甲刮除米粒上的色块后米粒仍然呈紫白色。煮熟的纯正紫米晶莹透亮，黏性强。蒸制后的紫米能使断米复续。紫米入口香甜细腻，口感好。

如何选购黑米

黑米含有天然的黑色素，对人体的心脏、心血管有一定的保护作用。天然黑米是一种糙米制品，表层的黑色是天然水溶性色素，水洗掉色属于正常现象。但是，市面上有些黑米会掺假，主要有两种情况：一种是存放时间较长，米已经变质，经染色后以次充好出售；再就是将普通大米染色后冒充黑米出售。虽然天然黑米经水洗后也会掉色，但是远没有染色黑米掉色厉害。在购买时，可通过以下方法鉴别黑米的优劣或真假：

1. 看外观。通常，优质黑米有光泽，米粒大小均匀，很少有碎米或米粒上有裂纹，无虫，不含杂质。劣质黑米的色泽暗淡，米粒大小不匀，饱满度差，碎米多，有虫、有结块等。由于黑米的黑色集中在皮层，胚乳仍为白色，因此，检测染色黑米，可以将米粒外面皮层全部刮掉，看米粒是否呈白色，若不是白色，极有可能是人为染色黑米。

2. 闻气味。先取一些黑米，对着黑米哈一口热气，然后立即闻气味。优质黑米具有特有的清香味。劣质黑米微有异味或有霉变气味、酸臭味、腐败味。

3. 尝味道。可取少量黑米放入口中细嚼，或磨碎后再品尝。优质黑米微甜，无任何异味。劣质黑米没有味道，或微有酸味、苦味等不良味道。

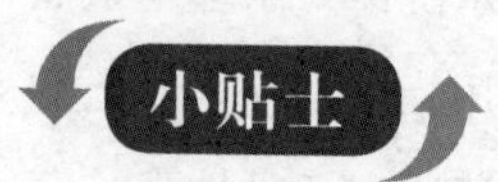

从外形上看，黑米与紫米很像，但两者的区别比较明显。黑米外表墨黑，紫米种皮有一薄层紫色物质。这两者都是稻米中的珍品。与普通稻米相比，黑米和紫米不仅蛋白质的含量相当高，必需氨基酸齐全，并且含有丰富的天然黑米色素、多种微量元素和维生素。

如何选购糯米

糯米，即我们俗称的江米。新鲜的糯米不太容易煮烂，也较难吸收佐料的香味。所以，在蒸煮糯米前，可先将糯米浸泡两个小时。另外要特别控制蒸煮的时间，否则煮过头的糯米就失去了香气原味，时间不够久糯米口感便会过于生硬，蒸出的年糕口感差。

如何选购粳米

粳米是粳稻的种仁，又称稻米，是稻谷的成品。粳米的营养十分丰富，是人类的主要食粮之一。在选购粳米时，最好能使用下面这些窍门：

一看。看色泽和外观。正常粳米大小均匀、丰满光滑、有光泽、色泽正常，少有碎米和黄粒米。

二闻。抓少量粳米，向粳米哈一口热气或用手摩擦发热，然后立即闻其气味，正常粳米清香，无异味。

三抓。抓一把粳米，看里面杂质的含量。手放开后看，合格、优质的粳米糠粉很少粘在手上。

四尝。取几粒粳米放入口中细细咀嚼，正常的粳米味道微甜，无异味。

小贴士

在保存粳米时，可以在米袋的中间或两头各放几瓣大蒜，或者用布或用纸包些花椒放在盛米的容器内。另外，一定要把盛粳米的缸或桶清理干净，防止有虫蛹隐藏在里面。如果米已生虫，可将米放在阴凉处晾干，让虫子飞走或爬出，生虫的米除虫后还可食用。切忌将米放在阳光下暴晒。

如何选购黑芝麻

在所有芝麻中，黑芝麻的品种最好。在选购黑芝麻的时候，应选饱满、个大，无杂质、香味正的。如果不具备这个特点，说明黑芝麻的质量一般。

另外。购买黑芝麻时，可以在手心放点水，然后把黑芝麻放在手掌上轻轻搓揉，手上留下异样的颜色就可能是染过色的。

如何鉴别酵母是否新鲜

新鲜的酵母有如下特点：呈方块形，红黄色，不粘手，软硬适度，有酵母的清香味，稍稍用力一掰即开。新鲜的酵母经过存放后，其表面被风干，呈棕色；再风干，即会裂成棕色的碎粒，但仍然可以使用，只是用量要加大些。若是酵母变质，会散发出一种臭味，且呈灰色、黑色，严重的呈红色，像这样的酵母就不能使用了。

如何鉴别绿豆粉卷的真假

在鉴别绿豆粉卷的真假时，可以借鉴下面的二种方法：

1. 看颜色。正宗的绿豆粉卷色泽清白发亮，有透明感。掺假绿豆粉卷一般掺有玉米淀粉，颜色灰白，亮度发暗。

2. 看弹性。纯正绿豆粉卷柔软，有弹性，用手指掐住卷两头，中间弯曲而不折，指压凹陷能迅速复原，拌凉菜时不碎。掺假绿豆粉卷粉厚，发硬，弹性差，用手轻拉易断，拌凉菜时搅拌易碎，入口发面。

【其他类】

如何选购坚果

坚果具有丰富的营养价值，是许多人都喜爱的食品，也是年货中的重头戏。在挑选坚果时，都有什么窍门呢?

一般来说，密封包装的坚果辨认起来比较容易。首先要看外包装上的厂名、厂址、生产日期、保质期等标志是否完备，再者就是尽量选择知名品牌。除此之外，还要货比三家，价比三家。在购买之前，要多了解一下同类商品的大体价格，如果商家出示的价格比平均价格低很多，最好不要购买。

如何选购杏仁

选购杏仁，首先要看颜色。杏仁颜色较浅的，说明是当年的，或者是比较新鲜的；如果杏仁颜色发暗或呈灰褐色的，说明存放时间较长，最好不要购买。

其次要看外观。颗粒饱满的，并且“个头”大的杏仁，是当年的或者是比较新鲜的；相反，外形干瘪，紧缩的，颗粒偏小的杏仁，一般是存放时间比较长的了。

对女性来说，杏仁也是比较好的减肥食品。

如何选购开心果

品质好的开心果，果壳呈淡黄色（至于开心果果仁的颜色，绿色的比黄色的要新鲜），如果是颜色发白，很可能是经双氧水浸泡过的，不要购买这样的开心果，吃了对身体有害。

自然成熟的开心果，果壳会一裂到底。如何判断它是人工开壳，还是自然开壳的呢？可以试着将果壳合拢，如果能完全闭合，或者只剩一条小缝，说明这个开口是人工制造的；而如果你用力捏住果壳后，还是合不上，那就说明这个果壳是自然开口的！

开心果营养丰富，其种果仁含蛋白质约20%，含糖15%~18%，还可以榨油。果仁含有维生素E等成分，有抗衰老的作用，能增强体质。古代波斯国国王视之为“仙果”。由于开心果中含有丰富的油脂，因此有润肠通便的作用，有助于机体排毒。

如何选购核桃

核桃是生活中比较受欢迎的坚果，它含有丰富的不饱和脂肪酸和植物蛋白以及多种微量元素。但是核桃外层有坚硬的外壳，根本看不到里面的果仁，那如何挑选到质量好的新鲜核桃呢？

1. 看外观。那些质量好的核桃接近圆形，外壳薄而干净，纹路十分均匀、清晰。但如果看到核桃的外壳比较暗，没有光泽，说明它保存时间比较长。核桃的外壳如果渗出油脂，则说明这种核桃已经变质。

2. 凭手感。可以凭手感去判断核桃的好坏。质量好的核桃放在手上，掂一掂会感觉有些重量，说明里面的果仁是饱满的。如果核桃放在手里感觉特别轻，就像一层皮一样，则说明这种核桃的果仁特别小或者已经变质，不易购买和食用。

3. 闻味道。可以闻一下核桃散发出的天然味道。质量好的核桃散发出的自然味道，有一种淡淡的核桃香味。如果在闻的时候发现核桃有异味或者酸腐的味道存在，就说明这种核桃的质量较差，或者已经变质，不应购买。

如何选购松子

挑选松子时，要掌握以下几个诀窍：

首先要看颜色，以壳色浅褐、明亮的为好；壳色深灰或乌褐色，萎暗的不好。然后看松仁肉色，洁白为好；淡黄色为次；深黄带红，已泛油变质。接下来，再检验干湿度。松子壳易碎，声音比较脆，仁肉易脱出，仁衣略有皱纹且较易脱，证明比较干松；如果松子仁衣无皱纹，且比较难 脱落者，证明松子已经受潮了。

如何挑选优质白瓜子

白瓜子是南瓜、葫芦瓜、王白瓜、角瓜等籽粒的统称，但大部分取自南瓜，故习惯称南瓜子。白瓜子炒熟后食用，松脆而清香。选购时主要应注意以下四点：

1. 看尺度。将10粒白瓜子并排摆在一起，在10厘米以上的为大片；10厘米以下、9厘米以上为中片；9厘米以下为小片。

2. 看仁肉。仁色白净，仁肉肥厚，质地松脆，颜色淡绿，这种白瓜子质量好；如果中心发红泛黄，熟后有油哈喇味，表明已变质。

3. 看壳面。白瓜子壳色白净，有自然光泽，片粒饱满的质优；壳面混浊，瓤丝未漂净以及晾晒不干的质次；表面有黑斑的已变质。

4. 辨干湿。用牙齿嗑壳，声实而响，壳易分裂，仁肉容易跳出者，瓜子较干；如壳体发软，用牙齿嗑壳时不易碎裂，声音轻微或无声音，说明瓜子潮湿，质量不佳。

如何选购干豆腐

干豆腐也叫百叶、豆腐片或千张，是通过压榨、脱水制成的。在选购干豆腐时，可以参考下面一些方法：

1. 看外观。好的干豆腐，迎着光线，能看到瘦肉状的一丝一丝的纤维组织；质量差的则看不出。

2. 观色泽。干豆腐以色泽淡黄、略有光泽的为佳。质量较差的干豆腐颜色多呈灰黄色、黄褐色，颜色较暗。有些干豆腐还可能颜色不均匀，深浅不一，属劣质产品。

3. 闻气味。干豆腐由黄豆制成，闻起来有豆香味。没有气味的干豆腐，质量稍差。如果有其他气味，如苦涩、酸臭等刺激性气味就不要买了。

4. 用水泡。可以先掰一小段干豆腐在水中浸泡，泡过的水呈淡黄色且不浑浊的，质量较好。好干豆腐用温水泡过后，轻拉有一定韧性，且能撕成一丝丝的。

如何选购油豆腐

优质油豆腐色泽金黄、质地细腻、边角整齐、皮脆无杂质、香酥适口、无酸味或其他不良气味。劣质油豆腐表面无光泽，呈灰黄色或深黄色，块形不完整，质地松散，并且发黏，闻之有酸味或哈喇味及其他不良气味。

如何选购干酪

干酪营养价值很高，富含蛋白质、脂肪和钙、磷以及多种维生素。选购质优干酪可从以下三方面考虑：

1. 品尝味道。质量好的干酪具有干酪的特殊风味而没有苦味、酸味、杂味等。

2. 看断面。用手将干酪掰断，断面致密均匀、无裂缝、脂硬等现象，说明质量较好。但有的干酪具有圆形的孔眼，这是正常的。

3. 观色泽。普通干酪具有均匀的淡黄色，但特殊品种颜色不同，例如青纹干酪具有特殊的青纹。

如何鉴别塑料袋有毒无毒

塑料袋分有毒与无毒两种。无毒的塑料袋是用聚乙烯等原料制成的，可以用来包装食品。聚氯烯制成的塑料袋有毒，不能用作食品包装袋。如何鉴别塑料袋是否有毒呢？可以参考下面的方法：

1. 用水测试。将塑料袋放到水里，用手将其按到水底，稍等片刻，浮出水面的即为无毒塑料袋，沉在水底的则是有毒塑料袋。

2. 使劲抖动。抖动塑料袋时，如果发出清脆的响声，说明是无毒塑料袋，而声音小而闷的是有毒塑料袋。

3. 用手抚摸。如果用手摸上去，塑料袋表面非常光滑，说明是无毒塑料袋，发黏、发涩的则是有毒的塑料袋。

第二节　食品保鲜、存放

【肉类】

如何让猪肉保鲜

许多时候，买回来的猪肉多了，为了保鲜，我们只能把吃不完的猪肉放冰箱速冻。但是，不宜将从超市买来的冷鲜盒装肉直接拿去冷冻，否则，肉质口感都会改变，而且还会影响之后的保鲜工作。那么猪肉如何保鲜呢？主要有以下几种方法：

1. 用黄酒保存。将新鲜的猪肉切成肉片，放入食品盒里，喷上适量的黄酒，然后盖上盖，放入冰箱的冷藏室，用这种方法保存的猪肉可贮藏1天不变味。或者将肉片平摊在金属盆中，置冷冻室冻硬，再用塑料薄膜将冻肉片逐层包裹起来，置冰箱冰冻室贮存，可保存1个月不变质。用时取出，在室温下将肉解冻后，即可进行加工。

2. 用花椒盐水保存。将煮沸的花椒盐水盛入容器里，晾凉，把鲜肉放入花椒水里，注意让花椒盐水没过肉，用这种方法保存的猪肉可2～3天不变质。

3. 用蜂蜜保存。将鲜肉切成条，在肉表面涂些蜂蜜，再用铁丝穿起来，挂在通风处，这样，猪肉不容易变质，能存放较长时间，且肉味更加鲜美。

4. 用酱油保存。这也是许多人都用的方法。将新鲜的猪肉切成一斤左右的块，放进干净的盆里，然后把酱油煮沸，凉后倒进盆中，以淹没猪肉为宜，再盖上盖。用这种方法贮藏的猪肉，可以存放2～3个月。

5. 用茶叶水保存。将鲜肉放入浓度为5%的茶叶水中浸泡片刻，然后放入冰箱冷藏。这样，肉不易腐烂变质。

6. 用塑料薄膜保存。先将肉切成片，平放在干净的木片上，然后置冷冻室冻硬，再用塑料薄膜将冻肉片逐层包裹起来，置冰箱冷冻室贮存，用这种方法保存的猪肉1个月不变质。

7. 用压力锅保存。先将鲜肉洗干净，放入压力锅内，加热至排气孔冒气，然后扣上减压阀离火，可保鲜48小时左右。

猪肉忌与鹌鹑同食，同食会使人面黑；猪肉忌与鸽肉、鲫鱼、虾同食，同食会使人滞气。另外，不要吃肉疙瘩，猪脖子等处灰色、黄色或暗红色的肉疙瘩含有很多病菌和病毒，食用则易感染疾病。

如何让牛肉保鲜

在平时的生活中，一次吃不完的鲜牛肉该怎样保鲜呢？主要有两个办法：

1. 用花生油或大豆油将牛肉的表面涂抹一遍，然后装进密封容器内，这样可保鲜。

2. 对于牛排之类的肉，可涂少许盐和胡椒，用保鲜袋装好，放入冰箱冷冻。

除此之外，要注意，在冬天保存牛肉时，要避免忽冷忽热，防止风吹使牛肉发干变黑。

如何让羊肉保鲜

羊肉保鲜方法：将买来的新鲜羊肉切成小块，把大粒盐或者炒菜的细盐均匀地抹在羊肉上，盐不要抹太多，将羊肉的每个切面都抹上，然后用保鲜袋包好放置在冰箱里，这样羊肉在两三月内不吃都能保持新鲜。

如何让鸡肉保鲜

相对而言，禽肉较畜肉容易变质，在存放鸡肉时，一定要注意如下几种方法：

1. 冷冻。将整只鸡保存在家里冰箱的冷冻区，这样可以放置3个月保持不坏。冷冻的时候可以用袋子将鸡装起来，防止冰箱串味。另外如果空间足够，建议不要切成小块冷冻保存，否则容易流失营养。

2. 真空保存。将鸡处理好后，使用家用抽真空机将鸡放入袋中抽真空保存，然后放置在阴凉避光的地方，可以实现短期保存。

怎样选购、储存鹅肉

新鲜的鹅肉呈鲜红色，血水不会渗出太多。劣质的鹅肉呈暗红色。在挑选鹅肉时，最好选白鹅肉，白鹅翼下肉比较厚，尾部肉多，而且摸上去比较柔软，表皮光泽的白鹅为佳。

鹅肉不宜长时间存放，所以，在食用前最好将其放入冰箱。如果一次吃不完，可以将剩下的部分煮熟保存。

生活中，吃鹅肉时应该注意以下几点禁忌：

1. 鹅肉不可与鸡蛋同食，否则会伤元气。

2. 鹅肉不宜与茄子同食，同食伤肾脏。

3. 鹅肉不宜与鸭梨同食，同食容易使人生热病发烧。

如何存放腊肉

很多人认为，腊肉比较好保存，其实不然。如果保存不当，腊肉也非常容易变质发霉。那么腊肉怎么保存才最好呢？有以下几种方法可以参考：

1. 冷藏保存。可以把晒干的腊肉清洗干净再沥净水分后，包上保鲜膜放入冰箱的冷冻室里冷冻起来。如果腊肉块比较大，可以切小块装进保鲜袋再放入冷冻室，这种保存方法适用于所有的腊肉，而且保存的时间最为长久，就算你保存三到五年也是没有问题的。如果再密封起来保存则效果更好。也可以把腊肉放入冰箱的冷藏室里保存，这样至少也能保存长达一年之久而不会变质变味。冷藏室中常有蔬菜水果等食物，湿度较大，容易导致腊肉霉变。腊肉如果只是表面出现少许霉变，可用温水擦干净后放通风处晾晒；如果霉变较多，就不要食用了。

2. 密封保存。在缸的底部架上竹架，撒点食盐，将风干的腊肉放入缸内，放一层腊肉，喷一层白酒。在最上面的那层腊肉上撒些食盐，盖一层牛皮纸，加盖后用盐水调泥土封严缸盖。用这个方法可使腊肉存放1年不坏。也可将腊肉用冷开水洗净风干，放入装有食用油的缸里浸没，可以长时间保存。

3. 晾晒保存。如果室温低于摄氏20度，而且室内空气中的湿度低于60%，可以把腊肉悬挂于室内没有阳光的阴凉通风处，这样可以保存3个月左右的时间，室温和湿度越低保存的时间就越长久。这种保存腊肉的方法有一个缺点，就是时间久了容易渗出油脂，从而让腊肉变柴而影响口感，因此，只适合在比较冷的时候短期保存腊肉。

如何存放火腿

如果在做菜时，火腿用不完，剩余的火腿该如何保存呢？有3个窍门可以学习：

1. 如果是夏天，大气炎热，可在火腿开口处涂些葡萄酒，包好后放入冰箱便于存放，且可保持原有口味。

2. 将吃剩下的火腿切面用蘸浸酒精的脱脂棉擦拭，可防止变质，便于存放。

3. 将切开的火腿切面上涂上香油，用食品袋扎紧包好存放。存放时，要注意刀口面朝上，以免走油和虫蛀，产生哈喇味。

【蛋类】

如何使鸡蛋保鲜

鸡蛋是做菜最常见的食材，营养丰富，老少皆宜。许多人都习惯买好多鸡蛋放在家里慢慢吃。鸡蛋不同于别的食材，它不仅需要避免磕碰，还需要注意保鲜。下面就介绍几种让鸡蛋保鲜的方法：

1. 用草木灰保鲜。将买来的鲜蛋放在瓦罐内，放一层鸡蛋，铺一层草木灰，装满盖好，放在阴凉地方，隔一段时间检查一次。

2. 用石灰水保鲜。取50克生石灰，投入1千克清水内泡开，搅拌均匀后，静置一段时间，等水澄清后，将上层清液注入小瓷坛内，把鸡蛋浸在石灰水内，可以保存半年不坏。

3. 用谷糠保鲜。在缸、箱或盒内，铺一层谷糠，放一层鸡蛋，再铺一层谷糠，再放一层鸡蛋，装满后放在阴凉地方。每隔10天左右检查1次，1个月照光检查1次，如果发现有坏蛋，要及时挑出来。

4. 用食用油保鲜。在鸡蛋的表面涂一层食用油，可以防止蛋壳内二氧化碳和水的蒸发，并能阻止细菌侵入，夏天可以保鲜1个月。

5. 用谷物保鲜。把鸡蛋放在大豆、赤豆、小米等杂粮中，可长时间让鸡蛋新鲜。

6. 用明矾保鲜。取明矾200克，加温水溶化，待水凉后，将鲜鸡蛋逐一放入水中，可让鸡蛋长时间保鲜。

吃鸡蛋时，要注意一些禁忌，如鸡蛋不能与味精同食，否则会破坏鸡蛋的天然鲜味；鸡蛋与茶同食会影响人体对蛋白质的吸收和利用；鸡蛋与豆浆同食会降低人体对蛋白质的吸收率；鸡蛋与地瓜同食易腹痛；鸡蛋与消炎片同食会引起身体不适。

如何使蛋黄保鲜

鸡蛋里的蛋黄从蛋白中分离出来后，如果暂时不用或者吃不了，可将其浸在芝麻油里，这样可保鲜2～3天。

如何使蛋清保鲜

鸡蛋中的蛋清被分离后，盛放在碗里，浇上冷开水，即可保鲜数天。

如何保存咸蛋

腌好的咸蛋要想不变质，可先把咸蛋煮熟晾干，然后再重新将蛋放回原来腌咸蛋的咸水中，随吃随取。这样，咸蛋既不会变质，也不会增加咸味，用这个方法可以让咸蛋保存较长的时间。

如何保存松花蛋

保存松花蛋的方法很简单，可将松花蛋放入坛内，然后用塑料纸封好，随吃随取，用这个方法可让松花蛋较长时间不变质。

如何选购与储存鹌鹑蛋

鹌鹑蛋营养丰富，是许多家庭餐桌上的一道美食。如何挑选鹌鹑蛋，有两个简单实用的方法：

1. 观察蛋壳。首先，要观察一下鹌鹑蛋的外表。好的鹌鹑蛋表面是灰白相间且带有红褐色的斑纹，打破之后，会发现蛋液呈现的是透明状态，蛋黄的颜色比较深。如果是这样的鹌鹑蛋，那么可以放心的食用了，它是新鲜的，吃了之后对身体没有伤害。

2. 用手摇晃。在购买的时候，可以用手晃一晃鹌鹑蛋，在晃动的时候，听不见任何的声音，那么这样的鹌鹑蛋是新鲜的；晃动的时候如果听见了水声，这样的鹌鹑蛋最好不要购买，它不仅不是新鲜的鹌鹑蛋，而且还有可能坏了。

【水产类】

存放活鱼有何窍门

许多人都有这样的烦恼：来不及吃的刚买来的活鱼，放一段时间，鱼就死了，毕竟还是新鲜的鱼好吃。该如何存放活鱼呢？可以采用下面的几种方法：

1. 贴鱼眼。鱼眼内的视神经后面有一条“死亡腺 ”，死亡腺离开水便会断裂，活鱼也因此而死亡。为了不让死亡腺断裂，可以用浸湿的软纸贴在活鱼的眼睛上。这样，鱼就可以多存活三四个小时。

2. 灌点酒。向活鱼嘴中滴灌几滴白酒。当鱼“醉”后，便可将其放回水中，再将盛水的容器放在阴凉通风、黑暗潮湿的地方，这种方法可让鱼存活1～2天。

3. 用线串。用线一边从鱼的肛门穿入并拴住，另一边穿透鱼唇，使活鱼弯成一个半月形。然后，把鱼放入水中，可有效地节制活鱼在少量水中的挣扎程度，一定程度上延长活鱼的存活时间。

存放鲜鱼有何窍门

众所周知，鲜鱼之所以美味，是因为鲜鱼富含丰富的不饱和脂肪酸。但这种物质稳定性相对较差，与其他肉相比，更容易腐败。所以，保存鲜鱼可采用下面的几种方法：

1. 将鲜鱼两鳃抠开，洒点白酒。这种方法可使鲫鱼、鲤鱼、草鱼等鱼的保鲜期延长2倍以上。

2. 取适量的芥末放在小碟里，与鲜鱼一起放在一个密闭的容器中，在一般室温下，可使鱼存放四五天不变质。

3. 用2%左右的盐水浸泡一刻钟，能使鱼的血液转为酸性而凝结，即使在比较高的温度下，几天也不会腐败。

4. 将鱼除去内脏，不要去鳞也不要用水洗，用干布擦干血污。然后烧一锅开水，放入适量的盐，待盐开水冷却后，将鱼投入其中浸泡约4小时，取出晾干，再涂些植物油挂在风凉处，用这种方法保存可使鱼几天不坏。

在炎热的夏天，如果将冲淡的醋洒在鱼肉上，可使鱼肉在短时间内不变质。

冷藏活甲鱼有何窍门

甲鱼是人们非常喜欢的一道美食，但是，死亡的甲鱼体内可能会携带一些病菌，尽量不要食用。所以，在购买甲鱼时，一定要注意保存方法，以延长甲鱼的寿命。常见的保存活甲鱼的方法主要是冰箱保存法。

首先把活甲鱼捆好，然后放入冰箱的菜果盒内，冰箱的温度控制在0摄氏度。过3~4个小时后，将果盒向上挪一格，依此类推，直到放至冷藏室最上层，等甲鱼的四只脚全部缩回，用手触摸它时，它没有反应，即可将其松绑，再在其身上盖一张黑色的纸张，这样甲鱼就进入了“冬眠”状态。通过这种方法，可以让甲鱼存活一个多月的时间。在此期间，甲鱼的分量、鲜味都不会有明显的变化。

如何保存螃蟹

螃蟹是比较受人喜爱的美食，尤其是在吃螃蟹的最佳时期，不少人会一次买很多，但是又吃不完，保存就成了问题。现在，就来教大家如何保存活螃蟹。在保存活螃蟹时，要遵循不动、低温、避光、保湿等几个原则。具体方法如下：

1. 冷藏保鲜。如果螃蟹当天晚上没吃完，可待其凉透后裹上保鲜膜放冰箱内冷藏。但存放的时间不宜过长，最好在第二天中午就将螃蟹吃掉。在吃之前，要放些姜再将螃蟹蒸煮一次。这样吃螃蟹，才能在确保享受美味的同时，又兼顾了安全。

2. 浴缸保存。如果螃蟹三五天吃不完，可以放浴缸保存。因为浴缸四壁光滑，螃蟹无法逃跑。把螃蟹轻轻倒入浴缸中，注水到螃蟹身体一半深，保持螃蟹体湿润，并根据储存时间和数量投入少量小鱼小虾，用这种方法储存螃蟹一般可超过7天或更长。

3. 塑料桶保存。选活力旺盛的螃蟹，准备一个50厘米高且内壁光滑的塑料桶，以免螃蟹逃跑。把螃蟹放入其中，然后往桶中注水，水的高度达到蟹身一半即可。塑料桶无须加盖，每天检查螃蟹，把活力不足的螃蟹及时吃掉。采用这种方法螃蟹可存活10天左右。

存放鲜虾有何窍门

鲜虾是很多人都喜欢吃的水产品，营养丰富。但是如果存放的方法不当可能会使虾变质。那么，鲜虾怎么保存不会变质呢？可以参考下面几种简单实用的方法：

1. 冷藏。将鲜虾清洗干净，放在锅中用适量的盐炒热，盛在有漏孔的箩筐里，用水洗去浮盐并晒干，鲜虾可存放较长时间而不会变质。也可将鲜虾洗净后先用开水或油氽一下，然后放入冰箱，这样即便在冰箱中存放较长的时间，也能保持原有的色、味。

2. 冷冻。可用水先将鲜虾洗净，放入金属盒中，注入冷水，将虾浸没，再放入冷冻室内冻结。待虾冻结后将金属盒取出，在外面稍放一会儿，倒出冻结的虾块，再用保鲜袋或塑料食品袋密封包装，放入冷冻室内储藏。

存放虾仁有何窍门

要想全年都吃上鲜美的虾仁，一定要注意虾仁的保存方法。现在就分享一下虾仁的保鲜技巧：虾仁挤出后，放在清水中，用筷子顺着同一方向搅拌，其间换几次水。当虾仁发白后，将其捞出，控干水分，用清洁干布将虾仁中的水吸干，并加入少许食盐、干淀粉以及少许料酒，顺同一方向搅打，直到上劲为止。这样处理过的虾仁，既便于烹制菜肴，又可贮存待用。

存放虾米有何窍门

平时，常见的存放虾米的方法有两种，分别是：如果是淡质虾米，可以先在太阳光下晾晒一段时间，等其变干后，再装入盛器内，保存起来。如果是咸质虾米，切忌在阳光下晾晒，只能将其摊置在阴凉处风干，再装进盛器中。两种虾米都可在盛器中放适量大蒜，以避免生虫。

【干鲜蔬菜类】

新摘的蔬菜如何保鲜

蔬菜被采摘后，仍然会进行呼吸，具有一些生命活动，不断消耗自身的营养物质与水分，所以贮放过程中非常容易蔫瘪与腐烂。在存放过程中，大多数蔬菜只要失去5%左右的水分，叶子就会变蔫。如果存放的地方既不通风，温度又高，则蔬菜极易发生腐烂。所以，保存新鲜蔬菜时，需要同时满足两个条件：

一是温度不宜高。低温可以抑制蔬菜的呼吸与代谢，延迟其后熟与衰老的过程。一般蔬菜的最适宜贮放温度是 0℃，但某些原产于热带、亚热带的蔬菜宜贮存于7～10℃的温度下。

二是湿度要适当。一般来说，相对湿度为85%～95%最为合适。维持比较合适的相对湿度的简便方法，就是将蔬菜装入塑料薄膜袋中，并在袋上开孔，开孔的大小与数目以塑料袋壁上不出现小水珠为参考。

黄瓜如何保鲜

黄瓜的营养价值很高，很多人都爱吃。但是，买回来的黄瓜放置一段时间后，口感会明显变差。即便将黄瓜放入冰箱，也很难让黄瓜保鲜。那么，如何才能让黄瓜保鲜呢？

1. 用食盐水保存。在水盆里加入食盐水，把黄瓜浸泡在盆中，这时会从底部喷出许多细小的气泡，这样会增加水中或气泡周围水的含氧量，从而维持黄瓜自身的呼吸作用。如果条件允许，还可以使用流动水，如河水、溪水等。使用这种方法，在18～25℃的条件下，可以使黄瓜的鲜度保持20天左右。

2. 和白菜一起存放。按照白菜和黄瓜的大小，每棵白菜内放两三根黄瓜，然后绑好白菜，放入菜窖中，可以存放较长的一段时间，黄瓜仍然能够保持新鲜。

3. 放在阴凉通风处。尤其在严热的夏季，为了防止黄瓜生白毛，可以将黄瓜放在篮子里，然后将篮子放在背阴凉爽的地方，通风散热，以控制微生物的生长。

西红柿如何保鲜

有很多人喜欢吃西红柿，每次都会买一点放在家里。但是在夏天，西红柿不好保存，放时间久了就会坏掉。现在，教大家一些如何正确保存西红柿的小妙招：

1. 置于阴凉通风处。将还没有完全成熟、果实完整、无破损的西红柿擦拭干净，然后将其果蒂向上排放在阴凉通风处，上面盖一层软纸，再在软纸上排放第二层西红柿，如此叠放3～4层。西红柿用这种方法可保存10天左右。

2. 放入盐水中。将洗净的西红柿放入缸内，盖上竹片，压上干净的小石块，再放入10%的盐水，放在低温阴凉处可保存约一个月。

3. 用保鲜袋保存。将西红柿在阴凉处预冷，放入塑料食品袋中扎紧袋口，隔数天打开袋口换气，一般可保存二三十天。

韭菜、蒜黄如何保鲜

韭菜和蒜黄是非常容易腐烂的蔬菜，如果保存不善，一般二三天就会烂掉。如果把它们放在冰箱内，过于强烈的味道又会影响冰箱里别的食物。正确的方法是，将新鲜的韭菜（或蒜黄）摆放整齐，然后用绳子捆好根部，朝下放在清水中浸泡，这样可以使韭菜（或蒜黄）保鲜3～5天。除此之外，还可以将新鲜的韭菜（或蒜黄）用绳子捆好，用白菜叶包裹后放在阴凉处。这个方法可以使新鲜的韭菜（或蒜黄）存放3～5天。

菠菜如何保鲜

菠菜属于叶菜类蔬菜，保存这类蔬菜的关键是，要防止水分过度流失。为此，可以用纸或开孔塑料薄膜将菜包装后，放置于低温环境中。在包装前，可先将菠菜的根部捆扎，然后浸在水中，这样保鲜效果会更好。

菜花如何保鲜

菜花属于花菜类蔬菜，因花菜类蔬菜采摘后处于花蕾阶段，故贮放中应防止花蕾开花。可将其贮藏于低温下，以延迟其开花。

芹菜如何保鲜

如果购买的芹菜吃不完，就把剩余的扔掉了，确实有些浪费。那么如何保存芹菜呢？有一个非常简单实用的方法：

首先，将新鲜芹菜整个用报纸包住，留出根部，准备一盆清水，将芹菜根竖直放在水盆内，然后，将盆端到阴凉处。这样，可保持芹菜新鲜香脆达7天左右。如果芹菜出现黄叶和烂叶，可将黄叶和烂叶摘除，然后捆成小捆，装入食品袋中，松扎袋口，置于低温阴凉处贮存，并时常进行换气，可让芹菜保鲜好几天。

莲藕如何保鲜

首先要把莲藕上的泥清洗掉，然后根据莲藕的多少选择适当的盆或水桶，把莲藕放进去，加满清水，使莲藕浸没在水中，每隔一两天换凉水一次。冬季要保持水不结冰。用这个方法保存莲藕，可以保持鲜藕一二个月不变质、不霉烂。

荸荠如何保鲜

在保存荸荠时，可以使用下面的一些方法：

1. 缸罐保鲜。将受损腐烂的荸荠摘除，注意不要用水清洗，然后将完好的荸荠放入缸罐中，缸口加盖即可使荸荠保存较长时间。

2. 粗沙保鲜。在盆中放一层荸荠，铺一层粗沙，然后再放一层荸荠，如此层层堆放，最上层用细沙盖好，周围用木板或其他隔板挡住即可。这个方法宜存放数量较多的荸荠。

茭白如何保鲜

茭白又名高瓜、菰笋、菰手、茭笋，高笋，分为双季茭白和单季茭白。茭白保鲜有以下两种办法：

1. 水缸保鲜。将带有两三张壳的茭白去梢放入水缸中，水缸中放满清水后压上石块，使茭白浸入水中。以后经常换水，始终保持缸里水的清洁。用此法存放菱白，保鲜时间长。

2. 食盐保鲜。先在桶的底部铺上约5厘米厚的食盐，然后将完好无损的茭白按次序平铺在桶内，堆至离盛器口5～10厘米，上面再用食盐封好，这样可使茭白保存较长时间。

莴笋如何保鲜

一般情况下，新买来的莴笋可以存放几天。在存放时，先将莴笋身上的叶子都摘下来，只留顶部即可，这样有利于保存。另外需要将莴笋放在通风干燥处，如果认为放在冰箱内更好，最好先用塑料袋包起来，而削过皮的莴笋只需要清洗好后放入冰箱即可。如果莴笋已经切好，用开水焯过再保鲜是最佳的方式 。

冬笋如何保鲜

冬笋的味道鲜美，刚买回来的冬笋如何保鲜呢？可以采用两个办法：

1. 密封法。取一个酒坛，或沿口完好的陶土罐，把内部清理干净，将新买来的冬笋放进去，然后用塑料薄膜将口扎紧，或者用不漏气的塑料袋将冬笋封装起来，最后将口扎紧。用这种方法保存的冬笋，可保鲜一个月左右。

2. 蒸制法。如果冬笋有破损，或者准备存放几天就食用，可以采用蒸制法。具体的做法是：将冬笋去壳，然后用清水洗净，如果个头儿较大，要对半切开，放在蒸锅中蒸熟，或是放在锅中煮至五六成熟，捞起后铺放在篮子里，然后挂放在通风处，这样可保鲜十多天。

怎样存放大葱

大葱是家家户户必备的蔬菜，如果一次购买的较多，如何存放更有助于大葱长时间保鲜呢？可以参考下面几种方法：

1. 插放在水盆中。选葱白粗大、没有腐烂的大葱，葱根向下竖直插在水盆中，这样，大葱不仅不会烂，不会空心，而且还能生长。

2. 阴暗处晾晒。最好将大葱的叶子晒得发蔫，然后用这些叶子绕住大葱，根朝下放在阳台的阴暗处，其间不要受潮或沾水，以免腐烂。如果存放的环境太干燥，也会让大葱变干变空。

3. 新鲜的大葱叶子嫩绿，可以炒着吃，蘸酱吃，也可以做葱花，颜色鲜艳又美味。但是放一二天，叶子就会变黄，葱白也随着变软。如果将鲜葱的根部装入塑料袋，洒一些水立放，既使放三五天，葱叶还是绿嫩的。随着葱的生长，叶子比原来更挺，葱白也更翠生，甚至比刚买回时还新鲜，就像在地里长着一样。

如果大葱受冻，不要挪动，以免外力的挤压使细胞间隙中的冰粒压破细胞，使细胞液外溢，造成腐烂。食用冻葱时，要轻拿轻放，最好先将其放到室外一段时间，让它慢慢解冻，解冻后即可食用。

大葱味辛，性微温，具有发表通阳、解毒调味的作用。主要用于风寒感冒、阴寒腹痛、恶寒发热、头痛鼻塞、乳汁不通、二便不利等。另外，大葱还含有脂肪、糖类、胡萝卜素等，以及维生素B、维生素C、烟酸、钙、镁、铁等成分。

怎样贮存大蒜

大蒜的贮存方法主要有以下几种：

1. 用橄榄油浸泡。先把大蒜的皮剥去，放于玻璃瓶内，并倒入适量橄榄油，盖上盖子，然后放入冰箱中冷藏。这样，大蒜可以保存好几个月的时间。

2. 用色拉油浸泡。先将蒜皮剥去，放于玻璃瓶内，用色拉油浸泡，放在阴凉处，使用这样方法贮存的蒜，不仅不会发芽，而且可以保存很长时间。

3. 编辫晾干法。把新买来的蒜晾透后，编成一辫，挂在避光、避风处，其间不要随意挪动，这样可以保存较长时间。

4. 吊装通风法。将大蒜装入网状的袋子，吊在通风处，可保大蒜不干不烂。另外，冬季贮存大蒜，温度不能过低，要保持在10℃以上。

5. 用石蜡浸泡。将蒜头在石蜡液中浸一下，使表面形成一层石蜡膜，从而可隔绝空气并防止水分散失。这样处理后的蒜头可长期保存，不干瘪，不发芽，不变质，无异味，同时还能防蛀。

6. 与蔬菜共存法。新鲜的大蒜层次较多，并且微辣，可将其与其他时令蔬菜混合共存。如将蒜头置于卷心菜内等，可短期保鲜，不散瓣、不霉烂。

大蒜有很多有益作用，主要是因为它含有蒜氨酸与蒜酶这两种有效物质，这两种成分分别存在于新鲜大蒜的细胞里，只要把大蒜碾碎，让它们彼此接触，就会产生一种没有颜色的油滑液体即大蒜素。

怎样贮存红薯

红薯对低温环境比较敏感，当温度比较低时，容易受冻，形成硬心，这种红薯蒸不熟，煮不烂。但如果存放的环境温度长时间高于18℃，红薯容易生碱。所以，贮存红薯的最佳温度应控制在15℃左右，不要使温度忽高忽低。

红薯受了潮，很容易引起病菌侵害，造成腐烂，尤其是那些表面有机械性损伤的红薯。因此，在存放前，最好在太阳下晒几小时，以减少伤口水分，促进愈合。贮存时，最好把红薯放在透气的箱内，以木箱为佳。如果是堆放，最好下面垫上木板，上面再盖上些东西，以防受潮。如果白天较温暖，要适当打开窗口通风换气，以保持室内空气新鲜。

另外，还可用脱水法贮存红薯。具体的做法是：将每个煮熟的红薯切成3～4片，放到房上或向阳、干燥、通风的地方晾晒。红薯蒸熟后，水分蒸发慢，需较长时间才能晒干。晒干后，把红薯片放在室内干燥地方保存起来。食用前用温水泡一下。

怎样存放土豆

土豆是大多数人都喜欢吃的一种蔬菜，有些人为了省事，会一次性买回很多土豆，但是放在家里并不会马上吃掉，通常会放在菜篮子里好几天，放着放着就会发现，土豆表面发芽了，发芽的土豆有毒。那么，该如何正确保存土豆呢?

1. 袋贮。如果冬季食用100公斤土豆的住户，住楼者更适用的贮存办法，是把土豆装到塑料袋里，袋口内放10厘米潮黑土，这样保存，土豆不干巴，新鲜无辣味。

2. 箱贮。箱贮适于城市，把纸箱或大木箱放到墙角处，箱底垫上15厘米高木头或砖，防止箱底潮湿，把土豆装到箱内，上盖15厘米厚潮黑土，这样土豆可保持新鲜，无辣味，生芽慢。

3. 和苹果一起存入。把土豆放在旧纸箱中，并在纸箱中放进几个没有成熟的苹果，这些苹果在成熟的过程中会散发出一些乙烯气体，乙烯气体有助于土豆长期保鲜。

4. 放盐酸溶液中浸泡。存放土豆前，可把土豆放入浓度为1%的稀盐酸溶液中浸泡15分钟左右。在保存过程中，要定期翻动，如有变质的要及时拣出。用这种方法保存土豆，可以减少损耗。

5. 保鲜袋保存。将土豆放入保鲜袋内进行保存也是一种非常不错的保存方法，保鲜袋可以有效隔绝空气，抑制土豆出现腐烂和长芽的问题。土豆也忌水多，所以尽量不要使土豆接触水源。

土豆能和胃调中、健脾益气，对治疗胃溃疡、习惯性便秘等疾

病有裨益，兼有解毒、消炎的作用。

干豆角如何保鲜

在保鲜干豆角时，可以选择下面这个方法：首先要挑选个大、肉厚、籽粒小的豆角，择去筋蒂。然后用清水洗干净，再上锅略微蒸一下，剪成“之”字长条，挂到绳子上或摊在木板上晾晒，直至干透。把晒好的干豆角拌少量精盐，装在塑料袋里，放在室外通风处。吃时，用开水洗净，再用温水浸泡1～2个小时，捞出，控干水分，与各种肉食同炒，其鲜味不减。

鲜豌豆如何保鲜

要让鲜豌豆保鲜，应先将鲜豌豆剥出，装进塑料袋里，把口扎紧，然后放在冰箱冷冻室里。食用时用开水将豌豆煮熟，便和鲜豌豆口味没有任何区别。

切过的冬瓜如何保鲜

切过的冬瓜放置一段时间后，切面会出现零星的黏液，这时取一张与切面大小相同的干净白纸平贴在上面，再用手抹平贴紧，这样存放3～5天冬瓜仍然新鲜。如果用无毒干净的塑料薄膜贴上，可存放的时间更长。

怎样保存萝卜、胡萝卜

相信生活中很多家庭都会扔掉那些因为没有来得及吃而坏掉的萝卜、胡萝卜，其实这一般都是由于我们没有掌握好保存的方法。那么，萝卜、胡萝卜怎么保存才好呢？下面一起了解一下：

要防止萝卜和胡萝卜抽薹变糠，存放时，应先将生长点的茎叶部切除，并置于低温下。另外，贮藏萝卜、胡萝卜，还可以准备一个大小适宜的缸，在缸底铺上细沙，中间放一个盛水的罐头瓶，然后把萝卜、胡萝卜放入缸内，用薄膜扎紧缸口，将萝卜、胡萝卜置于阴凉处，温度不要超过40℃，这样，罐头瓶的水慢慢蒸发，可以补充萝卜日益消耗的水分，使萝卜、胡萝卜始终保持新鲜、不空心。

怎样存放大白菜

大白菜好吃又有营养，堪称蔬菜之王，每到霜降以后，白菜会大量上市，此时的大白菜由于经过霜降的洗礼，变得更加耐储存。那么，大白菜该怎么储存呢？

1. 最好选择青口菜。储存大白菜，最好选择耐储存的青口菜。青口菜主要有包头青、核桃和青麻叶等品种。不要选择包心太足的白菜，因为菜心还要继续生长，容易胀破肚子。

2. 储前要多晾晒。大白菜在储存前要晾晒，直到外帮蔫萎才可储存。没有条件摊开晾晒的，可以采取边整理边码排的办法，即把大白菜菜根朝里，菜叶朝外码成双排，每隔两三天翻一次。如果夜间气温低于0℃，应稍加苫盖。在存放时，要避免大白菜的外帮破损，因为大白菜的外帮耐寒、耐碰，能起到保护菜心的作用。

2. 要保护好菜心。不论是在晾晒还是在储存期间，都要尽力保护菜心。储存大白菜的地方，既要通风，又要保持一定的温度。如果在厨房、过道、屋檐下或楼房阳台上储存，要注意防热、防冻。

4. 用菜窖保存。有条件的还可以挖一个半地下的小菜窖。储存初期，要多翻倒，经常通风换气，防止白菜受热。储存大白菜的适宜温度为1～2℃，菜堆面上的菜和迎风面的菜，表层帮叶稍有冻僵为宜，但不能冻得起泡。窖存大白菜要注意通风换气，使窖内空气保持新鲜。大白菜储存时间长了，有的易发生霜霉病、软腐病，有的易腐烂变质。遇到这些病菜，应及时挑出来，以免使群菜腐烂。

怎样存放茄子

茄子是很多人家里都会吃的，有时候茄子买得多，一时吃不了，要保存一段时间。有时候已经切好的茄子，炒菜时用不了那么多。那么，这些茄子要怎么保存才好呢？

1. 未切开茄子。先检查茄子表面有没有破口，如果没有，就用密封袋装好后放到冰箱里面保存，冰箱的温度最好维持在6摄氏度左右，以免影响茄子的口感。还有一种办法就是直接放在干燥阴凉的地方，不用做什么处理，也能保存一段时间。

2. 切开的茄子。切开的茄子很容易被氧化，所以保存的时间一般不会太长。如果最近都不怎么吃茄子的话，可以将茄子晾干，将水分都挥发出去，那样茄子的保存时间能够增长。如果最近有吃茄子的打算的话，可以把切开的茄子泡到水里，防止茄子跟空气接触发生氧化，还可以用保鲜膜把茄子包住再放到冰箱里，可放置一段时间。

不管是切开的茄子，还是未切开的茄子，放置一段时间后，营养都会流失，水分会减少，最好还是趁茄子比较新鲜的时候就吃掉，而且切开的茄子放置在冰箱里也容易滋生细菌，放长了口感也会下降。

【调味品类】

怎样存放食用碘盐

食用碘盐是在精制盐、粉碎洗涤盐、日晒盐中加入一定量的碘剂而制成的加碘盐。盐中的碘只有转变成碘离子后才能在人体发挥生物活性。碘化物性质极不稳定，容易分解、挥发而失效。所以，食用碘盐最好密封保存，避免受热、光和风等影响，否则碘容易被氧化分解。另外，为防止食盐融化，可以在食盐罐中放入一小包大米，食盐就能始终保持干松，使用也方便。

怎样存放酱油

夏天天热，购买的酱油保存不当，容易长虫或发霉变质。那么，如何保存酱油呢？这里面有几个小技巧：

1. 在酱油瓶内加入几滴白酒，可以防止酱油发霉。

2. 在酱油中加入几滴麻油或者其他植物油，这些油浮在酱油表面，把酱油和空气隔离，从而使酱油不变质。

3. 将酱油放在锅里煮开，并且在煮时加一点食盐，冷却后保存，可以有效防止酱油生霉。

4. 在酱油中适当加点盐，可以增强酱油的防腐能力，一般酱油的含盐量在30%时，即可以防止生霉花。

5. 在盛酱油的瓶中放入几瓣蒜，可使酱油保持一段时间不变质。

怎样存放醋

食醋是日常生活必需的调味品，夏季由于气温较高，不久就会在瓶内生成一种白色的浊物，因此必须注意妥善保存食醋。保存食醋的正确方法如下：

1. 密封保存。把剩余醋倒入搪瓷锅或非金属容器内，加热至80度冷却灌瓶密封。对一些酸度较低的醋要存放在凉爽干燥之处，用后盖紧瓶盖，将瓶口残留醋抹干净，不能放在高温高湿之处。

2. 加热保存。醋长期存放则需加热，加热方法同上。也可以在醋表层浇上一层麻油，或略放盐混合，延长存放时间。夏天天气炎热，食醋容易变质，所以夏天食用醋，一定要注意醋是否变质。如发现发酵、出现泡沫、腐败变味时，应立即停止食用，以免引起食物中毒。

3. 冷藏保存。为防止其变质，可将食醋放入冰箱内冷藏。

怎样存放鲜姜

通常，鲜姜的存放主要有这样两种方法：

1. 把姜装入纸袋或塑料袋内，放在室温11～14℃的地方存放。

2. 用水将鲜姜洗净晾干，放入盐罐中，或将姜去皮，放一点白酒或黄酒密封。

怎样存放植物油

一般食用油保存期限为2 年，但仍建议本身带有香气的食用油开封后在3到6 个月内吃完，以免香味变淡。在此期间该如何保存植物油呢？方法如下：

1. 低温密封保存。将准备存放的植物油注进盛装器具，把装好油的器具封闭好，然后存放到低温、阴暗和通风的地方。另外，在油中放些花椒末，可以防止油脂产生哈喇味。

2. 不宜用金属容器盛油。盛油不要用塑料桶和金属的容器，可用陶瓷或深颜色小口的玻璃瓶。因为金属离子是较强的促氧化剂，易引起油的氧化酸败。

3. 加入抗氧化剂。可以将1粒维生素 E胶囊刺破，滴入500毫升植物油中搅拌均匀，密封瓶口，置于避光环境中。

【饮品类】

如何让牛奶保鲜

牛奶是早上餐桌上的常客，它既是饮料，也是食品。不过由于牛奶在常温下不能长期存放，很容易不新鲜甚至变质。所以，喝剩的牛奶要注意保鲜。下面向大家介绍牛奶的保鲜方法：

1. 冷藏保存。鲜牛奶应该立刻放置在阴凉的地方，最好是放在冰箱里。不要让牛奶受暴晒或灯光照射，日光、灯光均会破坏牛奶中的数种维生素，同时也会使其丧失芳香。

2. 炖煮后保存。将鲜牛奶盛在加盖的锅内，连锅一起放入滚开的水中，隔水炖煮20分钟，然后将锅取出，立即转入冷水中，等冷却后再将锅盖揭开。炖煮过的牛奶可放在纱罩内保存10～12小时，不会发酵变酸。

怎样贮存茶叶

很多人在买了一款茶叶之后， 没怎么在意， 结果几个月后去喝，发现没买时那么好喝。最后发现，是没有存储好，串味了。茶叶有极强吸附性，很容易吸附空气中水分及异味，若贮存方法稍有不当，就会在短时期内失去风味。在平时的生活中，该如何贮存茶叶呢?

1. 铁盒贮存法。将茶叶打好小包后，放入双层盖的铁制茶盒内，再将茶盒置于干燥通风处，可保持茶叶不变质。

2. 冰箱贮存法。把包装好的茶叶放到冰箱里，可长期保持清香，不变味。

3. 保温瓶贮存法。将干燥的茶叶装满热水瓶内，然后塞紧软木塞，可保持茶叶新鲜。

4. 塑料袋贮存法。用柔软的白纸将茶叶包好，装入干净卫生的塑料袋内，排出袋内空气后，扎紧袋口。在茶叶袋外面再套上一个塑料袋，排出空气后再扎上口，可长期贮存茶叶。

5. 生石灰贮存法。用纸包好一包生石灰，放在瓶中，把茶叶放在石灰上面，拧紧盖子。用这种方法贮存茶叶，茶叶就不会发霉，也不会失去香味。

怎样保存咖啡

咖啡应该储存在干燥、阴凉的地方，一定不要放在冰箱里，以免吸收湿气。咖啡豆和研磨咖啡可以冰冻，唯一需要注意的是，从冷冻柜中拿出咖啡时，需要避免冰冻的部分化开而使袋中咖啡受潮。

另外，也可以使用塑胶袋或者使用真空包装。真空包装更加有利于咖啡的存放，使原有风味更持久。

怎样保存蜂蜜

蜂蜜好吃，但是并不容易保存，其实这么说也不一定对，因为纯的成熟蜂蜜并不容易变质，只是现在市场上很少见到不经过加工处理的蜂蜜。掺入其他成分的蜂蜜不那么容易保存，尤其是在夏天，温度较高，湿度较大，蜂蜜会吸收空气中的水蒸气，进而遇高温变质。那么蜂蜜应该怎么保存呢？有以下几种方法：

1. 蜂蜜要存放在凉爽、干燥、通风的地方。如果发现蜂蜜有发酵现象，可以把蜂蜜盛在玻璃容器内，放在锅中隔水加热到65℃左右，保温30分钟，便可阻止其发酵。蜂蜜在瓶子里放久了，有的呈白砂糖样沉淀在瓶底，不方便取用。可连瓶一起放在凉水锅内徐徐加温，当水温达到80℃左右时，沉淀物即会融化，并再也不会沉淀了。

2. 存放蜂蜜的容器要盖严。蜂蜜具有从空气中吸收水分的能力，蜂蜜吸收过多的水分会使浓度下降，易引起发酵变质。因此，贮存蜂蜜要盖严，防止漏气，减少与空气接触，这样能使蜂蜜保存长久。装蜜量以容器的80%为宜。每次取食蜂蜜后，要将容器盖好，以防污染。

怎样存放白酒

白酒存放的时间久了就会越来越醇厚，一般的白酒存放时间至少在三年以上，白酒盛放五年以上已经是上佳的饮品了，那么，所有的白酒都是存放时间越久越好吗？当然不是。

如果你想要长时间保存一瓶好酒，一定要选购用纯粮食酿造的酒。因为只有纯粮食酿造的白酒才可以长时间储存窖藏，而窖藏用陶瓷坛子最好，陶瓷坛子里含有的矿物质能让白酒的品质更加醇厚，并且存放的时间越久白酒的口感就越好。

存放普通的瓶装白酒，应选择较为干燥、清洁、光亮和通风较好的环境，相对湿度在70%左右为宜，湿度较高瓶盖易霉烂。白酒贮存的环境温度不宜超过30℃，严禁烟火靠近。容器封口要严密，防止漏酒。

怎样存放葡萄酒

随便放在家里的葡萄酒质量可能会变差，怎样才能让酒在家存放陈年而不坏呢？

1. 隔热隔光。一般来说，白葡萄酒要在出厂6个月内，红葡萄酒要在出厂2年内喝完。在专业酒窖中，温度需控制在10～14℃，湿度维持在70%。在一般家庭中，如果先将酒封存在具有隔热、隔光效果的瓦楞纸箱或保丽龙箱内，再放置于阴凉通风且温度变化不大的地方，也可保存较长时间。

2. 要横放。葡萄酒一定要横放，这样不但有助于酒渣的沉淀，软木塞也能受到酒液的润泽，保持一定的湿度，将瓶口紧实地塞住。

3. 避免震动。如果不停地震动葡萄酒，瓶内的空气会跟酒液过度接触互动，导致酒氧化、酸化。酒质也会因为震动变得不稳定。

怎样存放香槟酒

葡萄酒的保质期，通常为2至5年，真正上好的才能有10到20年的保质期。香槟酒的保质期更短，即使是保质期长些的老香槟酒也带点氧化味。甜酒的保质期长一些，但上市后最多也就5到7年。生活中，香槟酒该怎么保存呢？

1. 温度。一般香槟的保存温度应该略低于或等于15℃。而且这个保存温度需要恒定的。

2. 亮度。为了防止紫外线使酒早熟，一定要将香槟存放在阴暗的环境里。

3. 湿度。存放香槟的地方不要太干燥，以免瓶中水分蒸发影响口感。

4. 倒置。香槟存放要倒置，且不要晃动。

怎样存放瓶装啤酒

在选购瓶装啤酒时，首先要看瓶身。一般应尽量选择绿色和棕色瓶，因为这两种颜色的瓶装啤酒能避光。在存放时，要注意避免光照，否则啤酒中的苦味成分会发生化学反应，影响口味。还要注意存放环境的温度。啤酒宜在低温条件下储存，在4～20℃的温度下可保存较长时间。啤酒储存不宜时冷时热，这样冷热反复会引起蛋白质雾状沉淀。再有，啤酒不要放在冰箱冷冻，啤酒的冰点是-1.5℃，冷冻会破坏啤酒的营养，还会使酒瓶爆裂。

除此之外，要特别注意，瓶装的啤酒不宜剧烈振荡，在开启前也不能剧烈摇动，否则会使瓶内压力增强，发生爆炸。

【水果类】

如何存放苹果

购买的苹果如果一次吃不完，余下的一定要注意保鲜。在保鲜时，如果方法不对，营养会流失。那么，苹果怎么存放比较好呢？

1. 用纸箱码放。准备一个轻便、洁净、无味、无虫的木箱或纸箱，把经过挑选的苹果，用纸包住整齐地码放在箱内。为防止果箱磨破苹果，应在箱底及四周垫些纸或草；包苹果的纸要用柔软且薄的白纸，纸的大小以能包住苹果为宜。

2. 放冰箱前不要水洗。苹果表面有一层蜡质，可以保护其不受微生物侵害，但清洗会破坏这层保护膜。如果一定要洗，等水分完全沥干后再放入冰箱。洗过的水果，从冰箱取出后也要再洗洗，以去除在存储中产生的亚硝酸盐。

3. 用水缸存放。先将水缸洗净晾干，放在阴凉处，并在缸底放一个盛满干净水的罐头瓶，勿盖瓶盖。早晨低温时，将包好的苹果层层码放在缸内，装满后用一张塑料膜封闭缸口。这种存放法可贮存苹果5个月，完好率达90%以上。

如何存放生梨

很多人将买回家的梨子直接在常温下放置，过了几天却发现有酒味。那么，梨子该怎么保存？

1. 食品袋密封保存。将准备贮存的生梨放入食品袋中，封袋之前，要把袋内的气体排出；封好后，放到阴凉、干燥的地方，但温度不宜太低。这种方法可使生梨保存较长时间。

2. 瓷缸保存。将要保存的生梨用纸一个一个包好，并轻轻地放入瓷缸内。然后用牛皮纸把缸口封好，以防止空气流通。以后每隔一个多月检查一次，把不能再存放的生梨挑出，这样可最大程度地保存生梨。

如何存放凤梨

保存凤梨时，切忌削皮或切片，否则非常容易失去新鲜风味。要想存放凤梨，可以把切片的凤梨在糖水中浸一下，然后装入塑料袋中，扎紧袋口，放入冰箱中存放，做成冷冻凤梨，这样可存放数月不变味。

如何存放香蕉

香蕉是很受欢迎的一种热带水果，在温度低于10℃时会加快变黑和腐烂。那么，香蕉该怎么保鲜呢？存放香蕉的方法如下：

1. 储存香蕉时，应选成熟度在八成左右，太生太熟，都不宜储存。一般环境温度应在11～13℃之间，相对湿度在80%～85%之间。在储存时，要忌风吹、受冻，否则香蕉皮会发黑、变坏。如果买来的香蕉完全成熟，那就不能储存了。

2. 将一把青香蕉装入双层塑料袋中，再把干燥的粉状或颗粒状过氧化钙用透气吸湿性好的布袋包好，放在香蕉中，然后将袋子封口。每25千克香蕉用过氧化钙1～2克即可。这样，青香蕉可保存3个月。

3. 将香蕉装入塑料袋，再放一个苹果，并尽量排空袋子里的空气，扎紧袋口，放在远离热源的地方。这样可以保存香蕉1周左右。

如何存放红枣

秋冬季节正是吃红枣的时候，但是，红枣怎么样才能保存更久是个问题。红枣有三怕，怕风吹、怕高温、怕潮湿。红枣受风后易干缩，皮色由红变黑；受高温、潮湿影响，易出浆、生虫、发霉。

保存红枣前，可先暴晒四五天。为防止红枣发黑，可在枣上遮一层席子，或在通风阴凉处摊晾几天。待红枣晾干透后放入缸内，加木盖或拌草木灰，放桶内盖好。也可将30～40克盐炒后研成末，一层一层撒在500克红枣上，然后密封好，这样红枣既不会变坏，也不会变咸。

如何存放荔枝

荔枝有“一日色变，二日香变，三日味变，四日色香味尽去”的特点。对于喜欢吃荔枝的人来说，一定要知道保存荔枝的方法。下面一起来了解一下荔枝的保鲜方法：

要想保鲜荔枝，可以将鲜荔枝放在密封好的容器内。荔枝呼吸会排放二氧化碳，由于容器内氧气少，二氧化碳多，这样会自发形成一个氧气含量低、二氧化碳含量高的贮藏环境。采用这种方法贮存荔枝，在1～9℃的低温下能保存30天，在常温下能保存6天，但不影响风味。

为了保存荔枝的色香味，也可以给荔枝喷上点水，然后装在塑料保鲜袋中放入冰箱，利用低温高湿（摄氏二至四度，湿度90%至95%）保存。将袋中的空气尽量挤出，可以降低氧气比例以减慢氧化速度，提高保鲜的效果。

如何存放葡萄

为了让葡萄保鲜，可将葡萄用被水打湿的白纸包装好，在外层再包上一层纸，每隔一个星期换一次纸。将包好的葡萄放在凉爽通风的地方，此法可保存葡萄3个月左右。

如何存放栗子

新鲜栗子含有很多水分，且含有糖和淀粉，很容易霉变或是被虫蛀，因此需要掌握一定的保存方法，让栗子得以储存更长时间。那么，新鲜板栗应该怎么保存呢?

1. 用木桶或者木箱保存。在木桶或是木箱的底部铺上一层湿沙，将湿沙与栗子以2：1的比例混合，在距木桶口6厘米的位置继续铺湿沙，然后放在阴凉干燥的地方。这种方法可以较长时间保存栗子。

2. 土罐保存。取一只干净的陶土罐，倒入要保存的栗子，上口用双层油纸或塑料膜封住扎紧，每隔20天左右翻一次，捡出坏栗子，通风半天，然后再封藏住。这样栗子可保存到来年春天。

3. 冰箱储存。将板栗浸泡在凉的食盐水中3—5分钟，然后再用自然的凉开水冲洗一遍，晾1—2天，用塑料袋装好，扎紧袋口，放入冰箱的冷藏室中保存。这种方法可以存放板栗1个月。

如何存放柑橘

买回来的柑橘很容易流失水分，保存不当很快会变质。如何正确保存柑橘呢？有以下几个窍门可供参考：

1. 食品袋保存。取一个能装七八斤柑橘的食品塑料袋，在袋上开几个小口，以排除湿气，然后把柑橘装进袋里，封好袋口，挂在室内或放在纸箱里。隔一段时间检查一遍，发现有腐烂的柑橘，要及时拣出来。用这样的方法可使柑橘保鲜较长时间。

2. 小口坛保存。将柑橘装入小口坛内，放在阴凉通风处，六七天后封口，之后四五天翻看一次，如果发现坛壁有水珠，用干布抹掉。这样做，柑橘一般可贮存5 ~ 6个月。

3. 用河沙保存。先准备一些细河沙，湿度以用手能捏成团、落地即散为宜。具体方法是：先把沙子平铺在缸或其他的器具中，然后将沙子和柑橘相隔着铺，在最上层应铺上一层较厚的沙子，一个月检查两次，挑出坏柑橘。

如何存放西瓜

一年中并不是任何时候，我们都有机会享受美味的西瓜。为了在冬天也能吃到西瓜，有必要掌握以下一点西瓜的保鲜技巧：

首先，选择八成熟、表皮无伤、无病虫害的西瓜，在5%～10%的食盐水中浸泡二三个小时。之后，再用0.5%～1.0%的山梨酸钾或山梨酸涂抹西瓜表面，将西瓜密封在聚乙烯塑料袋内，按照西瓜在田间生长时的方位进行架藏。如果是堆藏，一般以三层为宜。存放期间勤翻堆检查，及时捡出熟瓜和次瓜，清理病瓜、烂瓜。这样，西瓜可以从收瓜后的夏天一直存储到冬天。另外，贮藏场所适宜的温度是8～10℃，相对湿度为75%～80%，此时为西瓜最佳存储条件。

【米面类】

怎样存放粮食

居家生活中，在储藏粮食时要注意场所环境卫生，周围不能堆放杂物，还要学会存放粮食的几种方法：

1. 大蒜贮存法。在粮食内放几瓣大蒜，这样可以起到防止粮食生虫的作用。

2. 佐料贮存法。可以任选花椒、干生姜、茴香、八角中的一种或几种，用纱布包好，放在粮食中，一般25千克粮食放50克佐料即可。这样，不但可防止粮食生虫，还有保鲜、保新效果。

3. 茴香贮存法。夏天粮食易生虫，可将茴香用布包好，放于粮食的表面，盛粮的缸或桶不要密封，这样可防止粮食生虫。

4. 草木灰贮存法。在粮食表面铺上纸，再将草木灰铺满纸上，这样不但可以防潮，也可以防虫。

5. 苦楝叶和菊花粉贮存法。将苦楝树叶和菊花晒干并碾成粉，用布包好，放在粮食中，既可防止生虫，又可使粮食保持正常颜色和气味。

6. 柚子叶或杨树叶贮存法。将新鲜的柚子树叶或杨树叶掺在粮食中，能起到一定的杀虫作用。

怎样存放豆类

豆类食品是生活中常吃的，因此，豆类的储存成了重要的问题，像绿豆、红豆、蚕豆、豌豆等很容易生虫，难以长时间保存。另外，储存豆类时，还要防止其发芽，所以不能太过依赖冰箱，那么，豆类到底如何储存呢?

存放大豆时，首先要将破豆挑出来，然后使大豆充分干燥，置入防热性较好的容器内盖紧，在低温条件下贮存。还可以将大豆放在冰箱中冷冻，使之降温，然后再密闭贮藏。在气温较高的条件下，要定时将豆粒倒出来通风，使湿热散出，以防发热霉变。

存放绿豆时，可将绿豆放进干净的坛子或食品袋中，然后在绿豆上面放一些干辣椒，这样绿豆不会生虫子。

储存蚕豆和赤豆时，可在储存蚕豆、赤豆的容器中，放入两三个大蒜头，这样蚕豆或赤豆存放2—3年都不会生虫。

另外，无论哪种豆类，都可将其装于塑料食品袋中，喷上少许白酒并搅拌一下，然后将袋口扎紧或把容器盖子盖紧，可防止生虫。

怎样存放大米

新米上市后，很多人都会多买一些存着慢慢吃，但是大米用袋装放不久就出现问题。有什么方法可使大米储存久一点？下面介绍几种方法：

1. 塑料袋无氧保存。先取几个干净卫生的食品袋，两两套在一起备用。将大米铺在阴凉通风的地方晾干，装入套在一起的两层塑料袋内。装好大米后用手将袋口残余的空气挤掉，然后系紧袋口。此种方法，只适合保存少量大米。

2. 用海带保存。存放大米时，可在袋里加一些海带，重量大约为米的十分之一。由于海带能吸收大米外表的水分，所以，用这种方法保存可以防止大米生虫或变质。

3. 用花椒防虫保存。取50颗左右的花椒，放入锅内。锅内加适量清水，以稍多于浸泡存米布袋的水量为宜。然后充分加热，待水凉后，将存米的布袋放入水中浸泡5分钟。取出晾干后装入大米，可防止大米生虫、霉变。

4. 用甲鱼骨髓保存。将甲鱼壳内的骨髓用细铁丝捅出，用干净的温水将其洗净、晾干，然后用纱布包好放入米袋内，可防止大米生虫、变质。若将甲鱼壳直接放入大米中，也可起到防止蛀虫和蚂蚁的效果。

5. 用大蒜、辣椒、大料保存。把大蒜去皮后与大米混装入袋，或把辣椒掰成两段、把大料拆散与大米共存，也可起到灭菌、驱蛾、杀灭活粉螨的效果。

6. 用白酒保存。将大米装入米缸或其他可以密封的容器内。取一瓶白酒，开盖后瓶口高于大米，将酒瓶插埋在大米的中部，封闭容器。白酒中挥发出的乙醇气体便可起到消毒、杀菌、防止大米生虫、霉变的作用。

在存放大米时，要特别注意以下几点禁忌：

1. 大米不宜离热源太近，如不能放在炉灶或者暖器旁边，否则大米会因发热而引起质量变化。

2. 大米不宜存放在厨房里。因厨房温度高、湿度大，对大米的质量影响极大。

3. 大米不宜与鱼、肉、蔬菜等含水量较高的食品一起储存，否则大米吸水，导致霉变。

4. 大米不宜靠墙或是就地存放，最好在地上铺垫一些木板，这样可以防止大米霉变或生虫。

怎样存放面粉

家里的一大袋面粉打开后没用完，长虫了，用筛子筛完，装回袋子里，没想到又长虫了。有没有存放面粉的好方法呢？有。现介绍如下：

可将面粉用塑料食品袋存放，再将其口扎紧，使面粉与空气隔绝，这样就不易生虫了。还可将面粉放入缸中压瓷实，上面盖一层纸，纸上放花椒适量。每次取用面粉后，压平盖好，也可长久保存面粉不坏。

面粉应保存在避光通风、阴凉干燥处，潮湿和高温都会使面粉变质。面粉在适当的贮藏条件下可保存一年，保存不当会出现变质、生虫等现象。在面袋中放入花椒包可防止生虫。

除此之外，可以将一些剥了皮的大蒜用布袋包好，然后放入面袋中，这样也不宜生虫子。

怎样存放高粱米

高粱米储藏期间遇到不适宜的条件，易发热，而且发热的速度较快，很容易产生霉变，丧失食用品质。所以，保存高粱米要避免潮湿，保证高粱米的干燥。可将高粱米晒干（忌暴晒）散热降温后，隔氧贮藏。

怎样存放挂面

要想使挂面不霉变、生虫，可将挂面均匀摊开，充分晾干后，装进塑料食品袋里，再放入一小袋花椒，然后将塑料食品袋口扎紧。每次取出挂面后再将袋口扎紧，可防止挂面霉变、生虫。

【其他类】

怎样贮存豆腐

由于豆腐水分含量高，营养物质丰富，尤其是蛋白质含量较多，因而极易被污染，变味变质。尤其是在气温较高的夏季，新鲜豆腐在室温下不到半天就会变酸，如何保存豆腐呢？

要想使豆腐二三天不变质，可将豆腐放入烧开、经冷却后的盐水中浸泡，随吃随取。这样保存的豆腐不失其原味。除此之外，可以上锅蒸，将蒸好的豆腐放到阴凉通风的地方，其间不要随意去动。这种方法可以让豆腐多保存2天左右，并且吃起来不会影响豆腐的味道和口感。

人参为什么不宜放冰箱保存

人参主要成分为皂苷、挥发油、人参酸、维生素B1、维生素B2以及糖分和酶等。冰箱内湿度大，干燥的人参从冰箱取出时，参体是僵硬的，而吸附空气中的水分后，参会变软，非常容易生虫、发霉。

正确的保存方法是：可先用无毒的塑料袋或纸袋把人参包好，放入盛有石灰的缸内，并将口密封好。这样，可以保持参体干燥。除此之外，还可以采用低温保存法，即在收藏前要将人参晒干，最好是暴晒。

不宜一起存放的食物有哪些

为了拿取方便，人们习惯将不同的食物放在一起。但是，有些食物混放在一起会产生反应，甚至产生毒素。一般不宜在一起存放的食物有以下几种：

1. 西红柿、黄瓜不宜一起存放。黄瓜忌乙烯，而西红柿含有乙烯，如果将它们放到一起，黄瓜会迅速变质。

2. 面包与饼干不要一起存放。饼干水分较少，面包含水分较多，将两者放在一起，饼干会变软，影响口感，面包也会变硬。

3. 红薯与土豆不可一起存放。红薯宜存放在15℃的环境中，土豆喜凉，存放在2～4℃的环境中最好。如果两者放在一起，土豆容易生芽，红薯会变成硬心。

4. 米与水果不宜一起存放。米容易产生热量，容易出现霉变或生虫。 而水果受热后，会蒸发掉一些水分。所以，两者不宜放在一起。

5. 鸡蛋与生姜、洋葱不可放到一起。鸡蛋壳上有许多肉眼看不到的小气孔，生姜、洋葱会散发出强烈的气味，这种气味会渗入到鸡蛋内，从而影响鸡蛋保鲜。

如何巧用冰箱储藏食物

在家中，用冰箱储藏食物，一定要注意一些技巧：

1. 冷藏生熟食品时，将冷藏室温度调到5℃，食物可存放一星期左右。如果存放水果、蔬菜，应先将其装入菜盒内，再用保鲜纸包装好，将温度设定在8℃左右。

2. 存放新鲜的或是冷冻的肉类、鱼类、家禽类，或是已烹调好的食品时，将冷冻室内的温度调为-18℃，这样食品可以存放3个月。另外，冷冻室可以快速冷冻需长期保存的新鲜鱼、肉类食物，以最大限度保证食品的新鲜风味。

3. 在冷藏室上部的冰温保鲜室中短期存放鲜肉、鱼、贝类、乳制品等食品时，可将温度设为 0℃，这样既能保鲜，又不会冻结， 食品可以随时取用。 冰温保鲜室还可以作为冷冻食品的解冻室。

4. 如果冰箱有变温室， 可根据食品储藏需要调节变温室的温度。如果觉得冷藏室空间小，可将中室调至冷藏温度的工作状况，这种变温室也适用于将冷冻食品解冻。

冰箱储存食品应注意什么

用冰箱储存食品需要特别注意以下一些问题：

1. 过热的食物不能直接放入冰箱，要等其凉后再放，否则会影响其他食品的味道，并且会加大耗电量。

2. 冰箱内一次不宜存放太多食物，食物间要留有空隙，好让空气流通。

3. 生熟食物要分开放，熟食应放入加盖的容器中，避免细菌交叉感染。

4. 动物脂类食品最好存放在冷冻室内，不要放在冰箱门口，因为那里的温度较高。

5. 不要在冷冻室存放瓶装或是罐装饮料、啤酒等，否则，会因冻结而破裂。

6. 买来切好的冷藏肉不用清洗，带盒直接放在冷藏室较冷处的地方。而普通肉则要认真清洗，然后切成合适大小的块或切好丝、片，分别装在冷藏盒或保鲜袋中封好，第二天要吃的肉放在冷藏室下层。

7. 在冰箱中存放蔬菜水果，一定要先洗干净，并甩去水分，避免污染冰箱内的其它食物，造成交叉污染。

8. 解冻后的肉类或鱼等，不宜再次放入冰箱冷冻，因为化冻过程中食物可能受污染，微生物会迅速繁殖。

第三节　食品清洗、除味

【肉类】

如何去除猪肉异味

猪肉如果宰杀方法不当，没有充分放血，会带有特殊的血腥味。为了除去这种血腥味，可用热水浸泡一下猪肉，再用清水冲洗。

猪肉如果存放方法不当，会产生一种血污味。这时，可以用稀矾水浸泡，并用清水反复冲洗，然后放到锅中，加水烧煮，等烧开后除去浮沫和血污，捞起后再用清水洗净。烹调时，要适当加些葱、姜、酒等，这样可以有效去掉血污味。

如果猪肉带有腥味，在烹调时，可放一点蒜片或蒜瓣，这样可以去掉腥味。再就是，将肉切成片，用洋葱汁浸泡，等入味后再烹调，就不会有腥味了。对于肉馅，可将少许洋葱汁搅入其中。除此之外，还有一种方法，就是在猪肉上滴一些柠檬汁，也可以去除腥味。

如何去除羊肉膻味

很多人都嫌羊肉的膻味大，如何去除羊肉的膻味呢？有下面几种方法可供参考：

1. 在羊肉中放些萝卜。将一个白萝卜（也可用胡萝卜）洗干净，切成块或片，放入锅中，然后加水与羊肉一起煮，水烧开后再将羊肉捞出，并用清水将羊肉洗干净。

2. 在羊肉中加些米醋。将洗干净的羊肉放入锅中，然后再倒入一升水、半两米醋，将水烧开，捞出羊肉，再用清水将羊肉洗干净。

3. 在羊肉中加些咖喱粉。在烹饪羊肉时，放入适量的咖喱粉，可以有效去除膻味。

4. 用绿豆去除羊肉膻味。在煮羊肉的锅里放入一些绿豆，大火煮开即可去除羊肉膻味。

如何去除猪腰子腥臊味

去除猪腰子腥臊味的方法比较简单：首先，将猪腰子剥去薄膜，剖开后剔除污物筋络，然后切成所需的片或花状。接下来，将猪腰子用清水冲洗一下，捞出后沥去水分，按一斤猪腰子使用一两白酒的比例加入白酒，用力拌匀、揉搓一二分钟，再用水漂洗几遍，最后用开水烫一下，即可去除腥臊味道。

如何去除猪肚异味

煮熟的猪肚虽然味美，但是，清理猪肚却让人犯难，因为它有一种难闻的异味。如何去掉生猪肚的这种异味呢？有以下二个方法可供参考：

1. 先将猪肚冲洗干净，再用面粉擦拭几遍，然后放开水中煮。出锅后放入冷水中，用刀刮去猪肚的白脐衣，用冷水洗到有滑腻感时，异味就没有了。

2. 在洗猪肚时，可以使用少量的食盐和明矾。这样，可以快速去除猪肚上的黏液和异味。

3. 先用清水冲洗猪肚，再用醋、酒的混合液搓洗，然后放入清水锅中宽煮，等水开后，再取出来用清水洗净。

如何去除猪肝、猪心异味

猪肝和猪心有一种秽气，非常影响口感。如何除去这种异味呢？可以将一些面粉或玉米面撒在猪肝、猪心上面，然后反复擦拭，这样可以消除秽气，而且味道会更加鲜美。也可先用水将猪肝或猪心上面的血洗净，然后剥去薄皮，放进容器中，倒入一些牛奶浸泡，这样也可除去秽气味。或者将猪肝白色筋管用刀割断，然后再用面粉擦一下猪肝的表面，也可以除去其中的秽气。

如何去除牛肝异味

牛肝有一种浓重的异味，为了去除这种异味，可先将牛肝放入淡盐水中，并用手不断挤压，把其中的血水挤出来，再更换盐水，这个过程反复几次，直至血水完全被挤出为止。然后再将牛肝与香菜一起放入开水锅中，稍煮片刻，便可消除牛肝的异味。还有一种方法，就是先将牛肝擦洗干净，然后切成薄片，再浸于牛奶中，这样也可除去其异味。

如何去除鸡肉异味

常吃鸡的人都知道，鸡肉也有一股异味，要去除这种异味，可以使用下面的这些小妙招：

1. 先取一个稍大的容器，倒入适量酱油，再放入鸡肉，加上少量酒、生姜或蒜，浸泡10分钟左右即可。

2. 在淡盐水中加几粒花椒，然后将鸡肉放入其中，浸泡15分钟左右，再取出烹制，就没有腥味了。

3. 将鸡肉放在盘中，倒入适量的啤酒腌渍15分钟左右，可有效去除鸡肉异味。

4. 用凉水将鸡肉洗干净，再用柠檬切片涂抹一遍，既可去除鸡肉的异味，烹调后又鲜嫩可口。

5. 用牛奶把鸡肉涂抹一遍，再用料酒浸泡一会儿，也可去除腥味。

6. 如用作西式烹调，可以先在鸡肉上淋些奶，再加酒、洋葱及其他调料，可去除鸡肉的腥臭味。

如何去除鸭肉腥臊味

鸭肉有一种腥臊味，在烹制之前，要把臊豆切除，烧制时佐以酱油、醋等调味料即可去除其腥臊味。烹制鸭子时，最好不要用煮或炖等，而应该卤、酱或是煸。除此之外，还可以将鸭皮剥下炼油，再用此油炒鸭肉，也可除去鸭肉腥臊味。

如何去除狗肉膻味

狗肉的膻味比较重，可以按下面的步骤去除这种味道：

1. 把狗肉切成方块，凉水下锅，煮至半熟，然后切成薄片，换清水再浸泡1个小时，这样可除去膻味。在烹制时，可以放些葱、姜、蒜等作料，用微火煨透，煮熟后的狗肉既鲜美又可口。如果在煮时加一些萝卜，去膻味的效果会更佳。

2. 在锅内倒入少许油，大火加热，放入狗肉块煸炒片刻，这时，狗肉会不断渗出一些水分，要边炒边将渗出的水撇去，直至无水分渗出，锅内发出轻微爆裂声，再作烹烧，膻味即除。

3. 在姜、蒜、葱、料酒、五香粉等香料或陈皮、砂仁等药材中选择几种，加入狗肉中一起烹烧，可除膻味。

4. 将胡萝卜或白萝卜切成段，与狗肉放在一起煮，待煮熟后，除去作料，继续焖烧可除膻味。

狗肉与大蒜相克，同食助火；狗肉不可与绿豆同食，否则会胀肚；狗肉与茶相克，同食易引起便秘；狗肉与姜相克，同食会腹胀；狗血与泥鳅相克，阴虚火盛的人要忌食；狗肉与黄鳝相克，同食会引起中毒；狗肉与鲤鱼相克，同食对健康不利；狗肉与朱砂相克，同食会上火。

如何去除咸肉异味

如果咸肉存放久了，很容易产生一种辛辣味。如何去掉这种辛辣味呢？在煮肉时，可切几块白萝卜放入锅中，等到煮开后，再将白萝卜捞出去。这时再烹调咸肉，咸肉就没有辛辣味了。

如果咸肉带有哈喇味，可先将咸肉用布包紧，埋在湿土中，等三四个小时后再取出，这样，咸肉的哈喇味就会减少许多。

如果咸肉没有变质，只是表皮有味，只要用水加少量的醋清洗一下就可以了。

咸肉过咸怎么办

如果咸肉特别咸，用水清洗达不到去咸的目的，那就用淡盐水浸泡，需要注意的是，所用盐水的浓度一定要低于咸肉中所含盐分的浓度。用这样的盐水漂洗几次，咸肉中所含的盐分就会逐渐溶解在盐水中，最后再以淡的盐水清洗一下就可以了。除此之外，也可以将咸肉放在淘米水里浸泡半天，然后取出来用水清洗。这样有两个好处，一是可以去些咸味；二是会使咸肉味道鲜美。

如何清洗猪板油

猪板油是很难用水清洗干净的。那么，是不是就没有办法了呢？当然不是。方法其实很简单：可以将猪板油放进30～40℃的温水中，用干净的包装纸慢慢地擦洗，这样就比较容易将猪板油清洗干净了。

如何清洗猪肠

要想把猪肠清洗干净，可以采用下面的方法：

1. 将猪肠用清水冲洗干净，再加入适当醋、酒、葱、姜，然后用手揉搓二三分钟，再入锅内加水煮沸，取出用清水冲洗即可。

2. 先去掉猪肠子上的黏液，把肠子的小头用细绳扎紧后，放在水里，一边往里灌水，一边翻肠头，直至把肠内壁翻出来，除去肠壁上的污物。洗净以后，再用明矾搓擦几下，最后用清水冲洗干净，即可除去臭味。

如何清洗冷冻食物

冷冻的肉类、禽类不宜直接清洗，可先将其放入姜汁液中浸泡30分钟左右，然后再清洗。这样不但容易将脏物洗净，还能除腥增鲜，恢复肉类固有的新鲜滋味。

如何清洗家禽内脏

鸡、鸭、鹅肠的内壁上黏液很多，烹制或存放前要清除干净，这类黏液用清水洗涤难以除去，可用适量的醋抓洗，很快就能除掉黏液。注意不要用盐擦洗，以免失去香味。

【鱼类】

如何洗鲜鱼

鲜鱼身上有黏液，有一个小妙招可以快速清除掉黏液：先用食盐涂抹鱼身，再用水冲洗。如果是一些比较难洗的鲜鱼，可以先把它放到浓度较高的盐水中浸泡片刻，然后再清洗，这样可以洗得很干净。另外，也可以在盆中滴几滴植物油，这样有助于除去鱼身上的黏液。

如何洗带鱼

在清洗带鱼前，先将带鱼放到60～80℃的热水中，浸泡10分钟左右，然后拿出来马上投入冷水中，再用刷子轻轻地刷，这样，能很快将带鱼洗干净。如果加入淘米水，则更容易去除带鱼的脏污。

如何洗黄鱼

如果是新鲜的黄鱼，在清洗时，无需剖腹，只要用两根筷子从鱼嘴插到鱼腹，夹住肠子后转搅几下，就可以把肠肚拉出来。如果鱼不是很新鲜，则应剖开腹部再清洗。

如何去除鱼腥味

要想除去鱼腥味，可以使用下面的一些小妙招：

1. 将宰杀后的鱼清洗干净，然后放在凉水中浸泡，并加入适量的醋、料酒、胡椒粉和白糖。糖有吸附作用，能吸附鱼体内散发异味的物质；凉水可以置换鱼体内的血液，料酒、醋、胡椒粉可有效除去鱼的腥味。

2. 在烹制过程中，可以加入适量的葱、姜、花椒、料酒、蒜、大茴香、白糖、酱油等调料，这样烹制出来的鱼不但口感好，而且鲜有腥味。

3. 除去鱼腹内的黑膜。鲤鱼背椎骨两侧各有一条由头至尾的“酸筋”，又称“土腥线”，在烹制前，可用镊子将“土腥线”拉出。

如何除河鱼泥味

河鱼，即生长在河里的鱼。通常，河鱼的泥腥味较重，在食用的时候，如何去掉这种泥腥味呢？可以参考如下两种方法：

1. 如是活鱼，可先将鱼放入比例是1∶10的盐水中，让盐水通过鱼鳃慢慢浸入鱼体，一个小时后，河鱼身上的泥腥味会被去除。

2. 如果是死鱼，可以将鱼放在浓度较高的盐水中浸泡两个小时，这样就能除去泥腥味。

鱼破胆怎么处理

在清洗刚宰杀的鱼时，很容易把苦胆弄破了。如果胆汁沾污到鱼肉上，肉会带有苦味，影响口感。苦胆破了之后，除了用水清洗，还可尝试下列方法：

先用清水把鱼冲洗干净，将被胆汁染黄的地方洗白净，然后在上面撒些纯碱，几分钟后，再用清水冲净。如果胆汁污染面积较大，可将鱼放到稀纯碱液中浸泡一会儿，然后用清水冲洗，这样，苦味就会消除。另外，也可以在鱼肉相应的位置上涂点小苏打或白酒，等小苏打溶解后，用清水冲洗，如此苦味就会变淡。

如何解冻冻鱼、冻肉

在解冻冻鱼、冻肉时，可以使用下面的方法，既快速又简单：

1. 用微波解冻。把冻鱼、冻肉放到微波炉中，然后加热三十多秒，这时，冻鱼、冻肉会被解冻。这种解冻方式对原料性状、风味、营养价值影响不大，是一种非常好的解冻方法。

2. 用常温流水解冻。一定要避免使用热水解冻，否则，会使原料组织内的细胞膨胀破裂，导致原料内部汁液流出，影响食物应有的质地和营养价值。如果不急着烹制，可以先将冻鱼、冻肉放到冷水盆中，并勤换水，用常温流水也可解冻。

如何让咸鱼返鲜

有两个小技巧可以让咸鱼返鲜：

1. 取一个小盆，倒入适量温水，然后加入200克食醋，将咸鱼浸泡在其中数小时，能使咸鱼返鲜。

2. 把咸鱼浸泡在淘米水中，加入约50克的食用碱面，搅拌均匀，再浸泡4～5个小时即可。浸泡过的咸鱼咸味减轻，味道鲜美。

【蔬菜类】

如何巧洗香菇

在清洗香菇时，要注意下面的几个技巧：

1. 用清水浸泡。首先，要将香菇放温水（60℃左右）盆中浸泡约1小时，然后用手向一个方向搅动10分钟左右，这样，香菇的“鳃页”会慢慢张开，其中的沙粒会落下并沉入盆底，再将香菇捞出后，用清水冲洗干净即可。

2. 用淀粉清洗。香菇用清水涨发后，可加入少量湿淀粉，然后轻轻用手洗，最后再用清水冲几次。这样，不但可以去沙，而且香菇色泽艳丽。

如何巧洗蘑菇

蘑菇泡发后，表面有一层黏液，容易粘附泥沙等一类小颗粒，一般用清水很难清洗干净。清洗时，可以在水里加一点食盐，将蘑菇泡一会儿再清洗，这样可以洗去粘附在上面的泥沙。

如果是清洗新鲜的蘑菇，表面的脏物可以用湿布擦，再用干布或洁净的纸擦干就可以了。因为新鲜蘑菇本身就有水分，而且其菌体也能吸收大量水分。

如何巧洗木耳

清洗木耳时，要掌握下面的几个技巧：

先将木耳用水泡发， 然后将其放入温水中， 并加入两勺细淀粉，搅拌均匀后，再泡几分钟，这样附着在木耳上的细小脏物就会脱落。然后，捞出木耳，倒掉淀粉水，改用清水冲洗，便可将木耳清洗干净。

如果木耳比较脏，很难清洗，可将少许食醋加入清洗木耳的水中，然后轻轻搓洗，即可快速去除木耳上的脏渍。

如果木耳粘附有沙子等杂质，可先将木耳在盐水中泡1小时左右，然后轻轻抓洗，再用冷水洗刷几次，可清除掉沙子等杂质。另外，可以将木耳放在淘米水中浸泡半小时，再放入清水中漂洗，这样也能除去其中的沙粒。

木耳不宜与田螺同食。田螺偏寒性，与木耳同食，不利于消化；患有痔疮者木耳与野鸡不宜同食，野鸡有小毒，二者同食易诱发痔疮出血；吃萝卜时就不要再吃木耳了，否则可能导致皮炎。

如何巧洗鲜黄花菜

可能很多人不知道，鲜黄花菜中含有秋水仙碱，它会被氧化为氧化二秋水仙碱，这种物质有剧毒，所以，鲜黄花菜要清洗才能食用。在洗鲜黄花菜之前，先用开水烫一下，再用水浸泡一段时间，这样比较容易洗干净。另外，黄花菜要彻底炒熟才能食用。

如何巧除大蒜异味

大蒜是家庭烹调必备的一种调味品，但大蒜的味道较重。如何去除这种味道呢？有几个常用的窍门供参考：

1. 和丁香一起食用。将丁香捣碎和大蒜泥一起食用，可除大蒜味。

2. 喝牛奶。生吃大蒜后，马上喝一杯热牛奶，口腔中的蒜味即可消除。

3. 吃些芹菜。吃完大蒜后，再吃一些芹菜，可以轻松清除口中的大蒜味。

4. 吃点生香菜或吃几粒花生米。生吃大蒜后，吃点生香菜可去除蒜味，或者吃几料花生米，也可起到除蒜味的作用。

5. 嚼几片茶叶。吃大蒜后，可嚼几片茶叶去除蒜味。

如何巧除洋葱异味

不论是生吃，还是炒着吃，洋葱、大葱都会产生一股浓烈的刺激气味。为了除去这种味道，可将一小杯白醋放入炒锅中煮沸，刺激气味就会自然消失。

如果不喜欢菜肴中的洋葱气味，可在这类菜肴中，加入少许柠檬汁，即可减少洋葱气味。

如何巧除豆芽腥味

豆芽也有一种淡淡的豆腥味，如果不喜欢这种味道，在炒豆芽时，可以放适量的食醋。这样，不但可除掉豆腥味，还能达到保护营养素的目的，炒出来的豆芽也更脆嫩。另外，在制作含有豆芽的菜时，可以先加点黄酒，然后再放盐，这样既能去掉豆腥味，又可以突出豆芽本身的风味。

如何巧让柿子脱涩

刚摘下来的柿子很涩，如何让柿子快速脱涩呢？有以下几种方法可供参考：

1. 将涩柿子放在瓷器罐中，再喷洒些白酒，3～4天后可除去涩味。

2. 将涩柿子放在塑料袋中，再放一个成熟的梨或苹果，然后将袋口密封。一周左右柿子即可除去涩味。

3. 把涩柿子浸泡在约50℃的温水中，一天即可去除涩味。

4. 把涩柿子浸泡在用1∶5配制的石灰水澄清液里，大约一周后，即可除去柿子的涩味。

柿子不宜与海味同吃。柿子中的鞣酸能够与鱼、虾等食品中的蛋白质及钙盐一起形成一种沉淀物，并能刺激胃肠等器官，易引起恶心及便秘等症。

如何巧除猴头菇苦味

猴头菇有一种苦味，影响口感，若想去掉这种苦味，可采用下列方法：

1. 将猴头菇的苦柄，放入开水中煮10分钟左右，然后再捞出来放入温水中漂洗，这样可去除苦味。

2. 将猴头菇浸泡在0. 5%的柠檬酸溶液中约1小时，再用清水漂洗，苦味即除。

3. 如果是干猴头菇，可将干猴头菇泡发，然后再放到温水中反复挤洗几次即可。

如何巧除果蔬残留农药

市场上很少有不打浓药的果蔬。如何有效去除果蔬表面的农药残留呢？有以下几个实用的方法可借鉴：

1. 太阳光照法。蔬菜中一些残留农药经太阳光照射后，会被分解、破坏。

2. 淘米水清洗法。将蔬菜放在淘米水中浸泡一会儿，然后用清水洗干净，这样也能有效去除蔬菜中残留的农药。

3. 清洗去皮法。对于带皮的果蔬，如苹果、梨、猕猴桃、黄瓜、胡萝卜、冬瓜、南瓜、茄子、萝卜、西红柿等，在食用前，可以先削去表皮，食用肉质部分，既可口又安全。

4. 清水浸泡法。先用清水将果蔬的表皮清洗干净，然后再换新水，将蔬菜放入其中浸泡，让水淹过蔬菜5厘米左右。如此清洗浸泡2~3次，基本上可清除绝大部分残留的农药成分。

5. 加热烹饪法。有些蔬菜加热后，也能有效去除农药残留，如芹菜、圆白菜、青椒、豆角等。在烹制前，先用清水将蔬菜洗净，放入开水中焯二三分钟后捞出，然后用清水冲洗一二遍，再上锅烹饪。

6. 碱水浸泡法。以500毫升水兑食用碱5~10克这样的比例，配制成一盆碱水，将用清水冲洗过的蔬菜放入碱水中，浸泡5~10分钟后，捞出再用清水冲洗。如此反复二三次，即可消除农药残留。

7. 盐水浸泡法。将果蔬在盐水中浸泡半个小时左右，有除去残存农药、寄生虫卵和一定的杀菌作用。如果蔬菜放置时间比较长，水分损失较多，且菜叶发蔫，可先用2%的淡盐水泡一下，这样，蔬菜会显得更嫩。

8. 储存保管法。有些农药会缓慢地分解为对人体无害的物质。所以条件允许的话，可以把一些适合储存的果蔬存放一段时间。食用时，再进行细致的清洗，这样去农药残留的效果会比较好。

第四节 食品加工

如何巧分鸡蛋清、鸡蛋黄

在分离鸡蛋黄和鸡蛋清时，可以采用下面的几种方法：

1. 取一个鸡蛋，将其打到碗里，再取一个干净的矿泉水瓶（或小口塑料瓶），让瓶口紧贴蛋黄，轻捏一下瓶身，松手后即将蛋黄吸到瓶内，碗里只剩下蛋清，这样，就把蛋清和蛋黄分开了。

2. 取一个漏斗，将鸡蛋打到漏斗里，蛋清会顺着漏斗流出，而蛋黄仍会留在漏斗中。

3. 在鸡蛋的大头和小头各打一个小洞，大头一端的洞稍微大一点，并使其朝下，然后让蛋清从孔中流出，这时蛋黄仍然留在蛋壳内。当蛋清流完后，蛋壳内便只剩下蛋黄了。

如何巧断猪骨

猪骨营养丰富，尤其是筒状长猪骨，是做汤的主要原料之一，通常，这类骨头不容易砍断。在断猪骨时，可先用钢锯在猪骨的中部锯一个小缺口，不要太大，深0. 1厘米、长0. 5厘米左右即可。然后锯口朝下，将猪骨放在案板上，用刀背用力击打，这时猪骨很容易被打断，这种方法既省力又安全。

如何巧拔鸡毛

宰杀完的鸡如何能又快又省事地拔除鸡毛呢？可以用如下几个办法：

1. 在开水锅中加一汤匙食醋，然后将刚宰的鸡放入锅中，并翻动几次，几分钟后再取出，便可以轻易拔下鸡毛。

2. 在宰杀鸡之前半个小时，给鸡灌入一小汤匙白酒或醋。宰杀后，在开水中烫一下鸡毛，然后用手逆着鸡毛的生长方向推，这样拔鸡毛又快又干净。

3. 烫鸡毛前，在开水锅中加入适量盐（1000毫升水加25克盐），搅拌均匀后，将把宰杀的鸡放入锅中浸十来秒后取出，然后逆着鸡毛的生长方向推搓，这样可以快速将鸡毛除去。

如何巧拔鸭毛

拔鸭毛也有妙招，具体方法如下：

首先，将宰杀后的鸭子放入冷水盆中浸透，然后，再将其放入开水中烫一下。这里需要注意的是，鸭身要烫得均匀，否则一些部位烫不到的话，鸭毛很难拔下来；如果一些地方烫得太过了，容易把皮扯下来。

另外还有一个方法，就是将冷水浸透的鸭子放入40℃左右的温水中，然后一边给水加温，一边翻动鸭子。当感觉鸭毛比较容易拔时，将鸭子取出，用大拇指从鸭腿向上倒搓鸭毛。在搓的时候，手里可以拿一把鸭毛，以毛搓毛，除毛既快又干净。

如何巧除鱼鳞

在除鱼鳞时，可采用下面的一些方法：

1. 鱼鳞要逆着刮，不能顺着刮。可以先将鱼放入凉水中，加适量的醋，泡2小时后再刮鱼鳞，这样很容易将鱼鳞刮净。

2. 取一盆凉水，加入适量食醋或米酒，将鱼放入其中泡几分钟，然后再刮鱼鳞，就比较容易了。

3. 如果鱼个头较小，先用网眼约为0.8厘米的塑料网袋将鱼兜起来，用手握紧网口，然后在盛满水的盆中快速抖动、摇晃，这样很快就会将小鱼鳞除去。需要注意的是，不能长时间晃动，否则会将鱼肚震破。

4. 取一根长约15厘米的小圆棒，在一端钉4个酒瓶盖，然后利用瓶盖边缘的齿来刮鱼鳞，简单又快速。

5. 先将鱼洗干净，然后装在食品袋里，将袋口扎好，用刀背均匀地拍打鱼的两侧，鱼鳞松动后打开塑料袋，用小勺在袋子里由鱼尾向鱼头方向刮鳞，再用清水冲掉鱼鳞即可。

小贴士

在除带鱼的鱼鳞时，可先将带鱼放入80℃左右的热水中，烫10秒钟，然后立即将带鱼放入冷水中用刷子刷或者用手刮一下，可以快速去掉带鱼的鳞。如果带鱼不太干净，可先用淘米水擦洗一下，这样可以避免手被玷污。

如何巧去鱼刺

在除鱼刺的时候，可以使用下面的两种方法：

1. 除去鱼的内脏，将鱼洗干净，然后平放在木板上，用刀划开鱼的背脊，从头至尾划两道口子，并将鱼尾切去，在鱼的鳃部切一刀，不要把头切掉。接下来将鱼放到开水中烫一会儿，捞出来后，在头部的切口处找到鱼骨，然后轻轻地将整个鱼骨取出来。

2. 将鱼肚朝左、背朝右放在案板上，刀贴着鱼背骨横劈进去，深及鱼肚，劈断脊骨与肋骨相连处，然后把鱼身翻过来，用同样的方法劈开另一端脊骨与肉。将鱼头部附近的脊骨斩断用手拉出，在鱼尾处斩断脊骨。随后将鱼腹朝下放在案板上，翻开鱼肉，露出肋骨的根部，将刀斜劈进去，使肋骨脱离鱼肉。最后将两边肋骨去掉。

如何加工墨鱼

墨鱼的加工比较简单。常用的方法是：先摘除墨鱼的眼睛，将头拉出来，撕去墨色皮膜，随即露出白色的肉身。再取出墨鱼腹中的船形骨，取出肚内的头须，去掉头须上的墨膜和吸盘上的黑褐色角质。然后再清洗几次，这样墨鱼肉就变得洁白如玉了。

如何加工对虾

加工对虾时，先将对虾的须脚剪去，在脑部前端斜剪一刀，挑去脑部沙袋，用竹签或剪刀的一头从虾背中端刺入，挑去背上沙筋。如果要制作虾球，则需要去头与壳，用刀从背部将虾剖开成两半，并剔去沙筋，然后用清水洗净即可。

如何巧杀黄鳝

杀黄鳝也是有技巧的，下面就介绍一些简单实用的方法：

第一步：把冲洗干净的黄鳝捞入盆中，再往盆中倒一小杯酒，黄鳝会发出“吱吱”的声音。当听不到声音时，说明黄鳝已醉，这时可以取出黄鳝宰杀。

第二步：找一块小木板，在木板的一端钉上一根长钉子，让钉子穿透木板，露出3厘米左右的钉子尖，使钉子尖朝上，然后抓起黄鳝，将其头部用力扎在钉子尖上。把黄鳝扎住以后，再进行剖腹。

如何开蟹取肉

吃螃蟹时，好多人都不知怎么将蟹肉完整地取出来。这里告诉大家一个妙招：先把蟹腿取下，剪去一头，用擀面杖滚压，把腿肉取出。然后剪开蟹脐，挖出小黄，剥下蟹盖，用竹签取出蟹黄。最后用干净的刀将蟹身切开，用竹签将蟹肉剔出。

第五节　食品涨发

如何涨发蹄筋

在家涨发蹄筋时可以采用下面的方法：

1. 将适量的粗粒食盐放入锅内，加火炒热，再放入干蹄筋，蹄筋遇到经过加热的食盐会慢慢发起来。用这种方法发干料，不但省油，而且味道纯正。

2. 先将蹄筋放在温水中洗一下，然后放入温油锅中，一直用温油将蹄筋浸炸至里外发透。这时的蹄筋用手一掰即开。再将蹄筋放入加有微量碱的温水中浸泡，并挤出其中的油，然后放入清水中漂洗备用。在烹制的前12个小时，将干蹄筋放在温水浸泡，然后加清水炖或蒸4小时，蹄筋变得绵软时，捞入清水中浸泡2小时，然后剥去筋膜，用清水冲干净，即可烹制美味的菜肴。

如何涨发肉皮

在涨发肉皮时，可以使用下面的方法：

先将生肉皮上的油膘除去，晒至九成干，然后放到60℃左右的油锅中“捂”。如何“捂”呢？即，油温不能过高，要使用文火，一般以油不冒烟为佳。在“捂”的过程中，要适当翻动肉皮，“捂”3个小时左右，肉皮会卷缩，且表面会出现星星点点的小白泡，这时，捞出来冷却，这就是我们俗称的“捂”肉皮。“捂”的肉皮便于存放，随时待氽。氽肉皮时，油温要高一些，100℃左右为佳，等油冒烟，即可将肉皮逐块下锅，肉皮涨发后即成油氽肉皮。油氽肉皮用水浸泡，就是水发肉皮。需要注意的是，肉皮不能泡得过烂，在做菜的时候，要用水漂洗一下。

如何泡发干鱿鱼

泡发干鱿鱼时，有以下几个简单实用的方法：

1. 用碱水泡发。先将鱿鱼放在清水中浸泡一晚，第二天捞出来，放在一盆清水中，然后以每500克鱿鱼加50克烧碱的比例加入烧碱。否则，碱水过少则发不开，碱水过浓则易使肉腐烂，肉色发红。在泡较大的鱿鱼时，可以多放一点碱，浸泡时间也可长一点；泡嫩的或小的鱿鱼时，可少放一点碱，浸泡时间也可短一点。在浸泡过程中，可以用器具搅动二三次，使鱿鱼吃碱均匀。当鱿鱼身体变软变厚时，捞出放在清水中清洗，洗完后再将其浸入水中，每2个小时换一次水，直至把碱水过清，第2天就可以食用了。

2. 用纯碱与生石灰泡发。先将干鱿鱼放到凉水中浸泡3个小时左右。然后将4500毫升开水和500克纯碱、200克生石灰混合，再加4500毫升凉水，搅拌均匀。等水晾凉后，可以滤去渣滓，制成碱溶液。将用冷水浸泡过的鱿鱼捞出，放入碱溶液中再泡3个小时，这样便可以使鱿鱼泡发。发好后的鱿鱼，需要经过多次清洗，才可以除去碱味。

3. 用香油泡发。取500克干鱿鱼，香油15毫升及碱少许，加入适量的水，当鱿鱼泡至发软时，可以取出来冲洗备用。

如何泡发海蜇

泡发海蜇的方法很简单，像下面这几个泡发技巧就比较实用：

1. 先用清水漂洗海蜇头或海蜇皮，除去泥沙及粘附在海蜇皮上的一些血迹，再放入清水中泡一下。如果不急着食用，可以多泡几天。

2. 切海蜇丝时，先将海蜇皮卷成卷，再用刀切成3毫米左右宽的丝，浸泡后再用清水漂洗一下。然后将其放入90℃左右的开水中（不可烧开），稍烫一下，海蜇丝收缩时，捞出来放入凉开水中，海蜇丝即吸水涨发复原。

3. 如果海蜇丝量较少，可用温开水冲拌一下，马上放入凉井水中。此过程是涨发海蜇的关键，否则经开水一烫，海蜇丝会立刻收缩，吃时口感较差，嚼起来也不爽脆。

如何泡发干海参

泡发干海参的具体方法如下：

先将干海参放入水中烧煮，水温不要高，以80～90℃左右为宜，然后逐渐变小火，连续焖煮10小时左右。

当海参开始涨发并变得柔软时，取出内脏，将海参剥洗干净，再用水烧煮，水开后将火温逐渐降低，烧至海参涨发柔软为止。再将海参捞出泡在清水里，让其自然涨发，即可食用。

需要注意的是，从干海参到水发海参的制作过程，是逐步涨发的，关键在于焖焐。

如何泡发海米

如果是大海米，可用温水洗净，再用开水泡三四个小时，待其回软即可。也可用冷水将大海米泡后上锅蒸软。

如何泡发淡菜

泡发淡菜时可以采用下面的方法：

先取一个大碗，将淡菜放入碗中，然后加入适量开水，当淡菜变得发松回软时，捞出摘去毛，除去沙粒，再用清水冲洗干净。之后再放入锅内，加入清水，用小火炖烂即可。也可将淡菜洗干净后放入盛有热水的碗中，加入适量的黄酒浸泡 1小时左右，再放入锅稍蒸后待用。

如何泡发莲子

莲子皮较坚硬，泡发前，先将锅放到火上，加入适量的水，将洗净的莲子倒入锅中，大火煮沸5分钟左右，然后用小火焖置熟烂。还有一种方法，就是将莲子放入烧开的碱水中（按1000克莲子加25克碱的比例混合），搅搓冲刷，3分钟换一次水。当莲子皮完全脱落，呈乳白色时捞出，再用清水洗净，控去水分，削掉莲脐，捅出莲心，入锅蒸烂即可。

如何泡发腐竹

一般干腐竹都较长，需要较大的容器盛放，如果没有大容器，可将腐竹折断放入容器中，然后倒入凉水或温水，水刚好淹没腐竹即可。需要注意的是，不能将锅放到火上烧，因煮时腐竹里外受热不同，待里面煮软时，表面则已煮过头。如果腐竹煮过了头，则影响做菜美观度。

如何泡发干木耳、干香菇、猴头菇

泡发干木耳、干香菇、猴头菇时，应使用下面的方法：

干木耳呈革质，用凉水进行缓慢浸泡，可使木耳恢复到干燥前的半透明状，而且每千克可泡发 2500～4500克。如果用热水泡发，木耳口感会变得绵软，每千克能泡 3500克左右。如果用淘米水泡发木耳，泡发后的木耳肥大、松软、味道鲜美。

泡发干香菇前，要用凉水将香菇冲洗干净。如果香菇带柄，要摘去根部，然后“鳃页”朝下放置于温水（60℃以上）盆中浸泡。香菇变软、“鳃页”张开后，再用手朝一个方向轻轻旋搅，让泥沙徐徐沉入盆底。

猴头菇的泡发过程如下：

在春、夏、秋三季，可用温水泡发猴头菇，冬季用热水或开水浸泡，用清水将猴头菇冲洗干净，接着将猴头菇内的水分攥出。

在大砂锅中盛一些清水，水烧开后将猴头菇放入锅中，继续加热一段时间。待猴头菇煮透呈泡沫状时取出，另换水烧开，加入石灰块和食碱，用棍棒搅匀，再将猴头菇放入煮至软嫩。

将煮好的猴头菇放入清水中轻轻淘洗，尽量不要破坏它的原型，除去猴头菇中的灰质和碱分，再用开水煮过后，用清水冲洗即可。

如何泡发玉兰片、晒笋干、熏笋干

笋干由新鲜的竹笋加工而成，常见的笋干有玉兰片、晒笋干和熏笋干等。玉兰片是用冬笋蒸熟后，再用炭火焙干而成，色泽呈乳白色或淡黄色；晒笋干是将春笋煮熟，在阳光下晒干而成，其色泽深黄；熏笋干是将春笋煮熟，再用烟熏而成，其色泽发黑。

笋干因加工方法不同，泡发的方法也有差别，如果泡发的方法不当，会影响成菜的口感。下面介绍一下这三种笋干的泡发方法：

1. 泡发玉兰片

玉兰片质地软嫩，不可以用开水泡发。正确的方法是，将其放入凉水中浸泡24小时，然后再用温水浸泡半天即可。

2. 泡发晒笋干

将晒笋干先用温水浸泡2个小时，然后把笋干切成薄片，再用温水泡半天即可。

3. 泡发熏笋干

熏笋干有一股烟熏味，所以在泡发时，需要先放在开水中煮1个小时，捞出后入清水中浸泡约2天，中间还要换清水两次，最后切成片或丝，再用温水浸泡半天才能去除烟味。

第六节　食品去皮

怎样巧去苹果皮

苹果最有营养的部分是紧贴着表皮的部分，如果用刀削皮的话，会将这部分削掉，所以最好不要使用水果刀削皮。这里有一个小妙招：将苹果先放在开水中烫二三分钟，然后取出来，这样就可以很轻松地将果皮撕下来。这种方法不但可以快速去皮，而且也保留了苹果的营养。

怎样巧去柑橘皮

在去柑橘皮时，不宜用刀切，因为那样很不卫生，正确的方法如下：

先将柑橘用开水泡一下，捞出来用清水洗净，然后用手按住转圈滚动数分钟，再以蒂尾为中心，用刀顺着柑橘瓣向下划开柑橘皮，划的时候不要太用力，要控制好深度，这样只要用手轻轻一剥，即可将皮肉分开。

糖渍橘皮不但味美，而且有一定的理气、止咳功效。在制作糖渍橘皮时，可以使用如下的方法：

材料：青、黄色鲜橘皮各一半。

调料：白砂糖、蜂蜜适量。

做法：先将橘皮洗净，放在清水中泡软，泡发后挤去汁液，切成丝。然后将橘皮放入锅中，加入和橘皮差不多量的白砂糖，加入少量清水，使之没过橘皮，加热煮沸后，改微火慢煮。在余液将尽时，取出橘皮，放入盘中晾凉，再按口味淋上适量蜂蜜即可食用。

怎样巧去橙子皮

去橙子皮有两个比较简单的办法：

方法一：两个手心用力揉搓橙子皮，直到表皮变软，这样，就很容易将橙子皮剥掉了。

方法二：取一把钢勺，将橙子蒂部挖掉，挖一个比勺子略大的圆，然后把勺子贴着橙子皮插进去，注意勺子的弧度要贴合橙子皮的弧度，这样就可以一点一点撬开橙子的表皮了。

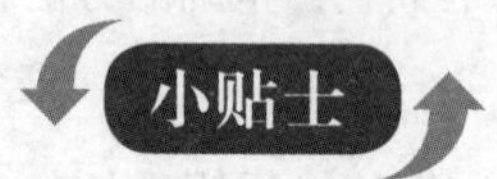

橙子皮气味芳香，用来泡脚不但可以醒脑祛除疲劳，而且有一定的预防冻疮，促进血液循环的效果，对于下肢冷痹、疼痛也有一定作用。橙子皮泡脚还可以促进脾胃的运化，改善消化功能，对于便秘也有一定的缓解作用。

怎样巧去葡萄皮

去葡萄皮的方法很简单，先将葡萄洗干净，再放入冰箱内冷冻。取出后放入温水中，泡至果肉软化，最后用手轻轻按压葡萄，即可使整粒果肉轻松脱皮而出。

怎样巧去桃子毛

去桃子毛时，不宜用干布擦洗，可以使用如下方法：

在凉开水中加入适量的盐，搅拌至完全溶化，再把鲜桃子放在水中，然后用手依次轻轻一抹，桃子上的细毛便可彻底脱掉。另外，也可将桃子用水淋湿，抓一撮细盐涂在桃子表面，轻轻搓几下，注意要将桃子整个搓到，接着将沾着盐的桃子放入水中浸泡片刻，搓洗后用清水冲洗，便可除去桃子毛。

怎样巧去干枣皮

去干枣皮时，可将干的大枣用清水浸泡3小时，然后放入锅中煮沸，待大枣完全泡开时，将大枣捞起，这时枣皮就很容易剥掉。

怎样巧去莲子皮

去莲子皮时，可先将莲子冲洗一下，然后放入混有适量碱的开水中，稍焖片刻，再把莲子倒出用力揉搓，莲子皮就能很快去掉了。

怎样巧去毛豆皮

去毛豆皮的方法是：先将毛豆洗干净，然后放到加水的锅里，大火将水烧开，盖上锅盖焖一会儿，随即倒入冷水中。这时，只需用手轻轻一挤毛豆荚，毛豆就会自已一粒粒地弹跳出来，而且毛豆粒的表面也不会因为剥壳而受到损伤。

怎样巧去西红柿皮

在去西红柿皮之前，先把西红柿放在开水中浸泡一会儿，或把西红柿放在容器内，以开水均匀冲浇，取出西红柿后用手轻轻撕皮，就可将皮去掉。

怎样巧去胡萝卜皮

先将胡萝卜整条放进水中煮一会儿，再放在水龙头下冲洗，借助水的冲力即可把皮去除，而且会去除得非常干净，不会留一点残皮。

怎样巧去马铃薯皮

先将马铃薯放在开水中煮一下，然后再用手直接剥皮，就可很快将皮去掉，这样不但省力，而且烹调后味道也更加鲜美。

怎样巧去芋艿皮

将带皮的芋艿装进塑料编织袋中，用手握紧袋口，将袋子在坚实地上摔几下，然后倒出芋艿，芋艿皮就全部脱落下来了。除此之外，还可将芋艿洗干净，放入开水锅里，稍微焯一下捞出，芋艿皮就容易剥了。

怎样巧去黄豆皮

先将干黄豆放入盆中，往盆中加一些水，水要没过豆子。大约泡一天，捞出黄豆，用手一捻即可将黄豆皮剥去。将去皮的黄豆放进豆浆机中，可磨出无豆渣的豆浆。

怎样巧去山药皮

先将山药用清水洗净，再放在开水锅中煮三五分钟，等水晾凉后，便可将山药皮去掉。需要注意的是，煮的时候要把握住火候，否则山药变烂后反而不好去皮。也可用有棱角的竹筷将洗净的山药刮去皮。

怎样巧剥栗子皮

栗子皮不好剥，尤其是生栗子的皮非常难剥。在剥栗子皮时需要注意如下几点：

1. 先用水将生栗子洗净，在板栗外壳切一道缝，放入沸水中煮几分钟，捞出后放入凉水中浸泡三分钟。这样就很容易将壳剥去了。

2. 在熟栗子上横着掐开一条缝，然后用手一捏，口儿就开大了，用手指把一边的壳掰去，再把果仁从另一半壳中掰出。

3. 将生栗子放在太阳下暴晒，时间一长，栗子的外壳和内皮就会自然开裂。

4. 先把栗子煮熟，等其冷却后，放入冰箱冷冻数小时，这样也能使壳肉分离。另外，在煮栗子时加几匙油，煮好后就很容易剥去壳。

5. 用刚烧开的水泡一下生栗子，这样可使内膜和栗子壳粘在一起，敲开栗壳便可得到干净的栗子。

6. 将生栗子一切两瓣，去掉外壳，再放入盆内，加开水浸泡后用筷子搅拌几下，栗膜就会脱去。注意栗子浸泡时间不宜过长，以免失去营养。

7. 将生栗子放在砂糖水中浸泡一夜，这样煮熟后就很容易将栗子的内皮去除。

怎样巧去虾皮

去虾皮时，可以采用以下几种方法：

1. 先用清水将虾洗干净，使其足部朝天，然后轻轻地由内腹向背部剥下外壳，再把头部挤拉下来，同时将尾部挤压出来，最后去除虾足。

2. 先用少许明矾水将虾拌匀，稍放一会儿，然后将虾头去掉，用手轻轻地从虾的尾部向前一挤，虾肉就脱离了皮。用这种方法去虾皮，既容易，又不会使虾皮带肉。

3. 找到虾的第二节及第三节的壳，并把那节皮剥掉，然后再将虾尾和头部一拽，虾皮就掉了。

怎样巧剥核桃

先把核桃放入蒸屉上稍微加热，然后取出核桃马上投进冰水中，这样剥出的核桃仁通常比较完整。

第七节　食品营养、卫生

哪些食品富含维生素

维生素，顾名思义是维持生命的要素，是一种特殊的营养成分，虽然不同的维生素化学性质和结构不同，但都对人体的生理功能有重要作用。

维生素存在于许多食物中，跟其他营养成分最大的差别是，它既不供给热能，也不构成人体组织，只需少量就能满足生理需要。目前已经发现的维生素有20多种，按溶解性质的不同，可把它分成两类。一类是脂溶性维生素，如维生素 A、维生素 D、维生素 E、维生素 K；另一类是水溶性维生素，如 B族维生素、维生素 C。

维生素 A又叫“抗干眼病维生素”。它具有促进生长发育、维持上皮细胞正常代谢、参与视网膜内感光色素的形成等作用。如果缺乏维生素A，易患夜盲症，或是皮肤变得干燥，抗病能力降低，容易患感冒、气管炎等疾病。

富含维生素 A的食品有动物肝脏、牛乳、蛋黄。

维生素 D也称“抗佝偻病维生素”。它有调节体内无机盐代谢的作用，能促进小肠对钙、磷的吸收，与骨的钙化、牙齿的正常发育有密切的关系。缺乏维生素 D，在儿童时期容易得佝偻病，在成年时期容易得骨软化症。

富含维生素 D的食品有干海鱼、动物肝脏、牛乳、蛋黄、瘦肉。

维生素 E也称“生育酚”。缺乏维生素 E，容易引起肌肉萎缩、不育、流产等症。

富含维生素 E的食品有果蔬、压榨植物油、坚果类、乳类、瘦肉。

维生素 K也称“凝血维生素”。维生素 K对血液的凝结有重要作用。绿色蔬菜中维生素 K含量较多。

B族维生素主要指维生素 B1、维生素 B2、维生素 B6、维生素 B12等。

维生素 B1也称“硫胺素”。它与糖代谢、神经系统的正常生理功能有密切关系。缺乏维生素 B1容易患神经炎、食欲不振、消化不良，严重时会引起脚气病等。

在稻、麦等谷物的种皮里，含有丰富的维生素 B1。除此之外，芹菜、白菜和瘦肉中也含有丰富的维生素 B1。

维生素 B2也称“核黄素”。它与生长关系密切。缺乏维生素 B2，会引起口角炎、阴囊炎等。

在小麦、大豆、酵母等食物中，含有丰富的维生素 B2。蛋黄、动物肝脏和肾脏、奶类及其制品、菠菜、胡萝卜等维生素 B2也较丰富。

维生素 B6与氨基酸代谢有密切关系。缺乏维生素 B6会引起皮炎、神经炎、痉挛等。在酵母、肝脏、谷类等食物中，含有丰富的维生素 B6。

维生素 B12也称“钴胺素”。它能促进红细胞的生成。缺乏维生素 B12会引起恶性贫血。维生素 B12主要含在肝脏、奶类、肉类、蛋类等食物中。

在不同的温度下，富含维生素A的食物与米汤混合时，维生素A容易被破坏，因此，补充维生素A、维生素D时不宜食用米汤。

哪些食品富含无机盐

无机盐是指人体必需的无机盐营养素，它不能由人体合成，只能通过膳食摄入。无机盐分为：常量元素和微量元素。常量元素每日摄入量在100毫克以上，包括钙、镁、钾、钠、氯、硫等；微量元素主要有铁、铜、锌、锰、硒等。

无机盐的作用是构成人体组织，构成酶，构成激素，激活酶，参与代谢，维持渗透压和酸碱平衡，维持神经肌肉的兴奋性等。

含钙量较高的食物包括：紫菜、发菜、虾皮、海带、黑芝麻、黑木耳等。

钠是一种宏量元素，约占人体总质量的0.15%，虽然这个比例很小，但在人体内发挥的作用却非常重要。含钠丰富的食物有饼干、面包、咸鱼、腐乳、肉松、咸菜、香肠、火腿、雪菜等。

钾的主要作用是维持人体中液体渗透压和酸碱度平衡。摄入的钾元素不足时，会产生周身疲乏、血压下降、多尿、肠梗塞等症状。含钾丰富的食物有瘦猪肉、鳝鱼、花生、马铃薯、海带、香蕉等。

铁是人体需要量最多的微量元素，它的作用是构成血红蛋白和肌红蛋白，参与氧的运输；构成细胞色素和含铁酶，参与能量代谢。

含铁量高的食品有动物肝脏、血液、瘦肉、鸡蛋黄、黄豆、芝麻酱、木耳和蘑菇，此外海带、紫菜等水产品也是较好的预防和治疗缺铁性贫血的食品。

锌分布于人体所有组织和器官中。含锌较多的食品有牡蛎、肝脏、血、瘦肉、蛋、粗粮、核桃、花生、西瓜子等，一般蔬菜、水果、粮食均含有锌。

哪些食品对大脑有保健作用

对大脑有保健作用的食品主要有下面几种：

1. 小米。小米被人们称为健脑食品，含有较多的蛋白质、脂肪、钙、铁和维生素B等营养成分。小米具有防治神经衰弱的作用。平时常吃小米饭、小米粥，有益于智力发育和身体健康。

2. 大豆及其制品。大豆除了含有丰富的蛋白质和脂肪，还含有较丰富的维生素B2、钙、磷、铁等，这些营养素对增强记忆力很有好处。

3. 鱼虾和贝类。鱼虾和贝类不但含有丰富的优质蛋白质，而且含有多种维生素、矿物质及不饱和脂肪酸，这些营养素均有健脑作用。鱼鳞中所含的健脑成分往往高于鱼肉，尤其是无机元素，如钙、磷的含量更高。这些无机元素可增强记忆力，并可控制脑细胞的衰退。

4. 蛋类。鸡蛋、鸭蛋等蛋类含有丰富的优良蛋白质。蛋黄中脂肪的成分主要由液体脂肪酸组成，易于被人体消化吸收。蛋黄中还含有一定量的胆固醇，适量的胆固醇对大脑的发育有良好的作用。

5. 鸡肉。鸡肉具有温中益气、补虚益智、补精添髓的作用，是理想的营养保健食品。

6. 牛肉。牛肉含有丰富的蛋白质、各种氨基酸、维生素B族、烟酸、钙、磷、铁等，身体虚弱而智力衰退者宜吃牛肉。

7. 动物肝脏和肾脏。动物肝脏和肾脏含有丰富的铁质，铁质供应充足，红细胞运输氧的能力就强，大脑就会得到充足的氧，使思维敏捷，记忆力增强。

8. 金针菇。金针菇含有蛋白质、脂肪、糖类以及18种氨基酸和钙、铁、磷等矿物质和微量元素、维生素等。其中氨基酸中的赖氨酸和精氨酸有加强记忆的作用，因此是益脑的重要保健食品之一。

9. 木耳。木耳有白木耳和黑木耳两大类。《神农本草经》中有关木耳的记载，称它“益气不饥，轻身强智”。木耳中含有丰富的蛋白质、脂类、糖类、钙、磷、胡萝卜素、维生素B1、维生素B2、烟酸、卵磷脂、脑磷脂、鞘磷脂和甾醇等。其中卵磷脂等不饱和脂肪酸、维生素、无机元素是主要的健脑益智成分。白木耳比黑木耳的健脑作用更佳。

10. 芝麻。芝麻除含蛋白质、脂肪、铁，还含有钙、磷、维生素A、维生素D、维生素E等。芝麻中所含的脂肪主要是由不饱和脂肪酸———亚油酸构成，有益于精髓。

11. 核桃。核桃有强肾补脑之作用。这与核桃所含成分有关，核桃仁含脂肪丰富，可达40%～50%，且主要是亚油酸，优质蛋白质达15%左右，糖类10%，还含有钙、磷、铁和维生素A、维生素B2、维生素E等。

12. 花生。花生的蛋白质含量非常高，且易被人体吸收。花生中的蛋白质、赖氨酸含量高达98. 94%，比大豆中的蛋白质、赖氨酸含量还要高。此外，花生还含有丰富的谷氨酸和天门冬氨酸，具有促进脑细胞发育和加强记忆贮存的作用。

13. 蜂蜜。因蜂种、蜜源和环境不同，蜂蜜的成分也有所差异。蜂蜜主要的成分是果糖、葡萄糖、蔗糖、麦芽糖、蛋白质和氨基酸转化酶、还原酶、氧化酶、过氧化酶、淀粉酶等酶类，还有有机酸类、乙酰胆碱、维生素A、维生素B1、维生素B2、维生素B6、维生素C、维生素D、维生素K、尼克酸、泛酸、叶酸、生物素及铜、铁等微量元素，是一种天然的健脑益智佳品。

为什么粗粮虽好，但不宜多吃

粗粮是相对精米、白面等细粮而言的。粗粮主要包括玉米、小米、紫米、高粱、燕麦、荞麦、麦麸以及各种干豆类，如黄豆、青豆、赤豆、绿豆等。

粗粮中保存了许多细粮中含量不足的营养，比如，粗粮的膳食纤维、植酸的含量要较细粮多，而且还含有丰富的钙、镁、硒等微量元素和多种维生素，可以促进新陈代谢，增加体质，延缓衰老。其中，硒是一种抗癌物质，可以结合体内各种致癌物，通过消化道排出体外。另外，有些粗粮还有一定的药用价值。比如荞麦含有其他谷物所不具有的“叶绿素”和“芦丁”，对预防高血压有一定的作用。再如，玉米可加速肠蠕动，能有效防治高血脂、动脉硬化、胆结石等。所以，肥胖症患者以及高血脂、高血糖病人宜吃粗粮。

由于粗粮中含有的纤维素较多，如果每天摄入纤维素超过 50 克，而且长期食用，会使人的蛋白质补充受阻，脂肪利用率降低，造成骨骼、心脏、血液等脏器功能的损害，降低人体的免疫能力，甚至影响到生殖力。此外，荞麦、燕麦、玉米中的植酸含量较高，会阻碍钙、铁、锌、磷的吸收，影响肠道内矿物质的代谢平衡。所以，吃粗粮时应增加对这些矿物质的摄入。

尤其是上了年纪的人，每天的纤维素摄入量最好不要超过35克。粗粮对身体有益，但也不宜多吃。科学证明，粗细粮搭配吃最合理。

为什么绿豆芽过长没营养

绿豆芽爽脆可口，且含有丰富的维生素等营养物质，是餐桌上的一道美味。很多人也自己生发绿豆芽，但是，在发制绿豆芽时让其长得很长，其实这种做法是不可取的。

在萌发绿豆芽的过程中，绿豆中的蛋白质会转化成天门冬素、维生素C等成分。如果绿豆芽长得太长，会大量消耗蛋白质、淀粉及脂类物质。如果绿豆芽达到10～15厘米时，绿豆中的营养物质将损失20%左右。所以，绿豆芽最好不要超过6厘米，以粗壮为宜。

怎样科学烹调青菜

科学烹调青菜有方法可循，具体来说，需要注意以下两个问题：

1. 忌加醋。有的人在烧青菜时为了保持其爽脆的特性，或喜食酸味，往往会加些醋。他们觉得这样炒青菜既出味，又可增进食欲，还能促进消化并防腐杀菌。其实不然，在受热的情况下，青菜中的叶绿素遇酸会变得不稳定，使青菜中营养成分流失。所以，在烹调青菜时不宜加醋。

2. 忌时间长。青菜比较容易熟，需要注意烹制的时间，否则容易过火。时间过长不但破坏营养成分，而且绿叶蔬菜所含有的硝酸盐会还原为亚硝酸盐，影响身体健康。所以，烹制青菜的时间不能太长，且要用大火快炒。

为什么食用油烹调时油温不宜高

在烹调时，并不是食用油的温度越高越好。为什么呢？

因为食用油的温度过高，会流失一部分营养价值。其原因是，高温会破坏油中的维生素A、胡萝卜素、维生素 B等。除此之外，经高温加热的油，其供热量只有未经高温加热油的三分之一左右，且不容易被吸收。如果油反复被高温加热，不但油的营养价值会降低，而且这种油对人体无益。高温加热会使油中的脂肪酸聚合，产生很多脂肪酸聚合物。这种物质会影响肌体的生长，使肝功能受损，甚至有致癌的风险。

为什么淘米次数不宜多

做米饭时，并不是淘米的次数越多越好。淘米的次数多，虽然可以把米洗得更干净，但米中的营养物质也会被洗去。米中含有一些易溶于水的维生素和无机盐，而且大部分都在米粒的外层。如果用力搓洗，或是过度搅拌，容易使米粒表层的营养素随水大量流失掉。另外，米不能久泡。如果淘洗之前久泡，米粒中的无机盐和可溶性维生素会有一部分溶于水中，再经淘洗，会损失得更多。

在淘米过程中，除了会流失大量的硫胺素、核黄素和尼克酸，像蛋白质、脂肪、糖等也会有不同程度的损失。所以，淘米时应注意如下几点：

1. 尽量用凉水淘洗，不可用热水淘洗。

2. 要减少用水量、淘洗次数，去除泥沙即可。

3. 不要用力搓洗和过度搅拌。

4. 淘米前后均不应使米长时间浸泡，淘米后如果米已经浸泡，应将浸泡的水和米一同下锅煮饭。

西红柿的颜色和营养有什么关系

西红柿的品种非常多，在购买的时候，可以根据颜色来挑选。因为不同颜色的西红柿具有不同的保健功效，具体分析如下：

1. 橙色的西红柿中番茄红素含量少，而胡萝卜素含量较丰富。

2. 粉红色西红柿含有少量番茄红素，但胡萝卜素很少。

3. 深红色的西红柿含有丰富的番茄红素，对预防癌症很有好处。

4. 浅黄色的西红柿则含少量的胡萝卜素，几乎不含有番茄红素。

所以，如果想补充番茄红素、胡萝卜素等抗氧化成分，应该选红色或是橙色的西红柿，而不是其他颜色的西红柿。如果要满足对维生素C的需求，则选择哪种颜色的西红柿都可以，关键是选新鲜、应季、味浓的产品。

食物五色与营养健康有什么关系

食物的五色分别为：绿、红、黄、白、黑，它们与人体的肝、心、脾、肺、肾五个系统对应。食物五色与营养健康之间存在一定的关系。下面一一介绍：

1. 绿色。绿色蔬菜的种类较多，主要有黄瓜、丝瓜、芦荟、青木瓜、花椰菜、莴苣、青椒、芦笋、菠菜、空心菜、荷兰豆、四季豆等。

绿色的水果主要有青苹果、猕猴桃、香瓜、奇异果、绿葡萄等。

绿色食物含有丰富的膳食纤维、叶酸、维生素C、钾等营养元素。

大部分的绿色食物与蔬菜都富含膳食纤维，其可促进肠胃蠕动，将体内的有害物质排出体外，以免毒素滞留而被肠道吸收。所以，绿色食物具有滋养肝脏、排毒、降肝火、除燥热的作用。而绿色水果或蔬菜中维生素C具有抗氧化作用，可养颜美容、延缓衰老、增强免疫力。

2. 红色。红色或橘红色蔬菜主要有胡萝卜、红辣椒、南瓜、红甜椒等。

红色或橘红色水果有红苹果、山楂、柿子、樱桃、番茄、西瓜、李子、草莓、葡萄等。

红肉主要有牛肉、猪肉、羊肉与动物肝脏等。

红色食物富含铁、茄红素、蛋白质、维生素A、β胡萝卜素、脂肪等营养元素。

红色食物属于温热、能量多的食物，含铁量丰富，具有一定的补血、生血、活血的功效，可防止缺铁性贫血，消除疲劳，使气色红润。

红色蔬果中富含的β胡萝卜素，它可以转化为维生素A，可消除体内有害的自由基，并能活化体内的巨噬细胞，有助于预防感冒，并能保护上皮组织和黏膜。

3. 黄色。黄色的谷类、豆类主要有玉米、小米、黄豆等。

黄色蔬果主要包括香蕉、凤梨、木瓜、地瓜、杨桃、胡萝卜、柑橘、南瓜等。

黄色食物富含糖类、维生素A、维生素C、类胡萝卜素等营养元素。

黄色食物大多含有丰富的胡萝卜素和维生素C、维生素A。其中，维生素C具有抗氧化作用，有助于延缓衰老。维生素A有助于预防胃炎、胃溃疡。食用黄色食物，对消化系统和免疫系统有益，可滋养脾胃。

4. 白色。白色谷类、坚果类主要有白米、面粉、白糯米、杏仁、莲子等。

白色的蔬果、菌菇类主要有白萝卜、茭白、白色洋葱、大蒜、椰子、白花椰菜、梨子、金针菇、白木耳、柚子、冬瓜、山药、竹笋等。

白肉有鱼肉、鸡肉、鸭肉等。

白色食物富含蛋白质、糖类、钙等营养元素。

白色食物如梨，具有润肺止渴的功能；同时，白色食物中如牛奶、豆腐、乳酪等含有丰富的钙质，可维持骨骼健康；鱼类、鸡鸭类肉含有丰富的优质蛋白质，可以帮助构成及修补细胞组织；白米、面粉类富含的糖类提供热能更是人体组织不可或缺的营养素。除此之外，像葱、大蒜这类白色食物有一定的杀菌功效，可以增强机体抗病能力。

5. 黑色。黑色谷类、种子有紫米、黑芝麻等。

黑色蔬果和豆类有茄子、桑椹、葡萄、乌梅、黑枣、黑豆等。

海藻和菌菇类有紫菜、海带、海苔、黑木耳、香菇等。

黑色肉类有乌骨鸡等。

黑色食物富含维生素、铁、钙、锌、硒、花青素等营养元素。

黑色食物有益于滋阴，其表皮或外观之所以呈现黑色，是因其含有花青素成分。黑色食物富含的维生素E和矿物质，具有抗氧化和促进血液循环等作用，可清除体内自由基，有助于润肤美容，抗衰老，调节生理功能，同时也有益于生殖和排泄功能。

为什么有些蔬菜不宜生食

有人认为，生吃蔬菜对身体有益，因为这样不用烹、炒、煨、煮等加热处理，使蔬菜原有的营养物质得以很好保存。其实，并不是所有的蔬菜都宜生食，有些蔬菜生食会对身体有害。

比如，豆类蔬菜就不可以生食。在毛豆、蚕豆、菜豆、扁豆等豆类蔬菜的豆粒中，含有一种能使血液的红血球凝集的有毒蛋白质。当这些食物烹炒不透时，易引起恶心、呕吐等症状。此外，这些蔬菜还含有一种毒蛋白性质的抗胰蛋白酶，其毒性表现为抑制蛋白酶的活性，引起胰腺肿大。这些有毒物质在加热后便失去活性。

再比如，鲜黄花菜也不可生食，此菜含有一种秋水仙碱，秋水仙碱本身是无毒的，但是经胃肠道吸收后，会氧化形成毒性较强的二秋水仙碱，这种物质会刺激肠胃，容易使身体出现烧心、干渴、腹痛、腹泻等症状。由于秋水仙碱是水溶性的，在鲜黄花菜蒸煮、干制过程中，这种植物碱就被破坏，所以鲜黄花菜不宜生食。

有些蔬菜不宜生食，是因为其含有有毒的苷类物质。如淀粉含量较高的木薯块根中含有生氰苷类，如果生食易引起氰氢酸中毒。至于马铃薯块茎中所含的茄碱，在见光发绿的皮层中含量极高，即便煮熟了也不会破坏，所以不可以食用。

再就是富含硝酸盐的蔬菜，如菠菜、芥菜等不能生吃。硝酸盐本身不会对人体造成较大的伤害，但在人体内微生物作用下，会转变为亚硝酸盐，并在胃肠道中可形成强致癌物质亚硝胺，存在诱发消化系统癌变的危险。所以，这类蔬菜不能生食，在食用时，一定要烧透煮熟。还有一些蔬菜，如生菜、香菜等，本来是属于可适当生食的蔬菜，但由于附着型生物污染严重，即使清水浸泡清洗，也很难清除附着的病毒等污染物，所以也不可生食。

蔬菜不要长时间存放于冰箱。这是因为蔬菜中的硝酸盐由于酶和细菌的作用，很容易还原成亚硝酸盐，亚硝酸盐是一种有毒物质，它在人体内能与蛋白质类物质结合，是导致胃癌的重要因素之一。尤其是一些叶菜，硝酸盐的含量很高，不可以久放。

为什么白薯霉变有毒

如果白薯存放不当，表皮非常容易出现黑褐色斑块，而且会变苦、变硬，这就是所谓的白薯黑斑病。霉变白薯含有一种叫甘薯酮的毒素，其毒性很大，能使动物肝脏坏死。从霉变白薯中提取出甘薯醇、β-呋喃酸、甘薯宁和巴地酸等多种毒素，对人体都有比较强的毒性。如果人体一次摄入过量的霉变白薯，容易出现头晕、头痛、恶心、呕吐、腹痛、腹泻、肌肉痉挛、嗜睡、昏迷等一系列中毒症状，严重的会危及生命。所以，白薯一旦出现霉变，就应及时丢弃，不要再食用，也不要喂牲畜。除此之外，霉变后的白薯也不可用来磨粉，因为即使晾干磨粉，也不会清除毒素。

哪些开水不宜喝

生水中含有一些细菌或微生物，有些无益于身体健康，所以生水一定要煮沸后才能喝。但是，并不是所有烧开的水都可以喝。喝的开水必须保证新鲜，这样才有益于健康。像下面的这几种开水就不适宜饮用：

1. 在炉灶上长时间沸腾，反复沸腾的开水；

2. 在热水瓶里装了好几天的温开水；

3. 反复煮沸的残留开水，特别是开水锅炉里的水；

4. 开水锅炉中隔夜重煮或未重煮的开水；

5. 蒸饭、蒸肉后的“下脚水”。

反复沸腾的开水，所含的钙、镁、氯和重金属等微量成分会增高，饮用后对人的肾脏不利。长时间喝这种水，易形成肾结石。放置时间较长的温开水中含有亚硝酸盐，亚硝酸盐可与人体内的血红蛋白结合，变成高铁血红蛋白，造成血液输氧困难。除此之外，亚硝酸盐在人体肠道内，可生成一种强致癌物——亚硝酸胺，它对人体的危害极大。

瓜果清洗消毒有哪些方法

瓜果表皮有的含有多种细菌，或许还会有一些农药残留。所以只有去除掉这些细菌和残留的农药，食用起来才安全。下面介绍几种瓜果清洗消毒的方法：

1. 漂白粉液消毒法。用2%的漂白粉浸泡5分钟，可以杀灭瓜果上的一些肠道杆菌，然后用凉开水冲去氯味。

2. 盐水消毒法。在洗葡萄、杨梅、草莓、樱桃等水果时，可先在盐水中浸泡 10分钟左右，取出再用凉开水冲洗。洗桃时，可以在水中加适量食盐，这样不仅可以消毒，还能将桃表面的细毛完全除去。

3. 高锰酸钾溶液浸洗法。将瓜果用 1%～2%的高锰酸钾溶液浸泡5～10分钟，可杀死瓜果上的伤寒杆菌、痢疾杆菌及金黄色葡萄球菌等，捞出来后再用凉开水冲洗干净。

4. 乳酸消毒法。将80%的乳酸液用凉开水稀释成30%的乳酸溶液，然后瓜果放入其中浸泡五六分钟，取出后用凉开水冲洗即可。

注意乳酸溶液不可用金属器具盛装，以免金属器具被腐蚀。

5. 开水烫泡法。先将水果洗干净，然后在开水中浸烫10分钟左右，这样可以杀死大肠杆菌、痢疾杆菌、伤寒杆菌和姜片虫卵。

螃蟹的食用禁忌有哪些

在烧煮、食用螃蟹时，一定要注意卫生。烹煮前，要把蟹壳洗刷干净。煮时要使蟹熟透，避免外熟内生。螃蟹一般需蒸煮20分钟左右，吃时要把蟹的鳃、胃、肠清除掉，然后蘸生姜末、醋、酱油等佐料。因为生姜和醋还有杀菌的作用。

死蟹不可以食用。因为蟹死后，体内会繁殖大量的细菌，并分解蟹肉的营养物质，引起腐败变质。这时蟹中的蛋白质在分解过程中产生胺类、有机酸等有害物质，吃了容易发生食物中毒。

需要注意的是，螃蟹性寒，有些病人不可食用。如伤风发热、胃痛、腹泻的病人，有慢性胃炎、十二指肠溃疡、胆囊炎、胆石症、胆炎活动期的病人都不宜吃蟹，吃了容易加重病情。脾胃虚寒的人，也要少吃或不吃螃蟹。另外，因蟹黄中胆固醇较高，所以有高血压、动脉硬化，高血脂、冠心病的病人，不宜吃蟹黄。

水产品不能和哪些水果同食

海味中的鱼、虾、藻类，含有丰富的蛋白质和钙等营养物质，但海味如果和含鞣酸的果品一起吃，不仅会降低蛋白质的营养价值，而且容易使海味中的钙质与鞣酸结合，形成一种新的不容易消化的物质。这种物质能刺激肠胃，引起不适，出现肚子疼、呕吐、恶心等症状。含鞣酸比较多的水果有柿子、葡萄、石榴、山楂、青果等。因此，海味不宜与这些水果同时食用，一般要间隔 2小时食用为宜。

为什么煮豆浆要注意“下限沸”

通常，豆浆中含有皂毒素和抗胰蛋白酶等刺激性物质，这种物质遇热会迅速膨胀，形成泡沫浮在最上面，看上去像开锅，其实温度只有80℃左右，这即是所谓“下限沸”。喝这种半生不熟的豆浆容易引起恶心、呕吐和腹泻。所以，煮豆浆的时间要尽量长一些。

为什么吃菠萝要注意过敏反应

菠萝中含有丰富的多种维生素、苷类、酶类等。像医用的菠萝蛋白酶就是从菠萝中提取的蛋白水解酶。这种酶可使阻塞人体某些组织的纤维蛋白及血凝块溶解，从而改善血液循环，消除水肿和炎症。但这种抗凝作用，对患有消化道溃疡出血，严重肝、肾病或血液凝固机能不全的人，会产生不良的影响。所以这类病人要尽可能少吃菠萝。另外，有一些人对菠萝蛋白酶过敏，吃菠萝后经常出现腹痛、恶心等症状。

在吃菠萝时，为了预防一些不良反应，有过敏反应的或有些疾病不宜吃菠萝的人，可以使用下面的小妙招：

把菠萝去皮切块后，放入与烧菜咸度相仿的冷盐水内浸泡30分钟，再用凉开水洗去咸味。这样可使菠萝内的苷类、菠萝蛋白酶在盐水内稀释、破坏。另一种方法是，把菠萝去皮切成小块，放入水里煮一下，当水温在45～50℃时，菠萝蛋白酶开始失去作用，到100℃时，90%以上的菠萝蛋白酶即被破坏，苷类也随之消除。但这并不会影响菠萝的甜、香味。

为什么烹调酱油不能生吃

酱油可分为烹调用和佐餐用两类。在生活中，大多数人都不太注意，所以家里只备有一种酱油，不管炒菜还是凉拌菜都用它，其实，这种做法是不科学的。

烹调酱油可分为风味型和保健型。前者如麦香酱油、老抽酱油、生抽酱油等；后者则有无盐酱油、铁强化酱油、加碘酱油等。这几种酱油在生产、贮存、运输和销售等过程中，难免会在一些环节造成污染。但是，在被检测时，对酱油中的微生物指标的要求又比较低，所以，即使是合格的酱油，也可能含有少量细菌。

有实验证明，痢疾杆菌可在酱油中存活2天，副伤寒杆菌、沙门氏菌、致病性大肠杆菌能生存23天，伤寒杆菌可生存29天。也有一些研究发现，酱油中有一种嗜盐菌，一般能存活47天。嗜盐菌会引起恶心、呕吐、腹痛、腹泻等症状，严重的，还会让人出现脱水、休克等现象。虽然这种情况并不常见，但也不能掉以轻心，酱油最好还是熟吃。

如果想做凉拌菜，应选择佐餐酱油。这种酱油微生物指标比烹调酱油要求严格。国家标准规定，用于佐餐凉拌的酱油每毫升检出的菌落总数不能大于3万个，即使生吃，也不会危害健康。

为什么禽畜肉烹调时间宜长

禽畜肉，尤其是动物内脏，一般会携带大量禽畜病毒、病菌，如果只是短时爆炒，难以杀死病毒、病菌，有的病毒要烧煮十几分钟后才能被杀死。吃了爆炒不熟的食物后，极易发生“人畜共患”的疾病，造成病菌、病毒感染。所以，禽畜肉不宜爆炒，烹调的时间要长些。

为什么鸡蛋生吃能致病

鸡蛋的蛋白质中含有丰富的氨基酸，以及维生素、无机盐，是一种营养价值非常高的食品。鸡蛋不可以生吃。有些人认为，鸡蛋一经煮熟，营养成分就会流失，生吃比熟吃更有营养。其实，这种说法并不对。原因有三：

一是鸡蛋由鸡的卵巢和泄殖腔产出，而鸡蛋的卵巢、泄殖腔带菌率很高，蛋壳表面甚至蛋黄可能已被细菌污染，生吃很容易引起寄生虫病、肠道病或食物中毒。

二是生鸡蛋有一股腥味，会抑制中枢神经，影响人的食欲，有时还能使人呕吐。

三是生鸡蛋清中含有一种叫抗生物素的物质，这种物质妨碍人体对鸡蛋黄中所含的生物素的吸收。

为什么不宜吃颜色过艳的熟食

通常，颜色十分鲜艳诱人的熟食不宜食用。为什么呢?

这是因为这种熟食的原料很有可能已经变质，出售者为了掩盖其颜色，会加入大量人工合成色素，使卖相好看，这种熟食宜引起细菌性食物中毒，如出现呕吐、恶心及视力障碍等。

另外，熟食颜色不正常，极有可能是因为添加了过量的发色剂——亚硝酸盐发色而成，因为这种颜色保持时间长。亚硝酸盐是有毒物质，摄入过多会致癌。

哪些食品对疾病有辅助医疗作用

如果有针对性地吃一些食物，会对一些疾病起到辅助药物的疗效。现总结如下：

能消炎或能减缓炎症的食品有：蒜、菠菜根、芦根、马齿苋、冬瓜子、油菜、蘑菇等。

能帮助降血糖及能起到止渴作用的食物有：猪胰、马乳、山药、茭白、豇豆、豌豆、苦瓜、洋葱等。

有一定的清热解毒功能的食物有：西瓜、冬瓜、黄瓜、苦瓜、绿豆、扁豆、乌梅、菠萝、田螺等。

有降血脂、降血压、防止血管硬化作用的食物有：黑木耳、蒜、芥菜、莲心、洋葱、芹菜、荸荠、海蜇、蜂蜜、海藻、紫菜、山楂、牛奶、大豆、蘑菇等。

有祛湿利尿作用的食物有：西瓜、西瓜皮、冬瓜皮、茶叶、绿豆、玉米须、葫芦、鲫鱼、墨鱼等。

有润肠通便功效的食物有：核桃仁、芝麻、松子、柏子仁、香蕉、蜂蜜等。

有强健脾胃功能的食物有：生姜、乌梅、鸡内金、麦芽、陈皮、花椒、茴香、葱、蒜、醋、山楂等。

有镇咳祛痰功效的食物有：白果、杏仁、冬瓜皮、橘子、梨、冰糖、萝卜、动物胆等。

有补益作用的食物有：饴糖、大枣、花生、莲子、山药等可以补脾胃；羊肉、胡桃、韭菜子、海参、虾等可补肾强阳。除此之外，荔枝可补血，鱼肚、甲鱼、黑木耳和白木耳可滋阴，动物肝脏可补肝明目。

第八节　美食烹调

【主食】

如何熬制家庭美味粥

如何让熬出来的粥既营养又美味呢？有这样几个妙招：

1. 掌握好下米的时间。米淘洗干净后，不要在凉水中下锅，而要选择在水开时下米。因为这时下米，米粒的内外会瞬间形成温差，这会使米粒表面形成许多微小裂纹。如此，米粒比较容易熟烂，淀粉易溶于汤中。

2. 先大火后小火。米下锅后，先用大火，水沸时，再改用小火，以锅内的水沸腾而不外溢为宜。另外，要想使粥黏稠，必须让米中淀粉溶于汤中，所以必须使粥锅内水长时间保持沸腾。

3. 盖严锅盖。煮粥全过程均需加锅盖，这样既可避免水溶性维生素及某些营养成分随水蒸气跑掉，又可减少煮粥时间，煮出的粥也美味。

如何让米饭色香味俱全

如何使蒸出的米饭色、香、味俱全？需要掌握以下几个关键环节：

1. 米中加适量的醋。在蒸米饭时，按1500克米加 2 ~ 3毫升醋的比例加入食醋，这样，蒸出的米饭不仅无酸味，而且更香，存放后也不会变馊。

2. 加入适量茶水。用茶水蒸米饭，可使米饭色、香、味俱全，并且营养佳，还有去腻、洁口、化食和富含维生素的诸多益处。具体做法：根据米的多少取适量茶叶，用 500～1000毫升开水泡 5分钟，然后滤去茶叶渣。将过滤的茶水倒入淘洗好的大米中，按常规方法入锅焖制即可。

3. 加油蒸饭。这种方法适用于蒸陈米饭。陈米蒸米饭不如新米口感好，如果加一些油，会增加陈米的口感。具体的做法是：先将陈米在清水中浸泡2个小时，捞出沥干，再往锅中加适量热水、一汤勺猪油或植物油，用旺火煮开，再用文火焖半小时即可。用这种方法蒸出的陈米饭和新米没什么两样。

4. 加盐蒸饭。如果是吃剩的米饭，可以使用这种方法。重新蒸的剩米饭总有一股特殊的味道，如果在其中放入少量食盐水，蒸后会除去米饭异味，使剩米饭有如同新蒸的米饭一样的香。

如何自制炸酱面

自制炸酱面的方法比较简单，但要想制作的酱口感更好，需要把握好其中几个关键步骤：

1. 取甜面酱和黄酱各1包，瘦猪肉馅250克，香菇丁100克，葱段、姜末、蒜末、料酒、生抽适量。

2. 将油烧热，加入葱段、姜末、蒜末炒出香味。然后再加入肉馅，八成熟时加入香菇丁，翻炒片刻，再放入料酒、生抽，大火翻炒后，将两包酱都放进去，并加一碗水拌匀，盖上锅盖等20分钟。

3. 将炸酱倒在事先煮好的面上，再撒点葱花，一碗美味的炸酱面就做好了。

如何自制抻面

自制抻面需要掌握如下几个步骤：

1. 准备面粉1000克，精盐20克，水500毫升，碱面适量。

2. 将面粉倒入面盆，用水将盐化开，分三四次加入面中，边加边搅拌，揉匀后用湿布盖好，在20～30℃的温度下放置半个小时。

3. 用少许水将碱化开，揉进面团。然后将面团抻成长条，捏住两端，一上一下地在面板上甩动，抻长后两端合拢，再捏住两头，上下甩动，如此反复多次，直至面条粗细均匀为止。

4. 将抻好的面条放在面板上，用干面粉补匀，一手将两头捏紧，另一手中指扣在长面条中间，向左右拉开，再对折开来，如此反复。

5. 切去面条两头，放入开水锅即可。

如何自制牛肉面

自制的牛肉面实惠又美味，具体的制作方法如下：

1. 准备面条500克，牛腱子肉250克，江米10克，水发笋60克，精盐3克，豆瓣酱40克，料酒5毫升，熟菜油75毫升，酱油100毫升，味精5克，葱花25克，红油辣椒80克，鲜汤125毫升，麻油3毫升。

2. 将牛肉洗净，切成1厘米见方的肉丁，加入料酒调味，拌匀待用。

3. 将笋放入沸水中焯一下，捞出后切成5毫米见方的颗粒；豆瓣用少量菜油煸一下，至油红味香时去渣取油待用。

4. 将锅放在大火上，放入熟菜油，烧至七八成热时再下牛肉，煸炒至断生时，加入江米、豆瓣酱继续炒，然后放入笋粒、精盐炒匀即成卤料。

5. 将酱油、味精、葱花、红油辣椒、麻油、鲜汤分放各碗中，面条煮熟后倒入碗内，在上面浇上卤料即成。

如何自制八宝饭

自制八宝饭的方法如下：

1. 准备糯米500克，白糖200克，熟猪油75克，豆沙125克，蜜枣、瓜子仁、松子仁、糖莲子、桂圆肉、红绿瓜丝适量。

2. 将糯米淘洗干净，放在凉水中浸泡五六个小时，捞出沥干后，放入笼屉。

3. 用旺火将糯米蒸熟成糯米饭，倒入适当的容器中，加入白糖、熟猪油、开水，拌和待用。

4. 取5个小碗，碗底抹上猪油，把蜜枣、桂圆、糖莲子、瓜子仁、松子仁、红绿瓜丝等在碗底按图案排列后，放入少许糯米饭，再放入豆沙，最后把糯米饭填满至碗口，压平。

5. 上笼屉用旺火蒸约1小时，使糖油渗入饭中。蒸好后倒覆于盘中即成。

如何自制腊八粥

自制腊八粥的步骤如下：

1. 备料。花生40克，薏仁40克，黄豆40克，红枣 6～8个，红豆40克，莲子15克，桂圆肉30克，糖1/2杯，水10杯。

2. 煮豆及花生、薏仁。将花生、黄豆、薏仁、红豆洗净，放入水中泡4～6个小时，然后再倒入锅中，加水10杯，煮至软熟。

3. 熬煮所有原料。将洗净的糯米放入锅中，并加入红枣煮半个小时，然后再加入煮熟的花生、黄豆、薏仁、红豆及桂圆、莲子，再熬煮 20分钟，出锅后加入糖即可。

怎样巧用压力锅煮水饺

电压力锅也能煮水饺？是的。压力锅煮出的水饺不但不破口、不跑味，而且还节省时间。具体做法如下：

首先在压力锅内加入适量的水（口径26厘米左右的压力锅，一次可煮100个水饺），水烧开后用勺子搅转两圈，让水旋转起来。然后放入水饺，盖紧锅盖，不扣阀，改用旺火。汽从阀孔冒出大约半分钟即可关火。当阀孔不再冒气时，便可以揭开盖子，将饺子捞出来了。

怎样巧用高压锅贴饼子

高压锅贴出的饼子松软香甜，非常好吃。具体制作步骤如下：

1. 在玉米面中兑入两三成黄豆粉，然后加入少许发酵粉，用温水和匀。

2. 约1小时后，将高压锅烧热，并在锅底涂油，将面饼平放在锅底，用手按平，盖上锅盖加上阀，两三分钟后打开锅，在饼子空隙处小心地倒些开水，水到饼子的一半即可，盖上盖，再加上阀，约几分钟听不到响声后取下阀，改用小火。

3. 当水气放完后，饼子也就熟了，这时可用铲子铲出。

如何制作番茄鸡蛋面饼

制作番茄鸡蛋面饼主要有以下几个步骤：

1. 将一个番茄洗净，切成一厘米方块的小丁，然后将番茄丁与汁一起收入碗中。

2. 取一个鸡蛋，打入碗中，再放入100克干面粉，用筷子打绞成浆汁，也可以再加适量的水。如果喜甜食，可放一些白糖，不喜甜食可放一小勺盐。

3. 在不粘锅中放适量食油，锅烧热后，将做好的浆汁分三次倒入摊平。等面饼稍变色，再翻过来，稍烙一会儿即可出锅。

如何制作香酥玉米饼

香酥玉米饼的具体作法如下：

1. 先将玉米面和黄豆面按照10∶1的比例混合，加入适量温水，搅拌至软硬适度。

2. 将平底锅或压力锅烧热后，底部淋少许食油，用手将和好的面压成面饼，贴在锅底上，先用文火烧3分钟，再往锅内倒入半碗开水。

3. 盖上锅盖，用旺火烧3分钟，再改文火烧5分钟，当闻到饼香味时，便可以起锅。

如何用压力锅烤面包

用压力锅烤出的面包美味又可口，具体方法如下：

1. 将面和匀并发好，在发好的面团里加入适量碱揉匀，再加入适量白糖、鸡蛋（500克面粉加一个鸡蛋即可）和其他调料（如酱、香料等）。

2. 将面和匀揉透，制成面包状。锅底抹适量食油，把面包放入锅中摆好，注意要留有适当空隙，盖好锅盖。加热六七分钟后，去阀放气，打开锅盖，将面包翻个儿，再盖上锅盖。继续加热五六分钟，烤至面包呈金黄色即可出锅。

怎样配制及使用烹调用糊

烹调用糊的种类较多，在配制时要根据用法用量，灵活配制。具体方法如下：

1. 发粉糊。用适量面粉、少量发酵粉、水调制成发粉糊，可以用来涨发面团。

2. 蛋泡糊。将4个鸡蛋的蛋清打入碗中，快速甩搅出泡沫，然后加50克淀粉，搅拌均匀即成蛋泡糊。这种面糊多用于松炸。

3. 面粉糊。用面粉、少量苏打粉、水、盐等调制成面粉糊，可用来炸鱼虾。

4. 苏打浆。取50克蛋清、50克淀粉、10克苏打粉、10克盐、75克白糖，加水150～300克一同拌匀成苏打浆，多用于浆肉类菜肴。

5. 脆糊。取75克发酵粉，375克面粉，65克淀粉，10克精盐，加入550克水调匀，发酵4小时，使用前再加入160克油，以及适量的碱水，搅拌均匀后放置 20分钟即可制成脆糊。

6. 全蛋糊。用100克鸡蛋、75克淀粉调制成全蛋糊，用于炸、溜等，一般不用于上浆。

7. 蛋清糊。用100克蛋清、110克淀粉调制成蛋清糊，用于上浆用。

8. 水粉糊。由100克淀粉加80克水搅拌成水粉糊，主要用于干炸、干溜，也可以用来上浆用。

【荤菜】

鲜嫩肉片怎样烹调

用下面的方法烹调的鲜嫩肉片既美味又营养：

1. 选一块上好的里脊肉或后臀尖肉，将肉切成薄片，放入碗中，并加少量橄榄油、酱油、淀粉和蛋清，然后用手抓匀。

2. 将锅烧热后倒入凉油，再将肉片放入锅中翻炒，肉片熟后捞出，倒出余油，然后放入调料，再次倒入肉片，翻搅勾芡，加鸡精即可出锅。

要想使炒出来的肉片更加鲜嫩、味美、爽口，可以将少量淀粉和啤酒淋在肉片上，拌匀后放置5分钟再入锅烹制。

美味猪肝怎样烹制

烹制猪肝时可以使用下面的方法：

1. 猪肝渍白醋。在炒猪肝之前，可以用白醋渍一下，然后用清水冲洗干净，这样炒熟的猪肝口感更好。

2. 用蛋清或淀粉上浆。猪肝含有丰富的弹性纤维，将猪肝切片后，纤维也会被切断，容易变得散碎。如果是用高温热油滑炒，失水多、蛋白质凝缩，更容易散碎。散碎的猪肝不仅不好消化，而且口感、味道都较差。所以在烹制前，可以先用蛋清或淀粉上浆，使其表面形成一层糊，这样可以减少营养损失，而且吃起来柔嫩可口。

3. 旺火快炒。把渍过白醋、上过浆的猪肝切成片，然后加入适量的盐、淀粉再拌匀。旺火热油，将猪肝下锅用筷子将其滑散，猪肝片断生变色时，再捞出来待用。接下来，炝葱、姜，下配料，下猪肝片，迅速翻炒成菜。

如果用猪肝制作汤菜，可以不上浆。但在烹制时，应先将汤烧开，再放猪肝片，待汤滚开，撇去浮沫，然后将猪肝捞出。这样做出的汤汁清淡而美味。

酥烂猪肉怎样制作

如何才能将猪肉炖得酥烂呢？有一个小妙招：先将油和白糖炒成金黄色，并将切好的肉块放入锅中上色，然后倒入酱油、五香粉、盐等作料。稍放置一段时间，再加入适量的水和葱、蒜、姜、大料、花椒、桂皮等。当然，也可以放一些山楂或萝卜片。然后用大火烧开，再用慢火炖三四个小时即可。

怎样做川味红烧肉

川味红烧肉是许多人的最爱，那如何制作这道美味呢？正宗的做法是：

1. 准备一块带皮的五花肉以及各种调料，如姜、大蒜粒、花椒粒、菜子油、料酒、豆瓣酱、味精、醋、糖、盐。

2. 将肉带皮的一面在烧红的锅底上烙一下，这样，既可以烙掉皮上残存的毛，还可以使肉更香。然后再将肉洗干净，切成块，沥干水分。

3. 锅中倒入适量食用油，放入切好的肉块，不断翻炒。当肉块开始出油时，在锅中加入姜、大蒜粒、花椒粒和豆瓣酱，炒出香味后，加适量开水，然后再往锅里放适量盐以及少许醋、糖和料酒。

4. 烧开之后，改用小火慢慢煨，大约一个小时就可以了。

醋、糖可以增加红烧肉的鲜度，为了避免吃出醋味和甜味，一定要注意醋和糖的使用量。翻炒肉块的火候和时间要掌握好，既要出油充分，又不能将瘦肉的水分炒得过干，这样烧好的红烧肉吃时才会有肥肉糯而爽口、瘦肉嫩而不“柴”的口感。

怎样做啤酒鸭

啤酒鸭也是一道家常菜，制作这道菜的步骤如下：

1. 准备食材与调料。鸭块500克、姜50克、泡椒100克、魔芋200克、盐5克、食用油50克、鸡精2克、豆瓣酱3克、啤酒半瓶、麻油 3克，香菜适量。

2. 将鸭块洗干净，姜和泡椒切片，魔芋切块。

3. 将锅中水煮开，鸭块放入其中，快速过水，捞出后沥干水分。

4. 炒锅加油烧热，放入豆瓣酱、姜、泡椒炒香，再放入鸭块、魔芋爆炒，接着倒入啤酒，烧开后一次倒入砂锅。

5. 将砂锅放于小火上慢煮，待鸭块熟透后加盐、鸡精、麻油，再撒上香菜即可。

怎样做香辣可乐鸡翅

在制作香辣可乐鸡翅时，可以按下面的步骤操作：

1. 鸡翅10个，可口可乐一小瓶，辣椒粉适量，颗粒孜然少许。

2. 在锅内倒入适量水，烧开后放入鸡翅，鸡翅7成熟时捞出，滤干水备用。

3. 将锅置于旺火上，倒入适量油，用葱末和蒜末爆香，放入鸡翅，再放孜然和辣椒粉，大火炒炸，炸到皮略焦为最好。

4. 将锅中多余的油撇出，倒入可乐，加盐和味精，不要加一滴水，等可乐快烧干的时候，把火调小，然后收汁。在这个过程中，可以将蒜末和葱末撇去。

怎样做猪肉松

在家中，制作猪肉松可以使用下面的做法：

1. 准备新鲜瘦肉5000克。除去骨、皮、脂肪及筋腱等，然后顺着纤维纹路切成肉条，再横切成1寸长的短条，放入锅中煮。

2. 猪肉煮透时加入2200克酱油、150克白糖、200克黄酒、6克小茴香、50克生姜，然后继续煮。

3. 汤汁快干时，改用中火，一边用锅铲压散肉块，一边翻炒。待没有汤汁时，改用小火，连续翻炒，在肉块全部松散和水分完全炒干时，颜色就由灰棕色转成黄色，最后成为金黄色肉松。

4. 将刚加工的肉松趁热装入预先洗涤、消毒和干燥过的玻璃瓶内，放在干燥处，可以保存半年。

怎样做鱼肉松

在制作鱼肉松时，可使用下面的方法：

1. 将鱼烧熟。

2. 鱼烧熟后，取出鱼刺。

3. 锅置于火上，用姜擦一遍锅，这样可以保证肉松的味道更鲜美。锅热后倒入食用油，油热后把鱼肉倒进锅中，小火翻炒，同时可以往锅里放调味料，并加入适量的醋以软化鱼肉中的小刺。继续翻炒，直到把鱼肉中的水分炒干，鱼肉呈颗粒状时鱼肉松就做好了，即可出锅。

怎样做鲜嫩美味的肉片

如何才能使炒出的肉片鲜嫩美味？有这样一些方法可供参考：

1. 炒肉时，先把肉放在小苏打水中浸泡十几分钟，然后倒掉水，再加入各种调味料煸炒，炒出来的肉片滑嫩味美。

2. 将切好的肉片放入用淀粉加啤酒调的糊中，然后取出并放入锅中炒，这样做出来的肉片格外鲜嫩。

3. 将切好的肉片放在漏勺里，在开水中晃动几下，待肉片变色时捞起，沥去水分，然后再下锅煸炒，只需三四分钟就可以出锅。

如何让牛羊肉口感更好

如果想让烹制出的牛羊肉口味更佳，烹制方法很重要，尤其是加料的方法非常有讲究。具体做法如下：

1. 炒肉。炒肉丝或炒肉片时，要加葱、姜、蒜，还要加点白酒或料酒。在炒菜炝锅时，还可加适量食盐。

2. 炖肉。炖牛羊肉时，加一些胡萝卜，以及葱、姜、蒜、大料、桂皮、酒等佐料一起炖煮，这样炖出来的肉不但口感好，而且营养价值也很高。

2. 烧肉。肉与绿豆、橘皮、杏仁、红枣、山楂等一起下锅，可以消除膻味。开锅后，适当放点白酒，既可消除膻味，又可使味道鲜美，并且容易炖烂。

如何烹制鸡肉

用正确方法制出来的鸡肉不但营养丰富，而且味道鲜美。在具体烹制过程中，要特别注意以下几点：

1. 先爆炒。在炖鸡时，最好用香醋先爆炒一下鸡块，然后再炖制，这样，鸡块不但味道鲜美，色泽红润，也很容易熟。

2. 不放花椒、茴香。鸡肉里含有谷氨酸钠，所以烹调鲜鸡时，只需放适量的油、盐、葱、姜、酱油即可，如再加入花椒、茴香等厚味的调料，反而会把鸡的鲜味驱走或掩盖掉了。

3. 炖好再放盐。在炖鸡的过程中加盐，不但会影响汤汁的浓度和质量，且煮熟的鸡肉会变得硬、柴，口感较差，且肉无鲜香味。正确的方法是，等鸡汤炖好后降温至50～90℃，再加适量的盐并搅匀，或食用时再加盐调味。

【素菜】

如何水发鲜美豆芽

豆芽是一种营养丰富、味道鲜美的蔬菜，可以用来制作许多种菜肴。而且，豆芽含蛋白质、粗纤维、钙、磷、铁、胡萝卜素、维生素等营养成分，具有清热明目、补气养血、防止牙龈出血、心血管硬化及低胆固醇等功效。

豆芽种类很多，常见的有用绿豆发的绿豆芽，用黄豆发的黄豆芽，此外还有赤豆芽、豌豆芽、蚕豆芽等。下面简单介绍一下家庭水发豆芽的方法：

1. 选料。要选择优质的豆。不管是绿豆、黄豆，还是其他豆类，最好选择色深且有光泽、颗粒较大、整齐的豆子。

2. 准备工具。生豆芽最主要的工具是木桶。准备一只底部像蜂窝一样布满小孔的木桶，并用清水冲洗干净。

3. 用水泡发。将豆子洗净后，用温水浸泡24小时，直到豆子胀出小芽。将泡好的豆子装入木桶，用几层湿布盖好。第一天每隔四五个小时淋一次水，第二天每隔三四个小时淋一次水。

在生豆芽的过程中，要时不时检查桶内的温度。如果温度过低，可洒一些温水增温；温度太高，可多淋一点清水。等到豆芽长到四五厘米长时，就可以用来做菜了。

黄豆芽与绿豆芽均性寒，如果是冬季，在烹调时要适当放一点姜丝，以中和其寒性。与黄豆芽相比，绿豆芽性更为寒凉，吃多了易损伤胃气，并且绿豆芽的纤维较粗，容易滑肠道导致腹泻。所以，有慢性胃炎、慢性肠炎及脾胃虚寒者应少食。

如何炒出脆嫩的菜花

菜花是一道很普通的家常菜，但很多人都做不好这道菜，主要原因是没有掌握好烹饪的细节。如何让炒出来的菜花脆嫩爽口呢？必须要掌握一个窍门：在炒制时，最好不要直接上锅烹炒，应先用开水焯一下，但焯水时间不可太长。然后做成炝菜，或者回锅调味，快速翻炒几下出锅。如果要添加一些配料，必须在炒熟后添加。

如何用微波炉做麻婆豆腐

麻婆豆腐是一道餐桌上较常见的菜，用微波炉制作这道菜，主要有下面几个步骤：

1. 准备原料。嫩豆腐2块，猪肉馅100克，淀粉、花椒粉、葱末、蒜茸、酱油、辣豆瓣酱、料酒、白糖、高汤、香油均适量。

2. 将豆腐切成一厘米左右的小块，放入玻璃盘中；在肉馅中加入淀粉、花椒粉等，搅拌均匀。

3. 小碗中倒入适量油，并加入蒜茸，然后用微波炉加热约2分钟，取出倒入肉中拌匀，再浇在豆腐上。

4. 将酱油、豆瓣酱、料酒、糖、高汤、淀粉与葱末倒入一个碗中，搅拌均匀，然后浇到肉与豆腐上面，将盛放豆腐的碗用保鲜纸盖上，放入微波炉高温蒸6分钟，出盘时淋上少许香油即可。

如何用微波炉蒸蛋羹

用微波炉蒸蛋羹，方法比较简单：先将鸡蛋打入瓷碗内，并朝一个方向搅拌均匀，再倒入与鸡蛋等量的温水，或者再多添加一些水，但不要溢到外面。然后将盛鸡蛋的瓷碗盖上盖放进微波炉，高火加热两分钟。取出后，往蛋羹上浇上适合自己口味配置的调料即可。

如何炒板栗

板栗味甘性温，有补肾强身、补脾健胃的功效，营养价值非常高。如何炒板栗更好吃呢？方法如下：

先将生板栗洗干净，然后在大锅加入冷水，再放入洗干净的板栗，水量要与板栗持平，盖上锅盖。然后大火将水烧开，随后再改小火，直到将锅中的水烧干，发出“噼噼啪啪”的响声。这时，隔半分钟，将锅中的板栗左右翻倒一次。需要注意的是，在这个过程中要保持中火，不能掀开锅盖。除此之外，还要注意时间，从板栗放锅内到炒熟前后大约需要15分钟。掀开锅盖后，你会看到锅中的板栗大部分已经开口了，而且板栗的内外两层皮都很容易剥。

专家认为："卖相"太好的糖炒板栗可能加入了对身体有害的工业石蜡，这样炒出来的板栗颜色鲜亮，销路好。因为工业石蜡成分比较复杂，过多摄入会对身体产生一定的不良影响。所以在板栗等食品中是禁止添加工业石蜡的。

如何巧炸花生米

提到炸花生米，几乎每个人都吃过，它在餐桌上是最受欢迎的下酒小菜了。如何让炸出来的花生米又香又脆还不糊呢？这就涉及炸制的技巧了。通常，炸花生米要特别注意以下几点：

1. 将洗干净的花生米用开水烫一下，捞出花生米晾20分钟，然后滤掉水分。这样做，可使炸熟的花生米不返潮。

2. 在炸花生米前，可先将花生米用清水或盐水浸泡10分钟，这样，炸出的花生米又香又脆。

3. 用冷锅冷油炸花生米，这样炸出来的花生米酥而不变色、不脱衣。

4. 花生米炸熟后，盛入盘中，并淋一点白酒，然后搅拌均匀，等晾凉后再撒上一点食盐。这样，花生米口感更加酥脆。

如何制作蛋松

如果想换个方法吃炒蛋，那要首选蛋松了。蛋松吃起来松软、美味，还能做配菜。如何在家中做一份美味可口的蛋松呢？最简易制法如下：

1. 取一只鸡蛋，将其打入碗内，加适量精盐、黄酒及味精，用筷子搅匀。

2. 将锅烧热，改微火，在锅中倒入食用油，烧至4成热，将蛋液用细眼滤筛漏入油锅，并用筷子在油锅中不断搅动，然后用漏勺捞起，放纱布内捏干油。

3. 把捏干油的蛋丝卷入干净的包装纸，轻轻推搓3～4次，一道美味的蛋松就制作成了。

橘皮的食用方法有哪些

大家在生活中经常会吃橘子，很多人吃过橘子之后，将橘子皮直接扔掉了，其实橘子皮有很多用处，也有多种食用方法：

1. 橘皮粥。在熬粥的时候，加入数片橘子皮，熬出来的粥不但爽口，而且开胃。

2. 橘皮汤。在做肉汤或排骨汤时，可以放入几块橘子皮，这样，制作出来的汤不仅味道鲜美，而且不油腻。

3. 橘皮茶。先把几片橘子皮洗干净，切成丝、丁或切成块，晒干后像茶叶一样存放起来。喝茶的时候可以将橘皮单独用开水冲，也可以与茶叶一起冲。橘皮茶不但味道清香，而且具有开胃、通气、提神的作用。

4. 橘皮酒。将干净的橘子晒干后，放入适量的白酒中，浸泡二三个星期即可饮用。这种橘皮酒有清肺化痰的功效。如果浸泡时间长些，酒味更佳。

5. 橘皮配料。将橘皮切成小丁块，加入一定的蜂蜜或白糖浸腌，15天左右即可做成包子甜馅的配料，吃起来清香可口。

6. 橘皮菜。将新鲜的橘皮在清水中浸泡2天，然后切成细丝，加入白糖腌制半个月，即可做成一道美味的下酒菜，味道甜香可口，且有解酒的作用。

7. 橘皮果酱。先将洗净的柑橘皮放入锅内，加水煮数分钟将水捞出，再换新水煮沸数分钟，如此进行3~4次，直到柑橘皮水几乎没有苦味为止。然后用手或布将柑橘皮水分挤干，用刀将柑橘皮剁成碎末。把剁碎的柑橘皮再次放入锅中，并加入适量的红、白糖与水少许，煮沸后用文火煎熬成稠糊状，这样橘皮果酱就制作完成了。

如何自制美味奶油花生

如果想在家中制作奶油花生，可以参考下面的几个步骤：

1. 先在锅中倒入适量的花生米，加水烧开，2~3分钟后捞出，装在干净盆内。

2. 取少量的桂皮、适量的茴香熬成汁，再加入适量的糖水、奶油混合成浓汁，滴入10~15滴食用香草精，然后一起倒入盆中与花生米拌匀，用布盖严实。

3. 40分钟后，将布掀开，等花生米外壳没有水分时，把白细沙倒入锅中炒热，然后将花生米倒入翻炒，当花生米的皮层变为乳白色时，用手轻轻一捏即开，就可以起锅了。待冷却后筛去细沙，一道美味的奶油花生米就做成了。

【汤类】

如何煲鲜汤

只有汤的味道鲜美，才能弥补烹调原料自身鲜味的不足。所以，在制作汤汁菜肴时，主要用鲜汤来调味。经常用到的鲜汤可分为奶汤和清汤两类。如何煲制这两种汤呢？具体做法如下：

1. 奶汤的制作

原料准备：猪蹄膀、鲫鱼、黄豆芽等。

制作方法：首先将制汤原料洗净，放到沸水锅烫一下，然后再投入锅中加上凉水，用大火烧开后，撇去汤面的浮沫，加葱、姜、绍酒，转中火继续加热，始终保持汤汁的沸腾状态。待汤呈乳白色、原料酥烂时即可。

制作奶汤时，必须要用大火，让汤汁始终处于沸腾状态。这样制汤原料中可溶性蛋白质会溢出，脂肪溶化。它们由于在沸腾时受到冲撞，从而会形成较大的分子聚集体，并均匀地散布于水中，所以汤汁会呈乳白色。

2. 清汤的制作

准备原料：鸡、口蘑、竹笋等。

制作方法：先将各种原料洗干净，放入沸水烫一下，再放入冷水锅，加葱、姜、绍酒，用大火烧沸后，再改为小火。在熬制过程中，一定要控制好火力，让汤汁始终保持微沸状态，切不可让汤汁沸腾，否则汤会变为奶白色。当小火熬制大约3小时后，一道汤色清澄、味道鲜美的清汤便制成了。

熬制奶汤和清汤时，除了火力控制外，调味品的投入次序也是很关键的，尤其是盐，一定要在奶汤或清汤即将制成时投入，如果过早放入，会影响到汤的色泽和味道。

如何煲鲜香可口的荤汤

要想使煲制出的荤汤鲜香可口，在煲制时可以参考下面几个步骤：

1. 冷水下锅。先在锅中加入适量凉水，然后加入猪骨、羊骨等原料，如一开始就将热水或开水和原料混合，那么，骨头的表面在遇到高温后，外层肉类的蛋白质马上会凝固，从而使内层的蛋白质不能充分溶解于汤中，汤的味道不如放冷水烧出的汤味鲜美。

2. 缓加调料。调料不能过早添加，也不能多加。盐有渗透作用，最容易渗入原料，使其内部的水分析出，加速蛋白质的凝固，影响汤的鲜味。酱油也不宜早加，葱、姜、料酒等作料所加的量也要适宜，不要多加，否则会影响汤汁本身的鲜味。

3. 小火慢熬。要使汤清，一定要使用文火。这样，加热时间虽然长一些，但汤沸而不腾，在加热过程中，要时不时撇去汤面上的浮沫、浮油。如果汤汁大滚大沸，汤中蛋白质分子的运动会加剧，碰撞激烈，这样就会凝成许多白色颗粒，汤汁也就浑浊不清了。

如何汆制鱼汤

在汆制鱼汤时，可以参照下面的方法，这样，制作的鱼汤鲜美爽口：

1. 选新鲜的鲫鱼（草鱼）。将鱼清洗干净后，放入开水锅中煮，同时要加入葱段、姜片。等鱼煮熟后，再加入适量精盐，然后换小火煮一段时间，滴少许香油。

2. 放入少量猪油，以及葱段、姜片煸炒，出香味后加开水，放入洗净的鱼，旺火烧开后加适量精盐再用小火慢煮，至汤浓白即可。

3. 先用适量的猪油把鱼两面微煎一下，然后冲入开水，加葱、姜和白萝卜丝，大火煮沸后加适量精盐，小火慢煮至汤呈浓白色即可。

【小菜】

如何自制糖蒜

许多人都爱吃糖蒜，制作方法很简单，具体的步骤如下：

1. 码蒜。最好选中等大小的鲜蒜，洗净后除去根须，去掉外层的皮，然后把蒜头一层一层地码在小缸里，码一层撒一层盐。最后在上面再撒一点水，5千克蒜撒150克水为宜。

2. 换水。在蒜码到缸里用盐腌好后，24小时内往缸里加一些干净的凉水，水最好要没过蒜。3天后，每天换1次水，连换7天，以便除掉蒜中辣味。

3. 撒糖。将蒜从缸中捞出，然后装入盆中，再将白糖均匀地搓在蒜上。然后把蒜装入坛内，每装一层，再撒些糖。再往小坛里倒一小碗熟盐凉开水，500克糖蒜加50克熟盐水（盐与水的比例是35克盐加50克水）。

4. 封口。最后，用两层纱布封口，并用绳子紧紧系住，置于室内阴凉处，一个半月左右就可以食用。

家庭如何腌鸡蛋

咸鸡蛋又叫腌鸡蛋，是人们爱吃的食物，但其腌制方法大有讲究，腌制得法，风味更好。家庭腌鸡蛋一般有以下几种方法：

1. 用盐水腌蛋。取适量的食盐，放入热水中稀释成饱和溶液，待凉备用。将鸡蛋放入碱水中浸泡5~10分钟，然后码放到坛内，再将盐水倒入，以盐水刚刚没过鸡蛋为宜，加盖封好。如能保持室温在15℃以上，则腌20天左右即可食用。

2. 用黄泥腌蛋。首先，取红茶25克，加水250克，用旺火煮成约200毫升的浓汁，再加入750克盐和75克黄酒。其次，将汁液与黄土混合成泥，然后将黄泥均匀地涂在鸡蛋上，放入坛中密封，这样大约一个月后就腌好了。

3. 用辣酱腌蛋。在鸡蛋的表层涂上一层辣酱，然后再滚上一层细盐，放入坛内码好，再喷洒一些白酒，密封三周左右便可。

4. 用花椒腌蛋。用750克盐和25克花椒加水煮开，等凉后倒入装蛋的坛内，以水量刚好没过鸡蛋为宜。然后再加入二两白酒。最后封好坛口，大约三周后就能腌好。

5. 用菜卤腌蛋。把腌菜的菜卤煮沸，去沫倒入罐内，冷却后放入鸡蛋浸泡1个月左右，即可以食用。

6. 用白酒腌蛋。将鸡蛋放入白酒中浸泡10分钟，捞出后均匀地滚一层盐，装入塑料袋中密封，放在干燥处保持常温，约10日后即可食用。

7. 用稻草灰腌蛋。将鸡蛋放在浓米汤中翻滚一下，在鸡蛋一侧蘸些稻草灰，另一头蘸些细盐，大头朝下，一层层装入坛内，用黄泥封口，15天左右即腌好。

8. 用醋腌蛋。将鲜鸡蛋用清水洗净，再用食醋洗，然后放入盐水中，一星期后即可食用。

如何制作美味醋萝卜小菜

醋萝卜色泽红艳，脆嫩爽口，是一道开胃的小菜。醋萝卜的做法很简单，主要步骤如下：

1. 先将红萝卜洗净，然后切成薄片，放在坛中，加入适量米汤和凉开水浸泡。坛子要放在温度较高的地方，坛内温度最好保持在25℃左右，所用坛子最好是泡菜坛，再在坛沿灌上清水，密封坛口。

2. 放置3到5天，坛内的醋萝卜便可以食用了。食用时，先将醋萝卜取出，蘸酱油、辣椒糊、盐、白糖食用，便成了美味可口的醋萝卜小菜了。

如何自制五香茶鸡蛋

茶鸡蛋是我国的传统食物之一，可以做餐点，闲暇时又可当零食。如何自制五香茶鸡蛋呢？步骤如下：

1. 准备鸡蛋40个，酱油1000克，花椒、八角（大茴香）、小茴香、生姜、红糖、味精各适量，红茶25克。

2. 把锅置于火上，放入上述调料，然后加入水800克，烧开后倒入盆内。

3. 将鸡蛋洗干净，放到锅内加水煮熟，取出后敲出裂纹，泡入烧沸的料汤内，再加入味精，浸泡两天后即可。

如何自制家庭防暑饮料

超市里买的罐装饮料有添加剂，喝了对身体不好。炎热的夏天，可以自己动手在家制作防暑饮料。常见的一些饮料制作方法如下：

1. 绿豆酸梅汤。绿豆100克，酸梅70克加水煮烂，然后加适量白糖，凉后即可饮用。

2. 荷叶凉茶。先将鲜荷叶撕成小片，然后放入锅内，再加入白术10克，藿香、甘草各6克，共煮20分钟，出锅前加入适量白糖，凉后即可饮用。

3. 山楂汤。将山楂片200克、酸梅10克加8斤水煮烂，放入白菊花100克，烧开后捞出，再放入适量白糖，凉后即可饮用。

4. 椰汁银耳羹。银耳50克，洗净后用温水泡发，除去硬皮，加半斤椰汁、冰糖及水适量，煮沸即成。

5. 金银花汤。取金银花30克，加适量白糖，开水冲泡，凉后即可饮用。

如何自制西红柿、黄瓜小菜

西红柿、黄瓜是夏季常吃的蔬菜，平时，也可用这两种菜制作一道美味的小菜。具体方法如下：

1. 取嫩黄瓜500克，成熟的西红柿100克。将黄瓜纵向剖成两半，从背面切成梳子形，用少许盐腌半小时。

2. 将腌好后的黄瓜控去水，用干布沾干水分，然后放入容器里。

3. 将葱、姜、辣椒均切成细丝备用。

4. 用开水烫一下西红柿，然后去皮，切成三棱块，再把葱、姜丝放在黄瓜上，西红柿放在上面。

5. 将炸好的花椒油、辣椒丝同时加上糖、醋熬化，浇在黄瓜和西红柿上，焖1小时。食用时黄瓜切成段盛盘中，在上面摆上西红柿，再摆上葱丝、姜丝、辣椒丝，然后再浇上一些前边用的汁即可。

如何自制风味腌黄瓜小菜

腌黄瓜是一道简单的家常小腌菜，也是餐桌上最常出现的小菜，口感脆生生的，味道清香。如何制作这道小菜呢？方法如下：

1. 备料。准备两根鲜黄瓜、一根胡萝卜、一根大葱，以及几个干辣椒、一个苹果、一个梨、少许盐、味精等。

2. 把黄瓜切成5厘米左右段，由一端往下劈成4～6瓣，注意不要切到底，可切到4厘米左右，用少许盐腌30分钟。

3. 控去黄瓜中的水分。

4. 将葱、干辣椒、苹果、梨切成丝，蒜剁碎备用。

5. 把以上食材拌匀，并加少量盐、味精、辣椒面拌匀。把拌好的丝夹在黄瓜内，码放时，黄瓜的劈口向上，将水和拌丝的汁兑在一起，浸泡黄瓜，然后盖上容器盖，放在气温20℃左右处，第二天就可以食用。

【技巧、调味】

如何快速发面

不少人喜欢自己做馒头、包子等面食。但是发面一等就要很长时间，冬天时间更长。现在给大家支几个快速发面的小招：

1. 用蜂蜜发面。发面时，可在面粉中加入适量蜂蜜，以每500克面粉加蜂蜜15～20克为宜。将面揉成团后，盖湿布4～6小时即可发起。蜂蜜发面蒸出的馒头松软清香，入口回甜。

2. 用醋发面。取500克面粉，加醋50克、温水350克揉成团，10分钟后，再加5克小苏打或碱面，揉到没有酸味为止。这样蒸出的馒头又大又白。

3. 用盐水发面。发面时，若放一点盐水调和，可缩短发酵时间，并能增加面的筋力和弹性，味道更好。

4. 用白酒发面。将面揉成团后，然后在面团中扒个洞，倒进两小杯白酒，过几十分钟，面就发开了。

5. 用白糖发面。如果发酵时在面里放点白糖，可缩短发酵时间，而且蒸出来的馒头口味更好。

6. 用微波炉发面。在较大的容器中加适量清水，将加入了酵母的面团放入小容器中，然后再将小容器放入大容器中，分别将大小容器盖好，把大容器放进微波炉内，保温状态下放置10分钟，然后停5分钟，再设置10分钟的保温状态，即可将面团发开。

焖米饭如何不粘锅

经常用不锈钢锅焖米饭时会发现，米饭总是会粘在锅底，这样不便于清洗，而且会造成浪费。其实，解决的方法很简单：在米饭焖好后，马上将锅放在水盆或水池中，五六分钟后再端出，因为热锅底遇到冷水后会迅速冷却，这样米饭就不会粘在锅上了。

如何使陈米变新米

让陈米变新米，方法也很简单。首先用水把陈米淘洗干净，然后放入清水中浸泡一二个小时，捞出后放入锅中，再加入一汤匙植物油或动物油，再依米的多少加适量热水，先用大火烧开，再用小火烧30分钟即可。

如何使抻面条不断

抻面，俗称拉面，是面案的绝活之一，技术难度大，尤其是拉伸的时候，经常容易断。有没有可以拉得长且不断的技巧呢？有，而且并不难。具体的操作技巧如下：

1. 先在面粉中放少许盐，用温水和成面团，放置10分钟左右。

2. 用手抓住面条两端，轻轻抖动，抻长后两端合拢，上述过程反复多次。等面条粗细均匀时，用手蘸碱水抹在面条上。

3. 在面板上撒些面粉，将面条放在上面，左手将两端捏紧，右手中指扣在中间，左手掌向下，右手掌向上，进行抻拉，抻长后放在面板上，稍撒些面粉，上述过程反复多次，直到面条粗细程度达到自己的要求即可。

如何使炒鱼片不破裂

大家都知道鱼肉比较嫩，在炒制时，很容易破裂。要想保持鱼片完整，在炒制时要注意以下几点：

1. 要选新鲜的鱼。最好选青鱼、黄鱼、鲳鱼等鱼炒制，并且鱼要新鲜。

2. 将鱼切成片后，要上浆。上浆就是用适量的盐、蛋清、生粉将鱼片拌匀。一般是500克鱼片放15～25克精盐、2个鸡蛋清、50克生粉。

3. 炒制时，要掌握好油温。油三、四成热时，将鱼片放入锅中。油温太高，鱼片外焦内生；油温太低，就会引起鱼片脱浆。等到鱼片颜色泛白，能轻轻浮起，即捞出沥油。

4. 锅内留少量余油，放入葱、姜末、酒、味精、热汤，再放

1.5～2.5克精盐，用水淀粉勾芡后，将鱼片轻轻倒入，稍翻几下，就可以关火了。

煎鱼怎样不粘锅

煎鱼是常见的一道菜，但大家都知道煎鱼有时会粘锅和掉皮，下面告诉你怎么煎鱼不会粘锅，你也可以试一试：

先把锅烧热再下油，然后往油里放两片生姜。这样煎鱼，可以防止鱼皮脱落。有人煎鱼时喜欢在鱼身裹上一层生粉，其实这样做虽然不粘锅，但是味道只留在表皮，入味效果差，鱼香味也不浓。正确的做法是，将洗净的鱼身裹一层蛋液，然后再下锅煎，等到鱼变成金黄色时就可以轻轻翻煎另一面，这样做出来的鱼不会粘锅。

煮饺子的要领是什么

煮饺子看起来简单，但是要想口感好，必须要掌握一定方法。那么如何煮饺子呢？现在就来了解一下：

1. 开水下锅。煮刚包好的饺子要等水开后下锅，将饺子搅匀，盖上盖。饺子快浮上水面时掀开盖。若煮速冻饺子，要冷水下锅。

2. 适时翻动。不停地翻动，饺子可以熟得均匀，皮也不容易破，饺子汤也就清了。

3. 适量加水。为了防止水溢出，要让饺子煮开两次，每次适量加水，让馅熟透。

怎样炒菜能让蔬菜碧绿脆嫩

最开胃的菜不是鱼翅燕窝，而是最简单的青菜。一盘青菜炒得好，就着香喷喷的米饭，吃起来也是一种享受。如何使炒出的青菜碧绿脆嫩呢？方法如下：

1. 炒绿叶蔬菜时，一定要用大火，或者先将菜投入开水锅中焯一下，这样，可以保持绿叶蔬菜碧绿、鲜嫩的特点。

2. 在炒之前，先在锅中加少许碱，叶绿素在碱水中不易被有机酸破坏，可使蔬菜更加碧绿鲜艳，并能增加蛋白质溶解度，使原料组织膨胀，易于炒熟。

3. 炒质地比较脆嫩的蔬菜时，在翻炒的同时要淋一些水，以减少这些食物内水分的渗出和损失，可以保持蔬菜质地鲜嫩。

4. 如果菜有些发蔫，可以先放在凉水中加入1汤匙醋，并泡1小时，等其返青变绿再上锅。烹制的菠菜等蔬菜如颜色变黄，加少许盐，蔬菜立即会转成绿色。

炒土豆丝怎样才能不粘锅

很多人在吃土豆丝时，会产生这样的疑问：怎样才能将土豆丝炒出来不粘锅？为什么自己炒出来的土豆丝一点都不爽口，而饭店做的土豆丝，吃起来会非常爽口？想要炒土豆丝不糊锅，一定要掌握下面这些小技巧：

1. 土豆要切得细一点。切土豆丝时要尽量切得细一点，炒时要等油很热了再下锅。

2. 多用清水冲洗。土豆丝下锅前应先用清水过滤一遍，洗掉表面的淀粉，这样再炒就不会粘锅，炒出来的土豆丝才能根根清爽。

3. 加入适量的醋。在土豆丝下锅前先放适量醋，这样炒出来的土豆丝保证不粘锅，而且清脆可口。

4. 用旺火热油炒。最好用旺火、热油快速翻炒。边翻炒，边淋水，边加调料，待土豆丝变成玉色时，便可以出锅，这样炒出来的土豆丝脆嫩爽口。

为什么用白酒代替料酒味欠佳

料酒，即我们俗称的绍酒、甜酒、黄酒等，在烹制菜品时加入，会使成菜香气浓郁、甘甜味美、风味醇厚，所以很受人们的欢迎。由于它含有氨基酸、糖、有机酸和多种维生素等，营养丰富，是烹调中不可缺少的调味品之一。但是，在平时的生活中，人们常用白酒代替黄酒，其实，这种做法有些不妥。

原因是，因为料酒含有适量的酒精，在烹调中，有很多独到的作用。一是可使菜肴滋味融合，能去腥臭、除异味；二是能在炖肉或炖鱼时与溶解的脂肪产生酯化作用，生成酯类等香味物质，使菜肴溢出馥郁的香气；三是在烹饪绿色蔬菜时，会使菜看上去鲜艳美观。如果在烹制过程中使用白酒，则很难起到类似的作用，因为白酒乙醇含量高，且糖分、氨基酸的含量又非常低，所以，用白酒替代料酒，做出来的菜不但滋味欠佳，而且会破坏菜的本味。

葱、姜、蒜、花椒何时放

葱、姜、蒜、花椒，被人们称为“四君子”，这四味调料不但可以调味，而且还能杀菌。在烹制食物过程中，“四君子”不是用得越多越好，尤其在为菜品提味时，一定要注意以下几个细节：

1. 做鱼可多放姜。鱼的腥味较重，性偏寒，生姜不但能去腥味，还能缓和鱼的寒性。

2. 烹制贝类多放葱。大葱能够缓解贝类如螺、蚌、鲍等的寒性，同时也能够抵抗过敏。

3. 烹制肉类多放花椒。尤其在烹制牛肉、羊肉、狗肉时，可以适当多放些花椒。花椒有助暖作用，还能够去毒。

4. 烹制禽类应多放蒜。烹制鸡、鸭、鹅肉的时候，可以多放些蒜，这样能提味，使肉更香。

油盐酱醋何时放

在烹制菜品时，先放哪种调味品，后放哪种调味品也是有讲究的。按正确顺序投放油盐酱醋，不但能提鲜，还能使更多营养得到保留。一般来说，应该按如下方法操作：

1. 放油。“热锅凉油”是大家熟知的一个炒菜窍门。先把锅烧热再放油，等油烧至八成热时，再将菜入锅煸炒。有时也可以不烧热锅，直接将冷油和食材同时炒。用花生油或香油凉拌菜时，可在凉菜拌好后再放油，这样口感更佳。

2. 放盐。在烹制菜品时，盐的一种重要用就是脱水，所以，放盐的时间应根据菜肴特点和风味而定。炖肉和炒含水分多的蔬菜时，应在肉或菜熟至八成时放盐，如果盐放的时间太早，容易使肉中的蛋白质凝固，不易炖烂。

3. 放酱油。长时间高温烹调会破坏酱油的营养成分，使其失去应有的鲜味。所以，最好在菜品出锅前放酱油。炒肉片时为了使肉质鲜嫩，也可将肉片先用淀粉和酱油拌一下再炒，这样不仅不破坏蛋白质，炒出来的肉也更嫩滑。

4. 放醋。醋的妙用有许多，它可以去膻、除腥、解腻，能促进钙、磷、铁等物质的溶解。做菜时，放醋有一个原则：最佳时间在两头。也就是原料入锅后，马上加醋，或菜肴快要出锅时加醋。

炒菜如何掌握火候

不同的菜，在烹制时的火候也应不同。具体来说，应该掌握如下一些技巧：

1. 炒白菜、油菜、芹菜及韭菜时，最好使用大火、热油。当菜下锅后，要快速翻搅，炒的时间不宜长，断生即可。否则，菜容易出汤。如果是炒菠菜，在炒前可在热油中撒点盐，这样炒出来的菠菜翠绿青脆。

2. 炒豆芽时，需要做到大火、热油、短时。除此之外，在炒的过程中要少淋些水，这样口感更加脆嫩。

3. 炒土豆丝时，首先要将切好的土豆丝放入水中冲洗几次，去掉多余的淀粉，然后用大火、热油翻炒至变色，出锅前再淋些醋、水，适量加点盐即可。

4. 炒肉丝、肉片、腰花时，最好先将其腌一下，并上浆，滑过油后，再用旺火、热油快速煸炒。

5. 蔬菜与肉类一起炒时，要先分别使用大火、热油炒，再一起回锅同炒，然后快速出锅。

6. 焦熘肉片、熘肥肠时，一定要先挂糊，并在热油中稍炸一下，然后用中小火焐炸，完成上述步骤后，将锅中的热油倒出，留些底油，然后使用大火，将调好的汁料倒在炸好的原料中，拌匀即可。

7. 煎荷包蛋时，先将锅内的少许油烧热，再向锅中打入鸡蛋，然后改用小火煎，这样才能保持荷包蛋完整的形态，外香内熟；如果是炒鸡蛋，则需将蛋浆调匀，下锅后要用大火、热油，这样炒出的鸡蛋松软味美，色泽鲜明；如果是蒸鸡蛋羹，要先在鸡蛋中适量加水，调搅均匀，放些猪油，在笼屉中用中小火蒸。

如何去除苦瓜的苦味

苦瓜的苦味较重，在食用时如何去掉这种味道呢？下面介绍几种方法：

1. 用盐腌渍。先将苦瓜洗干净切片，在瓜片上洒一些盐，腌渍一会儿，然后滤掉水分，这样可减轻苦味。或者可以将苦瓜纵向切成两半，用盐稍腌几分钟，然后上锅用大火炒，这样，不但苦味会减轻，而且口感非常好。

2. 用开水煮。先将苦瓜切成块状，用水煮熟后，再放入凉水中浸泡。一般不建议使用这种方法，因为这样做虽然会除去苦味，但会失掉苦瓜的风味。

3. 用凉水漂洗。将苦瓜剖开、去子，切成细条，然后用凉水漂洗。在洗的过程中，用手轻轻捏，洗一分钟左右，再换一次水，如此反复三四次，苦味会变淡。这样处理好的苦瓜炒熟后，味道鲜美，稍具苦味。

4. 混合煸炒。在炒苦瓜时放一些辣椒，可以减轻苦味。苦瓜洗净切丝，炒锅上火，不放油，锅热把苦瓜丝倒入锅内煸炒，可适当加一点水，炒熟后起锅。再炒辣椒，将炒好的苦瓜丝倒入拌匀，加调料出锅。稍加适量的白糖，喜欢吃辣可淋上些辣椒油。

小贴士

苦瓜虽然是一种“保健菜”，但在食用时也要注意一些禁忌。因为它的性味偏寒，脾胃过于虚弱、面色萎黄的人不宜吃；孕妇要少吃，苦瓜含有奎宁，该种物质会刺激子宫收缩，有可能导致流产；女性在月经期间也应少食。

切辣椒、洋葱怎样才能不辣眼

在切辣椒、洋葱时，它们会挥发一股带有辣味的物质，这种物质会刺激我们的眼睛，使眼睛流泪。这是因为，这种挥发性物质与水会生成一种低浓度的亚硫酸，亚硫酸会刺激眼球，从而使我们流泪。所以，为了在切辣椒、洋葱时不辣眼，可以采取下面几个办法：

1. 在食用前，先将洋葱放入冰箱里冷冻一会儿，切冷冻过的洋葱不会辣眼。

2. 先将刀在冷水中蘸一下，这样，在切辣椒、洋葱的时候，可以减少刺激物的挥发。

3. 将辣椒、洋葱放在水里切，挥发性物质便直接溶于水，这样就减少了对眼睛的刺激。

4. 在切菜的时候，可以在旁边放一碗凉水，这样也能有效缓解挥发性物质对眼睛的刺激。

服饰篇

第一节　衣物保养

如何保养皮革服装

常见的皮革材料有牛皮、羊皮、猪皮等，它们由天然蛋白质纤维紧密编织而成，很容易受潮、发霉、生虫。所以，在保养皮革服装时需要注意如下几点：

1. 经常用细绒布揩擦。如果衣服被淋过，或是发生霉变，可以用细绒布擦去水渍或霉点。这里要注意一点，千万不要用水或汽油等有机溶剂涂擦，因为水会使皮革变硬，汽油等有机溶剂能使皮革油分挥发，从而失去光泽。

2. 如果皮革服装产生褶皱，易用电熨斗熨烫，温度应控制在60℃左右。烫的时候，需要用薄棉布作衬熨布，但皮衣不能经常熨烫。

3. 如果皮革服装有油污，先用一块软布浸温水后拧干，然后在油污处来回擦拭，等一段时间水分挥发后，再在油渍上面滴几滴氨水，并用干布擦洗。如果沾的油渍较多，最好用湿布蘸一些中性洗涤剂，然后涂在油渍上，揩干净后将其放在通风处阴干，这样反复数次，即可清除油污。

4. 皮革服装一旦受潮，皮板就会变硬，不仅不保暖，还容易折裂，这种现象叫“毛皮走硝”。遇到这种情况，可以采取如下处理方法：用芒硝250克，水2500克，溶解制成溶液，将皮板向上平铺在木板上，先喷一些凉水，等皮板浸湿后，再用刷子蘸上配好的溶液，均匀地刷在皮板上，刷好后静置 2个小时，然后进行第二次涂刷。如此反复三五次，直到溶液浸透皮板为止。等晒干后，再慢慢地揉搓，这时皮板就会变得柔软，且富有弹性。

5. 如果皮衣长时间不穿，最好用衣架挂起来，这样可以防止皮革起皱，影响美观。再就是，收藏时要先晾晒一下，但不可以用风吹或是暴晒。

如何保养丝绸服装

在洗涤丝绸服装时，可以参照下面的步骤：

首先，把丝绸服装放在水里浸泡2～3分钟，然后放上洗涤剂慢慢轻揉。这里要注意的是，深颜色的丝绸，如黑色、藏青色的丝绸服装，不可以使用碱性肥皂。否则，洗过的丝绸服装会泛白。

其次，在晾晒丝绸衣服前，不要用力拧水分，晒衣架宜用光滑衣架，最好是塑料衣架晾晒，避免使用带小毛刺的衣架杆。

再次，洗涤后的丝绸服装最好熨烫一下。或者在晾晒八九成干时，取下来折叠好，压平，再拿出来晾干，这样服装就会平整无皱。

另外，丝绸服装平时要勤换勤洗，通常穿两三天就应换洗一次，如果穿的时间长，汗液里的酸碱会破坏丝绸纤维。

如何保养化纤服装

这里说的化纤，主要是指人造纤维，如人造丝绸、人造棉布等。这类服装质地柔软，手感滑爽，色彩鲜艳，穿起来非常舒服。同时，化纤服装的缺点也很明显，即弹性差，容易下垂飘荡，褶皱、不挺括，耐磨性差，缩水率比较大，耐光性差。所以，在保养化纤服装时，要特别注意：在清洗时不要长时间在水中浸泡；不可以用开水和碱性强的洗涤剂；揉搓要轻要缓，不要过于用力；洗后不可以在太阳下暴晒，最好在通风处晾干；熨烫时温度要比棉织品稍低。

如何保养羽绒服

常见的羽绒服面料主要是特制的锦纶塔夫绸，这种织物的特点是：强度较高、结实耐磨，耐热性较差，如果温度超过160℃就会变质，所以要避免接触高温物体，特别是热烟灰、热烟筒和花炮的散落物等。除此之外，这种布料还特别怕利器划。

如果存放不当，羽绒服容易被虫蛀。所以在存放前，先要进行清洗。在存放的时候，要保证存放的地方干净，没有缝隙，这样就不会有虫子从外面爬进来。最好在柜子里放一些干燥剂和樟脑丸。

如何保养羊毛衫

由于材质的原因，刚穿的羊毛衫表面很容易产生小的卷粒，这时，不可以用手将卷粒硬撕下来，否则会将长的毛纤维拉出来，并且越拉越多。

羊毛衫最好不要贴身穿，因为身体排出的汗液、油脂会吸附在羊毛衫上，这样较容易引起虫蛀和霉变。再就是，羊毛衫不要与腈纶衣服一起穿，以免羊毛衫脱毛。

除此之外，还要注意一点，羊毛衫穿过一段时间后，要放置几天，防止长时间穿着而使羊毛衫变形。

如何保养裘皮大衣

正确保养裘皮大衣，需注意如下几个方面：

1. 裘皮大衣不耐摩擦，平时穿时一定要防止磨损。

2. 穿裘皮服装时不宜久坐，否则，会损伤服装臀部的毛皮。

3. 裘皮大衣不宜在太阳下暴晒，或是久晒，否则会变色。

4. 裘皮大衣也不要用香水直接喷洒，这有损裘皮大衣的使用寿命。

5. 在刷裘皮大衣毛时，要顺着毛的方向轻刷，切不可逆着刷。为了防止产生静电，最好不要用塑胶刷子刷。

6. 裘皮大衣袖口、领口和下摆等部位很容易弄脏，可以用拧干的湿毛巾轻擦，然后再放在通风的地方晾干。

如何保养西装

西装的保养也有一些讲究，具体来说，要注意以下几点：

1. 不要连续多日穿一件西装，一季里最好有两三套西装交换着穿，这样，两三年内这几套西装依旧会很新。

2. 西装如果被水淋湿，要马上用干净毛巾将水吸干，然后在淋湿的位置铺一块白棉布，并熨烫整理。

3. 如果西装沾上油污，可以用药棉蘸汽油擦洗，擦洗面要稍大一些。将油污擦净后，用干毛巾轻轻擦干汽油留下的痕迹，再用清洁湿白布覆盖熨烫。

4. 如果是深色的西装，穿过一段时间后，肘部、膝盖、臀部等位置常会呈现“发光”现象。怎么解决这个问题呢？有一个小妙招：在一盆温开水中加入适量洗涤剂，然后用毛巾蘸着揩拭“发光”位置，擦过之后再垫上一层布，用熨斗熨烫一下，“发光”现象会自然消失。

西装在存放过程中，很容易生衣蛾，或是被虫蛀。防治衣蛾最有效的方法，一是收藏的衣物和装衣物的箱、柜一定要干燥，事先要晾晒好；二是衣柜中放上用纸包好的卫生球、樟脑块。

如何保养皮鞋

长时间穿一双皮鞋，容易开裂，一旦出现开裂，就不耐穿了。如果是真皮材质，皮鞋不可以放在特别干燥或是非常潮湿的地方。过分干燥皮鞋就容易折裂，受了潮就容易变形、发霉，这都会影响皮鞋的寿命。所以，皮鞋在贮放中要特别注意温度与湿度。为此，应注意以下几点：

1. 皮鞋鞋面上有泥土或脏物，要及时刷干净，不能用水冲洗，更不能用肥皂水洗皮鞋。如果皮鞋表面沾有碱性物质，最好先用湿的软布擦拭，再沾点醋轻轻擦洗，然后用干净湿布擦净，晾干后涂上鞋油。

2. 如果皮鞋被水浸后，应先把表面的泥沙清理干净，然后放入鞋楦，防皮鞋面变软走形，接下来，把鞋放在阴凉通风处。等阴干以后，再轻轻地涂上鞋油。这里要注意一点，切不可将鞋放在太阳下暴晒，或者用火烤。

3. 皮鞋在穿着过程中，会受到脚汗的侵蚀，所以脱下皮鞋后，应放在通风处，尽量使它内部干燥。尤其是热天，脚出汗较多，微生物容易在鞋里繁殖。这时，要用布擦净鞋的内部，使其保持清洁干燥，鞋垫要勤换常洗。

4. 皮鞋穿一个星期左右，就要擦一次油，以保持鞋面柔软耐穿，增加皮鞋的防水性。每次擦的油不要过多，上油以后须等其阴干后再用软布擦亮。皮鞋鞋面若发生干裂现象，可用石蜡填在缝里，用熨斗烫烊，使之渗入裂缝内部。

5. 如果皮鞋暂时不穿，可用软布将鞋擦干净，除去污垢，再涂上些防霉鞋油，然后放在干燥阴凉处，切不可放在高温、潮湿的地方。

不同面料衣服晾晒应注意什么

平时我们穿的衣服所用的面料，主要分为天然纤维和化学纤维两类。在日光下，不同面料，吸收紫外线的程度及紫外线对纤维的损伤程度不同，所以在晾晒时应该区别对待。

1. 棉布或混纺毛织品衣服在洗涤后，可以放在日光下晾晒，但不要晒的时间太长，否则会使纤维损伤。

2. 柞蚕丝、涤纶、丙纶织品衣服，在洗涤后可以先在太阳下晒五六成干，然后再放到阴凉通风的地方晾干。

3. 蚕丝、锦纶织品、黏胶纤维衣服，洗涤后不能暴晒，适宜在阴凉通风处晾干。

4. 全毛料、腈纶、氯纶衣服，洗涤后可以在日光下晾晒。

第二节　衣物洗涤

如何选用洗涤剂

洗涤剂是家庭必备的一种用品，通常，洗不同的衣服应选用不同的洗涤剂：

1. 棉织物的耐碱能力比较强，如果棉织物上的油性污垢多，洗涤时可以选用碱性强的洗衣粉。

2. 毛、丝类织物耐碱能力较弱，洗涤时可以选用毛、丝的专用洗涤剂，这类洗涤剂性质柔和、碱性低，属于中性液体洗涤剂，当然，也可以选择肥皂液或者中性洗衣粉。

3. 黏胶纤维衣服的洗涤，可以选用中性肥皂液和质量较好的洗衣粉。

4. 化学纤维的衣服，如锦纶、涤纶等织物，可以使用任何洗衣粉洗涤。夏季穿的白色衣服，可以选用加有过氧化物的洗衣粉洗涤。

如何洗涤呢绒服装

在洗涤呢绒服装时，应注意以下事项：

1. 呢绒服装易采用干洗，以防缩水、变形和褪色。如果是家庭干洗，可先用干洗剂擦洗污迹，然后整件服装垫上浸有干洗剂和水的湿毛巾，用熨斗蒸烫，使污物、灰尘随干洗剂和水蒸气发散。但这种洗涤方式只适于局部玷污的服装。如果服装较脏或颜色较浅，宜用水洗。

2. 纯毛服装最好手洗。如果使用洗衣机，则易损伤毛纤维，造成缩绒变形。所以，纯毛服装最好手洗。如果一定要用机洗，最好使用冷水或温水。

3. 纯羊毛服装应用中高档洗衣粉洗涤。洗涤剂品种较多，性能及去污力不尽相同。羊毛属蛋白质纤维，不耐碱性侵蚀，所以，纯羊毛服装宜使用中高档洗衣粉及丝毛洗涤剂，它们均属中性或弱碱性，洗涤效果好且不损伤纤维。加酶洗衣粉对浅色沾有血渍、汁渍、奶渍的呢绒服装有极好的去污作用。

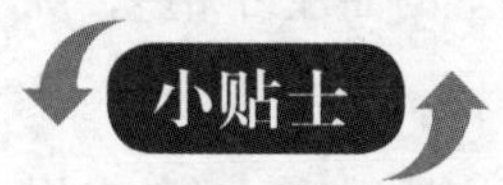

羊毛织物洗涤之前，应先将羊毛织物泡在冷水中，浸泡时间约10～30分钟，水的温度宜在40℃以下，过高则使羊毛织物弹性下降并严重褪色。洗涤时，最好采用大把揉洗或顺纹刷洗的方式，用力要轻要缓，时间不要太长，否则，纤维会发生缩绒。

如何洗涤毛料服装

洗涤毛料衣服要特别注意以下几个方面：

1. 水洗。用水洗毛料服装时，水温不易太高，以40℃为宜，水中加入适量的洗衣粉，将衣物放入水中浸泡 5分钟左右，然后双手轻轻揉二三分钟，捞出来后再用清水漂洗干净。衣物出水后，可用双手挤掉水，然后放在通风处阴干。纯毛的衣物遇水会收缩，所以，阴干后要及时熨烫，熨烫平整后即可以穿。

2. 干洗。毛料服装干洗时，可先用毛刷刷去毛料服装上的灰尘，然后在油腻污垢处擦上汽油，除去污垢。干洗时，先在盆中倒入30%的汽油和 70%的清水，并搅拌均匀，把毛巾放在盆里浸湿再拧干，平铺在衣服上，用熨斗在其上均匀推压。一般熨烫3次左右，毛料服装就干净了。

3. 刷洗。如果用汽油刷洗毛织衣物，应注意几点：首先，汽油的用量不宜太多，否则容易在衣物上留下痕迹；刷洗时用力要轻，以免损伤毛织衣物的纤维和颜色；汽油浸湿的面积要稍微大一点，如果集中在一块浸刷，容易使毛织衣物受到损伤或擦掉颜色；擦去油污后，可以使用干毛巾或干布将汽油留下的痕迹轻轻擦干，以免形成白色的圈印。

如何洗涤羽绒服装

轻盈柔软、保暖性好的羽绒服装面料为尼龙或涤棉，内中填料物为鸭绒、羊绒等，当然，有的是用腈纶棉或中空纤维填充的。

通常，羽绒服装清洗的频次要少，每隔二三年洗涤一次即可。洗涤这类衣服时要特别注意：一要忌碱性物；二要忌用洗衣机搅动或用手揉搓；三要忌拧绞。在洗涤时，可根据衣服脏的程度采取不同的洗涤方法：

1. 若羽绒服不太脏，要避免水洗。这时，可用毛巾蘸点汽油在领口、袖口、前襟等有污渍处轻轻揩拭，去除油污后，用干毛巾在沾有汽油处重新揩拭，待汽油挥发干净后即可以穿。

2. 若羽绒服有些脏，可以采用整体水洗的方法。具体的洗涤步骤如下：

首先，将羽绒服浸泡在冷水中。另取 个大的洗衣盆，加入2汤匙左右的中性洗衣粉，并倒入水温为 20～30℃的清水，将洗衣粉搅均。

其次，将已在冷水中浸泡好了的羽绒服取出，平压挤去水分，放入上述洗涤液中，浸泡五六分钟。将衣服从洗涤液中取出，平铺于干净台板上，用软毛刷蘸取洗涤液轻轻洗刷。洗刷时，可先刷里，后刷面，非常脏的地方可撒上少量洗衣粉，再刷几下。

再次，将刷洗干净的衣服放在原洗涤液内上下拎涮几下，在30℃左右的温水中漂洗2次后，再放入清水中漂洗，以完全除去洗涤剂残液。

最后，用干浴巾将洗净的衣服包卷后，轻轻挤，吸出水分，挂在通风处晾干。在晾晒过程中，要多翻动，以使其干透。

洗干净的羽绒服在晾晒前，要用干毛巾压挤掉水分；晾晒时，要将衣物抖散、摊开、拉平，再用衣架挂在阴凉处，切忌放在强烈的太阳光下暴晒。

如何洗涤丝绸服装

在洗涤丝绸类服装时，要注意以下几个方面：

1. 丝绸服装应使用中性洗涤剂洗。使用肥皂洗容易使丝绸服装变黄。如果丝绸服装已经泛黄，可将衣服放在淘米水中浸泡，一天换一次水，两三天后就可以去掉黄色。另外，也可以用柠檬汁水洗。

2. 黑色的丝绸衣服易选用洗发露或沐浴露洗涤。一般水温以30℃左右为宜，切忌使用碱性洗涤剂。黑色衣服要随泡随洗，洗涤动作要轻要快，否则容易掉色。如果担心掉色，可先将衣服漂洗干净，再用浓茶水浸泡，或者用冰糖溶液浸泡，都可使黑色真丝衣服不褪色。

3. 真丝衣服不能搓洗。洗涤真丝衣服时用力不可过大，洗完后不必拧干，宜带水晾在衣架上，在阴凉的地方阴干即可，不要放在太阳下暴晒。

如何洗涤化纤服装

在洗化纤服装时，要注意以下几个细节：

1. 易用弱碱性洗涤剂洗涤。化纤衣服怕碱不怕酸，因此，洗涤时应该选用中性的或者弱碱性的洗涤剂。

2. 要轻洗轻揉。可以先用冷水或者温水把要洗涤的化纤服装轻轻地洗一遍，先让一些污垢在水中溶解掉。在洗涤的时候，不要用力揉搓，而要用手轻轻压洗或者轻轻揉搓。如果衣服比较厚，可以先用软刷刷洗。

3. 漂洗干净。化纤服装一定要漂洗干净，不要让肥皂粒或者洗衣粉残留在衣服上，否则时间长了衣服会泛黄、变色。

在洗涤化纤衣服时，要特别注意一点，水温不宜太高，如果水温太高会使织物收缩软化。另外，洗涤剂要选碱性低的，在用肥皂洗的时候，可以先将肥皂溶为皂液，然后再使用。

如何洗涤丝织物

如果是普通丝织物，在洗之前，可以先放到清水中浸泡十几分钟。浅色的丝织物可以多泡一会儿；深色的、印花的丝织物应少泡一会儿。洗涤丝织衣服时宜用中性洗涤剂或高级洗衣粉，用温水冲开稀释后将衣服浸入，然后用手轻轻揉搓，最后用清水漂洗干净。洗后，不要用力挤水分，控去大部分水分后，可将衣服反面朝外用衣架挂起，然后置于阴凉通风处即可。

如何洗涤绣花织物

洗涤绣花织物的时候，需要谨慎一点，具体来说，要注意以下几个方面：

首先要观察绣花织物是否褪色。方法是：把绣花织物用水浸湿一块，再用白净的干布或者白纸在湿润的绣花织物上擦几下，如果白纸上没有颜色，说明不褪色。如果绣花织物褪色的话，在洗涤的时候水温就不要过高，然后轻轻地揉洗。

其次，要用淡盐水洗涤。方法是：在一升左右的水中放入约一汤匙左右的盐，配成溶液。将绣花织物放入盐水中，先用盐水溶液洗，再用洗衣粉兑上水洗，然后添加少量食醋，混合成溶液后再洗。

再次，洗后应放在阴凉通风处。绣花织物洗干净后，要稍微挤去水分，放在通风处晾干就可以了。

如何洗涤金银丝服装

金银丝服装是指在织物上混有金丝或者银丝作为点缀，增加织物的光泽或者花纹效果的服装。对这类服装，在洗涤的时候要特别慎重。因为洗衣粉含有碱性，而金银丝中的铝和镍铬合金在碱的作用下，会发生一些化学反应，从而使织物中的金银丝失去光泽，甚至会改变金银丝表面的颜色。

因此，在洗涤金银丝服装时，最好不要用带碱性的洗涤剂，宜选用中性洗衣粉和洗涤剂。在洗的过程中，可在温水中轻轻揉搓，不要使用蛮力，洗后再用清水漂洗干净，挂在通风阴凉处。

如何洗涤毛毯

毛毯比较容易脏，在洗涤的时候，可参考下面一些方法：

首先，可用中性皂片或高级洗衣粉兑温水，配制成与室温相近的淡皂液。

其次，将毛毯放在清水中慢慢洗，然后放进皂液中，像揉面那样轻轻揉压。

再次，洗净后再用清水洗几次，直至将皂液洗干净。如果是纯毛毛毯，在最后一次洗时可放入一两左右的白醋，这样可使洗后的毛毯崭新如初。

最后，洗干净后，可将毛毯卷起，轻轻挤压，压出水分，再用毛刷将绒毛刷整齐，刷完后将毛毯四边弄齐。晾晒时要用两根以上的木棍将毛毯搭成篷状，慢慢地晾干。

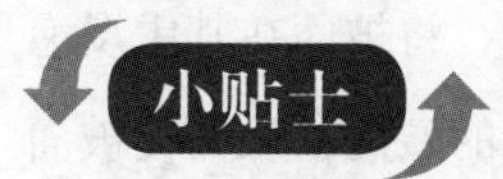

洗涤时要特别注意如下几个细节：

1. 洗涤毛毯时，不要用热水和碱性大的洗涤剂，否则会使毛毯褪色或脆化。

2. 晾晒时，最好将毛毯放在平行的两根木棍上，不宜用单根绳子将毛毯搭上，否则会使毛毯变形。

3. 不要将毛毯放在阳光下暴晒，应放在阴凉通风处。

如何洗涤绸缎被面

绸缎被面的种类较多，比如人造丝、线绨、真丝、软缎、织锦缎和古香缎等。洗涤绸缎被面时，如果方法不当，或是使用的洗涤剂不当，容易造成褪色、走样和并丝等，从而缩短其使用寿命。所以，在洗涤绸缎被面时要注意如下一些技巧：

1. 宜选用中性洗衣粉或肥皂。先用 20～30℃的温水将洗衣粉溶解，接着将被面放入冷水中浸泡一两分钟，然后再放入盛有洗涤液的盆中淋洗或用手搓洗。

2. 如果被面颜色较浅，而且特别脏，可以先用洗衣机或搓板洗。在使用搓板时，要巧用浮劲，不可用力揉搓；如果使用洗衣机洗，应选弱洗档，但不能长时间洗，三五分钟即可。如果是一般的绸缎被面，宜用手揉洗；较脏的地方，可用软毛刷子轻轻刷洗，刷洗时要注意方向，不可横向刷洗，以免并丝起毛。

3. 洗干净的被面先放在30℃左右的温水洗两次，再用冷水清洗两次，最后一次清洗，可在水中加入少量食醋，将被面在其中浸泡三分钟左右。加食醋的作用是为了中和洗涤剂的碱性，从而使被面保持原有的色泽和质地。

4. 如果被面太脏，或者只有少数地方脏，也可以用溶剂汽油干洗。具体的方法是：先把汽油倒入盆内，然后将被面放进汽油盆内用手淋洗，或轻轻揉洗。如果脏渍没有被处理干净，可将被面放在平板上，用软毛刷顺着被面纵向轻轻刷洗。刷洗干净后用白布或毛巾裹起，轻轻拧干，再在通风处让汽油挥发干净即可。

如何洗涤西装

在洗涤西装时，要注意下面的一些方法：

1. 干洗。先将西装平铺在桌子上，喷洒一些汽油，然后用清洁的湿布均匀地揩擦，比较脏的地方可用软板刷轻轻刷。洗干净后，将湿布垫在衣服上用熨斗熨烫。

2. 湿洗。可以先用去油污剂去掉西装上的油污，然后将西装浸泡在冷水中，颜色较浅的西装宜用中性洗衣粉洗涤；颜色较深的西装，宜用中性洗涤剂或用较淡的食物碱溶液洗。溶液温度不要太高，以30~40℃为宜。西装浸泡 10分钟左右，然后将其平铺在桌子上，用软毛刷蘸皂液洗刷，脏渍较多的地方可以擦一些中性肥皂进行洗刷。洗后的西装应放在清水中漂洗。然后将水分挤干，挂到衣架晾晒，最后熨烫整理。

如何洗涤领带

在洗涤领带时，可以遵循下面的方法：

1. 用棉布蘸一点酒精或汽油，轻轻涂到领带的污渍处，然后在上面垫上一块湿白布，用电熨斗熨烫。熨烫时温度不宜太高，如果是化纤织物，不要超过70℃，丝绸织物的温度可适当高一些。

2. 用胶版纸做一个领带大小的模型，将领带套在模型上面，用软毛刷蘸上洗涤剂轻轻刷洗，洗干净后，再用清水漂刷。洗过之后，晾一会儿，再衬上一块湿白布用熨斗熨烫，然后取下模型即可。

如何洗涤衬衣领口、袖口

衬衣领子和袖口最容易脏，并且比较难洗。下面介绍几种衬衣袖口和领口的清洗方法：

1. 在有污渍的地方撒一些盐，然后轻轻揉搓，之后再用肥皂清洗，这样可去除污垢。

2. 可在比较脏的衣领和袖口处均匀地涂上一些牙膏，用毛刷轻轻刷洗，再用清水漂净即可。

3. 用小毛刷蘸上洗洁精，刷到衣领及袖口的污迹上，然后把衣服放进洗衣机里洗，便可洗净污垢。

4. 用50毫升无水酒精与100毫升四氯化碳兑到一起，然后倒入喷雾器里，将混合液均匀地喷涂在污迹处，用毛刷稍微拂拭，便可除掉污垢。等药液挥发后，再将衬衫放入洗衣机内按常规洗涤即可。

如何洗涤棉衣

在洗涤之前，先将棉衣放在太阳光下晒一段时间，等晒干、晒透后，用棍子敲打，敲出里面的灰尘。同时，用温水兑一盆碱水或者肥皂水，将敲打过的棉衣铺在桌面上，用刷子蘸着碱水或者肥皂水仔细刷洗。等全部刷完后，拿一块干净布蘸清水擦棉衣，把碱水和污物都擦掉，直至把棉衣擦干净为止。洗干净后，再把衣服挂起来晾干、熨平就可以了。

如何洗涤羊绒衫

通常，羊绒衫应选专用的洗涤剂清洗。具体做法是：

先将洗涤剂倒入水中，搅拌均匀，将羊绒衫放入其中浸泡20分钟，在比较脏的地方，比如领口、袖口等地方涂上浓度高的洗涤剂，然后轻轻揉搓，其余部位轻轻拍揉。

如果带花或是多色的羊绒衫，则不宜浸泡，颜色不同的羊绒衫也不应该放在一起洗涤。洗干净后，再放入适量配套的柔软剂，这样洗后的羊绒衫手感会更好。

羊绒衫洗过之后，需挤出水分，然后装入网兜放在洗衣机里甩干。将脱水后的羊绒衫平铺在铺有毛巾被的桌子上，用手整理成原来的大小与形状后，放到阴凉处阴干。阴干后，再用蒸汽熨斗熨平整。

如果是粗纺羊绒衫，洗涤之前要认真检查，看有没有油污。如果有油污，应用棉球蘸乙醚在上面轻擦。去除油污后，将羊绒衫放到25℃左右的加入专用洗涤剂的温水中清洗，脱水后放在铺着毛巾的平台上，用手整理至原尺寸大小，阴干或用蒸汽熨斗熨平整即可。

如何清洁羊皮服装

通常，羊皮服装会散发出一种刺鼻的气味，如何去掉这种气味呢？可以采用的方法是：将酒精均匀地喷在皮毛和皮板上，将适量的黄米面撒在皮毛上，然后用软毛刷顺着毛刷几次。等其变干后，再抖落黄米面，然后将羊皮衣紧紧地卷起，在中间塞几个樟脑闷两个月左右，这样膻气味便会随酒精和樟脑挥发掉。

清洁羊皮衣时，可先用酒精喷一遍，再把干面粉撒入皮毛内搓毛。去除羊皮衣上的污垢，可把酒精和氨水按 1∶1的比例配成混合液，先刷去皮衣上的灰尘，再用混合液擦拭，最后再用清水洗净。洗后不要立即晾晒，要先用木棍将毛皮拍蓬松。

如何洗涤人造毛皮衣服

洗涤人造毛皮衣服时，要注意以下几点：

首先，应选用中性洗衣粉或其他洗涤剂，浓度最好在0.5%左右，水温在60℃以下。

其次，适度揉搓后，将其平铺在平板上，用刷子均匀刷洗，刷洗时不要用蛮力。尤其是衣服比较脏的地方，可先蘸些洗涤剂刷洗，再放入洗涤液中拎洗，拎洗时要用双手分别攥住衣服两肩，上下拎洗。

再次，拎洗几次后，用手挤出衣服中的洗涤液，再用40℃左右的温水漂洗两次，用冷水漂洗一次。每漂洗一次，就甩干一次，反复三四次，然后把衣服抖平挂起。晾干后再用双手整平，用梳子整理一下皮毛。

如何洗涤人造革服装

洗涤人造革服装时，应该遵循下面的几个方法：

不宜用洗衣机洗，也不宜搓洗或揉洗，最好用软毛刷蘸洗涤剂轻轻刷洗。漂洗时要采取上下拎洗的方法，不能用力拧绞，以免出现皱褶。水温以30℃为宜，漂洗时用冷水多洗几次，漂洗干净后用衣架晾在通风处。如果是绒面革服装，晾干后可再用软毛刷刷一次，使绒不倒伏，也可用毛巾蘸上清水擦洗。如果比较脏，可以蘸一些洗涤剂溶液揩擦，揩擦完马上用清水漂净。洗完后，放在阴凉通风处晾干。

如果只洗革面，可平铺于平板上，先用纱布蘸肥皂水擦洗，再蘸温水擦洗，反复几次，然后用纱布擦干。

需要特别注意的是，人造革服装不宜用汽油、香蕉水、苯等有机溶剂清洗，以防变质、发硬、脆裂、失去光泽。

洗涤保暖内衣有何禁忌

洗保暖内衣时，要注意如下一些事项：

1. 使用洗涤剂要适量。最好不要选用含有增白剂的洗涤皂。使用的洗涤剂要适量，否则洗涤剂量大会影响内衣的质地。另外，需要注意的是，不可以直接将洗涤剂滴在保暖内衣上，应先将洗涤剂溶于40℃左右的温水中，搅拌均匀后再放入衣物。

2. 不宜采用干洗。最佳的洗涤方法是手洗，水温不要超过40℃，以30℃左右为宜。

3. 切忌在太阳下暴晒。洗干净的保暖内衣应平铺于阴凉通风处，不要放在烈日下暴晒。如果要悬挂的话，可以将衣袖也搭在衣架上，以防变形。

怎样洗衣不褪色

在洗涤衣服时，如何防止衣服褪色呢？有以下几个洗衣的小窍门：

1. 如果毛衣容易褪色，可以用凉茶水将毛衣浸泡10分钟，再按通常的方法洗涤，这样不但洗得比较干净，而且不会褪色。

2. 新买的纯棉背心、衬衫，在穿之前可用开水浸洗一次，洗的时候，在水中加两匙食盐，这样可防止棉质衣物褪色。

3. 洗容易褪色的衣服时，可先将衣物在淡盐水中泡半个小时，然后用清水洗净，这样就可以防止衣服褪色。比如，牛仔裤容易褪色，在洗之前，可先将其放在冷的浓盐水中浸泡约2小时，再用肥皂洗涤就不易褪色了。如果衣服褪色严重，可在盐水中泡24小时再用肥皂洗。

大部分染料都易溶于水，尤其在潮湿的环境中，染料在阳光的作用下非常容易褪色。再就是，如果染料和纤维纹路结合得不够牢固，洗涤时也容易褪色。因此，想让衣料不褪色，在洗涤时尽量不要使用热水、肥皂水，也不要在碱水中长时间浸泡。

如何使衣服洁白如新

夏季许多人都喜欢穿白色的衬衫、T恤等，但是吸附汗水并经过日晒后，白色衣物很容易发黄。下面介绍几种可以让泛黄的衣服变得洁白的方法：

1. 将洗干净的菠菜放入开水中烫3分钟，将菠菜捞出后，再将白色衣服放在焯菠菜剩下的水里，轻揉2分钟，再浸泡5分钟后，按普通的方法洗干净，这样，衣服晾干后，就会恢复原来的洁白。

2. 将衣服浸湿后，用肥皂打一遍，清洗干净。接下来，再打一遍肥皂，搓揉几下，使衣服均匀地沾上肥皂水。然后，把沾有肥皂水的衣服放入一个透明的塑料袋，放在有阳光照射的地方，晒上一个小时，中途翻一下面，使塑料袋里的衣服充分晒到。最后，清洗干净就可以了。你会发现晾干后的衣服会比原来洁白很多。

4. 将衣服浸泡在凉水中，在盆里倒一些双氧水搅均匀，双氧水和水的比例是1：10，再把衣服放进水里浸泡约 5分钟。最后洗净即可。

5. 如果是白色丝绸衬衣，可将其放入淘米水中泡 2～3天，其间换二三次水，然后取出用冷水清洗，晾干后的白绸衬衣就会光洁如新。如用柠檬汁代替淘米水，洁白效果会更好。

当然，除了上述方法外，还有一个更简单的办法，就是用84消毒液或漂白剂漂白。

如何清洗窗帘

窗帘比较大，也较难清洗，在清洗窗帘时，可使用如下一些小妙招：

1. 花边窗帘的清洗。在清洗之前，先要用吸尘器吸附窗帘上的灰尘，然后用一把柔软的羽毛刷轻轻地扫二次。完成上述步骤后，再将窗帘取下，投入水盆中洗涤。

2. 滚轴窗帘的清洗。将滚轴窗帘拉下成平面，然后用半干半湿的棉布擦拭。滚轴通常是中空的，可以用一根细棍，一端系着绒毛伸进去不停地转动，这样就可以除去灰尘。

3. 软百叶窗帘的清洗。清洗前，先把窗帘关上，在窗帘上喷洒适量清水，用抹布擦干就可以了。对于窗帘的拉绳，可以用一把柔软的鬃毛刷轻轻擦拭。如果窗帘较脏，可以用抹布蘸些温水溶开的洗涤剂清洗，也可以用少许氨水溶液擦抹。

4. 天鹅绒窗帘的清洗。先把窗帘浸泡在中碱性清洁剂中，用手轻压，洗净后放在斜式架子上，使水分自动滴干，这样就会清洁如新。

5. 静电植绒布窗帘的清洗。这类布窗帘不宜泡在水中揉洗或刷洗，可以用棉纱头蘸上酒精或者汽油轻轻擦拭。绒布过湿的话，不可以用力拧绞，以免绒毛掉落，影响外观。正确的做法是，用手压去窗帘上的水分或者让其自然晾干。

5. 布料、帆布、麻质窗帘的清洗。先用海绵蘸些温水或是肥皂溶液、氨水溶液等在窗帘上轻轻擦抹，等窗帘晾干后，卷起来即可。

如果窗帘的质地是普通布料，可以用湿布擦抹，或者放在洗衣机中洗涤。

如何清洗、保养金银首饰

金银首饰不同于其他物品，在清洗和保养过程中要注意如下几点：

1. 金制首饰的清洗保养。先取30%的硫酸，将首饰放入其中浸泡5分钟，取出后用毛刷洗刷净，再用清水冲5分钟。之后，取浓度约20%的洗洁精泡10分钟，用清水漂洗干净，再用丝绸擦干即可。

2. 银制首饰的清洗与保养。先用1000毫升50℃温水、200毫升磷酸、30克洗衣粉配制成清洗液；然后将其倒入一个容器内，并将银制首饰放入其中浸泡 10分钟，取出后用牙刷洗刷；最后用清水冲洗10分钟即可。

第三节　衣物除渍

如何去除衣服上的酒迹

在去除衣服上酒迹时，可采用下面的方法：

1. 如果白色的衣服上有酒迹，可以用煮沸的牛奶轻轻擦拭，这样可以去除酒迹。

2. 如果衣服上洒上了酒，而且还没有干，可马上放在清水中搓洗。

3. 如果衣服上有黄酒的陈迹，可先用清水洗，再用5%的硼砂溶液及3%的双氧水揩擦污处，最后用清水漂净。

4. 如果白色的纯棉衣服洒上啤酒时，可先将衣服放在1份漂白粉与14份清水混合而成的溶液中，浸泡几分钟后，再将衣服拿出来放在加有几滴氨水的水中洗净。

5. 如果衣服上有啤酒、清酒或威士忌等的污迹，可用棉花棒蘸清水揩擦脏污处，再用干布擦去水分，然后用刷子蘸中性洗洁精刷洗。

6. 如果衣服上有葡萄酒的污迹，先用棉花棒或布蘸消毒酒精后揩擦污迹处，再用相应的漂白剂漂白。也可以将毛巾蘸湿后，反复揩擦污渍，待颜色逐渐褪去后，可用洗洁精刷洗。

7. 如果羊绒衫上有酒迹的话，为了防止其扩散，可先在上面撒一点盐，然后用软刷洗，接下来，再用毛巾蘸洗涤剂、酒精擦拭。如果羊绒衫洒上啤酒，先用湿毛巾轻擦，后用温水、中性皂擦洗，或用稀释后的醋酸清洗。

8. 如果衣服不能水洗，可用海绵醮5%硼砂溶液揩擦白酒留下的痕迹；如果是啤酒迹，可用海绵蘸甲醇揩擦；如果洒上的是酒精，也可用海绵蘸热水揩擦，最后再用干净的白棉布揩干。

9. 如果皮革服装上有酒迹，可先用软木塞蘸些温水慢慢地擦拭，然后再用松节油慢慢地清洗，最后在皮革上打上蜡就可以了。

小贴士

如果衣服上有汗渍，可用少量冬瓜汁搓洗汗渍处；或者先用刷子在汗渍处涂上洗发精，或擦上刮胡膏后静置四分钟再洗，这样可以快速除去汗渍。

如何去除衣服上的黄油迹

黄油的主要成分是脂肪，衣服上的黄油可用有机溶剂甲苯或四氯化碳擦拭，也可在洗涤剂溶液中加入酒精和2%的氨水进行洗涤，黄油污渍即可去无踪。

如何去除衣服上的瓜果汁迹

如果衣服上有瓜果汁迹，可用如下几种方法清除：

1. 若衣服上是瓜果汁陈迹，可用甘油揩擦，放置1个小时左右，再用温水浸泡清洗。

2. 如果衣服洒上了果汁，用干淀粉覆在衣物污迹处，静置1小时再刷洗。也可用醋反复揉搓衣物，最后用清水洗净。

3. 如果衣服沾上了新鲜的瓜果汁，可先在上面撒一点食盐，再用水把它浸湿，然后浸在肥皂水中轻轻揉搓，最后用清水漂净。

4. 可以在衣服沾有瓜果汁的地方涂些牛奶，过几个小时用清水清洗即可。

5. 可以用5%的次氯酸钠水溶液揩擦衣服污处，再用清水漂净。

6. 如果沾有果汁的衣服为丝绸面料，可用柠檬酸或肥皂、酒精的混合液擦洗。

7. 如果羊毛织物沾上了瓜果汁，可以用10%的甘油水溶液清洗，不宜用氨水洗。

8. 如果纯棉质地的衣服染上果汁污渍，可用少量稀氨水搓揉，然后用清水洗净。

9. 如果衣服上有柿子汁，可用葡萄酒加些浓盐水揉搓，再用温热的洗涤剂溶液洗涤，最后用清水漂净。

10. 若衣服洒上了番茄汁，可将适量维生素C注射剂涂在污迹处，褪去污迹后再用清水漂洗干净。

如何去除衣服上的乳汁迹

去除衣服上乳汁液时，宜采用如下的方法：

1. 如果衣服沾的是新鲜的乳汁，应马上投入凉水中，六七分钟后，在污迹处擦些肥皂轻轻揉搓即可。

2. 如果衣服上沾的乳汁时间比较长，可用小毛刷蘸汽油涂擦污处，去其油脂，然后把污迹浸泡在由1份氨水、5份水的混合溶液中，用手轻轻揉搓，当除去污迹后，再用浸泡了洗涤液的温水洗一次，最后用清水漂洗即可。

3. 可以将胡萝卜捣成碎末，然后拌上盐涂在沾有乳汁的衣服上，用手轻轻揉搓，再用清水漂干净。

4. 先用牛姜擦拭衣服上的乳汁，然后用凉水揉洗，这样也可以快速除去乳汁痕迹。

如何去除衣服上的墨迹

下面几种方法，可以有效去除衣服上的墨迹：

1. 如果衣服上刚刚洒上墨汁，可马上用凉水搓洗。另外，也可以先用温水加洗涤液洗，再将一些米饭粒涂于污处轻轻搓揉，最后用清水洗即可。

2. 如果墨在衣服上有一段时间了，可先用浸泡了洗涤液的温水洗一次，再将由1份酒精、2份肥皂、3份牙膏混合而成的糊状物涂在污渍处，然后反复揉搓即可。

3. 如果衣服上留有蓝墨水污迹，先用洗衣粉洗，再用10%的酒精溶液洗，最后用清水漂洗干净。如果衣服上的污渍为红墨水，可先在冷水内浸泡，再擦肥皂反复搓揉，然后用高锰酸钾液洗掉残迹，最后用清水洗净。

4. 在米粥中加一点食盐，搅拌均匀后，洒在衣服墨迹处搓洗，墨迹便会附在米粒上。同时，再用纱布或脱脂棉等揩去污物，然后用洗涤剂洗，最后用清水冲净。

5. 将等量的稻谷和菖蒲研成粉末，用水拌成糊状，涂在衣服墨迹处，晾干后搓去粉末即可。

6. 可以将牙膏与肥皂混合涂在衣服墨迹处，最后用清水洗净。

7. 取杏仁、半夏和鸡蛋一起捣成泥，涂于衣服墨迹处，等三五分钟后再搓洗，最后用清水洗净。

如何去除衣服上的霉斑

去除衣服上的霉斑，宜采用下面的几种方法：

1. 将有霉斑的衣服在烈日下暴晒一段时间后，再用刷子将老霉毛刷干净，然后用酒精洗涤。

2. 将有霉斑的衣服投入浓肥皂水中，浸泡几分钟，然后捞出来放在太阳下晒一会儿，再放回肥皂水中，如此反复几次，直到霉斑消失，这时再用清水漂净。也可将带有霉斑的衣服放到淘米水中，浸泡十几个小时后，再进行搓洗，衣服上的霉斑就可去除了。

3. 可以用少量的绿豆芽揉搓衣服霉斑处，这样也可以减轻霉迹。

4. 用5%的氨水或者松节油揩拭衣服霉斑处，然后再用水洗涤，也可有效去除霉迹。

5. 如果衣服上霉斑比较多，可先在上面涂上一些氨水，静置一段时间，再涂上高锰酸钾溶液，最后用亚硫酸钠溶液处理和水洗。也可把衣服放水中浸泡一会儿，再在水中加点柠檬汁洗涤。

6. 如果丝毛织物上有霉斑，清理的方法是：先用棉球蘸松节油擦拭干净，再放到太阳下暴晒一段时间。如果丝织品上有霉斑，可用10%的柠檬酸溶液清洗。如果麻织物上有霉斑，易用氯化钙溶液洗涤。另外，毛织品上的霉斑可用芥末和硼砂的溶液清洗。

7. 如果丝绸服装上有些许的霉斑，用软毛刷刷去即可。如果霉斑比较严重，可将衣物平铺在桌子上，将稀氨水喷洒在发霉的地方，霉斑可除去，然后用不太热的熨斗熨平。

8. 如果皮革制品产生霉斑，可先用刷子刷去霉毛，再涂一点松节油，接下来，再涂上一层薄薄的甘油，这样，可以有效去除霉斑。除此之外，也可用干棉布擦拭一次，再涂上凡士林油，10分钟后，再用棉布将凡士林油擦去，如此，霉斑也就不见了。

如何去除衣服上的菜汤渍

如果菜汤渍刚刚洒在衣服上，可先将衣服在冷水中泡5～10分钟，然后在污渍处擦些肥皂，轻轻揉搓即可去除。如果菜汤洒在衣服上有一段时间了，可用小刷蘸汽油涂擦污处，去其油脂，然后把污渍浸泡在用1∶5的氨水溶液内轻轻搓揉，这样便可消除菜汤污渍。

如果衣服上有油烟渍，可用少量西瓜汁搓洗即可去除，再用清水洗净。

如何去除衣服上的食醋渍、酱油渍

一般衣服上的食醋、酱油污渍，可用少量藕汁揉搓，再用清水洗净。另外，用白糖和苏打粉也可除掉衣服上的酱油渍。

如何去除衣服上的口红印

要去除衣服上的口红印，可先用小刷蘸汽油轻轻刷拭，去掉油脂后，再用洗涤液洗除。口红印严重的可先在汽油里浸泡揉洗，再用洗涤液洗涤，即可去除口红印。

如何去除衣服上的漆渍

如果衣服的漆渍比较新，可将衣服正反两面都涂上清凉油，放置几分钟后，再用棉球顺着布料的纹路擦拭，这样可以除去漆渍。如果漆渍时间较久，可多涂些清凉油，等漆皮起皱后剥下，再将衣服洗一遍，便可将漆渍除去。也可以在衣服沾有干油漆处滴些醋，再滴上几滴洗涤灵一起搓，然后用清水洗，也可以除去漆渍。

如何去除衣服上的铁锈渍

如果衣服上有铁锈渍，可以采用如下几种清理方法：

1. 如果铁锈渍时间较长，可将有铁锈的地方先浸在用10%的草酸、柠檬酸加水配制的混合液中，然后放在浓盐水中洗，再用清水漂洗，大约一天便可漂洗干净。

2. 将沾有铁锈渍的衣服用2%的草酸溶液浸泡，再放入50℃左右的温水中洗涤，然后用清水漂净。

3. 将柠檬汁和食盐混合后，涂于衣服污渍处，然后轻轻揉搓，再用清水漂洗，铁锈便可除掉。

4. 将4粒维生素C药片碾成粉末后，撒在浸湿的衣服污处，然后用水搓洗去除。

如何去除衣服上的碘酒渍

在清除衣服上的碘酒渍时，可先将面粉涂抹在衣服污渍处，静置十几分钟，再用清水洗净。也可用小苏打溶液或铵类溶液擦拭。除此之外，将衣服置于沸水中浸泡，也可除去衣服上的碘酒渍。

如何去除衣服上的尿渍

如果衣服上是新尿渍可用温水洗除，如果是陈尿渍可用 28%的氨水和酒精（按1∶1融合）的混合液洗除。

如何去除衣服上的指甲油渍

要想去除衣服上的指甲油，可先用酒精、松节油擦衣服的污渍处，再用肥皂搓洗，最后用清水洗净即可。

如何去除衣服上的染发剂污渍

如果衣服上沾有染发剂，可将食用米醋涂抹在沾染上染发剂的衣服上，过十来分钟再用肥皂进行清洗，最后用清水洗净，即可去除遗留的污渍。

如何去除衣服上的血渍

清除衣服上的血渍时，有一个小妙招，即先用双氧水擦拭衣服血污渍处，然后再用酒精或冷水漂洗，这样血渍很容易被清洗掉。

如何去除衣服上的鞋油渍

要想去除衣服上的鞋油渍，可用少许汽油擦洗衣服上的鞋油污渍处，然后用清水洗净。

如何去除衣服上的煤油渍

在除去衣服上的煤油渍时，先用橘皮擦抹衣服上煤油渍处，再用清水漂洗干净即可。

如何去除衣服上的圆珠笔油渍

有一个小妙招，可以有效除去衣服上的圆珠笔油渍：先将衣服被圆珠笔油渍沾染的地方用肥皂洗一遍，然后用95%的酒精擦洗油渍，最后用清水洗净。

如何去除衣服上的污泥渍

在清除衣服上的污泥渍时，有一个实用简单的方法，即用少量马铃薯汁先擦拭污渍处，然后用清水漂洗。

如何清除地毯上的油渍

许多家庭都喜欢在卧室或客厅铺地毯，地毯在为居室增色的同时，也容易沾上油渍，非常影响美观，又不方便清扫。下面就介绍几种去掉地毯油渍的小妙招：

1. 擦拭法

众所周知，油渍的主要成分是油脂，也就是高级脂胺酸的甘油脂。这类物质不溶于水，但是可溶于汽油、酒精、丙酮、四氯化碳中。利用它的这个特性，在地毯的油渍处用棉球或软布蘸一些上述有机溶剂来回擦洗，擦洗的过程中，不断旋转棉球或软布，并从油渍边缘向中心擦洗，不要反过来，否则会扩大油渍的范围。清除掉油渍后，隔一段时间，有机溶剂会自行挥发掉。

2. 水浸法

虽然油脂不溶于水，但是比水轻，所以遇温水时油脂会浮在上面。根据这个特性，在清除地毯的油渍时，可以将有油渍的部分放入温水浸泡，这样油脂会慢慢悬浮于水面。这种方法一般只限于去除地毯边边角角的油渍。

3. 吸收法

油脂遇热容易被熔化，且容易被吸收，根据这个特性，在清除地毯的油渍时，先准备一些吸水纸或卫生纸，将其撕成碎片，同时加热电熨斗。将撕碎的吸水纸洒在地毯的油渍处，使之充分接触，上面再覆盖一整张吸水纸或卫生纸，然后用电熨斗熨烫，遇热溶化后的油脂会被吸水纸或卫生纸吸收，重复几次，就可以清除掉地毯上的油渍。

第四节　衣服熨烫

西装熨烫有何技巧

熨烫毛料西装时，要注意以下一些技巧：

应先将一条旧棉毯叠成三层铺在平整的木板上，然后在衣服上铺一块白布，并且准备一块白细布和小棉枕头。熨烫时，先熨烫西装的前襟贴边，将贴边的内衬铺平，垫上白细布熨，熨完再用手轻轻拉抻，使两个贴边对齐。接下来熨领子，先垫上水布轻熨领子的正面，消除边角的碎褶，然后翻过来垫上水布熨领底，领子翻开熨时要垫上小棉枕头，上部可以压紧，接近扣眼的部位不要压紧，要松一些。熨袖子时，可将小棉枕头塞入袖子来熨。熨烫前身时，先将胸衬铺平，明兜摆正，暗兜布也摆平，前襟抻正与底边呈直角，再铺上白细布熨。

在熨烫西装衬里时，特别要注意衬里的面料。如果衬里是尼龙绸及免烫织物，就不能熨烫。如果衬里可以熨烫，就要根据衬里纤维的种类，调整合适的熨烫温度，垫布进行熨烫。

如果西装的翻领处出现皱褶，或起一些小泡，可用注射器向其中注入一定的胶水，然后再用熨斗来回熨烫，直到起皱或起泡处平整。

西裤熨烫有何技巧

熨烫西裤时要注意下面几个要点：

熨烫西裤也是讲究顺序的。熨烫时，将裤子翻过来，口袋掀开，先熨裤裆部位，然后是口袋、裤脚和布缝合处。接下来熨裤子的正面，以及裤腰围处。然后是熨右脚内侧，右脚外侧；左脚内侧，左脚外侧。

熨烫时，可以用浸泡过醋的布来熨烫缝线，这样可以让折线保持笔直。另外，也可直接将醋喷在折线上再熨，也可以让折线保持笔直。

如果西裤膝盖及臀部凸起或发亮，可将该部位浸湿，并喷些白醋，然后再用刷子轻轻刷，使其均匀。15分钟左右，用熨斗垫布再熨一次。熨平后，凸起就会消失，发亮的地方也不再发亮，裤子又可恢复笔挺匀称。

熨烫裤子时，有时会因为折叠不当，而熨出两条线。为了防止出现这种情况，在熨烫前先将裤子左右重叠，用衣夹将四个边角夹紧，这样熨烫时裤子便会被固定住，不会因为滑动而多熨出线条来。

要想让裤线笔直，在熨时可用方布蘸少量食醋作衬布垫上，当裤子熨平后，加熨一次。另外，也可从裤线的反面，沿线涂上肥皂加熨一次，这两种熨法都可使裤线变得直挺。

在熨烫前开门的女西裤时， 可以采用和熨烫男西裤相同的方法。在熨烫旁开门女西裤的裤线时，一定要扣齐女西裤的旁门，将裤腿中线的位置找准后再压紧裤线， 以防两腿不对称或将裤线熨歪。另外，旁开门女西裤的熨烫方法与男西裤方法相同。

围巾熨烫有何技巧

不同的围巾，熨烫的方法也不同。具体方法如下：

1. 如果是羊毛围巾，熨烫前先将羊毛围巾晾干，然后平铺在木板上，并喷洒一些水雾，再平铺一块润湿的白纱布，将电熨斗温度调至中温，并根据经纬走向按顺序将羊毛围巾烫平即可。

2. 如果是晴纶厚绒围巾，熨烫时，先将腈纶厚绒围巾晾至九成干，平铺在木板上，将润湿白纱布平盖在围巾上，将电熨斗温度调至中温，然后在白纱布上平压，均匀用力烫平即可。

3. 如果是丝织围巾，熨烫时先将丝织围巾平铺在木板上，用略微有些湿的白纱布平盖在上面，用手拍平拍齐，将电熨斗调至中低温档，熨烫时要轻要快，防止出现水渍印和烫痕。

衬衫熨烫有何技巧

在熨烫衬衫时，可以参考如下一些实用的技巧：

先将衬衣的肩部熨烫好，再将袖口打开，用熨斗尖熨烫正面及纽扣周围。接着将袖子摆平整，熨平整个袖子。熨好一面后，再翻过来熨烫另一面，直至将两只袖子都熨平。接下来，再熨衣领。熨烫衣领时，先将衣服铺平，从衣领的反面和外围往中间熨烫，翻过来再熨烫正面。熨衬衣前身和背部时，要从衣服的下摆开始熨烫，慢慢地熨向肩部。如果衬衣背部有褶皱，要把褶皱拉开之后再熨平。分别熨烫两片前身时，注意门襟和口袋要熨平。最后，检查衬衣所有的部位，将遗漏未熨的地方补熨好，使整件衬衣平整挺括。

一些女式衬衫常带有绣花或装饰物，在熨烫时，要避免其受损。熨烫女衬衫时，不管是长袖还是短袖，都必须先熨成圆筒形。熨斗要在衣袖中间运行，不要将两个边熨死，最好使用滚动的方法将衣袖熨平。如果熨斗较大，伸不到衣袖中，可将衣袖放在熨衣板边上，使其一部分悬空，然后转动熨烫，这样也可以将衣袖熨成圆筒形。

一般，衬衫经过多次水洗后，领子会生褶皱，或是变得很软。在熨烫时，可以在洗净的衬衫领子背面均匀涂上一层无色透明的胶水，最好使其湿透，过1个小时左右，再用熨斗熨平，这样衬衫的领子会变得直挺。

领带熨烫有何技巧

熨烫领带应该注意以下几个技巧：

先用软毛刷蘸适量汽油刷污渍处，汽油挥发后，用干净的湿毛巾再擦拭几次。

熨烫时，熨斗的温度最好控制在70℃左右。如果是毛料领带，应先喷一些水，然后垫白布熨烫；如果是丝绸领带，可以明熨，熨烫时速度要快，这样可以防止出现“极光”和“黄斑”现象。

熨领带时，可先按领带的式样，用稍硬一点的纸剪一块衬板，然后将其插到领带正反面之间，再用温熨斗熨。这样，领带反面的开缝痕迹就不会显现到正面。如果领带有轻微的褶皱，可将其紧紧地卷在干净的酒瓶上，20个小时左右褶皱就会消失。

毛衣熨烫有何技巧

熨烫毛衣时，可以参照下面介绍的方法：

毛衣毛裤最好用大功率蒸汽熨斗熨。如果使用调温熨斗熨烫毛衣毛裤时，需在其上面垫一块湿布，熨斗温度最好控制在250℃以内，但不宜熨得太干。

熨烫毛衣时可按下面的顺序进行：如果毛衣有翻领，要先熨烫翻领，再熨袖子。熨袖子时，要将两个袖子叠到一块儿，使熨后的两个袖子宽窄、长短相等。另外，每个袖子的两侧都要熨到。最后熨前后身。折叠的时候，先将领子、胸部露在外面，使其呈长方形。熨烫毛裤的顺序是：先熨前后裤腰，再将两条裤腿叠在一起熨烫，要使熨后的两条裤腿宽窄、长短相等。需要注意的是，两条裤腿的两侧都要熨到。

毛衣、针织之类的衣服不宜直接用熨斗熨，否则容易破坏衣料的弹性。在熨烫褶皱部位时，应先用熨斗的蒸汽喷皱褶处。如果褶皱不是很明显，可以挂起来直接在皱褶处喷水，等其干后，衣服会变得平整。

多褶裙熨烫有何技巧

熨烫多褶裙时，需要注意如下几个方面的问题：

首先应在裙子上喷一些水，再熨烫没有褶的地方，然后逐一熨烫裙褶。熨烫裙褶时，可用食醋沿着褶纹擦拭，擦拭完再用熨斗熨，这样褶纹就会长时间保持平整。

特别需要注意的是，在熨褶时，先将皱褶弄好再压熨，尽量使其形状保持不变。在使用蒸汽熨斗时，百褶裙的皱褶、裤子的裤线等，与熨斗底部接触部分的上部，可以垫一块布以防摩擦。

熨烫裙褶时，也可以将多个褶条叠在一起熨。熨的方向是，从裙摆方向垂直往腰部熨烫，这样，可以熨出的褶子不仅直挺，也很整齐。

毛呢大衣熨烫有何技巧

毛呢大衣有一个重要的特点，就是易沾灰。所以，在熨烫之前要先进行除尘。具体的方法是：将大衣平铺在木板上，取一条白毛巾，放入40℃左右的温水中浸透，然后捞出来拧干，平铺在毛呢大衣上，并用手进行弹性拍打，这样，可以使毛呢大衣上的灰尘被吸附到毛巾上。接下来，再用干净的毛巾顺着衣服面料的纹路擦拭。

熨烫毛呢大衣时，可以先用湿的白棉布铺在大衣里子上，并用低温熨烫。熨烫顺序为：先从后身开始熨，然后是前身，接下来再熨左右前身及口袋布。如果是比较旧的大衣，熨前不要往里料上喷水，以防止出现水迹。熨领子时，反面要熨得干一些，不要让领底露出领面，在熨完立绒、长毛绒后，需要用毛刷将绒毛刷立起来。在熨烫衣袖时，可以塞一个小枕头到肩袖中，左手托起小枕头，盖上一块湿布熨烫肩袖，使肩头和袖笼达到平挺圆滑。其间需要注意一点，呢面料一般较厚实，熨烫前一定要垫浸过水的湿布。

真丝衣服熨烫有何技巧

真丝类衣服比较难熨，在熨真丝衣服时，为了尽可能熨平，可以先在衣服上喷一些水，然后把它装到尼龙袋中，再在冰箱中放十分钟，取出后再熨烫，这样就很容易熨平。熨烫时，先熨后面，后熨正面。如果衣服上有绣花，最好在绣花处垫上布熨。熨烫时还要注意，要从衣服肩部向下轻推熨烫，不要横向熨烫，熨烫温度适宜控制在120℃上下。

棉布衣服熨烫有何技巧

熨棉布衣服时，要注意如下技巧：

如果是平纹棉布衣服，熨前要在衣服上均匀地喷一些水，熨烫温度调至180℃左右。熨烫顺序为：先熨烫衣服的背面，再熨烫正面。熨烫衣服正面时，需垫一块干净的干布，稍微熨烫一下即可。如果不垫干布的话，需将熨斗表面擦拭一下，温度控制在170℃左右。如果熨烫较厚的棉布衣服，温度不应超过200℃。

第五节　衣物收纳

毛料衣服怎样收藏

收藏毛料衣服需要注意以下几个问题：

1. 收藏前一定要将衣服洗干净，晾干、晾透后再收起。应将毛料服装用衣架挂起来，然后放在衣柜中，长毛绒服装要避免被挤压，也不应悬挂，收藏时可以先用一块布将其全部包起来，再放到衣箱的最上层。

2. 要注意防虫蛀。毛料衣服易生虫，为避免毛料衣服被虫蛀，可在收藏衣服的反面均匀地喷洒一些花椒水，晾干再存放。但是，白色和浅色毛料衣服不应使用这种方法，在收藏时，先用纱布包一些花椒放在衣箱、衣柜中，这样也可以起到防虫的效果。

3. 要注意防霉。即使是经常穿的毛料衣服也应注意防霉，可以在衣橱各个角上放上一包花椒，或在毛料衣服口袋中放些小包的防蛀防霉用品，防蛀防霉的效果也很明显。

丝绸服装怎样收藏

收藏丝绸服装要注意以下几个细节：

收藏前，一定要先将衣服洗净，然后晾干、晾透，再用塑料袋（塑料袋应开一二个小孔）或是用白色棉布包好才能收藏。但是，不可以长期使用这种方法收藏，在收藏一段时间后，就应该拿出来晾晒一下。

收藏时，丝绸服装不应与容易生虫的裘皮、毛料等衣服叠放到一起。如果一定要放到一起，需用布将丝绸服装包严实，再放在最上层，使其与毛料、裘皮服装之间留有一定的空间。即使都是丝绸服装，也要根据质地、颜色而分类收藏。一般色彩艳丽的丝绸服装不能和白色丝绸服装一起收藏，柞蚕丝绸服装不要和桑蚕丝绸服装一起收藏，防止被染色。

针织毛衣怎样收藏

收藏针织毛衣时，应注意以下技巧：

1. 用收藏袋收藏。可以购买一些分隔收纳袋，将毛衣折成方块或是长方体后，再卷成圆筒状，按顺序放入收纳箱中即可，这样不会伤到毛衣的绒毛。

2. 收藏要防止虫蛀。如果在衣柜里放樟脑丸，不要让它和毛衣直接接触，可用白纸包裹后再放入，以免沾污毛衣和影响色泽。

3. 要防止磨损。收纳镶嵌串珠和装饰品的毛衣时，要防止毛衣与其他衣服产生磨损。为此，可以用包装纸将串珠和装饰品等部分包住。针棉织品有的带有拉链、裤带扣、金属纽扣等，最好用塑料袋或白纸包好。

在收藏白色毛衣时，为了避免其发黄，可以先将毛衣洗净，晾干后包在蓝色的布或纸中，然后放入衣箱内。这样，不管毛衣存放多长时间，都不会发黄。

纯棉衣服怎样收藏

收藏纯棉衣服前，一定要先洗净，等晾干后再收藏。为什么呢？因为纯棉织品属于天然纤维，吸湿性非常强，且怕酸不怕碱，洗净晾干后放入樟脑丸等防虫剂后再收藏。

化纤衣服怎样收藏

收藏化纤衣服时，应先洗干净，再熨烫，然后叠好平放。但是，这类衣服不宜长期悬挂在衣柜里，以免衣服走形。收藏化纤与天然纤维混纺的衣服或人造纤维衣服，要将少量樟脑丸用干净纸包好后放入柜内。

皮衣怎样收藏

收藏皮衣有以下几个诀窍：

平时穿的皮衣，如果在皮面上涂一层薄薄的蜡，并用干布擦拭，会越擦越亮，这样不但美观，而且可以防潮。如果皮衣受了潮，先用干布擦一遍，再放到通风的地方，以防止其产生霉斑。

皮衣收藏前一定要干透，但温度不能高了，否则最容易返潮生虫。为此，可将皮革衣物表面清理干净，晾干后涂上一层夹克油，2小时后，用干净的棉布进行擦拭，置于通风阴凉处，等晾干后再放到衣柜中。隔一段时间，应将柜子打开透透气。为了防霉防潮，也可以用布包一包生石灰，放到衣柜里。

羊毛衫怎样收藏

在收藏羊毛衫时，应先洗净晾干，然后再将羊毛衫叠好，装入袋中平放，切忌悬挂，以免悬垂变形。另外，羊毛衫的存放处要避光、通风、干燥。存放时注意防蛀，可用防蛀剂防蛀，但严禁防蛀剂与羊毛衫直接接触。

需要注意的是，用塑料袋收藏纯毛针织衫时，不可将塑料袋封死。另外，也不能将多件针织衫挂在同一个衣架上，以免相互挤压，使其失去弹性。

裘皮服装怎样收藏

与收藏羊毛衫一样，收藏裘皮大衣时，也一定要先将其挂在阴凉通风处晾晒，晾晒时外面最好罩一块布。如果光线比较好，晾晒2个小时即可，要避免被太阳直射。兔皮、羊皮、狗皮大衣晾晒的时间可长一些，晾凉后再收藏。紫貂皮大衣只能在通风阴凉处晾一晾，不能直接被太阳晒到。

收藏时，需将正面朝里折叠，再将防蛀防霉用品放在口袋里，然后整件衣服用布包好。也可用干净报纸包裘皮大衣，防虫蛀的效果更佳，但浅色裘皮大衣不适宜这样做。

如果是梅雨季节，或是遇到多日阴雨天气，需天放晴时，将收藏的裘皮大衣拿出来置于阴凉处晾晒一段时间，以防吸潮发霉或虫蛀。

为了防虫蛀，可以用纸包一些花椒放在皮衣内。

春季收纳怎样巧用空间

每到冬春换季时，很多冬天用的物品便要收起来，有时因收藏空间有限，一些物品会无处存放，为了充分利用空间，可以使用下面的一些收藏技巧：

1. 利用储物盒。储物盒有类似抽屉柜和衣柜的功能，可以用它来存放手套、袜子等小物品。

2. 利用沙发底部空间。通常，沙发的下部可以放一些储物盒，用来放置冬季使用的沙发垫、沙发套，或把冬季的大衣及其他易皱的衣物平展放入。

3. 利用床下的空间。床下面的空间较大，可以用来存放冬天的被褥、枕头等。

4. 利用多功能储物桌。多功能储物桌不仅是存放贴身内衣的好地方，合上盖子后又可作为脚凳。如果放在客厅，毯子、靠垫或其他暂时不用的小东西就可收纳其中，然后盖上桌面，一个别致的咖啡桌就诞生了。

冬装收藏注意什么

收藏冬装需要注意以下几个技巧：

1. 收藏皮、毛衣服。这类服装怕受潮，不可以进行水洗。在收藏前，最好要晾晒一段时间，晾晒时要注意一点，即在皮毛上面罩一块白布，不能直接暴晒，因为直接暴晒不仅会使皮毛失去光泽，而且会使皮板纤维损坏，出现龟裂。衣服晒好后，晾晾再收藏。

2. 收藏棉布服装。在收藏前，必须要将服装洗干净，如果不干净的话，沾有污物和油垢容易发霉。另外，棉布非常容易吸潮，尤其是在雨季，当天气放晴时要及时拿出来晾晒。

3. 收藏毛呢衣物。这类衣服也需要洗净晾干后收藏。呢料衣服可干洗，干洗前可以先晒一晒，拍打一下上面的尘土。有油污的地方，可用布蘸汽油等有机溶剂擦洗。为清除得干净些，可以把衣服平铺在桌面上，盖上一条用热水浸后拧干的毛巾，然后用手在毛巾上轻拍，这样呢料里面的灰尘就会被拍打出来，吸在毛巾上。如果边拍打边用熨斗熨烫，除尘效果更好。这样，清理干净的毛呢衣服才可以收藏。

4. 收藏化学纤维衣服。洗涤这类衣服时用力要缓要揉，用力太大易起球，另外，水温不要太高，因为化学纤维耐热性较差，温度过高会收缩、变形、起皱。洗完后不应在阳光下直晒，应该放在阴凉通风处晾干，否则纤维强度会下降。如果熨烫的话，温度不宜超过15℃。化学纤维不含有纤维素、角质蛋白和脂肪等，也不怎么吸潮，所以只要洗涤干净就可以收藏。

5. 收藏含有棉纤维、角质蛋白和脂肪等的衣服时，应该在衣服内放一些用纸或布包好的樟脑丸，以防虫蛀。

杂物收纳有何妙法

收纳杂物时，也是有方法可循的，下面就介绍几种方法：

1. 折叠收纳法。可以用折叠式的尼龙棚架来收纳一些衣物，如宽松的上衣或毛衣之类的衣服，这样可以充分利用收藏空间。

2. 挂吊收纳法。在衣柜和储物室，衣架套上柔软的、大小不同的塑胶袋，悬挂在衣柜或是储物室的挂杆上。可以按不同的色系区分，这样选择衣服时就很直观，且节省找寻时间。

3. 隔板收纳法。利用隔离板在墙面、储物柜、储物室等地方分割出一些空间，从而细分出储物的功能区，这种收纳法好处在于方便查找。

4. 储物箱收纳法。储物收纳箱可放在门框后、床边等一些地方，这些大小不一的储物箱可以用来收藏一些经常用的小物品。

怎样收藏皮鞋

收藏皮鞋有许多讲究。在收藏前，应先将皮鞋擦拭干净，然后轻轻地涂上鞋油，以免皮面干皱。同时，可以将一些报纸揉成团塞进鞋里，以防变形。最后，把鞋放在纸盒里，存放在干燥处。也可将打完鞋油的皮鞋晾干后，用鞋刷擦亮，装入不漏气的塑料袋里，将袋内气体排出，用绳子将袋口扎紧。采用这种方法收藏保管皮鞋，可以防止皮鞋干裂变形和生霉变质。

厚被收藏有何妙法

夏季，用不着的厚被子，需要及时收起来，但是厚被子占的空间较大，两三床被子便将衣柜塞得满满的。有没有节省空间的办法呢？当然有。

一个简单的方法是：找两件不再穿的旧衬衣，展开后平铺在床上。把要收藏的被子叠成长方形，长度要比衬衣的身长稍短。然后将被子卷成卷，慢慢塞进衬衣中，并用衬衣的两个袖子将被子绑起来，同时系上衬衣的扣子。这样被子的体积就缩小了很多，当然，用这个方法也可以收藏羽绒服一类的服装。

用塑料袋装的衣服不宜放卫生球。卫生球中萘极易挥发，在常温下，它的分子不断运动而分离，由白色晶体状变为气态，散发出辛辣味。如果把它与装有衣服的塑料袋放在一起，容易产生化学反应，使塑料制品膨胀变形或粘连，损伤衣服。

美容篇

第一节　化妆品的选购

如何选购化妆品

在挑选化妆品时，应该从哪些方面入手呢？

1. 看外观。选择化妆品时，首先要看产品的有效期或生产日期，检查包装是否密封良好。接下来要闻一下气味，试试手感，然后从外观上判断产品的真伪。如，要看说明书上是否有关于成分的说明。注意，不要购买塑料瓶包装的产品，因为化妆品中往往有防腐剂或其他化学成分，这样才能保证产品在较长时间内不变质，而塑料瓶会影响产品的质量。

2. 看成分。化妆品种类较多，外观大同小异。尤其是来自欧美国家的化妆品及保养品，通常都会清楚地标明所含的成分。从日本进口的化妆品，也只标示防腐剂及少数规定需要标示的成分，欧美的化妆品及保养品的成分标示，依规定是根据所含成分中其含量的多少依顺序标示，也就是标在最前面的含量最多，最后面的含量最少。我国化妆品卫生管理条例也明确规定，化妆品需标明品名、成分、用途、用法等，但是国产的化妆品及保养品，很少有清楚正确地标示出所有成分的，大多数只标示一两种成分。要确认成分内的抗氧化成分是否为天然成分，是否说明了生产地或制作过程，产品的成分是否是“生化自然溶解”，即不会对生态造成任何破坏。

3. 看渠道。最好通过正规渠道购买化妆品。一般来说，信誉较好的大商厦、购物中心等，出售的化妆品质量较好。相比之下，小商品批发市场的化妆品价格虽然便宜一些，但其进货渠道复杂，真假难辨。

有些化妆品虽非伪劣商品，但有的人可能会对化妆品中的色料、香料等部分原料不适应，而引起皮肤过敏反应。在使用新产品之前，宜先在手腕内侧或耳后等较敏感部位做个皮肤测试，24小时后观察，皮肤若不红不痒，无不适之感，即可使用。

选购化妆品有哪些窍门

选购化妆品时，有以下几个窍门：

1. 带pH 试纸去买洗面奶。弱酸的洗面奶对清洁皮肤有着很好的作用。那怎么知道洁肤产品是否呈碱性？随手带一张pH试纸就能解决问题。可在纸上涂少量的洗面奶，过几分钟，如果试纸变成深绿色，说明物质中的碱性成分较多。

2. 清水测验乳液。检测乳液时，可先往水中挤一点乳液，如果乳液浮在水上边，证明里边含油石酯。油石酯对皮肤有害，易使皮肤变得干燥，因为它能够堵塞毛孔，久而久之，毛孔会越来越大。再就是，可以轻轻摇晃，如果液体变成了乳白色，说明乳液含乳化剂。乳化剂是一种表面活性剂，它会破坏皮肤的组织结构，导致皮肤敏感。如果倒在水里，乳液下沉到底，证明不含油石酯，消费者可安心使用。

3. 用火检验面霜。用勺子取少量面霜，然后用蜡烛从勺子下部加热，符合标准的产品会像牛奶烧开的状态一样，味道不会改变，且更加浓郁。如果燃烧时有喷溅、冒浓烟、味道变得呛鼻、燃尽后勺底残留有油质，说明矿物油超标或者有硼化物填充。

4. 银器判断铅含量。在使用一种化妆品前，可以在手背或者耳根上试用，这两个位置是人体感知最敏感的区域，均匀涂抹之后，将手边的银戒指在涂抹区域稍用力摩擦，如呈现黑色或有浅黑色痕迹，说明其中含有铅等重金属物质。

5. 用试纸测化妆水。要想知道化妆水是否会刺激皮肤，方法很简单，可滴一些化妆水在试纸上，如果pH 值小于7，试纸呈现红色就是酸性；大于7且试纸呈现蓝色，说明呈碱性。如果测出来接近pH7中性或是接近皮肤酸碱值pH5. 5，代表你的化妆水很温和不会刺激肌肤。但若是想要你的化妆水具有收敛或去角质功能，pH 值在4 ~ 5之间是好的。

6. 碘酒分辨抗氧化功能。要想了解化妆品是否具有抗氧化功能，可用碘酒来分辨。首先，用透明玻璃器皿倒上些清水，并在水中滴入碘酒，碘酒与水的比例大约为1 : 50，晃匀后，在其中放一些要测试的爽肤水或洗面奶，再充分搅拌。如果产品与液体充分溶解，而且水与原来一样清澈，说明其有一定的抗氧化功能，如果水不能还原或者变黑了，则证明用了这样的护肤品皮肤会继续被空气氧化。

7. 用化妆棉测试吸妆性。可将精华露滴在一叠面纸或化妆棉上观察它的渗透力，越是容易向下渗透，表示分子越小、穿透力越强，越容易被皮肤吸收。如果只是在表面扩散，就表示渗透力差，不易被吸收。

8. 用清水测试卸妆油。将适量卸妆油滴入一杯清水中，搅拌一下，让卸妆油和水充分乳化变成白色，如果水面上漂着一些透明的油脂，说明这些油脂无法被乳化。

9. 用吸油面纸测试油性。可将少许保养品涂抹在手背上，经过3～5分钟后用吸油面纸轻压，如果还能吸到很多油，说明不好吸收。反之，如果没有多少油，则表示保养品容易吸收，比较清爽。

10. 口红够滋润吗？吸油面纸一测便知。在一张吸油面纸上用铅笔画一个唇形，再把要测试的口红完整地涂在唇形内，过12个小时再看吸油面纸上的口红，如果油脂渗出铅笔画的唇形线之外的范围愈广，表示这支口红油脂含量越高，滋润度也越好。

如何选购膏霜类化妆品

膏霜类化妆品主要有：夏季常用的各类防晒霜、隔离霜、补水霜、美白霜，春秋季节常用的保湿霜、补水霜，冬季常用的滋润皮肤的各种营养霜。在选购膏霜类化妆品时，要注意以下几个方面：

1. 检查包装盒上的标签内容是否完整。标签内容应包括：产品名称、制造商的名称和地址、净容量、生产日期和保质期或者生产批号和限期使用日期、生产企业的生产许可证号、卫生许可证号和产品标准号，特殊用途化妆品还须标注特殊用途化妆品批准文号。

2. 尽可能在大商场、大超市购买，并保存好发票。不要因为图省钱在地摊上或集贸市场购买，这些地方的化妆品质量不能得到有效保证。

3. 按季节和个人肤质选择。在选购时，最好根据个人的肤质，并按季节的不同选择不同的产品。

4. 谨防化妆品引发皮肤过敏。在使用化妆品前，应先阅读包装上的使用说明，特别是使用新品牌的化妆品，注意先在手臂内侧或耳朵根部涂少量产品，过24小时后没有出现红肿、发痒等过敏现象，方可使用。

如何选购洗发液

在选择洗发液或洗发膏时，要注意如下几个方面：

1. 看产品质地。质量较好的产品具有香气纯正、色泽均匀、内容物细腻、无杂质等特点。

2. 看产品标签。从标签标示的规范程度，也能看出产品的质量，所以选购时，要认真查看外包装上是否标注生产企业名称和地址、生产日期或生产批号、保质期或限期使用日期、卫生许可证、生产许可证、执行标准号、注意事项等。

3. 选择符合自己的产品。洗发产品种类繁多、功能多样，有去屑洗发液、二合一洗发液、黑发、乌发洗发液，适合中性发质、油性发质和干性发质的洗发液等等。所以，要根据自己的头发状况和需要选择不同类型的洗发液。

小贴士

要尽量选择刺激性小的产品。因为洗发用品直接接触人体头发和头皮，其安全性显得非常重要。对于购买的洗发用品，在使用过程中应注意皮肤是否有不适感或其他不良症状，有此现象发生，应停止使用。

如何选择洁面乳

不同品牌和质量的洁面乳，不但清洁的机理不同，而且使用时肤感也不同。如何选择更适合自己肤质的洁面乳呢？

1. 中性皮肤：应选一些泡沫型洗面奶。使用泡沫型洗面奶，可以通过细腻丰富的泡沫，及时锁紧肌肤水分，避免洁面后的干燥、紧绷。如可以使用一些富含维生素C及氨基酸活性成分的洁面乳。

2. 油性皮肤。通常可选择一些皂剂产品，因为皂剂产品去脂力强，又容易冲洗，洗后肤感非常清爽。

3. 混合型皮肤：T字位比较油，而脸颊部位一般是中性，有点可能是干性。这种皮肤要在T字位和脸颊部位取个平衡，一般夏天用一些皂剂类洗面奶。在秋冬季节，因为油脂分泌没有那么旺盛，就换成普通泡沫洗面奶。

4. 干性皮肤：宜使用一些清洁油、清洁霜，或者是无泡型洗面奶。一般这类产品价格较高，使用后肤感比较清爽。

如何选择防晒霜

一款合适的防晒霜，可以让娇嫩的肌肤免受阳光的炙烤，对爱美的女士来说，实在是一件要紧的事。那么，该如何选择防晒霜呢？

1. 先做皮肤测试。油性肌肤应选择渗透力较强的水性防晒用品；干性肌肤应选择霜状的防晒用品；中性皮肤一般无严格规定，用乳液状的防晒霜则适合各种皮肤使用。

2. 计算一下SPF值。通常，SPF指数越高，对皮肤的保护越强。一般环境下，普通肤色的人以 SPF值8～12为宜；皮肤白皙者建议选用 SPF值30的防晒霜；对光过敏的人，宜选择SPF值在12～20之间的产品。

3. 了解防晒霜的特性。不同的防晒产品有不同的适用对象，在购买之前，自己可以先做一个小测试。如可以在手腕部分抹一点，10分钟内如果出现皮肤红、肿、痛、痒现象，则说明自己对这种产品有过敏反应，可以试用比此防晒指数低一个倍数的产品。如果还有反应，则最好放弃该品牌的防晒霜。

为避免肌肤色素沉着，尽量少吃太咸或太辣的刺激性食物；酒吧及餐厅中的荧光灯含强度紫外线，所以在这些场所也应做好防护工作。

烫后的头发如何选用啫喱水

如何正确使用啫喱水呢？一般有这么几个方法：

1. 使用啫喱水时，要由发梢向上轻轻揉搓，不要由发根向下，这样会使头发拉直，破坏卷度。

2. 一般在头发七八成干时使用啫喱水效果比较好。

3. 比较软的头发适合使用摩丝、发蜡或营养水、泡沫发蜡之类，因为摩丝质感比较轻，而用啫喱水会改变头发的卷度。

4. 挑选啫喱水时应尽量选择手搽的产品，这种产品使用起来比较均匀而且增加力度和弹性。

5. 尽量用手去梳头发，因为梳子太密，容易将头发梳直、梳断，而用手打理就相对有弹性。

6. 使用酸性的烫后洗护产品，需定期进行焗油或倒膜护理，以补充烫发后头发流失的蛋白质。

选购宝宝护肤用品应注意什么

宝宝的皮肤没有发育完善，且出汗较少，皮脂腺分泌的也少，皮肤很容易变干、变得粗糙。所以要让宝宝的皮肤保持柔软和弹性，清洁和滋润就显得非常重要。平时，除了要经常用温水给宝宝洗手洗脸，还要给宝宝涂上专用的护肤霜或护肤膏。

一般来说，宝宝的护肤品可分类如下：

润肤露：含有的水分多，油分少，为水包油，适合滋润宝宝全身，在春秋季使用较佳。

润肤膏：油分比润肤霜多，适合皮肤很干燥的宝宝。

润肤霜：含有的水分少，油分多，为油包水。适合滋润宝宝脸颊和手脚，宜在冬季使用。

润肤油：100%矿物质组成，成分简单，使用前需要用少量水分稀释，适合给新生儿做按摩时使用。

选购婴幼儿洗护品有何窍门

质量上乘的宝宝洗护用品，会经过严格的医学测试证明：品质纯正温和，其中的成分完全符合婴幼儿皮肤的特性，对宝宝的皮肤无任何刺激性，也不会引起过敏反应。

1. 护肤类。婴儿油、儿童霜、儿童蜜等都属于护肤类用品，其中大多添加适量的杀菌剂、维生素及珍珠粉、蛋白质等营养保健添加剂，而且产品多为中性或微酸性，与婴幼儿皮肤的 pH值一致。经常搽用这类护肤品，可以保护宝宝皮肤，防止水分过度损耗或浸渍，避免皮肤干燥破裂或淹湿，以及粪、尿、酸、碱或微生物生长引起的对宝宝皮肤的刺激。

2. 洗涤类。儿童洗发香波、儿童浴液、婴儿香皂等都属于洗涤类。婴儿用的沐浴品要求性能温和，对宝宝的皮肤和眼睛无刺激性，以不洗去皮肤上固有皮脂为好。品性优良的儿童香波黏度较高，洗发时不容易流入眼睛里。婴儿香皂一般是“中性”或“富脂”皂，含有护肤作用羊毛脂，刺激性很低，适合婴儿使用。

3. 爽身粉、花露水。爽身粉的基本作用是保持皮肤干燥、清洁，防止和减少内衣或尿布对皮肤的摩擦。宝宝洗浴或局部皮肤清洗后，搽用一些婴儿爽身粉，可以保护宝宝娇嫩的肌肤。夏季用的花露水最好是不添加酒精的，同时选用能消毒、杀菌、避蚊虫的润肤水类。

由于婴幼儿护肤品每次用量较少，一件产品往往要用相当长的时间才能用完，因此产品稳定性要好，购买时除注意保质期外，还应尽量购买小包装产品。

孕妇应该用什么护肤品

只要是护肤品，就会对人体的生理机能造成一定的影响，尤其是孕妇，要避免使用护肤产品。女性怀孕期间因生理变化，面部可长出脓疮、粉刺性小疙瘩，还可能出现蝴蝶斑。如果用化妆品，化妆品中的有害物质如激素，则可通过皮肤对胎儿产生不良影响。

怀孕期间皮肤非常敏感，如果随意使用化妆品可能会使皮肤粗糙或产生斑点。最好不要染发和烫发。染发剂和烫发剂对胎儿均有致畸作用。也不宜涂口红。口红中的羊毛脂有较强的吸附性，可将空气中的尘埃、细菌、病毒及一些重金属离子吸附在嘴唇黏膜上，当喝水、吃东西时易将附在口红上的有害物质带进人体，影响胎儿健康。

女性在妊娠期间宜采用面部按摩。每晚睡觉前做 10分钟脸部按摩，有助于气血运行，增强面部皮肤抵抗力。但按摩时动作要轻柔，用力适度，速度均匀，不宜太快。按摩完毕后，记得用热毛巾敷一下。

妊娠妇女身体处于一种特殊情况中， 胎儿也正处于生长发育中，此时使用某些化妆品，对自身及胎儿都可能有不利影响。

第二节　肌肤保养

皮肤防皱有何窍门

只要掌握一些窍门，不使用任何化妆品也可以有效防止皮肤出现皱纹。这些窍门包括：

1. 避免光照。尽量避免将皮肤暴露于太阳下，因为皮肤吸收太阳紫外线，晒黑后，就会刺激皮肤使其退化。

2. 防干燥。避免皮肤干燥，阳光、大风以及气温的变化，都会影响皮肤的湿度，使皮肤失去水分，出现小皱纹。

3. 避免浓妆。浓妆会使肌肤的机能失灵。过多的油妆会闭塞毛孔，妨碍皮肤呼吸，使皮肤机能恶化。

4. 少使用化妆水。化妆水会将皮脂和水分全部夺去，使皮肤出现小皱纹。

5. 去掉不良习惯。不良习惯动作会使皮肤某部位产生皱纹，如单侧咀嚼、撇嘴等。

6. 保持身心愉快。保持心情舒畅，也能有效延缓皱纹产生。

食醋美容应注意什么

众所周知，醋有一定的美容作用。醋的主要成分是醋酸，醋酸有很强的杀菌作用，对皮肤、头发能起到一定的保护作用。另外，醋含有丰富的钙、氨基酸、维生素B、乳酸、葡萄酸、琥珀酸、糖分、甘油、醛类化合物以及一些盐类，这些成分对皮肤非常有益。相对于化妆品而言，醋不仅价格便宜，而且副作用小，所以，在家庭生活中，可以适当用醋来养颜美容。在使用食醋进行美容时，要注意以下几个问题：

1. 在水中加一些醋，然后用此混合液洗脸，有一定的美容效果。

2. 将醋与甘油以 5∶1的比例混合涂抹面部，每日坚持，可以防止皮肤干燥，减少或淡化皱纹。

3. 用200毫升醋加 500毫升水，烧热洗头，每天 1次，对脱发、头痒、头屑疗效显著。

4. 在温水中加进半茶匙醋，用其浸泡手指甲或脚指甲，可使手指甲和脚指甲光亮晶莹，而且易于修剪和清除污垢。

怎样巧用芦荟美容

在用芦荟美容时，要掌握下面的几个方法：

1. 在芦荟汁中加适量水，涂于面部有一定的美容作用；洗头后用此水抹到头上可以止痒，防止白发、脱发，并保持头发乌黑发亮。

2. 用芦荟汁早晚涂于面部15～20分钟，长期坚持，会使面部皮肤光滑、白嫩、柔软，同时还具有治疗蝴蝶斑、雀斑、老年斑的功效。

3. 芦荟叶片250克、鸡蛋1个、黄瓜1根、面粉和砂糖适量。将芦荟叶片、黄瓜洗净，分别弄碎后用纱布包紧，并挤出汁液。将鸡蛋打到碗内，再放入一小匙芦荟汁、3小匙黄瓜汁、2小匙砂糖并充分搅拌混合。再加入5小匙左右的面粉或燕麦粉调制成膏状，均匀敷在脸上，待40分钟后，用温水洗净。每个星期使用一二次，有助于美容养颜。

怎样用银耳养颜

使用银耳养颜，有这么三种方法：

1. 取银耳50克，熬成浓汁，然后装入小瓶中贮存，每次洗脸时，向脸盆中滴十几滴。

2. 将10克银耳轧成细末，配60克白面混合均匀，每天取10克调成糊状，涂在脸上半小时后洗去，可有效淡化脸上斑痕，并有美白作用。

3. 取银耳5克，浸泡在50%的甘油中，一周后再使用，每日早晚各1次，养颜功效明显。

清水美容、美发、强体有何妙法

清水也能美容、美发、强健身体？不错，关键是方法要得当。下面介绍几种用清水美容、美发、强体的妙招：

1. 美肤方法。通常皮肤干燥粗糙，是因为水分不足。平时常用清水洗脸洗手，对皮肤大有裨益，尤其是河里的清水，护肤的效果非常好。

2. 美颜方法。

（1）用温水先清洗面部，再以冷水浸洗，可使肌肤紧绷不致松弛。洗脸后，用手轻拍面颊，以致水分被吸收。

（2）可用双手捧水泼洒平常刺激不到的鼻子和眼皮。

（3）用棉花或小块纱布蘸水，均匀地贴在脸上，5分钟后取下，脸上即会呈现光泽。

3. 美发方法。洗完头发后，将发梢浸于水中。因为头发中含15%的水分，如果水分不足，头发易干燥断裂，所以头发也要经常补水。

4. 亮眼方法。每天上午起床，或是晚上睡觉、外出前，可用清水洗眼睛。长期坚持，眼睛就会更加明亮动人。

5. 冲洗法。使用该方法时，要把握好以下几个细节：

（1）起床后用水冲洗脸部，会提振精神，特别是女性，脸冲干净后再化妆，不易脱落。

（2）如果容易失眠的话，可用冷水冲淋小腿，有助于入睡。

（3）如果脚部感到疲劳，可用冷热水交替冲洗。

（4）洗干净头发后，再用冷水冲发根，可刺激头发生长，防止白发生长。

（5）以画圆圈的方式冲腹部，可除赘肉，并增强肾脏的功能。

不同皮肤的人应该怎样洗脸

皮肤不同，洗脸的方法也应有别：

1. 干性肌肤。在洗脸水中加入数滴蜂蜜，在洗脸时浸湿整个面部，并轻轻拍打、按摩面部，这样可以滋润面部，并增加肌肤的光泽度。

2. 中性肌肤。先用冷水洗脸，然后用热水蒸气蒸片刻，再轻轻抹干，长期坚持，能使肌肤变得柔滑有弹性。

3. 油性肌肤。洗脸时，在温开水中加入几滴白醋，可有效去除皮肤上多余的油脂，避免毛孔阻塞。

4. 衰老肌肤。在凉水中加入海盐、凉冷的浓茶，或者新鲜的水果汁，可对补充肌肤养分起到一定的作用。

具有美容效果的洗脸法有哪些

下面介绍四种具有美容效果的洗脸方法：

1. 用淘米水洗脸。淘米水含有多种维生素和其他营养成分，长期使用淘米水洗脸，能使皮肤变得洁白细腻。

2. 用醋水洗脸。用醋水洗脸，能够恢复皮肤的光泽和弹性，但要注意醋的使用量。

3. 用凉开水洗脸。经常用凉开水洗脸，会使皮肤变得光滑细腻，而富有弹性。特别是上了年纪的人，常用凉开水洗脸，会使人感到容光焕发。

4. 用橘皮水洗脸。将橘皮洗干净切丝，晒干后装入纱布袋内，扎紧袋口，然后放入洗澡或洗脸用的热水中浸泡一会儿。用这种橘皮水洗澡或洗脸，不仅闻之清香，而且有保护皮肤的作用。

如何在家中做简易蒸脸

蒸脸也是美白肌肤的好方法。在家中做简易蒸脸时，有这么几个步骤：

1. 净面。用清洁霜，或是植物油涂于脸部，稍等片刻，再用柔软的拭面纸将洁肤物轻轻拭去。

2. 自制蒸脸器。烧一壶开水，加入适量甘菊花茶。用一块大毛巾围住冒着蒸汽的水壶，形成一个筒状，再将自己的脸伸入筒内，让蒸汽不断地升到脸部，以不觉得烫为限度。10～15分钟后，用毛巾轻轻按在脸上，吸干水珠。

3. 按摩与调节。在脸上喷一些爽肤水，然后顺着脸部血液循环线路，用按摩霜做柔和的圈状按摩，直到皮肤有松弛感为止。接着，再将蒸脸水烧热，用毛巾浸入，拧干后盖在脸上，几分钟后取下毛巾，用拭面纸拭尽脸上的按摩用品。最后，用最适合你的营养霜涂脸。

怎样使双手白嫩

如何保持双手的白嫩呢？有这么几种方法：

1. 用食醋和甘油搓洗双手，不但能杀菌，还能使手部变得白皙。

2. 每次洗手之后擦一些柠檬汁，可以使手保持细嫩。

3. 经常用凉开水清洗皮肤，能使皮肤细胞保持足够的水分而显得柔软、细腻，富有弹性和光泽。

4. 将1份甘油、2份水，与5～6滴醋充分混合，然后涂于手部，可以使手变得洁白细腻。

5. 淘米水中含有多种维生素和其他营养成分，坚持用淘米水洗手，可以使皮肤变得洁白细腻。

6. 用番茄、黄瓜、丝瓜或其他新鲜蔬菜、水果碎片搓洗双手，或压出汁液洗手，可以防治手枯黄、起皱。

7. 用香蕉皮擦手，即使在冬天，手也不易起皱。

怎样自制鸡蛋面膜

鸡蛋面膜有一定的美容效果，下面就介绍几种鸡蛋面膜的制作方法：

1. 蜂蜜蛋黄面膜。在蛋黄中加入蜂蜜和面粉，调成浓浆，然后均匀涂敷面部，可以预防秋冬皮肤干燥。如果是油性皮肤，可再加入一匙柠檬汁，然后用棉签涂于脸上，等15分钟左右，再用温水洗去。

2. 蜂蜜蛋白面膜。取一枚新鲜鸡蛋，打入碗内后加入一小汤匙蜂蜜，然后搅和均匀，睡前用干净软刷子将此膜涂刷在面部，然后轻轻按摩。待一段时间风干后，用清水洗净，每周两次为宜。

3. 磨砂膏。打一只鸡蛋加一小匙细盐，用毛巾蘸后在皮肤上来回轻轻擦磨，犹如使用磨砂膏可去除面部死皮。

4. 杏仁蛋白膏。将90克剥去皮的杏仁捣成膏状，加入鸡蛋清调匀，每天晚上涂抹面部，第二天早晨再用淘米水洗净。

5. 醋蛋液。取新鲜鸡蛋一枚，洗净擦干后，在500毫升优质醋中浸泡一个月。当蛋壳溶解于醋液之后，取一小汤匙溶液掺入一杯开水中，搅拌后服用，每天一杯。长期服用醋蛋液，能使皮肤光滑细腻。

6. 蛋黄面膜。用牛奶掺入鸡蛋清，或配用鸡蛋黄调匀，涂于面部 15分钟，对中性皮肤的保养效果良好。

怎样自制排毒养颜果汁

下面介绍几种排毒养颜果汁的制作方法：

1. 桃子汁、蜂蜜、牛奶与冰块混合。去掉桃子皮，削下果肉。在牛奶中加入蜂蜜，用果汁机搅拌，然后放入冰块，继续搅拌。将削下的果肉放进牛奶中，最多搅拌一分钟。如果搅拌过久，会产生很多泡沫。最后往果汁中加上少许柠檬汁，这样味道会更好。这道果汁饮品具有美容效果。

2. 胡萝卜汁加苹果汁。将苹果果核去除，切成块状，先在盐水中浸泡一段时间。胡萝卜也切成同样大小。将冰块、胡萝卜和苹果放入榨汁机压榨成汁，冰块的作用是有助于防止果汁起泡。榨好后将柠檬汁滴入做好的果汁中。这道果汁饮品对肾脏病、胃肠病、高血压、肝病、过敏、腹泻、疲劳有明显的效果。

3. 胡萝卜汁加苹果汁加芹菜汁。将胡萝卜切成块状，苹果也切成块状。芹菜整理成束，折弯。在榨汁机内先放入冰块，然后将胡萝卜和芹菜放入榨汁机，接着再放入苹果一起榨汁。调味上以咸味为宜，也可加入少许柠檬汁。这道果汁饮品对眼睛很有益处，而且还能帮助消化。

怎样自制果蔬面膜

常见的果蔬面膜制作方法主要有以下几种：

1. 香蕉面膜。将香蕉去皮后，捣成泥状后敷在脸部，干、油性皮肤应分别加些牛奶或滴几滴柠檬汁，有一定的润肤效果。

2. 黄瓜面膜。将黄瓜连皮刨成细丝，或切成薄片敷于脸部，可滋润、柔软、增白皮肤。

3. 西红柿面膜。将成熟的西红柿捣烂涂于脸部，此面膜适用于多毛的油性皮肤。

4. 胡萝卜面膜。选一根鲜嫩的胡萝卜，榨成汁液，加入几滴植物油。这种面膜适用于脸苍白且长有粉刺的萎缩性油性皮肤，对色素沉着及雀斑也有淡化的功效。

厨房美容妙法是什么

在厨房里不但可以准备饭菜， 也可以美容。而且厨房美容省钱、省时，效果还不错。具体做法如下：

1. 切土豆时，用土豆片贴于眼底，可消除眼睑肿胀。

2. 打鸡蛋时，用蛋壳里剩余的蛋清抹脸，30分钟后洗掉，可使皮肤柔嫩。

3. 切豆腐时，用菜板上剩下的小豆腐渣压碎后抹脸，并按摩皮肤，可使容颜亮丽。

4. 用淘米水洗手，可增加指甲柔韧度及光洁度。

5. 切黄瓜、丝瓜时，用剩下的瓜蒂擦脸，会起到洁白容颜的作用。

6. 洗切番茄时，用小块番茄片敷在脸上，会增添脸的光泽。

7. 倒油入锅炒菜时，可将瓶口沾的清油均匀地揉在头发里以滋养头发。

8. 在捣蒜时，把蒜锤上的蒜抹在指甲上，有防止指甲变脆且易折的作用。

第三节　护发美发

头发护理常识有哪些

在日常生活中，有这么几个护理头发的小妙招：

1. 发质脆弱的人不宜染发，平时洗头时宜选择性质温和的洗头液。

2. 头发不宜多烫。

3. 经常修剪分叉的头发。

4. 使用药物保健头发，如首乌能使人的须发乌黑，且有利于头发的生长。

日常多吃些含蛋白质、铁、钙、锌和镁的食物，以及鱼类、贝类、橄榄油和坚果类，有改善头发组织、增强头发弹性和光泽的功效。

治疗秃发有哪些妙招

以下几种方法可有效防止或治疗秃发：

1. 用生姜治落发。将生姜切成片，在斑秃的地方反复擦拭，每次十几分钟，每天坚持三次，能有效刺激毛发的生长。

2. 柚子核治落发。如果头发发黄，且头部有斑秃，可用柚子核25克，用开水浸泡3个小时。每天用这种柚子核水涂拭二三次，可以刺激毛发生长。

3. 蜜蛋油防治稀发。如果头发稀少，可以用1茶匙蜂蜜、1个生鸡蛋黄、1茶匙植物油与两茶匙洗发水、适量葱头汁兑在一起搅匀，涂抹在头皮上，戴上塑料薄膜的帽子，不断地用温毛巾热敷帽子上部。过一个多小时，再用洗发水洗干净头发。如此坚持一段时间，可以促进头发的生长。

少白头食疗有何窍门

少白头除了与遗传因素有关，还与肾亏，以及色素有关。所以，少白头患者采取补肾壮阳的食疗法，可取得较为满意的效果。平时可多吃黄豆、玉米、黑豆、花生、蚕豆、豌豆、海带、黑芝麻、蛋类、奶粉、葵花子、胡桃肉、马铃薯、龙眼肉等。由于这些食物都含有大量的氨基酸和微量元素，对促进头发生长和白发变黑都有良好的效果。

头发洗护有何窍门

洗护头发也是有窍门的，下面就介绍几种实用的方法：

1. 定时洗发。通常，属中性皮肤的，冬季1周应洗一次，夏季四五天洗发一次；如果是油性皮肤者，可以一两天洗 一次；干性皮肤者，则要相对于中性皮肤者延长一两天。

2. 选用适合的洗发剂。一般，应选用适应皮肤和头发性质的，弱碱性质的洗发剂。否则，洗发后头发会失去光泽和弹力而变得黯然无光，还会导致头发变黄或发红；干性皮肤者则会使头皮更加粗糙，头皮屑增多。最好不要使用普通香皂洗发，因为头发的表面有一层鳞片状的角质组织，如果将香皂直接擦到头上，香皂很容易夹入鳞片状的角质缝隙中，不易被清洗干净，进而损坏头皮和头发。更不要使用肥皂洗发，因为肥皂含碱性较重，如果留存到鳞片夹缝中，角质层会因碱腐蚀而脱落，使头屑大增，头发也容易受到损害。

2. 使用护发素。每次洗过头发，都会有一些洗发剂残留于发根。为了使头发不受碱性侵蚀，可以使用一些护发素，这样就可以彻底清除残存的洗发剂，让头发变得柔软、顺滑。

健康洗发有何妙法

正确的洗发方法不仅可改善头发外观，也可以预防脱发，促进头发健康生长。正确的洗发方法有这么几个步骤：

1. 洗头前，先用毛梳将头发由前向后梳理，这将促进血液循环，有助于头发获得充足的营养。

2. 用温水打湿头发，因为温水能将保护头发的头油冲走。然后将洗发水涂在头发上，先洗头发的发际，其次是头顶部。

3. 多次按摩整个头部，使养分渗透到发根，清除毛囊堵塞物。

4. 清洗完头发后，将“蒸汽毛巾”裹于头周围一分钟左右。蒸汽使保湿更有效果，让每根发梢都可以均匀地吸收到水分。

5. 最后用冷水清洗，以使头皮毛孔收缩，紧固发型，增加发丝的光泽和立体感。

第四节　眼部美容

如何淡化黑眼圈

以下是几种有效的淡化黑眼圈的方法：

1. 将用过的茶包直接敷在眼睛周围一会儿，第二天黑眼圈就会缓减许多。这也是最简单实用的一种方法。

2. 将两片刚刚切好的苹果片敷在眼睛上，15分钟后取下来，再敷两片，重复几次，可有效减缓黑眼圈。

3. 洗完脸用双手顺时针方向按摩双眼5分钟，可促进眼下的血液循环，黑眼圈会慢慢消失不见。或醒后立即用和体温差不多度数的温热毛巾敷眼，冷却再更换，敷10分钟左右，黑眼圈即可减轻很多。

4. 将冰水和冷的全脂牛奶按1∶1比例混合，然后将棉花球浸湿，并敷在眼睛上约15分钟。

5. 将适量红砂糖放入锅内，以小火加热至冒烟，然后将红砂糖包在手帕或纱布里，晾到眼皮可以适应的温度时，依顺时针方向，慢慢热敷眼睛四周。

6. 挑选成熟的西红柿，将内部挖出来，搅拌均匀，敷在眼睛上，约10分钟后，再用湿毛巾擦掉。

7. 将新鲜的马铃薯去皮切片，敷眼约10 分钟即可有效去除黑眼圈。

8. 把化妆棉浸满冰水，敷在眼圈位置15分钟可除黑眼圈。

如何赶走眼睛浮肿

如果眼睛浮肿，可用下面的几个方法来缓减症状：

1. 茶包加按摩。将喝过的茶包趁温热时拎出，在眼部敷15分钟，然后涂上眼霜，从眼角向眼尾方向稍稍按摩，可消除眼部浮肿。

2. 睡前饮食要清淡。睡前3小时要少喝水。晚饭应该选择口感清淡的菜，过咸或者过辣的菜只会让你不断喝水，加重眼部浮肿。

3. 用冰盐水敷眼。先将盐水冷藏一段时间，取出后用化妆棉充分蘸取，并敷于眼部。因冰盐水有一定的收缩作用，故可减轻眼部浮肿。

如何巧除眼袋

因为各种各样的原因，很多人会长眼袋，非常影响形象。下面就介绍几种去眼袋的方法：

1. 冷敷消肿。每天晚上可以用冰块裹着毛巾放在眼睛上，坚持使用的话，可以成功去除眼袋。

2. 眼霜消肿。先在眼睑下方均匀涂上具有改善浮肿功效的眼霜。然后将双手的中指按压在双眼两侧，用力朝太阳穴方向拉，直至眼睛感到绷紧为止。最后双眼闭张6次，然后松手，重复做几遍。

3. 黄瓜消肿。在眼袋部位敷上小黄瓜片，用来镇静肌肤以减轻肿眼袋现象。

4. 按摩消肿。或站或坐，两眼正视前方。先以左手或右手的拇指与食指捏揉左右睛明穴，然后用左右手的食指沿下眼眶骨上沿眼球后下方按摩即可，力量大小以自己觉得舒适为宜。

如何巧除眼部皱纹

每一个人都非常希望自己可以拥有一双迷人的大眼睛，但是随着年龄的增长，或是由于一些不良的生活习惯，眼部容易出现皱纹，影响个人的形象。下面介绍几种有效除去眼部皱纹的方法：

1. 指压法：用双手的食指、中指、无名指先压眼角眉3次，再压眼下方3次，5分钟后，眼睛会感到格外明亮有神。每天宜做数次。

2. 眼球运动法：眼珠连续上下左右移动，每日做100次左右，以不感觉疲劳为宜。此法可锻炼眼部肌肉，促其保持弹性。

3. 按摩法：这种方法又可以分为二种：

一种是，用双手的大拇指分别按住太阳穴，食指由外眼角向内，直到眼角处，作螺旋形按摩。每天做两次，每次往复5次。按摩可增强血液循环，提高对眼皮的供氧率。

另一种是，将适量的按摩膏涂于指尖，然后在眼周做顺时针绕圈按摩，5分钟后用温水清洗，再涂上眼部收紧啫喱；用中指点一些眼霜，从眉心开始，向外沿着上下眼睑轻压，连续5次。用力一定要轻柔。

4. 热敷法。如果长时间用眼，可以通过热敷的方法加快眼周肌肤的血液循环的速度，让肌肤可以更快地恢复滋润的状态。接着再涂抹眼部护肤品，这样有助于眼部对护肤品营养成分的吸收。

第五节　减肥塑身

怎样做才能节食减肥

受以瘦为美的观念影响，许多女性都会因为多种原因而进行减肥，但大多数女生采取的减肥方式就是不吃饭或者节食。节食虽然是一种减肥方式，但如果不注意方法和措施，可能会损害身体健康。那么怎么进行合理的节食减肥呢？

1. 吃饭时要细嚼慢咽，这样会减少进食，避免摄入过多的热量。

2. 少食脂肪、油、糖含量高的食物，要少饮酒。

3. 每顿将吃进的食物记下，以便控制食量。

4. 如果正在减肥，每周以体重减少0. 5～1千克为宜。不可以过度节食，否则会影响身体的新陈代谢，反而会增加体重。

5. 多坐着吃，而不要站着吃。

6. 适当多吃需要反复咀嚼的食物，如硬面包、硬饼、纤维多的蔬菜等。

收腹减肥有哪些方法

腰间小肚子突出，是很多人的烦恼。如果整天久坐，又缺乏运动，脂肪很容易堆积在肚子上，形成我们经常所说的小肚子。那么要如何才能减肚子呢？有以下几种方法：

1. 每天坚持按摩腹部。可以站着，也可以仰卧，双手掌心紧贴腹部，按顺时针方向用力按摩约15分钟，每天一二次。

2. 平躺在地上减肥。双脚分开并且曲膝，脚底着地；双手交叉放在胸前，放松全身。保持下半身姿势，慢慢地把上半身向上弯起，同时呼气，然后数3下，回到原位即可。

3. 床上减肥。先做曲腿运动，平躺在床上，右腿弯曲，使其尽量贴近腹部，然后伸直；再换左腿，轮换伸曲。交替做 20次。稍事休息后，再做仰卧起坐，双脚不动，运动量以自己能承受为度。

4. 靠椅背坐直减肥。坐直后，使后背与臀部呈一条直线，如果是椅背倾斜，可以利用护腰的背垫使背部紧靠，然后进行腹式呼吸。这种方法在饭后 1小时以后进行效果最好，对于小腹突出者最有效。

5. 伸直背脊坐着或站立，缩回腹部减肥。用这种方法持续大约20秒，然后放松。做此运功时应保持正常呼吸，每天重复做十几次。

6. 捏肚皮减肥。用手尽力抓起肚皮，从左到右或从右到左捏揉，然后从上至下或由下至上捏揉，以腹部感到酸、胀、微疼为度，最后再用手平行在腹部按摩。

运动减肥有哪些方法

想告别肥胖，必须要多运动。但通过运动减肥，是有方法可循的。下面介绍几种运动减肥法：

1. 步行减肥法。步频一般不应低于1分钟140步。每次步行要保持至少30分钟，脉搏次数在锻炼后应达到平静时的150%左右，这样体内多余脂肪才有可能被有效消耗。在步行时候，要保持这样的姿势：头要微扬，上身稍稍前倾，肩膀放松，背部挺直，腹部微收。脚跟先着地，步子尽量轻捷，双臂可呈直角自然摆动，呼吸均匀，精神集中。用这种方法减肥，需要持之以恒。

2. 户外瑜伽。户外瑜伽可以帮助人们提高集中精神的能力，舒缓紧张、减轻压抑、消除心理障碍、恢复内心的平和安宁，使人的心态健康良好。另外，户外瑜伽能让身体吐故纳新、固本强神、舒筋活络，在不知不觉中保持优雅紧致的身形，轻盈灵动的姿态。

3. 爬楼梯减肥。每星期爬楼梯 3～4次，每次运动约半个小时，便可消耗2000左右焦耳热量，还有助强健小腿、大腿及腹部肌肉。

4. 有氧健身舞。跳健身舞必须连续运动至少12分钟以上。运动头几分钟人体的摄氧量比安静状态大为增长，此时的心输出量、心率和肺通气量大体上是一致的，摄入的氧气基本上能够满足组织细胞对氧的需要。机体在有氧状态下运动是由脂肪供能进行代谢活动的，所以，消耗的是体内脂肪。

置家篇

第一节　购房技巧

购房要看“五证”

在购房时，一般都要查看房产公司是否“五证”齐全，五证分别是：建设用地规划许可证、建设工程规划许可证、建筑工程施工许可证、国有土地使用证和商品房销售（预售）许可证。

《建设用地规划许可证》和《建设工程规划许可证》由市规划委员会核发，《建筑工程施工许可证》由市建委核发，《国有土地使用证》和《商品房销售（预售）许可证》由市国土资源和房屋管理局核发

实际上，购房时只需看一下房产公司有没有《国有土地使用证》和《商品房销售（预售）许可证》就行了。因为如果开发商未取得《建设用地规划许可证》和《建设工程规划许可证》是拿不到《国有土地使用证》的，而未取得《建设用地规划许可证》和《建设工程规划许可证》及《建筑工程施工许可证》是拿不到《商品房销售（预售）许可证》的。也就是说，如果开发商取得了《商品房销售（预售）许可证》，那么就可以证明该项目在规划、工程、土地使用等方面通过了政府的批准，就具备了将开发的商品房进入市

场交易的资格。

购房者确定购房前，还要要求开发商提供“两书”，即《住宅质量保修书》和《住宅使用说明书》。

哪些房不能交易

根据国家规定，下列房屋买卖行为将受到限制：

1. 违法或违章建筑；

2. 房屋产权有纠纷或产权未明确；

3. 教堂、寺庙、庵堂等宗教建筑；

4. 著名建筑或文物古迹等；

5. 由于国家建设需要，征用或已确定为拆迁范围内的房屋；

6. 单位不得擅自购买的城市私房；

7. 享有国家或单位补贴廉价购买或建造的房屋。

小贴士

经济适用房不满5年不得直接上市交易，因特殊原因需转让的，由政府按原价并考虑折旧和物价等因素回购。满5年交易的，由出售人按照出售收益的50%上交交易增值收益，取得完全产权。

买房须考察哪些情况

买房时，须考察以下几种情况：

1. 房屋结构情况。房屋的框架结构决定了房屋的耐用性和安全性，房屋一般有砖混结构和砖木结构等，并具有抗地震设计。

2. 房间布局情况。房间布局应实用、舒适、经济、合理，能符合家庭成员的居住特点，并且通风、采光也要好。

3. 配套设施和材料情况。房屋的建筑及装饰材料、厨房设备、卫生设备，以及水、电、煤气设施情况都要充分考虑，高层楼房还要考虑到电梯情况。

4. 生活配套设施情况。要具有方便完善的道路、商业服务、文化教育、邮电通信等服务设施。

5. 房屋外观情况。房屋外观包括房屋色彩、造型、建筑风格等。外观设计既要合理又要美观。

6. 房屋之间的间距和层次情况。不同房屋之间的距离、布局要合理，不能影响通风及阳光照射。房屋的层次高度和位置要好，视野应尽量开阔。

7. 房屋所属地段情况。要充分考虑房屋所处的地理位置、交通条件，以及周围的环境对工作、生活是否有利。

8. 环境情况。房屋卫生状况是否良好，周围是否有适当的绿化，以及房屋所属地区的空气、水质和噪音等情况要一并考虑。

小贴士

住建部规定，房子室内空间的高度应不低于2.40米，各楼栋之间的距离不小于楼房高度乘以0.70的系数，小于这个距离，就会影响室内的采光。因此，如果低于国家规定的这个标准，可以要求赔偿。

好房有哪些标准

判断好房的标准如下：

1. 房型要正。房屋要方正，这不但有利于家具的摆放和人在居室内的活动，而且给人以稳重、宽敞的感觉。

2. 房间空间要相对独立。居室各房间的空间要相对独立，室内房门开设的方向和位置要合理。要考虑实用空间面积、居室私密性和空间阻断性等因素。

3. 各居室面积要合理。卧室以13～15平方米为宜，厨房以6平方米左右为宜，客厅的面积要尽可能大一些，卫生间最好是将盥洗和如厕功能区分开。

4. 客厅的设计要科学。客厅设计中最大的禁忌是所有房间绕厅布置，造成开门太多，完整墙面少，不利于厅内家具的布置和使用，也影响了休息区的私密性和安静。

5. 室内室外的有机结合。良好的家居设计，是大客厅与明亮宽敞的落地阳台和室外美景的有机结合，给居者以开阔的视野和良好的心境。

看房有哪些窍门

看房有以下几个窍门：

1. 晚上看房。了解入夜后房屋附近噪音、照明、安全等情况。

2. 雨后看房。再好的伪装也敌不过几天下雨，此时漏水、渗水一览无余。

3. 看格局。不要被漂亮的建材所迷惑，房屋机能是否有效发挥，有赖于格局是否设计周全。

4. 看墙角。看墙角是否平整、皲裂、有无渗水。

5. 看做工。尤其是看每个接角、窗沿、墙角、天花板等做工是否细致。

6. 看窗外。一定要拉开窗帘看一下通风、采光、排气管等是否完好。

7. 看楼梯。即安全梯，如果发生灾难，安全梯是唯一逃生之路。

8. 看空屋。空屋能看出很多问题。

9. 看插座。设计精心的房屋，才能享受现代化家电的便利。

10. 看顶棚。注意看天花板和角落有无漏水。

11. 看厨房、厕所。客厅是外观，而厨房、厕所是内部器官，家中的水电煤系统都在这里，是容易漏水、出问题的地方。

如何判断房屋采光的质量

房屋采光质量受光面大小、朝向，以及是否直接采光的影响。采光面指采光面积与房间面积的比例，比例越高，采光效果越好。选购住宅时，其主要房间应有良好的直接采光。直接采光指采光窗户直接向外开设；间接采光指采光窗户朝向封闭式走廊、直接采光的厅、厨房等开设。间接采光效果不如直接采光。一般要求房屋至少有一面采光，厨房、卧室和起居室最好要有直接采光。

良好的房屋朝向，可以保证有大量的阳光通过窗户直射入室，改善住宅室内环境，如光、温度、卫生状况，对居住者的身心健康十分有利。通常认为，住宅朝向以正南最佳，东西次之，朝北最次。

如何判断房屋的通风好坏

通常情况下，房屋的通风要满足人对空气流动的基本要求，开启门窗时要保证室内外空气顺利流通，特别是在炎热的夏季，房屋最好有穿堂风。通风的另一个作用是能迅速排除房间内部的异味，从这一方面讲也需要房屋有良好的通风，当然，卫生间也必须满足通风的要求。

房屋最好占据住宅楼的两个朝向，如板式住宅的南与北或东与西，塔式住宅的东与南或南与西等。如果只占据一个朝向时，通风效果无疑要逊色许多。

住房建筑面积如何计算

住房建筑面积的具体计算方法如下：

单层建筑物不论其高度如何，均按一层计算。其建筑面积按建筑物外墙勒脚以上的外围水平面积计算。单层住宅如内部带有部分楼层（如阁楼）也应计算建筑面积。

多层或高层住宅建筑的建筑面积，是按各层建筑面积的总和计算，其底层按建筑物外墙勒脚以上外围水平面积计算，二层或二层以上按外墙外围水平面积计算。

建筑物内的技术层，层高超过2. 2米的，按技术层外围水平面积计算建筑面积。

用深基础做地下架空层，由住户使用或购买的层高超过2. 2米的，按架空层外围水平面的一半计算建筑面积。

住房内有地下室的，其面积按相应入口的上口外墙（不包括采光井、防潮层及其保护墙）外围的水平面积计算。

封闭式阳台、挑廊按其水平投影面积计算建筑面积。凹阳台、挑阳台按其水平投影面积的一半计算建筑面积。其中凹阳台、半挑半凹阳台，从阳台外边垂直进深深入室内超过1. 5米的，其超过部分面积不予折算。挑阳台及挑外廊、檐廊的底层有地坪及围栏的，可按其水平投影面积的一半计算建筑面积。

独立柱雨篷，按顶盖的水平投影面积的一半计算建筑面积；多柱雨篷，按外围水平面积计算建筑面积；无柱雨篷挑出墙外1. 8米以上的，按伸出墙外水平投影面积的一半计算建筑面积；室内楼梯按其水平投影计算建筑面积。

对于商品房面积的计算，近年多有异议，认为不应按建筑面积计算，而应按室内实际面积计算。但是目前国内各地商品房都是按建筑面积计算的。

如何检查新房内部“器件”

检查新房内部“器件”的方法如下：

1. 门的检查。门的开启和关闭要顺畅无碍；门的间隙要大小合适；门的四边要紧贴门框；房门的插销要安全有效；等等。

2. 窗的检查。窗户的开关要顺畅无碍；窗户玻璃要稳当无晃动；窗边与混凝土的接口要严密；框墙接缝处要密实，不能有缝隙；窗台下面要无水渍（如果有则要怀疑可能是窗户漏水）。

3. 顶棚的检查。顶棚上要没有裂缝、无水渍（如有水渍，说明有可能渗漏）。顶部要没有麻点，如果有麻点，对室内装潢会带来不利影响。要特别留意厕所顶棚是否有油漆脱落？是否长霉菌？墙身顶棚有没有隆起，顶棚楼板有没有倾斜、弯曲、起浪、隆起或凹陷的地方。

4. 地板的检查。地板要无松动、爆裂、撞凹等现象；行走时要没有响声；地板间隙不能过大；等等。

5. 厨房和厕所的检查。厕具和浴具要没有裂痕；下水要顺畅；砖缝要没有渗水现象；水池龙头要安装妥当；等等。

检查卫生间地面是否渗漏，可以用塑料袋装满沙子放在地漏上，然后在卫生间蓄一些水，24小时后，到对应的下层卫生间，看其顶部是否有渗漏。检测最好与上层住户同时进行，这样可同时检测自己家卫生间的地面和顶部是否渗漏。

购买期房时要注意哪些问题

期房就是尚未建造完成的房子，由于期房有种种不确定性，在购买期房时，有一些事项是要特别注意。

首先，在预购期房时，应综合了解开发商的有关情况，并应实地考察建房基地，核对开发商提供的有关预售资料和刊登的广告，查看是不是虚假宣传。

其次，在与售方洽谈达成协议后，双方应签订由房屋管理部门统一印制，工商管理部门监制的《商品房预售合同》，在该合同中应明确所购房屋的价款、付款方式、装修装潢标准、交房期限、房屋面积、楼层、朝向、户型等，并明确违约责任。

最后，在预售合同签署后，购房者要连同自己的身份证复印件交给售方，并由售方将预售合同交房地产交易管理所审核合格后，由房地产登记发证部门办理预售合同备案登记。这样，预售交易手续才算完备。如交易双方未按规定时限办理交易审核，有关部门将处以一定的罚款。

另外，购房者在签订预售合同之前应实地验证预售合同的内容和售楼书的说明与实际情况是否相符。如果房屋的出售是由房地产中介公司代理，应查验中介公司是否有工商营业执照和中介代理资格，其服务人员是否持有房地产经纪人许可证，以保证交易的可靠性和合法性。

购买期房前可以委托信任的中介机构对所购房屋项目的市场前景进行客观评估，如果市场潜力不被看好，切不可轻易购买，另外，还要委托中介机构对开发商资质、信誉度进行调查。

多层、高层住宅优缺点

通常情况下，四至八层称多层住宅，八层（不含八层）以上的称高层住宅。

多层住宅的优点主要是得房率较高；建造费用、物业管理费和修护费用相对较低。由于多层住宅一般为条状建筑，房型总体来说较好，每户主要房间基本上都朝南。目前多层商品住宅较多采用一梯两户，透风性较好。

多层住宅的缺点主要是使用寿命比高层住宅低，抗震性能不如高层，结构单一，缺少变化。

高层住宅的优点主要是结构牢固，抗震性较好，使用寿命较长。由于高层住宅均安装电梯，所以进出较为方便。高层住宅中较高层面视野较好，空气较好，可免装防蚊纱窗，如朝向和空气穿透性较好的户室，夏天空调使用的频率较低。

高层住宅的缺点主要是得房率相对较低，物业管理费和维护费用较高，如是点状高层住宅，总体房型不如多层，部分户室朝向不理想，私密性较差。

第二节　家庭装修材料选购

怎样选购水泥、沙子

装修中，地砖、墙砖粘贴以及砌筑等都要用到水泥砂浆，它不仅可以增强面材与基层的吸附能力，而且还能保护内部结构，同时可以作为建筑毛面的找平层，所以在家庭装修工程中，水泥砂浆是必不可少的材料。

为了保证水泥砂浆的质量，买水泥通常要认准信誉好的牌子。品牌定好后，要到正规销售场所购买。鉴别质量时，可以将水泥内加适当的水搅拌，让其凝固，6～12小时后，看是否结块。如果成粉状，说明是劣质水泥，或者是已经变质、过期的水泥。

装修用的沙子应选中沙，中沙的颗粒粗细程度十分宜于用在水泥砂浆中。太细的沙吸附能力不强，反而不能产生较大摩擦而粘牢瓷砖。

怎样选购吊顶材料

龙骨是装修吊顶中不可缺少的材料，其中包括木龙骨和轻钢龙骨。使用木龙骨要注意木材一定要干燥。现在家庭装修大部分选用不易变形、具有防火性能的轻钢龙骨，挑选时要注意龙骨的厚度，最好不低于0. 6毫米。最好选用不易生锈的原板镀锌龙骨，避免使用后镀锌龙骨。原板镀锌龙骨俗称“雪花板”，上面有雪花状的花纹，而后镀锌龙骨没有；前者的强度也高于后者。

另一种材料是石膏板，选择吊顶纸面石膏板时，要注意纸面与石膏不要脱离，贴接度要好。最好试试石膏强度，可用指甲掐一下石膏是否坚硬。如果手感松软，则为不合格产品。用手掰试石膏板角，易断、较脆均为不合格产品。

有些家庭装修浴室、厨房用PVC板、金属天花板吊顶。在选择PVC板时，除注意外表美观、平整外，最好闻一闻板材，带有强烈刺激性气味的板材对身体有害，应选择无味安全的产品。选择金属天花板时要注意其厚度不宜低于0. 6毫米，否则容易造成塌腰现象。

如何挑选优质多彩涂料

挑选优质多彩涂料可从以下几方面入手：

1. 看漂浮物的多少。凡质量好的多彩涂料，在保护胶水溶液的表面，通常是没有漂浮物的，若有极少量的彩粒漂浮物，属于正常现象。

2. 看保护胶水溶液颜色。多彩涂料在经过一段时间的储存后，其中的花纹粒子会下沉，上面会有一层保护胶水溶液。一般约占多彩涂料总量的1/4左右，凡质量好的多彩涂料，保护胶水溶液呈现无色或微黄色，且较清晰。

3. 看粒子的状态。取一透明的玻璃杯，盛入半杯清水，然后，取少许多彩涂料，放入玻璃杯的水中搅动。凡质量好的多彩涂料，杯中的水仍清晰见底，粒子在清水中相对独立，粒子的大小很均匀。

如何选购油漆

选购油漆的方法如下：

1. 选没有声响的。将油漆桶提起来晃一晃，如有晃动的声音，说明包装严重不足且黏度过低；正规厂家出产的优质油漆，晃一晃几乎听不到声音。另外，可打开油漆桶盖进行验看，如果油漆质感越细腻其上漆后的效果会越好，反之越差。还要看油漆是否有分层结块的现象，如果有则表明油漆的质量较差。

2. 选耗用量少的。仔细查看或者向卖家咨询油漆的涂刷遍数和涂刷面积，计算用量和每平方米材料成本。油漆由固体份（成膜物）和挥发物组成，固体份含量高的达到70%～80%，低的不到10%～20%，虽然固体份含量低的单价便宜，但耗量大，总的价钱往往要更高，更重要的是这样的油漆其质量和效果要逊色许多。

3. 买专业性、配套性强的。质量好的产品往往专业性更强，厂家根据板材的纹理、色泽、结构或使用对象有不同的设计和严格的工艺要求，并提供技术指导和售后服务，因此，应优先选择专业性配套性强的产品。

小贴士

购买油漆时要一次购足，以免先后购买的油漆有轻微的色差。另外，底漆与面漆最好选用同一品牌或配套的油漆，以防止底漆与面漆之间产生化学反应。选购时要先仔细阅读其外包装说明中注明的与之相配套的底漆（或面漆）类型或型号。

如何挑选家具油漆

各类家具油漆挑选方法如下：

1. 硝基木器清漆。漆膜坚硬，光泽度好，耐久性强，适用于光度要求高的高级木制家具。

2. 醋胶清漆。醋胶清漆也叫耐火漆。漆膜光亮，能受阳光、高温、风吹、雨淋及温度变化的侵蚀，可用来刷木桶、盆、方凳等。

3. 醇酸清漆。这是一种透明清漆。漆膜光亮，附着力强，干燥性好，不受气候变化的影响。

4. 聚氨酯清漆。附着力强，耐磨擦、耐湿热、防霉菌，是高级装饰用漆，可用于漆刷壁橱等。

5. 丙烯酸木器漆。漆膜丰满、光亮、坚硬、耐击，且耐酸、碱、醇等化学物的侵蚀，装饰性强，多用于漆刷乐器外壳和高级家具。

6. 酚醛清漆。漆膜坚硬，耐磨抗潮，耐化学腐蚀，干燥快，适用于柜橱等家具。

选购地热地板有哪些要求

地热采暖有自身的特殊性，对地板的要求很严格，因此，地热地板在满足常规质量指标的同时，还要满足以下要求：

1. 导热散热性要好。木材和竹材都是很好的天然材料，地面热量通过地板传递到表面，必然会有热能损失，理想的地板能把热能损失降到最低。所以为了减少热能损失，地面采暖地板要求宜薄不宜厚。选择多层实木、竹地板和强化木地板，板厚不超过8毫米，最多不能超过10毫米。

2. 稳定性要好。在北方地区，非采暖季地面要承受各种潮气，而供暖时地面温度又要骤然升温，木地板必然承受“温度”“湿度”的双重变化，所以地热地板必须要选购稳定性好的，如强化地板、多层实木地板、竹木地板这些集成复合型地板。

3. 防潮耐热性要好。集成复合型地板要采用符合环保、胶合强度、耐高温高湿老化这三大指标的黏合剂。普通黏合剂的环保指标、耐潮性、耐老化性、膨胀率等均不能达标，必然大大影响地板的使用寿命。

4. 要有持久的耐磨性。由于地热地板宜薄不宜厚，所以复合表面层一般以0. 3～0. 6毫米为多。主要表层的油漆耐磨耗值要比传统指标高。

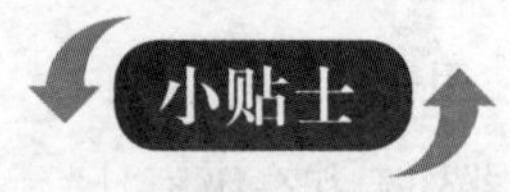

一般来说，实木复合地板、强化地板、竹木复合地板皆适合用作地热地板。为使其热阻小，其厚度宜薄不宜厚，最佳尺寸为6～10毫米，此厚度的木地板传热性能最佳。

如何挑选复合木地板

复合木地板与实木地板不同，它通常是由不同密度的纤维板材交错层压而成，也称强化地板。复合木地板有很多品牌和型号，其性能、价格等也有很大差别，在挑选复合木地板时要注意以下几个方面：

1. 耐磨性要合适。耐磨值是用转数表示的，转数越大耐磨程度越高，价位也就越高。作为居家环境，耐磨值在7000转左右就够了。如果选择过高的耐磨值，有时会造成不必要的浪费。

2. 看企口是否平直。企口的完整程度直接关系到地板的使用寿命。要挑选企口平直的。

3. 颜色和木纹的定位。挑选颜色、木纹时，一定要考虑房间的大小、家具的颜色与风格及个人的爱好。一般来说，房间大可选择颜色深一点、木纹复杂点的地板；房间小选择颜色浅、木纹素雅点的更好。

4. 板面光洁度的选择。复合地板按板面光洁度大致分为沟槽型、麻面型、光滑型等。这些品种无所谓哪一种好，完全取决于使用者自身的喜好。

此外，甲醛含量往往被人们所忽略，按照欧洲标准，每100克地板的甲醛含量不得超过9毫克，如果超过了9毫克则为不合格产品。在挑选地板时，要注意查看甲醛的含量，优先选择低甲醛含量产品。

如何挑选优质的大理石地板

挑选优质大理石地板有以下几种方法：

1. 看质感。一般来说，均匀的细料结构的大理石具有细腻的质感，粗粒及不等粒结构的大理石其外观效果较差，机械力学性能也不均匀，质量稍差。

2. 听声音。轻轻敲击大理石，质量好的、内部致密均匀且无细微裂隙的石材，敲击声清脆悦耳。相反，若石材内部存在裂隙、细脉或因风化导致颗粒间接触变松，则敲击声粗哑。

3. 测致密性。测量方法是在大理石地板背面滴上一小滴墨水，如墨水很快四处分散浸出，即表示石材内部颗粒较松或存在细微裂隙，石材质量不好。反之，若墨水滴在原处不动，则说明石材致密质地好。

如何挑选好瓷砖

可从以下几方面挑选好瓷砖：

1. 看规格。好的瓷砖规格偏差小，铺贴后，整齐划一，砖缝平直，装饰效果良好。差的瓷砖规格偏差大，尺寸不一。

2. 看色差。在光线下仔细察看瓷砖样品，好的瓷砖色差很小，色调基本一致，而差的瓷砖色差较大，色调深浅不一。

3. 看图案。花色图案要细腻、逼真、没有明显的缺色、断线、错位等缺陷。

4. 看色调。在室内装饰中，地砖和内墙砖的色调要相互配套。卫生间配套要以卫生洁具为主，墙地砖及各种配件包括五金件及其他配套材料的质量、档次都应与其协调一致。

5. 看釉面。光泽釉应晶莹亮泽，无光釉则柔和、舒适。可尝试用硬物刮擦瓷砖表面，若出现刮痕，则表示施釉不足，表面的釉磨光后，砖面便容易藏污，较难清理。

6. 看形变。如产品边直面平，这样产品变形小，施工方便，铺贴后砖面平整美观。

7. 看防滑性。瓷砖的防滑性是很重要的，一般在卫生间和厨房等地方，应当选用具有防滑功能的瓷砖。

8. 看耐用性。好的瓷砖铺贴后，能够长时间不龟裂、不变形、不吸污。

如何挑选好壁纸

总体上说，居家可选用发泡壁纸，发泡壁纸吸声好、质感强且装饰效果好。厨房及卫生间宜选用普通塑料壁纸，且最好选用仿瓷砖壁纸；公共建筑走廊应选用耐磨性好的布基壁纸，或者纺织壁纸；有防火要求的选用防火壁纸。

壁纸的颜色和花型应该与房间的方向和大小相协调。向阳的房间宜选择冷色调的，如淡蓝或淡绿等；背阴的房间宜选择暖色调的，如淡黄或淡玫瑰红等。壁纸花型的大小可依房间大小而定，如果小房间用大花型的壁纸，会给人“满”“堵”的感觉，因此宜选用小花型的壁纸。

壁纸的品种繁多，按其所用材料，可分四大类，即纸面纸基壁纸（即普通壁纸）、纺织物壁纸、天然材料壁纸和塑料壁纸。

纸面纸基壁纸透气性好，但不耐水，易脏且易破裂，也不便于糊贴；纺织物壁纸和天然材料壁纸透气性好，但价格较高。好的壁纸，不能有折痕、污点、漏印、色彩混浊及明显重影。塑料壁纸图案精美，防潮，防霉，吸音性强，不易结露，粘贴方便，经久耐用且可用水清洗。如果是压花塑料壁纸，其压花应达到规定深度，更不允许出现光面。塑料壁纸图案花型应与房间相适合，矮小的房间，宜选用淡雅、竖条及小花纹的塑料壁纸，以增加房间的空旷感；既大又高的房间，宜采用大花纹塑料壁纸，以形成室内的庄重气氛，增加充实感。此外，图案花型与家具陈设的协调也要注意。

如何选择墙纸底色与图案

首先要选择墙纸的底色，然后再选择花样图案。传统中式客厅，墙纸图案宜选择浅棕底、深棕花，或者银灰底、淡墨花，花样以松、竹、梅等花卉图案为宜；现代会客厅墙纸图案宜用浅底色，花样应清新活泼。新房的墙纸花样宜选用红梅、孔雀等花样，以表现出欢快、喜庆的气氛；老年人卧室要求朴实、庄重，墙纸花样以淡墨松、竹等画为宜；儿童房应表现出欢乐活泼的气氛，显得富有朝气，墙纸花样可选童画型、积木型或丛花型。

此外，还要根据自身的经济情况和墙纸的特点进行选择。一般而言，胶面纸底的墙纸，可以用清水或肥皂清洗，较为耐用持久，适合家庭使用。而纸底纸面的墙纸，则是最经济的选择，不过图案有限，贴后很容易剥落。双层墙纸，是用多层纸作为衬底，表面可印出纹理悦目的浮雕图案。木屑墙纸，是在双层墙纸中加上细木屑制成的，可产生一种粗粒状效果，也可以贴到墙上后再油漆，纹理与颜色能随个人喜好而变化，但价格较贵。

选购防盗门注意事项

防盗安全门根据其安全级别可分为A级、B级和C级，其中C级防盗性能最高，B级其次，A级最低，我们现在在商场里看到的大部分都是A级防盗安全门，通常情况下，普通家庭选择A级防盗门即可。

选购防盗门时，要注重以下方面：

1. 大小、颜色等的选择。应根据居室的门洞尺寸、开启方向、颜色花纹等实际要求选择合适的防盗安全门。

2. 资质检查。防破坏功能是防盗安全门最重要的功能，在购买时一定要求销售商出示有关部门的检测合格证明。

3. 防盗系数检查。合格的防盗安全门门框的钢板厚度应在2毫米以上，门体厚度一般在20毫米以上，应检查门体重量，一般应在40千克以上，并可通过拆下猫眼、门铃盒或锁把手等方式检查门体内部结构，门体的钢板厚度应在10毫米以上，内有数根加强钢筋，使门体前后面板有机地连接在一起，增强门体的整体强度，门内最好有石棉等具有防火、保温、隔音功能的材料作为填充物，用手敲击门体发出“咚咚”的响声。

4. 工艺质量检查。应特别注意检查有无焊接缺陷，诸如开焊、未焊、漏焊等现象。看门扇与门框的配合是否密实，间隙是否均匀一致，开启是否灵活，所有接头是否密实，门板的表面应进行防腐处理，一般应为喷漆和喷塑，漆层表面应无气泡，色泽均匀，大多数门在门框上还嵌有橡胶密封条，以防止关闭门时发出刺耳的金属碰撞声。

5. 锁具检查。合格的防盗门一般采用经公安部门检测合格的防盗专用锁，同时，在锁具处应有30毫米以上厚度的钢板进行保护。现防盗专用锁有许多是多方位锁具，其优点是不仅门锁锁定，上下横杆都可插入锁定，对门加以固定，大大增加了门的防撬性能。

6. 选择品牌。品牌是产品质量与服务的标志。在市场上购买防盗门时，最好到正规的大型家居建材城购买。购买时还应该注意防盗门的“FAM”标志、企业名称、执行标准等内容，符合标准的门才能既安全又可靠。

7. 安装后的检查。安装好防盗门后，首先要检查钥匙、保险单、发票和售后服务单等配件和资料与防盗门生产厂家提供的配件和资料等是否一致，千万不能出现少钥匙的情况。用钥匙开启已安装于门体的锁具时，锁芯应轻松灵活，无卡滞现象；门在开启90度过程中，应灵活自如，无卡阻、异响等。

小贴士

锁是防盗门的一个重要环节。真正的好锁并不是锁点越多越好，10个、20个锁点和4个锁点没有什么本质的区别。不论有多少个锁点，中心都在锁芯上，只要锁芯坏了，再多的锁点也没用了。一般门锁有4个锁芯就足够了。

第三节　科学装修

家庭装修怎样注意环保

家庭装修环保、安全是最重要的事情，要做到环保、安全，首先要把好装修选材关，所用装修材料一定要符合环保要求。质量低劣、污染严重的材料绝对不能使用。环保材料是指通过国家权威检测机构认证，达到环保标准的材料。环保型材料则指的是相对同一品牌的同类产品来说，其环保性能有所提高、环保指标相对较高的材料。

市场上的环保材料并不是没有有害物质，只是按量或释放量低于国家标准，只要正常使用，确实比其他材料环保，但是如果使用不当，也会对人体产生不良影响。

1. 墙面涂料。墙面面积大，需选用具有环保标志的国内大型企业生产的乳胶漆。购买涂料时请注意VOC指标，越低越环保。工业801或者901胶水，污染非常大，国家禁止家装使用。

2. 地面所用实木地板。实木地板除木材本身外，其污染物含量与所用油漆有关，优质的复合地板在某种程度上也可能优于涂了劣质油漆的实木地板。

3. 瓷砖。瓷砖可能存在放射性污染，主要来源于土壤中放射性元素衰变产生的氡气，氡气密度比空气大，对个子矮的孩子影响较大。国家把瓷砖按照放射性等级分为A、B、C三类，在加工和烧制过程中放射性物质会不断衰减，少量使用无大碍，但如果大面积使用，应买A类砖。

绿色家装的实现需要家装公司与消费者双方共同努力，需要在家装设计、施工过程、材料选择、后期配饰及维护等方面共同配合。温度、湿度和空气流动速度都会影响到装饰材料中有害物质的释放。例如温度、湿度越大，材料中有害物质散发的速度越快；而室内通风良好，则可以降低有害物含量，降低对人体的伤害。

居室改装应注意哪些事项

居室改装注意事项如下：

1. 不能随意进行管道的改装。

2. 不能随意改变居室建筑结构。未经房屋原设计单位认可同意，承重墙、共用部分隔墙、抗震墙等，不得随意挖墙、打洞，不得擅自拆改。

3. 不能随意改装居室电器线路。居室电器线路，要合乎用电和煤气管道的安全要求。电线设备与煤气管的水平距离不得小于10厘米，交叉距离不得小于3厘米。

4. 厨房、卫生间地面装修前，必须对基层做防水处理，并按规定办理蓄水24小时，检验合格的签认手续。

浴室装修怎样防水、防潮

浴室装修时，墙地砖铺设、吊顶处理、管道安装及设备的选择等都应考虑防水防潮的需求，并做以下周密安排：

1. 要做好防水作业。墙地砖、石材铺设时应在面层下做防水层，选用水泥砂浆将地面找平，涂防水涂料，之后再铺一层1∶2的水泥砂浆作为结合层，将地砖等饰材铺贴上去，浇水后用木板拍实，使其平整牢固、接缝严密。石材铺贴前要做背涂处理，减少“水渍”现象发生。防水层四周与墙接触处，应向上翻起，高出地面约25~30厘米。做涂料装饰时应先刷防水腻子并选用防水涂料。处理地面面层时要使流水倾向地漏，不倒水、不积水，经24小时蓄水试验无渗漏。

2. 吊顶防水。吊顶最好选用有微孔的铝扣板，以加强通风和预防遇冷凝水。若做石膏板吊顶，应先刷防水腻子，再刷防水涂料；PVC吊顶易产生冷凝水，并下滴，一般情况下不宜选用。

3. 水管安装要合理。管道安装最好不要改动原来的上下明管，必须改装时应做到横平竖直、铺设牢固，坡度符合要求。阀门、龙头安装平正，使用灵活方便，明管刷防锈涂料，暗管刷防腐漆。给水管道与附件、器具连接严密，经通水试验无渗漏。

4. 卫生器具安装位置要正确，器具上沿要与水平方向一致。浴室电器应选择防水性能较好的品牌产品，如长期在潮湿的环境下使用的沐浴暖灯，外壳应由不锈钢制成。防腐性能要好，而且带防水电源开关、电缆及插头，通电使用或断电时不怕水淋、水溅，不会造成漏电或损坏。另外，还需配备防水灯罩、防水插座等。

5. 浴室装修应避免使用木质材料，必须使用时，应选用防火板或做全混油装饰，以防水。暗藏的木龙骨均需刷防水涂料或防腐剂。

6. 浴室保持良好的通风环境是非常重要的。选用质量较好的通风设备有助于水分、蒸汽迅速挥发，保持室内清新洁净。

防水的计量为IP。看防水连接器防水性能如何，主要看IP××的后面两位数字××，第一位×是从0到6，最高等级为6；第2位数字是从0到8，最高等级为8，因此防水连接器的最高防水等级为IP68。

卫生间装修注意事项

卫生间一般面积较小，采光不足，湿度大，但却必不可少，因此对卫生间的装修不要掉以轻心。

卫生间要注重防漏防滑，地面装饰材料最好用有凸起花纹的防滑地砖，不仅可以很好地防水，而且在地面积水的情况下，也不容易使人滑倒。

卫生间的顶部，要注意防止水蒸气的侵蚀，最好采用防水性能较好的PVC扣板。可直接安装在龙骨上，另一方面还能起到遮掩管道的作用。

在电路布置上，要格外小心，避免触电。灯具和开关要使用带有安全防护功能的，接头和插销也不能暴露在外。

卫生间的照明一般可选用防水型日光壁灯或防爆型白炽吊灯，光线最好稍强一些，以弥补自然采光的不足。

此外，卫生间最好放置几盆耐阴、喜湿的盆栽植物，既可以使这个空间多几分生气，又有利于清新空气。

厨房装修注意事项

厨房是家庭生活非常重要的场所，因此装修不可掉以轻心。一般来说，厨房装修主要需要注意以下方面：

1. 操作平台要量身定制，可依身高而定，以方便操作。

2. 厨房内电器分配要合理，以保证安全和便于使用。

3. 储藏柜要简洁，充分利用有效空间。

4. 物品摆放要合理。厨房门开启与冰箱门开启不能冲突；抽屉尽量不要设置在柜子角落里；厨房窗户的开启与洗涤池的龙头不要发生冲突。

5. 厨房装修要以防水、防滑、方便清洁为出发点，实木地板和塑料材料容易沾油、吸污，金属和不锈钢厨柜更适合。

客厅装修需要满足哪些要求

客厅也称为起居室，是整间屋子的中心，在人们的日常生活中使用最为频繁，是会客、聚会、娱乐、家庭成员聚谈的主要场所。客厅也是室内装修设计的重点，从而可以体现出主人的品位。

通常，客厅装修有以下几点要求：

1. 看上去宽敞。不管客厅面积大小，尽量创造出一个宽敞的活动空间。

2. 高度最高。客厅的高度应是看上去最高的，包括使用各种视错觉处理。

3. 光线最亮。相对而言，客厅应是整个居室光线最亮的地方。

4. 装修材质安全。确保所采用的装修材质，尤其是地面材质能适用于绝大部分或者全部家庭成员。例如客厅铺设太光滑的砖材，可能会对老人及小孩造成安全隐患。

5. 行走方便。客厅的布局要方便通行，无论是侧边通过式的客厅还是中间横穿式的客厅，都应该确保行走方便。

可以在客厅适当的位置放些小植物、布艺、小摆设等各类装饰品。富有生气的植物能给人清新、自然的感觉；精致的布艺制品能使客厅在整体空间色彩上鲜活起来；别致的小摆设可以凸显主人的特有情趣。

如何防止瓷砖裁割碎裂

厨房的灶台、墙面，卫生间地面、墙面等铺设瓷砖时，都需要进行裁割。在裁割时，瓷砖很容易破碎，下面是一种简易保险的裁割方法：

将瓷砖放在水中浸透，取出后将瓷砖底面朝上，放在平整的桌面上，按实际需要的尺寸量好，划一条线，沿线放上一根木尺，用折断的废钢锯条沿木尺边缘用力划3～5下，然后将划痕与桌子棱边重合，两手各按住划线的两边，悬空的那边手用力向下一掰，这样瓷砖就会断开了。

如果需要加工曲线或圆形瓷砖时，只要先用木块做成需要的曲线或圆形的样板，把浸透的瓷砖底面向上，将锯好的样板放在瓷砖上，用断废锯条沿曲线或圆形样板边缘反复划成槽。把不需要的部分，用钳子轻轻掰掉，再将毛边磨光就行了。如果有金刚钻头划刀，划法与划玻璃相同，但划割前也应先将瓷砖在水中浸透。

如何挑选和安装室内门

挑选以及安装室内门的注意事项：

1. 观察门套。现在市面上的门套主要有两种：密度板和实木多层板。密度板是由麦秸、稻草、甘蔗等材料粉碎后压制而成，虽然平衡性很好，但很容易开裂变形，握钉力差。而实木多层板是由多层实木单板纵横交错叠压而成，有很强的吃钉力、握钉力，稳定性非常好，防水防潮，是居家木门的首选。

2. 观察门芯。主要看用的材质，是不是真材实料，另外，还要看商家提供的书面材料，看材质是否环保。

3. 观察木门油漆。木门油漆的处理不可小视，它直接影响木门的整体效果。有一些商家为了省钱，会在油漆上面做手脚，一樘门使用两种漆，这样既便宜又省了不少油漆的处理工艺，在看木门时，可用手背感觉其油漆的手感，并向卖家询问油漆的处理工艺。

4. 计算门框尺寸。装塑钢门的时候一定要计算好塑钢门的门框凸出墙壁的尺寸，使最后门框和贴完瓷片的墙壁是平的，这样才美观，也使平时的清洁保养更加方便。

5. 包门套和贴瓷砖的配合。木工的包门套和泥工的贴瓷砖要配合好，包门套的时候，要考虑下面的地面是不是还要贴瓷砖或其他水泥砂浆找平等相关事宜，如果门套在贴瓷砖前钉好，一直包到地面，以后用水泥的时候，如果水泥和门套沾上了，就会很容易造成门套木材吸水发霉。

6. 安装厨房和卫生间木门的要求。如果厨房和卫生间也要安装木门，装上之后应立即将门框与地面接缝的地方打上玻璃胶。防止水溅到地上渗到门框里。

春季装修如何防潮湿

春季装修防潮湿应注意以下几个方面：

1. 防止木材变形。木材购买之后，应该在屋内放置3～5天后再使用，这样木材才不会出现变形的现象。

2. 防止油漆潮解。春天潮热，油漆刷上后干得慢，而且油漆吸收空气中的水分后，会产生一层雾面，这时可用吹干剂，油漆就会干得很快。

3. 防止乳胶漆发霉。春季装修，墙面上使用的乳胶漆因为干得不是很快，在潮湿天气中会发霉变味。可以在施工之后用抽湿机抽湿，将空气中的水分彻底去除。

春季装修买乳胶漆、黏合剂时一定要选有弹性的。铺木地板时先做防水防潮处理，用珍珠棉或沥青打底，然后安装时要留伸缩缝，这样地板才不会起翘，也不会因潮而发黑发霉。

秋季装修如何保湿

秋天的空气比较干燥，涂料很容易变干，木质板材不容易返潮。也正因为这样，秋季装修应注意有效保湿。

过干的秋季气候很容易导致木材表面干裂并且出现裂纹，所以，木材买回后应该尽快做好表面的封油处理，避免木材风干。特别是实木板材和高档饰面板更应该小心，如果风干、开裂会影响到装饰的效果。

一般情况下，壁纸用于贴墙前，要先在水中浸透，再刷胶贴纸。秋季气候干燥，容易使壁纸迅速风干，导致收缩变形，所以壁纸贴好后宜自然阴干。

装修的预留问题

装修的预留问题可参照如下几个方面：

1. 多设开关及照明灯。应在客厅、卧室中多设几处独立的射灯照明，可以就近阅读书报。在摆放常用电器处多设置照明灯，既省事也会更加省电。房间的主要照明灯应设置双开关，比如卧室的大灯，可分别在门口和床头设开关，使用起来会非常便利。

2. 多设电源插座。应在室内多设电源插座，以满足家具、电器的变动、增多的需要。在装修的时候，应选择与墙面颜色相同或相近的电源插座，安装在各室四墙的踢脚线处，保证隔一段距离就会有一个插座。

3. 多设电话接点。生活中，电话的使用也非常重要，因而在居室各处，尤其是客厅、卧室均应铺设电话线和接点，不仅方便接听电话，也方便上网。

4. 多留储物空间。在装修时，一定要尽可能地多留出一些储存物品的空间，比如把一整面墙做成壁柜，在单元大门的上方做吊柜、橱柜等。这样室内会更加整洁。

5. 注意下水设施。在铺设厨房、卫生间、阳台等处地面时，一定要注意使“地漏口”处于最低位置，并保证其他地面均向地漏倾斜，避免积水难除。

安装家用电源注意事项

开关的安装高度应离地面1.4米。拉线开关离地面安装高度要求为2米，明装插座离地面安装高度要1.3～1.5米，暗装插座离地面要求0. 2～0. 3米高。室内吊灯灯具安装高度通常应大于2. 5米，如果条件不允许可减至2. 2米。

为了安全用电，电源插座应具备防雷、阻燃、过载3种保护功能。在购买产品时，应检查额定电压、电流值，要高于使用的定额。通常要求小容量的漏电开关装在电度表后面。室内布线施工后的相对地绝缘比电阻不应小于0. 5兆欧。现行的住宅设计规范要求，每套住宅的进户线截面不应小于10平方毫米。

在安装三孔插座时，一定不要让地线形同虚设，更不要直接把地线接到煤气管道上。这样做很危险，地线与电器外壳相连，一旦电器漏电，将会导致人触电。

安装热水器注意事项

安装热水器要注意以下事项：

1. 热水器挂架安装的墙体必须是厚度大于10厘米的实心墙，热水器容量为80升以上的，安装时最好加装较牢固的托架。

2. 热水器的安装环境应为干燥通风、无其他腐蚀性气体存在，且水和阳光不能直接接触的地方。

3. 安装热水器的房间应有可靠的地漏，以方便排水。

4. 电源必须有可靠的接地或防漏电保护装置。

5. 电热水器的水压要正常，一般不超过0. 7mpa，如确实水压过高的话，则一定要在前面加装减压阀。

如何计算装修面积

计算装修面积可以参照以下几方面：

1. 计算地面的装修面积。地面的装修材料一般包括：木地板、地砖、地毯、楼梯踏步及扶手等。地面面积按墙与墙间的净面积以“平方米”计算，不扣除间壁墙，穿过地面的柱、垛和附墙烟囱等所占面积。

2. 计算墙面装修面积。墙面的装饰材料一般包括：涂料、石材、墙砖、壁纸、软包、护墙板、踢脚线等。计算面积时，材料不同，计算方法也会有所差别。涂料、壁纸、软包、护墙板的面积按长度乘以高度计算。

3. 计算屋顶装修面积。屋顶的装饰材料一般包括涂料、吊顶、顶角线及采光顶棚等。屋顶施工的面积均按墙与墙之间的净面积以“平方米”计算，不扣除间壁墙，穿过天棚的柱、垛和附墙烟囱等所占面积。顶角线长度按房屋内墙的净周长以“米”计算。

4. 计算楼梯装修面积。楼梯踏步的面积按实际展开面积以“平方米”计算，不扣除宽度在30厘米以内的楼梯井所占面积；楼梯扶手和栏杆的长度可按其全部水平投影长度乘以系数1. 15计算，以“延长米”为单位。其他栏杆及扶手长度直接按照“延长米”计算。

对家具的面积计算没有固定的要求，一般以各装修公司报价中的习惯做法为准。用“延长米”“平方米”或“项”为单位来统计。

但需要注意的是，每种家具的计量单位应该保持一致。

如何检查地面装修

检查地面装修质量可以参照以下几方面：

1. 常用的地面瓷砖为花岗岩、大理石、陶瓷地砖，均采用水泥砂浆铺贴，同一房间粘贴的地面材料的光洁度、纹理、图案、颜色应均匀一致，没有明显的色差。

2. 面层和基层一定要粘贴牢固，可以使用小木锤轻击检查。板块接缝顺直，缝宽基本一致，接缝牢固饱满。

3. 木地板基层所选用的木龙骨、毛地板和垫木安装必须牢固、平直、并涂防腐剂。

4. 硬木面层应由中间向四边铺钉，木地板与四周墙面应留5~10毫米的膨胀间隙，用踢脚线压住，不得露缝。

5. 木地板接缝严密，接头位置错开，脚踩没有松动、没有声响，粘钉牢固。

6. 木地板表面打磨光滑，没有刨痕、毛刺现象，木纹清晰，色泽均匀一致。

新家具如何处理

购买新家具后不要立即使用，因为新家具中含有一定量的有害物质。游离甲醛是家具中的主要有害物质，其来源主要是人造板的粘胶剂。另外，由于制造家具时使用的一些胶、漆、涂料中也含有人量的苯及甲苯、二甲苯，这些物质对人体的健康都会有一些伤害。所以，新买的家具千万不要立刻使用，可以把它放在不住人的房间里，放置一段时间，并经常开窗通风换气，让游离的甲醛或者其他有害物质慢慢释放出去。通常，新家具要放置一年以后再使用为宜。开始使用时尽量不要将内衣、睡衣以及儿童的服装放在里面，以防止没有消散干净的甲醛等的侵害。

哪些绿色植物去甲醛

房屋装修以后，以甲醛为主的有害气体会留在房屋内，为降低装修后室内甲醛含量，须要通过每天通风的办法来降低甲醛浓度。还可以购买海绵和配套的小型真空泵，把室内的有害气体抽入海绵中，置换进室外新鲜空气，清除工作要重复进行。另外在装修后的房间内放置一些可以吸附甲醛的绿色植物也是很好的办法：

1. 吊兰。吊兰养植容易，适应性强，吸收甲醛的能力十分强悍，一般房间养1~2盆吊兰，空气中有毒气体即可吸收殆尽，故吊兰又有“绿色净化器”之美称。

2. 常春藤。常春藤是典型的阴性植物，能生长在无光照的环境中，在温暖湿润的气候条件下生长良好，但是不耐寒。可分解存在于地毯、绝缘材料、胶合板中的甲醛和隐匿于壁纸中的二甲苯。

3. 虎尾兰。虎尾兰是常见的家庭盆栽品种，耐干旱，喜阳光温暖，也耐阴，忌水涝。可吸收室内包括甲醛在内的80%以上的有害气体。

4. 白掌。白掌是抑制人体呼出的废气如氨气和丙酮的“专家”，同时它也可以过滤空气中的苯、三氯乙烯和甲醛。

5. 芦荟。芦荟是多年生常绿多肉植物，喜温暖、干燥气候，耐寒能力不强，不耐阴。有句花谚这样说：“吊兰芦荟是强手，甲醛吓得躲着走。”在24小时照明的条件下，可以消灭1立方米空气中所含的90%的甲醛。

6. 波斯顿蕨。波斯顿蕨每小时能吸收大约20微克的甲醛，是最有效的生物“净化器”之一。

7. 散尾葵。散尾葵每天可以蒸发一升水，是最好的天然“增湿器”。此外，它绿色的棕榈叶对二甲苯和甲醛有十分有效的净化作用。

8. 千年木。千年木的叶片与根部能吸收二甲苯、甲苯、三氯乙烯、苯和甲醛，并将其分解为无毒物质。

9. 垂叶榕。垂叶榕类植物表现出许多优良的特性，它可以提高房间的湿度，有益于机体皮肤和呼吸。同时它还可以吸收甲醛、二甲苯及氨气，净化混浊的空气。

10. 袖珍椰子。袖珍椰子是高效空气净化器。由于它能同时净化空气中的苯、三氯乙烯和甲醛，所以特别适合摆放在新装修好的居室中。

小贴士

在建筑房屋以及室内装修时使用的原料不可避免含有一定量的对人体健康有害的物质，比如，油漆门窗用的油漆、处理墙面用的涂料、防止漏水用的沥青以及新买的新家具等含有一定量的有害物质，这些有害物质都需要一个自行散发的过程。如果在还没有完全散发干净的情况下就急于搬进去居住，有害物质势必会通过呼吸道进入体内，影响身体健康，因此，刚装修好的房子不要马上入住，一般需要开窗通风半年左右才可入住。

第四节 居室布置

如何配置新房的色调

每种色彩都会给人不一样的感觉，产生不一样的心理效果。绿、蓝、紫等色，给人以安静、舒适、清新和凉爽的感觉，称为冷色；红、橙、黄等色给人以热烈、兴奋、欢畅和温暖的感觉，称为暖色。冷色有放宽、放远感，也称远色；暖色有缩小、接近感，也称近色。色彩要素中的饱和度特性，可使人产生轻重的视觉效果。饱和度高，即深色，有重感；饱和度低，即浅色，有轻感。一般色彩光度弱的为虚色，浅色为亮色，光度强的为实色，深色为暗色，介于明暗（深浅）之间的为中间（性）色，房间常用这种色调。

房间的色彩应该以宁静悦目的中性浅色作为基调，它可以使室内氛围明朗舒展，又能取得色调在统一协调中富有变化的艺术效果。中、老年或体弱者的房间，适合选用暖色；青年人的房间，适合用冷色；人口少的家庭适合用暖色，人口多的家庭适合用冷色。

想让新房的色彩更加富有艺术，在动手装修粉刷前，首先应有一个计划。譬如色彩要明亮的还是幽雅的；要活泼的还是宁静的；要朴素的还是华丽的；要冷调的还是暖调的。有了计划之后，就可以确定主色调。

下面介绍几种常用的色调配置方法：

1. 顶棚和墙面使用淡黄色，地面使用灰黄色，家具使用浅木本色和浅黄色，窗帘也用橘黄色，再点缀上小面积的红色、橘黄色、茶色、乳黄色的陈设品，会给人一种明亮华贵的色彩感。如果地面换成咖啡色或者枣红色，室内色彩效果更加稳重。

2. 红色的地面、橘黄色墙面和白色的顶棚，搭配黑红色的家具，加上紫红色的窗帘，这是一种吉庆热烈的色彩效果，适合于新婚房间。

3. 奶油色的顶棚，深米色的墙面，家具的颜色为浅木本色，地面为驼色，窗帘用浅黄色，再点缀上少量的绿色、土红、橘黄的陈设品，可使房间形成一种温馨、清晰的色彩效果。

红色———给人热情、吉祥、喜庆之感；绿色———最适宜于人眼，给人健康、安宁、和平、智慧之感；蓝色———最有层次感，给人广大、深沉、纯洁之感；粉红色———给人漂亮、柔和之感。

如何让居室宽敞明亮

如何使居室变得更加宽敞明亮，下面介绍几个窍门：

1. 巧妙的色彩搭配会增加宽阔明亮感。可以以白色为主要的装饰色，墙、天花板、家具都用白色。生活用品也尽量使用浅色，大大地发挥浅色产生宽阔明亮的效果。再适当用些鲜明的绿色、黄色，效果会更好。

2. 可以用镜子产生宽阔明亮感。将镜面屏风作为房间的间隔，从两个方向反射，宽阔感和明亮感就大为增强。在室内面对窗户的墙上，安挂一面大小适宜的镜子，经过反射，室内分外明亮，宽阔感会大大增加。

3. 利用家具增加宽阔感。选用组合家具既能节省空间又可以储放大量物品。家具的颜色可以采用壁面的色彩，使房屋空间有开阔感。选用多元化用途的家具、折叠式家具、低矮的家具，也可以适当缩小整个房间家具的比例，都会产生扩大空间的感觉。

4. 室内布局的统一可以产生宽阔明亮的感觉。使用橱柜将杂乱的物件收藏起来，装饰色彩要分清主次，有明显的统一感，房间看起来就会宽阔明亮得多。

5. 要有足够的活动空间。根据客厅的具体情况设计出合适的家具，靠墙的展示柜及电视柜可酌情定制，以节约空间。这样，在视觉上保持了清爽的感觉，自然显得亮堂。

怎样让卧室空间变大

下面的做法会使房间的空间看上去更大一些，可以试一试：

1. 利用挂钩。利用S型挂钩、挂衣架或者折叠式挂钩，可以节省很多空间。

2. 利用层板。多加装一些层板，上面可以根据具体情况放置重量不一的物品，这样就会制造出很多的空间。

3. 使用组合衣柜。组合式衣柜的多种内部配件，如网篮、抽屉或是吊衣杆等，里面都可以放置物品，可根据个人的喜好来收藏物品。

4. 使用衣柜内侧。衣柜内侧左右柜面，可以加上挂钩之类的物件，来挂些比较轻的物品，比如领带、围巾、丝巾等，以节省空间。

5. 利用床底下的空间。利用一些床底储物盒或者收纳盒，把不常用的物品或换季衣物收藏在这里。

怎样让居室角落显生机

居室角落是一个很容易被忽略的地方，从美化的角度来看，如果在墙角处放上一个玲珑的摆设架件，会给空间增添几分情趣，既具备观赏性，又具备实用性，可以产生丰富空间的美感效果，可参照下面几种方法美化一下居室角落：

1. 设置一个距地面0. 7～0. 8米的精品台，台上可摆鲜花或者雕像工艺品。精品台的造型宜简洁大方，选材以木质配少量金属为佳，也可以去家具店购买造型好点的金属架。

2. 在角落上方离地面1. 8～2米处挂一个两边紧贴墙体的花篮，内置色彩艳丽、气味芬芳的干花或者绢花。

3. 角落的上下两头设角柜。下角柜高度在0. 6米左右，上角柜高度在0. 4米左右。中间部分设置90度扇形玻璃隔层板，间距随意选定，层板上搁置工艺品；或者将下角柜做成花池，种植一些美丽的植物。

4. 如果在角落上方加一盏射灯，会使角落更富生机。

在阳台可以开辟出一个空间，摆上一个多层花架，放上一些花草，不但让居室做了有氧呼吸，还充分利用了竖直空间，使阳台也别有一番风情。

怎样布置小户型居室

布置小户型居室可从以下几方面考虑：

1. 选用浅色调。浅色调有延伸空间的视觉特效，让空间看起来更大，相反，深色调有压缩之感。所以，小户型尽量不要选择深沉压抑的色调。

2. 借助光线制造适宜感觉。在面积狭小的居室中，让灯光自下而上柔和地照射在房间的天顶上，要比从上向下直射的灯光给人的感觉要好很多。因为直接投射的灯光照在人脸上，会让人产生空间局促感和压抑感。另外，如果使用轻薄的纱质窗帘，也会人为削弱自然光的直射。

3. 巧妙地利用板材创建空间。对于小空间而言，可以利用板材创建空间。板材安装简单，能增大空间的使用效率。

4. 尽量让窗户和外墙齐平，给室内留出更多的空间，向外扩散的窗户在视觉上会有放大空间的效果。装修后的室内窗台可作为装饰台，上面可以摆放工艺品，也可以种养植物。

5. 不要使用长或者褶多的落地窗帘，长长的落地窗帘会使房间更显小、更拥挤。窗帘的大小要和窗户大小一致，色彩上应该以淡色为主。

6. 尽量多安装玻璃。明亮的玻璃隔板，使视线不被隔断，室内空间会显得更加宽广。

如何美化门厅

虽然门厅的面积不大，却是卧室、厨房、卫生间的重要过渡空间，也是进门以后第一眼就能看见的地方，可以说门厅就是一个家的门面，美化门厅可以考虑以下方面：

1. 门厅的美化要和整个居室的装修风格保持一致，应以整洁雅致、明朗大方为主，不要摆放过多的东西，否则会造成拥堵感。

2. 选择色彩和灯光要适当。色彩和灯光是美化门厅效果的主要因素，一般采用光线柔和的壁灯和吸顶灯，所调节的光线也应给人一种温暖亲切的感觉，同时保证门厅内有较高的亮度。

3. 对于窄小的门厅，主调的颜色应偏冷清，这样空间就会显得宽敞些。还可利用天花板悬吊小巧的植物，更好地达到美化效果。

如何装饰餐厅

餐厅的装饰不但要美观，还要实用。非独立的餐厅的布置，应注意与厨房或客厅的设施格调相协调；如果餐厅是独立型，其格局设计相对来说自由度要更大一些。

餐厅适合采用带有自然光感的灯具，比如低色温的白炽灯、奶白灯泡或磨砂灯泡，其光线不刺眼，非常亲切、柔和。也可以采用混合光源，即低色温灯和高色温灯结合起来用，效果非常接近日光。很适合下罩式、多头型、组合型的灯具，灯具形态要与餐厅的整体装饰风格保持一致。

生活中餐台大多是正方形和圆形的，中餐讲究共食制，也有人选择偏西式感的长方形餐台，通常而言，选择餐台餐椅要根据家庭需要具体而行，以舒适随意为佳，不能一味地追求美观。

餐厅的软装饰，比如桌布、餐巾及窗帘等，最好选用较薄的化纤类材料。花卉能起到调节心理、美化环境的作用，其选择要与餐厅风格相符，通常长方形的餐桌，瓶花的插置成三角形，而圆形餐桌，瓶花的插置也大多呈圆形。

儿童房间应怎样布置

儿童的房间是家庭中很重要的一部分，是婴幼儿时期的主要生活环境，对儿童的成长有着很重要的影响。布置儿童房间时要根据孩子的个性和爱好，科学合理地布置。注意事项如下：

1. 要保证安全。儿童卧室装饰装修最重要的是安全，儿童的好奇心比较强，喜欢乱蹦乱跳，但是自我保护的意识比较差，容易发生意外。所以，儿童卧室的家具要避免锐利的边角和把手，还要摆放得平稳坚固，玻璃等易碎物品应放在小孩够不着的地方，近地面电源插座要隐蔽好，防止发生触电事故。

2. 要保证房间空气新鲜、充足的阳光及适宜的室温。这对保持儿童的身心健康非常重要。

3. 房间的照明柔和，以助于保护儿童的视力。另外，也有助于安定儿童情绪。

4. 活动空间要大。儿童的天性比较好动，应提供尽量大的游戏空间，儿童才能无拘无束地游玩，这有助于儿童的健康成长。

5. 装饰材料应利于清洗更换。儿童正处于对什么事物都好奇的时期，喜欢涂涂画画，或者爱滚爬嬉闹，房间容易变得脏乱，所以装饰材料可清洗可换是必须的。

6. 房间的色彩要活泼。墙面和天花板、家具可大胆采用纯正的红、黄、蓝、绿、紫等明快的颜色来美化。

儿童房间一定要使用带有安全盖板的电源插座，并且插座、插销要做好必要的防护，尽量将这些“带电点”隐藏起来，防止儿童将手指插入插座内。另外，儿童房内尽量不要使用能够随处移动的接线板，如果必须使用，应将其安装在儿童无法触及的位置。

老人房间应怎样布置

老年时期，人的生理及心理会发生很大的变化，为适应生理和心理的变化，房间的布置应注意以下几点：

1. 要保证安静。老人房间的墙、窗、门的隔音性能要好，应隔绝会给老人，尤其是体弱和患病的老人带来不良后果的敲、打、砸的声音，特别是金属撞击的声音和刺耳的噪声。

2. 采光要好。房间要朝南或者西南，这样，房间的空气才能更好地流通，光线才能充足，从而使老人感到心情舒畅。房间只要有两扇对开的窗子和一个气窗就可以满足其对采光的要求，不通风或过堂风都会对老人的健康产生影响。

3. 家具要简单实用。老人使用的家具和其他陈设应讲求实用，不要过多，以减少打扫、整理房间的工作。床铺要软硬适中，如采用板床，则需垫两条棉褥。枕头关系到睡眠的质量，也应根据个人习惯来配备最合适的。一些棱角分明的家具常会使腿脚不利索的老年人磕碰致伤，所以应尽量以曲线形、圆弧状的家具布置老人的房间。

4. 照明要柔和、不刺眼。选择灯具时，要以柔和、明亮、不损伤视力、方便行动的为主。

书房应怎样布置

如何布置书房呢？通常应该考虑以下几点：

1. 科学卫生。为了适合晚上使用，大多书房内应选用可调亮度的光源。为了掌握时间而且不受干扰，室内还可以选用没有声音的电子报时钟。桌椅的高低要适宜，用可旋转升降靠背椅为佳。还要注意书房的通风透气情况，留有一点活动空间。

2. 美观和谐。书房内各种物品的摆放应整齐、大方。陈设品、花卉盆景等要精选。尽量选择一些对自己有激励作用，表现个人志趣和具有独特风格的陈设品和花卉盆景。如名人名言、字画、四季常青花和本人钟爱的物品等。一切必要的用具和装饰品要与书房的整体布置协调，要做到色彩明暗对比适宜，物品和空间的轻重感恰当。摆放的高低大小要相呼应，从而体现出主人独特的审美观念。

3. 使用方便。书房是藏书、阅读的地方，布置时既要美观，又要实用；既要发挥功用，又要使用方便。走入书房时要给人身心愉快，心情舒畅的感觉。

如何选择家庭灯饰

要按照空间的不同来挑选家庭灯饰的样式。首先，房间的高度对灯具的选择有很大影响。如果房间的高度只有2. 5米，屋顶灯本身的高度应该在20厘米左右。因为光源离地面2. 3米左右时，照明的效果最好。如果房间高度在2. 7米左右，选择的空间就很大了。既可以选择一般的吸顶灯，也可选择高度为40~50厘米的吊灯，便可以营造出良好的居室灯光效果。

挑选家庭灯饰的样式不但要注意房间的层高，还要注意房间的面积。比如客厅的层高是2.5米、面积是15平方米，灯具的直径在60厘米左右为最佳。如果房间的面积较大，灯具的高度可以再低一些。

家庭空间大多是由门厅、客厅、卧室、餐厅和卫生间等组成。在挑选灯具时，最好先选一下客厅主灯的款式和格调，这样做能使灯具的选择变得简单许多。因为目前家居生活的主要空间，主要还是在客厅里，所以，客厅的主灯是整套居室的焦点。如果客厅的天花板较高，预留的灯位下面有茶几等家具，那么最好选择吊灯或半吸顶式的灯具；如果房间较低则最好选择半吸顶式的灯具。

卫生间和过道一般安装吸顶灯即可，因为这两个地方需要照明的亮度不大，而且水汽大，灰尘多，用吸顶灯便于清洁，还利于保护灯泡。

如何合理搭配灯饰

下面介绍的几种方法可以使灯饰搭配得更合理：

1. 灯罩的搭配。灰蓝色或者淡黄色的浅色沙发可以搭配大红或者翠绿等浓艳色灯罩，深黄色或咖啡色沙发可以搭配湖蓝或嫩黄色灯罩。在设置传统雕刻家具的房间里，可配上绘有花卉、山水图案等具有民族风俗的立灯灯罩。

壁灯灯罩色彩要和墙面色彩协调。房间的墙面是白色或奶黄色的，适合用浅绿、淡蓝的灯罩。苹果绿或者淡天蓝色的墙面，宜设置乳白色、淡黄色和茶色灯罩。

2. 灯的搭配。如天棚是淡黄色的，可配乳白色吸顶灯；如天棚是天蓝色条幅状的，可配橙色、金黄色底盘的排灯。家具上配红色、黄色等暖色调光台灯，显得热烈乐观，富丽堂皇。如天棚是白色，墙面是天蓝色，家具是淡黄色，可配蓝、绿或紫色等冷色调光台灯，以形成怡静雅致的空间氛围。如果家具是红栗色的，可以选用浅绿、奶黄色的台灯。

在书房中，可以配置大理石或者精美陶瓷材料的台灯，以及天然质朴的树根雕灯。儿童的房间，可以搭配动物形台灯。在配置传统家具的房间里，可放上古色古香的仿古灯、花蓝式吊灯或八角宫灯，更能显示出民族特色。

如何合理布置家具

布置家具时可以参照如下几个小窍门：

1. 平面看，布置家具时要注意疏密得当，要留出占总面积40%以上的活动区域。在定制家具时就要考虑到房间的大小和实际需要。

2. 立体看，通过家具的相互组合，视觉上应给人以艺术美的感觉。首先要考虑家具使用上的方便和安全。要高低错开，大小配合，逐步延伸；尽量避免一间房内的一面全是高大家具，另一面都是低矮家具；不要让高大家具把人的视线和室外自然光线挡住；高低床高的一头宜靠墙。

3. 家具的色彩应与室内墙面、地面及天花板颜色配合协调，同时也要根据不同房间的功能需求来安排家具。

怎样配置家居照明

一个科学合理的照明环境，会给家居增添光彩。家居照明可参照如下的配置方法：

1. 首先要从实用的角度出发。为适应不同季节和环境的需要，可在房间内装上两种不同光源的灯具。日光灯光色偏冷，能给人清凉的感觉；白炽灯光偏暖色，能给人温暖的感觉。不同季节应使用不同光源的灯。

2. 根据房间色彩的具体情况，运用色彩的反射知识，精心构建，巧妙安排。比如，浅淡色墙面适合搭配富有阳光感的黄色或橙色为主色调的灯光，使室内环境给人以温暖感。若是一套荸荠色或褐色的家具，则宜选白色或黄色灯光。夏季，室内灯光以蓝色、绿色为好，会让人有安静、舒适的感觉。

3. 光量要适当。20平方米的房间，只需1只30瓦的日光灯；10～15平方米的房间，只需安装15～20瓦的日光灯或者40瓦的白炽灯就可以。

4. 房间不同，照明配置应有所区别。门厅照明要明亮。灯具的位置要考虑安置在进门处和深入室内的交界处。起居室照明要考虑多功能使用的要求，如设置主光源、装饰照明、落地灯等，可设置调光装置，以满足不同功能的需要。餐厅局部照明可采用悬挂式灯具，以突出餐桌的效果为目的，同时还要设置一般照明，使整个房间有明亮度。厨房灯具应选用易于清洁的类型，比如玻璃或者搪瓷制品灯罩配以防潮灯口。卫生间照明要以明亮柔和的光线为主，选用白炽灯作光源比较适宜。为避免受潮，灯具不要安装在便器或浴缸的上面及其背后。书房中，一定要选用亮度稳定的灯，这样可以更好地保护眼睛。

小贴士

书房内不宜安装普通的日光灯。普通的日光灯发出的光线虽然是白色的，但由于它是50赫兹的交流电直接点亮，所以日光灯的亮度会不停地变化。长时间在不断闪烁的日光灯下看书或者学习，眼睛会感到疲劳。

如何让墙面挂饰成为亮点

在墙上挂一些字画、十字绣之类的装饰品，不但可以美化环境，还能让人受到艺术情操的陶冶，非常受现代人的喜欢。

选用什么样的挂饰要区别对待，根据不同房间、不同格局、墙面空余面积以及经济条件、职业习惯、文化素养和个人爱好等方面的不同而异。一般而言，房间较小的，适合配置低明度冷色的画面，能给人深远的感觉；房间较大的，适合选择高明度暖色的画面，使人感到近在咫尺。

卧室是休息的地方，适合配挂油画、镜框等内容平和、恬静，画幅不太大的饰品。年轻人的居室则适合挂生动活泼的饰物。厅堂和文学、艺术工作者的房间，可选择诸如古今诗词书画、名联佳对等。

南面的房间，光线充足，适宜搭配冷色调的字画；北面的房间则多布置暖色调的字画。字画宜挂在房间内的右墙面，这样窗外的光线与画面就会互相呼应，和谐统一。至于字画挂饰物的内容与风格，一个房间可配一种，也可选择几种不同风格和内容的字画饰品。

中式格调的室内布置，适合挂字画、竹编画、中国结、十字绣等。西式格调的室内，则宜挂版画、油画或者大幅彩照。墙面较高的室内，适合挂直幅字画，较低的则适合挂横幅。挂饰还可以根据环境来决定。如果室外绿化环境很好，就不适合再布置有树木的大幅画面。

布置字画挂饰不要太密，应保持一定的间隔距离，要留有空间，要使人的眼睛得到休息，避免造成视觉疲劳。同一房间的字画，应保持在同一水平线上。十字绣等镜框的挂置高度，一般离地面1.5～2米较合适，前倾角度在10° 左右。

此外，不要让阳光直射挂饰品，避免褪色。

如何凸显工艺品的点睛作用

布置房间时，要适当地放上一些工艺品，可以起到美化室内环境的作用。用于点缀室内环境的工艺品可分为两种：一种是实用性的，比如各式茶具、灯具，手工编织的提包、台布、靠垫和草毯等；另一种是欣赏性的，比如字画、挂毯、雕塑、民间泥塑、剪纸等。

在选择工艺品时，要首先考虑房间的结构和装修的风格特点，要和整个室内环境和谐一致。如单元楼和现代家具一般线条简洁、形体方整，选择的工艺品最好是形象较为简练、抽象的几何形体。如果是传统的住房或传统的家具，可点缀一些富有传统色彩的工艺品，例如，仿古器物、精致的摹刻、裱轴字画等。

室内工艺品的陈设不要多，要选精致的，可以起到画龙点睛的作用。假如室内某一角的色彩感到单调、沉闷，可以放一件色彩鲜艳的器物，使这部分空间活跃起来。现代室内陈设中的家具一般都不太高，而是向水平方向舒展，如写字台、五斗柜、酒柜等，为了减弱这些家具方正、平直的单调感，常常在柜面、桌面上点缀一两件工艺品，使室内更加宁静雅致。在组合柜、书柜里面，适合陈列有价值、精美、保持干净的工艺品，比如茶具、咖啡具、塑像、古玩等。在配置时，要和书籍、录音机等器物形成大小、虚实、聚散的节奏，使柜子的立面既丰富又有变化。

家庭装饰画的选择与布局

装饰画要和居住者的审美观点、文化素养相一致，也要和家庭装修、家具风格保持一致。所以选择装饰画时应考虑以下几个因素：

1. 按照空间来选择图画。为使客厅显得清新而具现代感，应挂上山水画以及抽象图画。如果餐厅挂着一两幅瓜果画和蔬菜画，对增进食欲会有很好的效果。儿童房间里为营造一种童稚的氛围，可以挂一些卡通画和拼图。

2. 形式和内容要统一。如果挂在墙上的两三幅画的画框与内容不统一或风格不同，就会非常不协调。所以，为了给人以统一感，应把几幅画都用相同材料和相同颜色的画框镶起。如果能挂上几幅内容有联系的山水画、花鸟画或抽象图案，装饰效果会更好。

3. 与居室风格的统一性。为显示客厅的典雅庄重，挂画可横向排列；卧室的挂画可错落有致或三角排列，以表现出一种温馨的气氛；厨房、浴室等小面积的居室适用尺寸画面。

中国字画和中国古典式的家具搭配，效果会更好，而抽象画、油画等则和现代风格的家具更能相匹配。

如何选择窗帘

可参照以下几种方法来选择窗帘：

1. 材料。不同材料的窗帘会给人不同的感觉。丝绸窗帘高贵、优雅、飘逸而富有浪漫气息，比较适用于家庭。

2. 色彩。窗帘的颜色可直接影响到室内的整体效果，在选择时，要留意它的色彩是否与室内墙面、陈设的颜色统一。对于单色墙，陈设简洁色彩淡雅的房间，可选择有花纹和图案的窗帘，以增强热闹的气氛；而色彩丰富有图案的墙面，且陈设复杂色彩沉着的房间，则以选择与室内主色相近的单色窗帘为宜，切不可选择大花的色彩和室内主色形成对比的窗帘。

通常而言，窗帘的颜色要比墙面深一些。另外，如果家具是深棕色，窗帘的颜色就不适合太深。太深了会让人感到沉闷。如果室内以清淡风格为主，窗帘就应选择比较艳一些的；若室内的色调已经很丰富，则窗帘的色彩就要清淡。

房间的用途不同，选法也不同。客厅挂上深色窗帘，不但庄重大方，而且还能给人温暖柔和的感觉；卧室适合选色淡幽雅的窗帘，也可根据年龄、兴趣、健康状况来选择窗帘颜色以及图案。老年人的房间适合选配素静、暗花的窗帘；儿童的房间适合选挂图案有趣、色彩明快活泼的窗帘；新婚洞房选择鲜艳浓烈的，可增添喜庆气氛的窗帘。

3. 款式。款式是增加窗帘美感的重要因素，如果选择得当，就能发挥出好的效果。比如，窗子狭窄或者在一面墙上同时出现两个窗子时，可以采用长轨的窗帘来遮挡，增强整体感；房间较矮的，可采用竖条状的窗帘；房间宽敞的，可采用整面墙的落地式窗帘，也可以将窗帘打成褶，增加窗帘的质感，显得气派高雅；对于面积很小的房间，使用玲珑别致的窗帘更能显出生动、娴雅。

哪些花卉适宜摆放在室内

室内摆花应以观叶植物为主。大多数观叶植物的习性都是喜暖耐阴，适宜长期放在室内。况且叶形、叶色千姿百态，也有很高的观赏价值。如秀丽文静的文竹、水竹、凤尾竹；飘逸潇洒的书带草、吊兰、常春藤；端庄大方、叶形奇特的龟背竹、橡皮树、万年青等，都是室内绿化装饰的佳品。

房间面积小，光照条件不好的，可选择植株矮小或者能做微型盆景而又耐阴的植物，比如紫金牛、矮紫杉、瑞香、六月雪、阳木等，还可以盆栽能悬挂的吊兰。房间较大或者有阳台等地而光照不足的，除可选栽上述植物外，还可栽一些半阴性，或既喜欢光又耐阴而植株较大的植物，如苏铁、罗汉松、枸骨、金豆、金橘、冬青、翠白竹、南天竹、中华常青藤、爬山虎等。

在冬天，家庭盆花大多入室养护，如果合理布置，可使室内青绿常驻，生意盎然。向阳的一面，窗台、五斗橱上可放置山茶花、腊红；文竹或水仙宜放在写字台上；吊兰、蟹爪兰应悬挂在略高于视平线处；苏铁、棕竹、万年青可放置在厅堂、过道的花架上；沙发旁的茶几上，若摆上一盆小型盆景或君子兰，就会给人带来清新素雅的感觉。

花枝瓶插可装点住室、美化环境，具有经济实惠、机动灵活的特点，往往一瓶幽雅入时的插花，能给平淡朴素的房间增添不少色彩。插花时，一瓶内花枝不宜多，插入3~4枝就可以。插花要突出主体、高低错落，显得婷婷玉立，能使观赏者心情舒畅。插花瓶内的水隔2~3天需更换1次，水中加入少量食盐等保鲜，可延长花期。

下面介绍一下不同房间花卉的选择：

1. 适合客厅的花卉。客厅可选择的花卉品种有富贵竹、蓬莱松、仙人掌、罗汉松、七叶莲、棕竹、发财树、君子兰、球兰、兰花、仙客来、柑橘、巢蕨、龙血树等。

2. 适合卧室的花卉。卧室是休息的地方，应选择仙人掌、仙人球、吊兰、玫瑰、郁金香、晚香王、百合、马蹄莲等，可起到宁静、祥和、温和的效果。

3. 适合书房的花卉。书房要充满书香之气，可选用山竹花、文竹、富贵竹、常青藤等。这些植物可增强人的思维能力，有利于学习。

4. 适合阳台的花卉。应按阳光条件选配四时花草品种，如茉莉、菊花、荷兰、海棠、西番莲、文竹、石竹、秋海棠、太阳花、米兰、桂花等。各种花摆放时，要将阳性的靠近阳光，阴性的放在其后，以便各得其所。

5. 适合饭厅的花卉。以橘黄色为主的植物，可增加食欲，促进身体健康，可选取黄玫瑰、黄康乃馨、黄素馨等。

哪些花木不适宜摆放在卧室

以下的几种花木不适合在卧室摆放：

1. 月季花。月季花发出的浓郁香味，会使人产生憋气、胸闷不适、呼吸困难的感觉。

2. 百合花、兰花。它们的香气太浓，会刺激人的神经，使神经兴奋，从而导致失眠。

3. 松柏类花木。这类花木散发的香味会刺激人的肠胃，不但影响食欲，还会使孕妇恶心呕吐、心烦意乱。

4. 夜来香。夜来香在晚上散发的微粒能刺激人的嗅觉，久闻，将使心脏病或高血压患者有郁闷不适、头晕目眩的感觉，严重者还会加重病情。

5. 洋绣球花。洋绣球花散发的微粒，和人体接触，可能会使皮肤过敏。

6. 郁金香。郁金香花朵里含有毒碱，长久接触，将会导致毛发脱落。

7. 夹竹桃。夹竹桃能分泌出乳白色的液体，接触时间过长，能使人中毒，引起智力下降、精力不振的症状。

薰衣草有助于促进睡眠；玫瑰可使人放松，而且散发出的香味

对结核杆菌、肺炎球菌、葡萄球菌的生长繁殖具有明显的抑制作用；虎皮兰、龙舌兰、褐毛掌、矮兰伽蓝菜等可净化空气，吸收二氧化碳，且没有任何副作用，因此，这些花木适宜在卧室摆放。

怎样让居室飘香

以下几种方法可以使居室飘香：

1. 在居室较温暖的地方放一小碟清水，在水中滴入几滴植物香油，香味就会自然挥发，溢满房间。也可在喷壶中加入几滴植物香油，摇匀后喷洒在室内，也能让满屋飘香。

2. 夏天可对着空调和电风扇喷点香水，室内会有新鲜清凉的感觉。在枕头、毛巾和被单上经常喷洒点香水，室内就可以长久散发香味。

3. 每天开灯之前，将一滴香水滴在灯泡或灯管上，然后将灯开亮，香味就会溢满房间。

4. 在清水中加入几滴佛手柑油，用于洗涤各种器皿，可使各种器皿干净，室内清香。

5. 在蒸汽熨斗水中加入几滴柠檬或者西柚香油，熨衣服时可使室内留下一股清新气味。

6. 将各种有香气的花瓣晒干后装入袋中，放入衣柜，衣柜里的衣服就会染上香气，进而使居室香气怡人。也可以在衣柜里放些咖喱粉、桂皮、丁香之类的香料包，同样能使房间充满香气。还可以用吸墨纸在香水里浸泡后，塞进抽屉、柜子、床褥等，可散发香味且保留较长的时间。

用布袋把有香气的干树叶装起来，吊在床边，也能使整个卧室散发香气。

居室铺设地毯有什么讲究

居室铺设地毯时需要注意以下几点：

1. 图案及色彩的选择。居室地毯的色彩图案要根据房间的情况决定，通常红色、金黄色、橘黄色的地毯显得华贵，搭配深色家具可以使房间看上去富丽堂皇；驼色、米黄等浅色地毯较为雅致，和浅色或本色家具配起来会显得房间幽静淡雅。铺在客厅的地毯可选用图案较大、色彩明快的，质地要耐磨；卧室则正好相反，可以选择色彩淡雅一些的。

2. 铺设的要求。铺设地毯前要先检查地板的平整度，彻底清洁地面。如果房间地面全要铺上地毯时，最好在其下加铺底垫，从而增加地毯的柔软度，减缓地毯耗损。

3. 铺设的方式。主要有两种铺设方式：固定式和不固定式。固定式是将地毯黏结拼成一整片，四周与房间的地面相固定；而不固定式适用于经常要卷起地毯的场合，地毯直接摊铺在地上即可，如果也要铺满，应与墙脚齐平，再以家具等物压住。

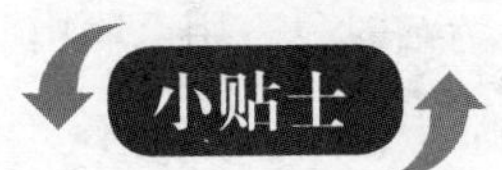

有孩子的家庭不适宜铺地毯，地毯容易藏匿尘螨和细碎颗粒。尘螨的粪便小球中有一种过敏原，孩子有可能将其吸入体内而发生过敏，进而导致哮喘病。

家电放置注意事项

放置家用电器时，应注意以下几点：

1. 电视机旁不宜摆放花卉。因为电视产生的电磁辐射会加速其细胞的新陈代谢作用，使花卉萎缩及凋谢。

2. 不宜将电子手表、机械表放在收音机上。机械表或电子表会受到收音机磁场的影响，出现磁化，时间会不准。

3. 电脑不宜放置在卧室，因为其电磁辐射会影响人的身体健康。

4. 不宜将家用负离子发生器放在空气不流通的地方。

5. 洗衣机要放在干爽的地方，以免机器受潮，影响洗衣机的寿命。

6. 不宜将冰箱放在角落。冰箱平时要散热，如散热不畅，会缩短冰箱使用寿命，因此，冰箱不但要远离热源，而且也不宜放在角落，避免空气流通不畅。

第五节　居室清洁

如何清洁墙壁、天花板、家具、玻璃

可以用水洗的墙壁和天花板，包括木板墙、彩色瓷砖与木天花板，清洁时可以拿湿布蘸稀释肥皂水轻抹，不能用力，以免伤及表面。不能用水洗的墙壁，包括粉墙、壁纸墙，清洁时只需用毛刷由上至下掸去尘埃即可。不管是哪种墙壁，若是沾上污垢，一定不要用力猛擦，否则容易损坏墙壁。可用1小杯酒精、1小匙清洁剂混合后，以喷雾器喷在墙壁的污垢处，然后再以热毛巾覆盖，污垢就能轻易去除了。

毛绒布料的沙发可用毛刷蘸少许稀释的酒精扫刷一遍，再用电吹风吹干，如果有果汁污渍，可用1茶匙苏打粉与清水调匀，再用布蘸上擦抹，污渍就会减退。

原色家具可用水质蜡水直接喷在家具表面，再用柔软干布抹干，家具就会光洁明亮。

下面介绍几种经济简便的清洁玻璃方法：

1. 把醋和水按1：2的比例放入喷雾器中，喷在玻璃上再擦抹，就可以擦得非常干净。

2. 玻璃窗上沾有污渍，可用蘸醋的布擦抹；沾有油渍可用柠檬切片擦抹。

3. 将5%的阿摩尼亚溶液或汽油加入水盆中，用其溶液清洗玻璃，待玻璃稍干再用干布擦干，玻璃就会变得非常干净。

塑料墙纸起泡是经常出现的问题，解决的方法很简单，只要拿普通的缝衣针将墙纸表面的气泡刺穿，将气体释放出来，再用针管抽取适量的胶粘剂注入刚刚的针孔中，最后将墙纸重新压平、晾干即可。

如何清洁厨房玻璃门窗

经过油烟的熏染，厨房里的玻璃门和窗户上面会附着一些又脏又黑的污垢，时间长了会很难擦洗。所以，一发现有油污，就要及时清理。可以用柠檬、萝卜或洋葱等切片来擦拭，也可以用棉纱蘸些温热的食醋或酒精擦拭。

清洁有污渍的玻璃窗，首先要在玻璃上喷洒专用洗涤剂或者油污清洗剂，并立即贴上保鲜膜，窗子的角落、油污和灰尘积聚处，也可做同样处理。大约10～15分钟后，在保鲜膜下面，洗涤剂使污物软化并上浮。这时可将保鲜膜揭下，再用干抹布擦拭玻璃，玻璃就很明亮了。

清洁厨房中的玻璃，还可用洗衣粉化水，再加几个烟蒂，用抹布蘸此溶液擦洗，去污效果非常好。或者用旧布沾些温热的食醋擦拭，或先涂上一层石灰浆水，干后再用干布擦净就会光亮如新。

如何清洁炉台瓷砖

厨房炉台周围的瓷砖很容易沾上油污。要保持这些地方的清洁，平时就要勤洗。清洁时，可用厨房用的油污清洁液喷洒一遍，再用抹布擦掉。

厨房灶面上铺的白瓷砖沾上污垢，用抹布是擦不掉的，用肥皂水也不容易清洗。可使用一把鸡毛蘸温热水擦拭，很快就会擦干净，效果非常好。

当瓷砖上沾有油污时，可把卫生纸或者纸巾贴覆在瓷砖上，然后喷洒清洁剂再放置一会儿，清洁剂不但不会滴得到处都是，且油垢会全部浮上来。只要将卫生纸撕掉，再以干净的布蘸清水，多擦拭一两次就可以了。

如何清洗坐便器

醋具有除垢作用，擦洗瓷坐便器时，如果倒入1杯食醋，5分钟后再用清水刷洗，坐便器就会清洁白亮。

将一些小苏打撒进坐便器里，用热开水冲泡半小时，积垢和异味就会被去除。

将少许草酸滴入坐便器内，再用废扫帚头迅速刷洗，积垢很快就会被刷掉。

坐便器上积有尿垢，可往坐便器内放两片烧碱，加少量水后盖住，几小时后冲掉，尿垢就能被去除。

如坐便器已经泛黄，可将喝剩的可乐倒入其中，浸泡10分钟左右，污垢一般都能被清除。对于一般清洁剂不能擦掉的坐便器污垢，可使用最细的砂纸进行磨擦。

冲水时要将坐便器的盖子盖上，否则坐便器内的瞬间气旋可以将病菌或微生物“冲”到空中，进而落在墙壁和牙刷、漱口杯、毛巾上。

如何用旧丝袜去除杂物

床上、地板上、桌子上经常会粘着一些掉落的头发，下水道也经常会被一团团的头发堵塞，清理起来特别麻烦。其实，用旧丝袜就可以解决这些问题。

从旧丝袜上端剪下比梳子大一点的丝袜块，然后将丝袜块套在梳子上。用这个改造后的梳子梳头，断发就都吸附在丝袜上了，清洁的时候只要随手将丝袜块取下，梳子就干净了。

清理下水道时，先把管道盖清洗干净。然后将丝袜的脚掌部分套在盖子上，在收口处拧几圈，反扣在盖子底部，再将管道盖重新放在水管上就可以了。这样，头发和杂物就被阻挡在水管盖上了。再清洁的时候，只需将盖子拿起来，将囤积的杂物倒入厕所，再用水一冲就干净了，特别简单省力。

家庭常用消毒方法

家庭消毒灭菌，通常采用物理和化学两种方法。在诸多物理方法中，用高热来灭菌是最为方便实用的方法，操作如下：

1. 蒸笼消毒法。即把需要消毒的物品放入蒸笼里煮沸消毒。此法适用于敷料和布类的消毒。蒸笼要密盖，待锅中水开上气后维持40 ~ 60分钟。熄火后取出消毒物品晾干即可。

2. 煮沸消毒法。把要消毒的物品放入水中，烧开且维持水沸15分钟。若在煮沸中途加入物品，应重新计算消毒时间。

3. 烤箱消毒法。此法适用于磁器和玻璃器皿消毒。把需要消毒的瓷器或玻璃器皿放入烤箱加热至160 ~ 170℃，维持30分钟即可。

4. 压力锅消毒法。把要消毒的物品放入压力锅内，水沸上气后盖阀，自开始喷气后15分钟熄火。此法适用于各种物品。

5. 熨斗消毒法。这种方法适用于布类和纸类消毒，有助于表面灭菌。

化学消毒法一般来说不如物理法彻底，因此仅用于不耐热和无法加热的物体。化学消毒剂的种类繁多，性质各异，在选择时一般以杀菌力强、无腐蚀性、对皮肤黏膜刺激性小、能长期储存为宜；另一方面，要根据不同的消毒对象来做选择。

如何给室内空气消毒

以下几种方法可以给室内消毒：

1. 乳酸熏蒸消毒法。消毒前将门窗紧闭，在容器内加入乳酸，每立方米空间用量大约1毫升，加入水稀释10倍，加热蒸发，注意在蒸发完毕后，房间持续关闭30 ~ 60分钟，然后通风1 ~ 2小时。

2. 食醋熏蒸消毒法。把门窗全部关闭，在搪瓷盆或小锅内倒入食醋，用量为每立方米5 ~ 10毫升，再加入1 ~ 2倍的水，加热熏蒸，直到醋全部挥发成气体。

3. 漂白粉喷洒消毒法。将漂白粉放入喷雾器中，用量为每立方米200 ~ 300毫升，均匀地喷洒在室内，密闭门窗30 ~ 60分钟后，再进行通风换气。

4. 过氧乙酸消毒法。将稀释的过氧乙酸在室内均匀喷洒，关闭门窗30~60分钟，然后再开窗，进行通风换气。

5. 中药烟熏消毒法。可以取艾叶250克，菖蒲250克，雄黄250克，点燃，这个用量可以使50平方米的空间得到消毒。消毒时要密闭门窗4~6小时。

6. 紫外线灯照射消毒法。将紫外线灯管在1米高的特制灯架上安装好，每次照射40~120分钟。照射消毒时室内不要有人，防止紫外线对眼睛和皮肤造成伤害。

如何消除居室异味

以下几种方法可清除居室异味：

1. 烟味的清除。可以点燃几支蜡烛，也可用毛巾蘸上稀释的醋，在室内挥舞几下，烟雾和油烟味就会迅速消失。用喷雾器喷洒稀释过的醋，可产生更好的效果。

2. 霉味的清除。如果遇上几天或者十几天的潮湿天气，室内的衣箱、壁橱、抽屉都会散发出一股霉味，在发霉的地方放一块肥皂即可消除霉味。另外，将晒干的茶叶渣装成小纱袋，分放各处，也能达到去除霉味的效果，而且还能散发出淡淡的清香。

3. 臭味的消除。室内通风不好会产生一种霉臭的味道，可以在灯泡上滴一些香水，香水会随着灯泡发热慢慢地挥发，消除居室内的霉臭味。

4. 抽屉、柜橱、衣箱中异味的清除。这些地方如果很久不开会产生一种发霉的味道，将一块香皂放入其中，发霉的味道就会马上被清除。

5. 肥料臭味的清除。如果室内养花使用肥料，会有难闻的气味，可以将新鲜橘皮切碎后与肥料混合，可以消除臭味。

6. 厨房里异味的清除。厨房是做饭的场地，时间长了会产生难闻的气味，只要在锅中放少许食醋加热蒸发，异味就会消除。

如何消除厕所臭味

即使家里的厕所冲洗得很干净，也避免不了会留下一点臭味，以下几种方法可以彻底去除厕所的臭味：

1. 在厕所里放1杯香醋，臭味便会消失。香醋的有效期一般为6~7天，所以，每隔一周左右要更换一次香醋。

2. 把一盒清凉油打开盖放在卫生间的角落，臭味就会消除。一盒清凉油可用2~3个月。

3. 经常在卫生间撒少许过磷酸钙，也可除去臭味。

4. 将两只放入干花的广口瓶摆放在卫生间里，每隔一段时间滴几滴香水即可消除厕所臭味。

5. 将鲜柠檬切成片，干燥后放入器皿中置于卫生间内，可以防霉除异味。

6. 将大料、辣椒、香叶、桂皮等调味品装入一个布包，敞口放在厕所，可以消除厕所臭味。

如何消除油漆味

油漆里面有一些有害物质，尤其是甲醛，如果人体长期吸入油漆味会导致慢性中毒、贫血、白血病等疾病，所以要警惕油漆的危害。采用下面的办法可以清除油漆味：

1. 在居室内放一桶热水，里面放进两汤匙香草精或一把干草，一夜时间就可以去除居室内的油漆味。或点根蜡烛在屋里，也可以去除部分油漆味。

2. 在室内放1碗氨水，3天左右即可消除居室内的油漆味。

3. 如果木器家具有油漆味，可以用茶水将其擦洗几遍，油漆味就会很快消除。

4. 将煮开的牛奶倒入盘中，把盘子放到新油漆过的橱柜里，将橱柜的门关紧，约5小时后，油漆味就会立即消除。

5. 新买回来的木漆容器，会有一种难闻的油漆混合气味。可以将其用醋水擦拭，然后再用干净的布将其擦洗干净，便可消除此味。

油漆味中毒的症状一般为头痛、疲怠、食欲不振、头昏等，一旦发现有这些症状，要及时诊治并查找原因。

第六节　居室除虫

如何有效灭除蟑螂

蟑螂属于杂食性昆虫，它会通过分泌物和排泄物污染食物和器皿，进而传播痢疾、伤寒、肝炎以及引发腹泻等多种疾病，还可以引起化脓性感染。所以，灭除蟑螂是非常必要的。消灭蟑螂应根据不同季节采用不同的方法：

1. 早春季节灭除蟑螂。早春季节应采取喷药灭除蟑螂，将火蟑螂药液重点喷射于蟑螂隐匿的场所，要注意药剂均匀地喷于蟑螂栖息的缝隙、洞穴。

2. 初夏季节灭除蟑螂。初夏季节灭除蟑螂可以将灭蟑螂颗粒剂装在啤酒瓶盖内，置放于蟑螂的栖息活动场所。为使蟑螂有更多的机会吞食毒饵，尽量做到投毒堆数多，放置时间长，并注意防潮。同时，把家中无用的物品清除掉，以减少蟑螂的孳生繁殖条件。

3. 寒冬季节灭除蟑螂。寒冬季节蟑螂多隐匿在厨房的煤气灶橱、调味品橱以及自来水斗等处。这个时期的蟑螂活动能力比较弱，爬行速度缓慢，很容易捕获，因此可以采取人工捕获的方法灭除，灭除时，应连物体上的蟑螂卵鞘摘下来踏碎杀灭。

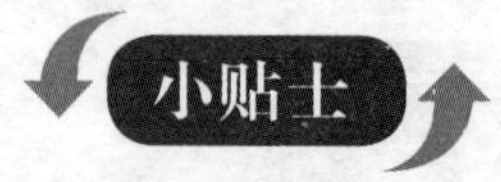

驱蟑螂三法：

鲜桃叶驱蟑螂。将新摘下的桃叶，放在蟑螂经常出没的地方，蟑螂闻到桃叶散发的气味便避而远之。

洋葱驱蟑螂。在室内放一盘切好的洋葱片，蟑螂闻味便立即逃走。

鲜黄瓜驱蟑螂。把鲜黄瓜放在食品橱里，蟑螂就不会接近食品厨。鲜黄瓜放两三天后，切开，使之继续散发黄瓜味，蟑螂依然不敢靠近。

如何有效灭除螨虫

螨虫大多是由于装修不当造成的，人们在追求居室现代化的同时，居室内的天花板、地毯、有色玻璃、墙纸和空调也为螨虫的生长繁殖提供了良好的条件。

尘螨主要孳生于地毯、被褥、沙发、坐垫和枕心内。粉螨容易在储藏的食品和粮食中繁殖。在装有茶色玻璃门窗，而又终日紧闭的潮湿阴暗环境中，尘螨的数量会特别多。所以，要多留意这些地方，对这些地方要经常进行清洁消毒。

为了彻底消灭螨虫，避免螨虫给身体带来的危害，最好不要在居室内铺地毯，也不要安装有色玻璃门窗。如果家中装有空调，要经常开窗通风，保持室内干燥，不要给螨虫提供大量繁殖的空间。另外还要经常打扫室内卫生，勤洗勤晒被褥、床垫、枕心、坐垫等，也不要储存过多的粮食和食品，不要给螨虫提供生存繁殖的空间。

螨类中的尘螨，其分泌物和排泄物都会造成人体过敏。人们在打扫地面、整理床铺时，这些物质就会随空气飘入人体的肺部，如果是过敏性体质，会产生一些特异性的过敏表现，患上因过敏反应而产生的各种疾病。

室内如何有效防蚊虫

以下方法可以有效防止室内蚊虫：

1. 大蒜气味驱蚊法。在房间内放几个剥开的大蒜头，蒜头产生的强烈的刺激性气体会使蚊子远离。

2. 白糖水除蚊法。准备一个口小肚大的瓶子，往里面注入适量的白糖水溶液，放在室内蚊子较多的地方。蚊子闻到甜味飞入后就很难飞出。

3. 清凉油驱蚊法。在身边放两三盒清凉油，并把盒盖打开，让其气味尽量散发，蚊子就不敢靠近。

4. 薄荷油驱蚊法。薄荷油散发出来的刺激性气味，可以让蚊子不会靠近。

电器篇

第一节 家电选购

如何挑选空调

可通过以下方法挑选空调：

1. 检查外观。空调器各部件应加工精细，塑料件表面要平整光滑、色泽和谐。电镀件表面应光滑，没有露底、划伤等缺陷。喷涂件表面不应有气泡、漏涂。底漆层不应有外露、凹凸不平等。各部件的安装要牢固可靠，管路与部件之间不要有磨擦、碰撞。

2. 检查过滤网。过滤网需要经常拆装，所以要检查拆装是否方便以及有无破损等。

3. 检查各功能键、旋钮。空调器面板上的旋钮一定要转动自如，而且不松脱、不滑动。电脑控制的空调器、遥控器、线控器上的各功能选择按钮要扭动自如，若卡键，说明工艺有问题。

4. 检查垂直、水平导风板。手动的垂直、水平导风板要上下或左右拨动轻便，不能太紧，更不能太松，拨在任何位置都可以定位，自动移位的说明质量不过关。

5. 通电检查制冷、制热、风速：

（1）制冷：夏季购买空调器可试制冷效果，调低温度，通电数分钟，正常情况下要有冷风吹出。

（2）制热：冬季或气温较低时可试制热风功能。

（3）风速：调节风速选择钮，应有相应的档次风量吹出。

6. 检查噪声和振动。在制冷时，优质空调不会有异常撞击声等噪声，振动也很小。

7. 检查电源线、电源插头是否设计规范，电源线不应松动，用力拉的话，不应拉出。条件许可的话，可测量空调器的冷态绝缘电阻。

8. 检查附件、技术资料。在检查完上述各项外，还要对说明书、合格证、保修卡等资料进行检查，看是不是齐全。

选购冰箱要看哪些要素

冰箱的选购通常要考虑以下要素：

1. 容积方面的选择。根据自身情况和使用要求，确定适合选购哪一种类型的冰箱，然后再决定买多大容积的冰箱，容积的大小，与价格的高低和使用时电费的消耗紧密相关。

2. 外观方面的选择。冰箱外观颜色要均匀，电镀件要平滑光亮，无锈斑，箱体完好、规整；蒸发器、冷凝器、门把手等要安装牢固；箱门封条密封性要好，同时要有一定吸力，箱门开关要轻松自如，冻结室小门严密；制冷系统没有泄漏之处；调温旋钮要转动方便。

3. 震动方面的选择。冰箱在工作时，压缩机的外壳有轻微的震动是正常的，同时有轻微的噪声，冰箱的一些部件也会随之有轻微的震动，正常的震动白天在距离冰箱1米以外，应是不易察觉到的。

三五口之家适宜选择对开门冰箱和三开门冰箱。相对来说，对开门冰箱容量比较大。三开门冰箱中间有一个保鲜功能的空间，可以在 0~4度之间自由调节，冰箱容量也相对较大，容量通常在200~350升左右，价格要比双门冰箱贵。

选购等离子彩电要注意什么

等离子彩电有屏幕尺寸大、视角大、色彩鲜艳等优点。购买等离子彩电通常要考虑下列要素：

1. 根据房间面积决定电视的尺寸大小。通常情况下，18平方米的客厅买 42英寸是比较合适的。

2. 考虑电视接口与其他家电的配合。电器技术发展很快，有很多细节在悄然变化，选购彩电时通常要考虑与电脑、卫星接收机、摄像机等接口连接是否匹配。

3. 价格因素的考虑。价格是绕不过的考虑因素，在价格相差不大的情况下，要优先购买知名度高的品牌，以最大程度保证产品质量。

4. 选择具有3C认证的产品。选购等离子彩电时，要核查一下产品是否已通过国家对家电产品的安全和质量的 3C认证，获得认证的产品的机体或包装上应有 3C认证字样。

5. 看售后服务是不是到位。等离子彩电一般保修 3年，本地最好有维修服务部网点，最好能争取到享受免费安装、24小时免费上门维修服务。

如何挑选自己喜爱的液晶电视

目前许多家庭都把液晶电视作为自己买电视的首选，但市场上液晶电视种类繁多，令人眼花缭乱，购买时可参照以下的方法选购：

1. 液晶面板的鉴别。面板是液晶电视的外部件，占了整机成本的 2/3. 以上。虽然硬屏和软屏技术参数没有大的差别，但首选硬屏面板。选购时，用手指轻触 LCD屏幕，如果无水纹现象，则可判断其为 IPS硬屏，如果出现水纹现象，则可确认为 VA软屏。

从图像显示的稳定性方面考察，IPS硬屏受到正常挤压或者触摸时，不会影响到屏幕，因为显示屏表面增加了具有导热性能的保护层，提高了屏幕的透光性能、散热性能和显示画质的稳定性。但是 VA软屏受到正常挤压或者触摸时，屏幕往往会很模糊或者显现水纹扩散，这是各自的物理特性所致，如触摸或挤压过大则会让屏幕出现坏点、刮伤，影响使用寿命，甚至无法使用。

2. 咨询坏点评估标准。LCD液晶屏幕最容易出现的就是坏点，虽然很多销售商都宣称产品无坏点，但各家厂商评估坏点标准大不一样，有些厂商售后只要有坏点就换新的服务，而有些厂商要必须按照相关的评估标准判断，究竟产品用了多久出现坏点才算是产品瑕疵？这很难说，所以购买时要问清楚，以防权益受损。通常高质量的液晶电视对坏点数量有严格控制。

3. 根据房间面积选择电视尺寸。传统电视显示屏在规格中若标榜为17英寸，但其面板四周约有1英寸无法用于显示，实际可视尺寸只有 15英寸多。而液晶显示屏标出 15英寸，实际可视尺寸就是15英寸。消费者购买时要根据房间大小选择合适的尺寸，以免屏幕过大看得不舒服。如果房间面积在30平方米左右，选购32或37英寸左右的很适宜。

4. 可视角度要尽可能大些。目前市面上出售的液晶电视，可视角度都是左右对称的，说明由左边或是右边可以看见荧幕上图像的角度是一样的。例如左边为 60度可视角度，右边也一定是 60度可视角度，而上下可视角度通常都小于左右可视角度。显然选购可视角度大的电视对消费者有利。

如何选购全自动滚筒洗衣机

从名称上看，全自动滚筒洗衣机有着很高的自动化程度，功能齐全，设有水位自动控制系统、自动加洗涤剂装置、给洗涤水加热装置、加热后自动控温系统等，全自动滚筒洗衣机对衣物磨损小、不缠绕、洗涤范围广，另外，还比较节能、节水，因此备受家庭主妇的欢迎，选购时可从下列几个方面进行质量鉴别：

1. 打开包装察看外观，整台机体的油漆应光洁鲜亮；门窗玻璃应透明清晰；没有裂痕、刮痕；功能选择和各个旋钮应转动自如。

2. 接上电源后，先开启洗衣机的程控器，并置于匀衣档。此时，要注意听一下噪音不应过大，同时，用手感觉一下机体的振动情况。通常而言，振动越小，说明滚筒运转越平稳，质量上越可靠。

3. 当检查完上述几项后，即可关机。关机约 1分钟后，再打开机门，观察门封橡胶条是不是富有弹性，若弹性不足，会有水从门缝中渗漏出来。

全自动滚筒洗衣机和全自动波轮式洗衣机及全自动波轮加搅拌轴式洗衣机都属于微电脑全自动洗衣机，其他两类全自动洗衣机的选购与全自动滚筒洗衣机的选购方法类似。

使用全自动洗衣机洗衣时，水在槽里来回流动，时间一长，槽里便会附着大量的污垢。随着洗衣服次数的增加，污垢也越来越多，因此要对洗衣机进行清洗消毒。清洗消毒的方式常见有两种，一是请专业维修工人拆卸洗衣机槽进行清洗；另一种是使用专业的高除菌率的洗衣机槽清洁剂进行清洗。

如何挑选洗碗机

可从以下几方面挑选洗碗机：

1. 类型方面的选择。洗碗机的种类很多，按其开门装置可将其分为前开式和顶开式两种。前开式的门打开后，可以拉出每个格架，取放餐具很便捷，且由于其顶部不开，可提供更多的使用空间。顶开式放取餐具没有前开式方便，顶部也无法充分利用，所以不宜选择。

按洗涤方式分，洗碗机有叶轮式、喷射式、淋洗式和超声波式4种。叶轮式和喷射式为最多选择，这两种洗涤方式的洗碗机通常结构简单、功效好、售价低和维修容易，适合一般家庭选购。

2. 功能方面的选择。目前洗碗机应用了一些高新技术，如微电脑控制、气泡脉动水流、双旋转喷臂、传感器检测等技术应用，实际上，家庭在功能的选择上，往往只需要有洗、涮、干燥 3种功能及自动程序控制就可以了。

3. 外观方面的选择。洗碗机外壳的烤漆应该光亮、平滑，颜色均匀，四周及把手棱角不要突出。碗格架拉出要自如、灵活，不要有卡滞。各功能键、按钮要开关自如，通断良好。通电后，洗碗机的水泵和电动机要运转稳定，振动要小，没有噪音。操作完毕后，洗碗机应能自动切断电源。

4. 规格方面的选择。一般情况下，洗碗机的规格以其耗电功率的大小来表示，不过也有以机内存放碗碟的有效容积来表示的。没有设干燥装置的洗碗机，耗电功率很低，只有几十瓦，而带干燥功能的洗碗机，功率在 600 ~ 1200瓦不等。以三四口之家来说，选购700 ~ 900瓦的洗碗机就可满足需求了。

选购消毒柜要注意哪些事项

除了要侧重挑选品牌外，家庭使用还要注意产品的型号，不宜选择功率过大的，600瓦是比较适宜的数值。3口之家，选择 50 ~ 60升的消毒柜即可满足需要；4口人以上的家庭，60 ~ 80升消毒柜即可满足需要。目前市场上销售的消毒柜消毒方式，主要有远红外线石英电加热管高温杀菌、臭氧杀菌或臭氧和红外线结合的方式进行杀菌。通常情况下，最好的消毒方式是高温消毒，臭氧次之。普通机械型的消毒柜操作有些复杂，控制有难度，容易造成器具损坏，因此，不要选购。电脑智能型的产品操作简便，同时对餐具起到很好的保护作用，建议购买。

如何选购微波炉

选购微波炉可从以下几方面考虑：

1. 微波炉是列入第一批国家强制性安全认证（CCC认证）目录的产品，因此选购时一定要选择贴有“CCC”认证标志并标有相应工厂代码和认证证书编号的产品。

2. 产品的使用说明书、合格证、保修卡以及附件要齐备。通过

CCC强制认证并获得 CCC标志的产品，只是表明其能满足国家关于安全和电磁兼容（仅对干扰 ）方面的有关标准的要求，但不表明该产品有着怎样的性能。

3. 要认真查看产品的标志和使用说明书。按照国家的相关规定，微波炉产品的标识要保持清晰、规范，内容要包括：商标、型号、规格（如容量）、额定电压、额定输入功率、电源性质的符号、生产企业名称；说明书上还要有防止误用的警告语和详细的清洁方法等；产品上的操作开关标识要清晰明了，并可靠固定。

4. 从外观上看，质量合格的微波炉外形轻巧，门体精致。劣质微波炉门体通常很厚重笨拙。好的微波炉并不是只靠门体和炉壁来防微波泄漏的，而是依靠多重先进的防泄技术。如果仅仅靠厚重笨拙的门体来防微波泄漏，则说明技术不过关，有较大的微波泄漏量。

5. 微波炉的市场主流以不锈钢腔体为主，它易清洁，耐磨损。化学涂层的搪瓷内腔耐温只有 240℃，不但容易在微波作用下激发有毒物质，而且还往往容易脱落。如果脱落，其内层很容易生锈，从而易产生细菌，对人体健康带来极大危害。劣质的微波炉只能加热水和牛奶，无法烹调饭菜，即使勉强烹调，其营养和口味也都很差。

6. 用玻璃杯加适量水通电试烧，微波炉通电后，炉内的水应变热，加热时间越短，水温越高，说明微波炉加热性能越好。同时让微波炉工作一段时间后，触摸器具外壳是否发烫，如器具外壳烫手，则说明器具散热效能不过关。

如何挑选榨汁机

榨汁机主要分为三大类：一类是功率较高、转速很快的刨冰榨汁机，转速高容易打碎冰，因此很适合夏天解暑需要，属于榨汁机里的高端产品。

第二类是综合类榨汁机，多刀头的组合实现了多数家庭所需的数种功能，功能区外壁多为塑料所制。

第三类榨汁机功能比较单一，有单纯榨汁也有以食物粉碎为主要功能的，这一类榨汁机通常很便宜。

衡量榨汁机质量好坏的重要标准是榨汁效果。好的榨汁机应该榨汁干净彻底，果渣中所含的水分少。在选购时可通过下列三个途径对其进行鉴别：

1. 打开包装，闻一下是否有刺鼻的塑料味。还有启动电机之后，发热时闻一闻是否有异味。

2. 看产品的颜色以及感觉材料的质感，如果功能区的塑料外壁颜色不均匀，或者里面含有气泡，透明度不高，则可能为回收的塑料所制。由于这个部位与嘴直接接触，所以不宜选择这类产品，要选择对健康更有保证的产品。

3. 机器启动之后，要仔细倾听在榨取过程中，电机转速有无杂音，以及在启动和关机过程中，杂音大小情况等，如有机械噪音或振动噪音，一定要查清声音的来源，看是不是由于刀网安装不牢固导致的。如没有探寻到明确的原因或没有得到妥善的解决，保险起见，最好不要购买此款产品。

如何挑选豆浆机

豆浆机的选购通常需要查看以下几方面：

1. 看粉碎效果。电机的性能和刀片的设计决定了豆子粉碎的程度和出浆率的高低。电机是豆浆机的核心部件，性能非常关键。好的刀片要具有一定的螺旋倾斜角度，这样刀片旋转起来后在一个立体空间粉碎豆子，不仅将豆子彻底粉碎，还能产生巨大的离心力甩浆，将豆中的营养充分释放出来。

2. 看网罩排列。优质网罩网孔是按人字形交叉排列的，密而均匀，孔壁光滑平整，不堵、不挂浆，有较高出浆率。

3. 看加热管形状。优质豆浆机加热管下半部应是小半圆形，洗刷和装卸网罩都很方便。

4. 看整体效果。豆量与水量的比例、磨浆的水温、磨浆的时间，还有煮浆的时间等因素决定了打豆浆是否能达到理想效果。豆浆第一次煮沸后的延煮时间以 4 ~ 5分钟最为理想。

5. 从容量方面的考虑。豆浆机容量的选择取决于家庭人口的多少。每个人可按 0. 3 ~ 0. 4L计算。

如何挑选电烤箱

在对电烤箱进行检查时，除了要检查外观质量外，还要进行通电检查。首先要检查一下绝缘性能，用试电笔测试外壳有无漏电；其次要检查定时开关，把定时开关拧到一定刻度，看工作和切断电源所用的时间是否与刻度所示吻合；再次要检查恒温装置，把调温旋钮转到一定刻度，通电，到一定时间（烤箱内温度达到选定温度时）将自动断电；最后检查一下开关和按键，它们应该转动自如，指示灯要显示正常。

远红外烤箱有时间短、省电的优点。简易烤箱因没有保温材料夹层，因此耗电较大。电烤箱的内箱容易遭到污染，因此箱内应足够光洁且要易于清理。烤盘的四角最好是圆的而不是方的，这样清洁起来很方便。

如何挑选电磁炉

选购电磁炉时可参考以下“五看”：

一看晶体管质量。电磁炉质量好坏，很大程度上决定于高频大功率晶体管和陶瓷微晶玻璃面板的质量优劣。通常情况下，具有高速、高电压、大电流的单只大功率晶体管的电磁炉，质量可靠、性能优良、不易损坏。

二看功率输出的稳定性。优质的电磁炉应具备输出功率的自动调整功能，这一功能可改善电磁炉的电源适应性和负载适应性。

三看电磁兼容物性。电磁炉的电磁兼容物性与对电视机、录像机、收音机等家电的干扰和对人体的危害有紧密联系。不宜购买这一指标不合格的电磁炉。

四看可靠性与有效寿命。电磁炉的可靠性指标一般用 MTBF（平均无故障工作时间）表示，单位为“小时”。优质产品的 MTBF 通常要保证在1万小时以上。

五看面板。应选购质量过关的陶瓷制品玻璃面板的电磁炉，即面板为乳白色、不透明、印花图案手摸明显的电磁炉。采用耐热塑料或钢质玻璃做面板的电磁炉，发生烧坏和遇冷水爆裂的几率要高。

如何挑选净水器

如今人们越来越注重饮水健康，净水器由此走近了千家万户。那么，怎样才能选择一台好的净水器呢？可参照下列方法：

1. 检查该产品有没有经过相关部门的卫生质量鉴定。合格的净水器通常要有国家卫生部颁发的正规涉水批文，购买时要仔细检查。另外，还要查看一下检验报告所确定的合格的出水量的范围，如有的净水器，其检验报告只说明 1吨以内的水合格，而没有说明1吨以上的水是否合格。若确认不明，建议不要购买。

2. 确定水质有没有达到标准。合格正规的净水器均会明示：出水水质有没有达到直饮标准；漂白粉、重金属等各项具体检测指标及去除率，出水水质含矿物质及微量元素的情况等。

3. 检查净水器的过滤材质。净水器的净化功能和净化效果与其所使用的过滤材质密切相关。目前市场上销售的净水器基本上以活性炭、微孔陶瓷、中空纤维、阳离子树脂、反渗透膜等为过滤材质的。通常而言，复合过滤材质的净化功能和净化效果都要超过单一过滤材质。

我国北方地区水质硬度高，水中钙、镁离子含量相对较高，容易结垢，应选购带离子交换树脂滤芯的高级过滤净水器；而我国南方地区水质铁锈、泥沙等浊度高，藻类等有机物含量高，选用活性炭载量较多的家用净水器为好。

如何选购吸尘器

要根据住房面积的大小来选择吸尘器的功率，一般选择功率在500 ~ 700瓦的比较合适。储尘量方面最好选择大一些的，可减少倒尘的次数。吸尘器的软管要富有弹性，管内壁要光滑柔软，转动灵活，通电后振动和噪声要小，开关要灵活。好的吸尘器，外观光泽度高，外壳各部分间接缝均匀整齐，各种附件的连接牢固，装卸简便易行；运转噪声和震动小，声音小且柔和，无周期性变化，用手挡住进风口时，灰尘指示器反应灵敏，保护网打开时应有较尖的噪声。储尘部分拆装要简便易行。

如何选购抽油烟机

抽油烟机的选购，需要检查和核查的有多个方面，一般来说，对抽油烟机的风量、风机功率和噪声，应该综合考虑，风量、风机功率不是大就一定好，在达到相同抽净率的前提下，风机功率和风量反而越小越好，一方面省电，另一方面又可取得较好的静音效果。

直排式抽油烟机可分为单眼直排式和双眼直排式，排风量在每分钟 3～8立方米，可根据厨房面积的大小，7平方米左右的厨房可考虑选用单眼直排式，这样既实用又经济。

用手或一张纸试一试是否会从已经关上的“眼”里倒灌进少许风，若倒灌风较大，就不宜购买。

另外，抽油烟机的清洗也是需要认真检查的一项。抽油烟机风机的涡轮扇叶积油是抽油烟机噪声增大和排风量减小的主因，因此，那些不用任何专用工具，便能轻松将网罩和风机涡轮扇叶拆卸的机型为首选，这样的机型方便清洗。同时抽油烟机集烟罩一面不要有接缝和沟槽，这样能更彻底且更方便地清洗。

如何选购电热淋浴器

选购电热淋浴器通常要检查下面这些事项：

1. 看有无漏电保护器和安全压力网。如果发生微量漏电或温控失灵等情况，这两种装置会自动启动，能最大程度保障安全。

2. 检查合格证、保修卡和品牌标志，这是了解产品型号、功率、电压、防水等级等的必要途径。为防止私自拆卸机器，很多厂商在机器连接部位都装有封条，选购时应检查这些关键部位的封条是不是有破损，如有破损的话，不宜购买。

3. 看外观，选外形。合格的产品外形要没有划伤、凹凸不平和锈斑。圆罐形是最佳的外形，因为圆罐形的设计受力最均匀和最能承受高压，而方形或其他形状没有这个优势。另外，电热淋浴器的安装一定不可疏忽大意，安装前必须详细阅读使用说明书和安装图，对有警告标志的关键部位，要特别注意，要严格按说明书要求去做。

第二节　家电保养

应该怎样保养电视机

电视机的保养有以下一些方法：

1. 电视机要放置在干燥、洁净、通风的地方，而不要放在窗口或空调出口处，也不要与墙壁紧靠，要与墙保持10厘米以上的距离，以便电视通风驱潮。

2. 要经常开启电视，最好每天早晚开启一下，目的是用机器工作时产生的热量来驱散电器的潮气。液晶电视更不要受潮，要定期开机通电，及时将机内的潮气驱赶出去。潮气会损害LCD的元器件，尤其是给含有湿气的LCD通电时，容易导致液晶电极腐蚀，从而损毁电视。

3. 要避免阳光直射荧光屏，不看时可以用较厚的深色布罩起来。

4. 用干布擦拭屏幕，看完电视关掉后不能用冷的、潮湿的硬布擦屏幕，以防电视骤冷引起显像管爆裂。

5. 若LCD显示器表面有污垢，如果仅是一些灰尘的话，用一块微湿的软棉布轻轻地擦去灰尘即可；如果污渍很多，一定要选用专用清洁剂。要注意的是，不要将清洁剂直接喷到屏幕表面，防止清洁剂流到屏幕里面导致 LCD屏幕内部出现短路故障。还有清洁屏幕不要过频，频繁的擦洗会对电视屏幕造成损害。

应该怎样保养洗衣机

洗衣机可从以下几方面保养：

1. 放置位置要合适。洗衣机要放置在通风良好的地方，而且要远离热源，阳光直射不到，不要放置在空气不流通、湿度大的卫生间；洗衣机应安放在有独立水龙头、电源插头及排水渠道的固定位置，并应将其四脚调至绝对平衡，避免工作时发出强烈噪音及磨损转轴。

2. 不要负重运行。洗衣加水要适当，而且不要加热水；洗衣机负荷不可过重，每次洗衣应尽量减少洗衣数。一般洗衣机每次可洗4. 5～5千克衣物，若一次洗过多的衣物，不但会降低洗涤力，还会加大机器的磨损，让洗衣机的寿命变短。

3. 降低磨损。洗涤之前，将要洗的衣物进行分类和检查，取出衣袋内的物件，将衣带及围裙带打上活结，衣裤的拉链也要拉上，有很多污渍的衣物在放入洗衣机之前最好先做一下清洁，再放入洗衣机清洗。鞋子、有沙子的衣服和沾上汽油的衣服不能放在洗衣机内清洗，也不能放在甩干机内脱水，一是避免划伤洗衣机，二是避免摩擦起火，造成事故。

4. 定期清洁。洗衣机的外壳、控制板、过滤器及排水孔要定期清洁。可用海绵或湿布擦洗外壳及控制板，不要使用化学物品清洗，以防腐蚀外壳及控制板。清洗过滤器及排水孔时，要看一下孔和孔通道有没有被废物阻塞，如有，要清除干净后再清洗或者排水。

5. 规范操作。扭转各种开关按钮时，不要用力过猛。定时器开关不要反转，也不要让水弄湿定时器。另外，勿使洗衣机空转，也不要长时间连续使用。

应该怎样保养空调

空调保养应注意以下几方面：

1. 空调不要与其他电器共用一个插座；不要在运行中改变热泵型空调的运行状态。

2. 不要往室外机上面放置重物，并且保证四周没有遮挡物。

3. 可用柔软的布蘸少量的中性洗涤剂擦拭空调，而不要用机油、香蕉水等擦拭。清洗的水温要低于40℃，水温过高容易造成外壳、面板收缩或变形。

4. 每隔20天左右要对室内进风过滤网清洗一次。方法是拆下过滤网，拍打或用清水洗刷，甩干后再装入面板。另外，隔一段时间对室外机组也要除尘。清洗内机时要先切断电源，用湿软的布或毛刷清洗，可用吸尘器对冷凝器和蒸发器进行清洁。

5. 不要忽视空调器的故障，以防故障扩大，应及时请专业人员检修。

6. 使用中不要频繁地开停机，以保证压缩机启动性能良好。尤其是窗式空调器，要严格禁止压缩机停机后三分钟内重复启动。

7. 换季停止使用时，应选晴朗干燥的中午，将空调器置于送风状态中运转3小时，去除机内水分，然后将机器关闭，拔下电源插头，另外，不要忘了将遥控器中的电池取出，放在干燥处。

8. 空调使用时间过长，停机后再开机如有潮腥气味，要打开机盖进行清洗消毒处理。

9. 重新开机前，要认真查看室内机的排水管有无杂物堵塞，避免出现积水倒灌现象。

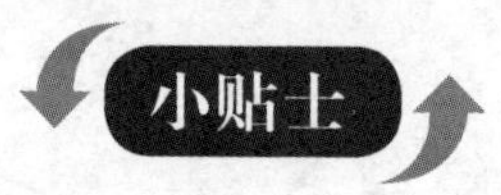

长期在空调环境下工作和生活的人，由于空气不流通，环境质量差，往往会出现鼻塞、头晕、打喷嚏、耳鸣、乏力，记忆力减退等症状，患上了“空调综合征”或“空调病”。经常开窗通气即可解决问题。

冰箱要停用时如何检查保养

秋冬季节，如停用冰箱，在封存前要检查保养一番，如发现问题要及时处理，避免无法使用。一般来说，应从以下几方面进行检查、保养：

1. 检查冰箱的密封性。门铰链直缝处有没有黄锈斑、水痕，如果有的话，则说明冰箱密封性不过关。也可用薄纸剪成 5厘米宽的小纸条，夹入门缝四周，如能将纸条夹紧，则说明密封性好。还可将打开的手电筒放入电冰箱内，然后关闭箱门，看有无漏光，有漏光处即为变形或有缝隙。门封漏气，耗电量会增加。如有条件，可用弹簧秤测定一下开启冰箱门所需的拉力，在 1～7千克为正常。如属安装不当或长期使用后箱门关闭时与箱体不平行而导致密封性不好，可将封条的螺钉松开，在有缝隙处下面垫一层薄橡皮条，然后将螺钉拧紧，即可消除缝隙；若门封条呈现S形弯曲时，可用直尺垫衬于封条内侧，同时将弯曲变形处稍稍拨起，用电吹风对着弯曲部分稍加热，至塑料略有变软时，即停止加热，待封条冷却后，将直尺取下，门封条便恢复原状。如因磁性门封吸附有铁屑、铁末等造成门封不严时，可用抹布擦掉，缝隙即可排除。

2. 检查冰箱的冷冻性能。冷冻箱内的温度通常要低于 -5℃，盒内的水应能在2小时内结成坚固的冰块。再看蒸发管结霜情况，如蒸发管仅半面结霜或不结霜，则说明管内有水分，或者制冷剂不足，再就是压缩机高低压串气，这种情况要及时处理。如果以上各点均无问题，而压缩机还是长时间运转不停，则需要检修温控器。

3. 检查振动、噪音以及压缩机温升。运行中用手摸压缩机外壳，正常情况下振动感应不明显，白天不应明显地听到压缩机有声音。

4. 检查是否漏电。可用电笔分别测试机壳及管路，如发现电线绝缘不好，要及时更换。

上述检修结束后，用温水或肥皂水将冰箱内外清洗并擦干，不要用去污粉、碱水、柴油等擦洗。擦干后不必涂油，将箱门打开干燥一天，然后将冰箱放在干燥通风之处即可。冰箱门要留一点缝隙，以免箱内受潮发霉、生锈。门封上可涂抹少量滑石粉或爽身粉，避免长时间关门后将门口漆皮粘脱。这样处理后，就可把冰箱妥善保存了。

为什么冰箱温控旋钮不要任意调

冰箱使用的调温开关属于一种热力式继电开关，它充气的感温管紧靠蒸发器的出口处，利用蒸发器表面的温度变化，使感温管内气体的压力发生变化，从而控制压缩机启动或停止。

在使用时，若将调温开关来回随意拨动，或自热点直接调到冷点，会让压缩机多次启动或提前，进而增大压缩机吸气、排气腔内的压差，进一步造成电动机瞬间强制启动。虽然强制启动的电流会促使保护继电器跳闸，但电动机却因此受损，寿命受到影响，因此，任意调节冰箱温控旋钮是不适宜的。

应该怎样保养电脑

电脑的保养可注意以下几方面：

1. 要保持适宜的温度、湿度。电脑适宜在15～35℃的环境下工作，避免阳光直射或其他热源辐射。连续工作4小时最好让电脑休息一下，利于机器散热。

电脑工作的适宜湿度为40%～70%，若湿度超标，会影响到电脑元件接触性能，易产生硬件故障，所以在阴雨天，要经常开开机，以去潮气。湿度过低，会影响到机器内部随机动态存储器关机后存储电量的积放，也容易产生静电。

2. 保持平稳的工作环境。电脑内部的部件多为接插件或机械结构，震动过剧的话容易松动，所以保持平稳的工作环境是必要的。

3. 要保持空气畅通。保持空气畅通有利于机器的散热。

4. 保持稳定的220伏电压。电压不平稳会使电脑过载或失控。不过不要用稳压器来稳定电压，因为稳压器内的继电器随着供电电网的电压波动的频频跳动，会对电脑内的操作程序产生很大影响，导致电脑出现错误信号，甚至会损毁电脑硬件。

5. 做好清洁工作。平时要做好电脑及其电脑周围环境的清洁。经常用小功率吸尘器清除灰尘，用酒精清洗机壳和键盘，用无静电抹布擦显示器。

电脑的保养还包括防范电脑病毒的入侵。电脑病毒会使文件变乱，使电脑“死机”，编程失效。安装杀毒软件，定期杀毒是防范电脑“中毒”的必要措施。

应该怎样保养显示器

保养显示器有以下几种办法：

1. 显示器的亮度不要过强。显示器越亮，图像颜色越鲜艳，电子枪和荧光粉会加速老化。因此，保持显示器合适的亮度，在一定程度上有助于延长显示器寿命。

2. 避免阳光照射。显示器要避免阳光直射，所以要将显示器附近的窗帘或纱窗挡好，将阳光对显示器的照射降到最低限度。

3. 要远离强磁场。显像管中的荫罩板被磁化很容易，若受到强磁场干扰，显示器的色彩将会发生紊乱，因此不要让显示器与其他电器靠得太近，要保持合适距离。

4. 利用好屏幕保护。选择系统自带的以黑屏为主的“三维文字”等设置屏保，还可在“控制面板”的“显示器设置”中启动系统的“自动关闭显示器电源”功能，或者在不用的时候将显示器关闭，减少空载运行的损耗，延长电脑使用寿命。

5. 要降低灰尘的“侵扰”。显示器在运转时有很强的静电产生，对灰尘有较强的吸附能力，过多的灰尘对电路或元器件的性能有一定影响，严重的会造成短路等损坏性故障，要尽量降低灰尘对显示器的破坏。可定时为显示器除尘，可打开显示器的后盖用毛刷将灰尘轻轻清扫干净。为了防止灰尘进入，可做一个大小适合的防尘罩布，每次关机后将显示器罩好。

电热毯使用应注意什么问题

电热毯主要有两种不安全的因素：一种是操作有误导致电热毯过热引发火灾事故；一种是由于电热毯的绝缘不好或绝缘损坏导致触电事故。家庭安全使用电热毯，并延长电热毯的使用寿命，需要注意以下问题：

1. 在使用电热毯之前，要认真阅读使用说明书，严格按照说明书操作。

2. 要保证电热毯使用的电源电压和频率能满足电热毯上标定的额定电压和频率要求。

3. 电热毯不要与其他热源共同使用。

4. 一定不要折叠电热毯。在使用电热毯的过程中，要避免电热毯出现有集堆、打褶现象，如有，应将皱褶摊平后再使用。

5. 如使用预热型电热毯，一定不要让整夜通电使用，正确做法是先预热，上床后将电源关闭。

6. 生活不能自理者单独使用电热毯容易发生事故，因此尽量不要让其单独使用。

7. 禁止在电热毯上放置尖硬物，更禁止将电热毯放在突出金属物上使用。

使用电磁灶应注意什么问题

与传统灶具类似，电磁灶也可以用来煮、炒、煎、炸、蒸、焖食物。在使用时，应注意以下事项：

1. 电磁灶使用时，可与铁质搪瓷锅或铁制平底锅配用，但不能与铝、铜、砂钢、砂锅以及锅底不平的炊具配用，要不然，不能使磁性开关接通电源。

2. 不要将钢叉、小刀、未开的罐头等铁磁性物体放在电磁灶的面板上，否则，会连面板上的铁磁性金属物件一起加热。

3. 电磁灶不要与别的家用电器合用一个插座，要使用单独的插座。

4. 电磁灶要放在空气流通处，这样有利于电磁灶内的冷却风扇发挥作用。此外，出风口与墙的间隔至少要 10厘米。

使用电火锅应注意什么问题

电火锅使用注意以下事项：

1. 电火锅的电源线两头要接好，有恒温装置的，需要把开关放在中间或所需的位置。一般开始时放在“高温”档，水烧开后，可以放在“保温”档。

2. 非恒温式的电火锅要注意锅的温度，严禁烧干锅。如需要倒掉锅中的水，先要把电源关掉，等稍冷却后再放出锅内的水。因为虽然断了电，但底部烧盘的温度仍然很高，如果断电之后马上把水倒掉，容易烧坏锅底。

3. 要保持电火锅和插头的清洁，使用完后，要清洗干净并用干布擦干，否则容易生油垢。如生油垢，可用去污剂擦拭干净。一定不要将电火锅放入水中清洗，因为水浸入内部，会造成漏电事故。此外，不要用湿手摸电火锅，更不要一手摸电火锅，另一手去摸水龙头。如果漏电，会对人体造成伤害。

如何保养电动剃须刀

电动剃须刀分很多规格、型号，电动剃须刀经久耐用，剃须时锋利舒适，虽然与产品质量有着很大关系，但与保养方法正确与否也有一定关系，日常生活中可采取以下几种方法保养：

1. 要按说明书操作使用，特别要注意剃须刀清洁时的正确拆装方法。

2. 电动剃须刀的网罩和动刀片容易坏，应留意养护。尤其是网罩，每次使用时切勿重压、碰撞，以免造成表面凹陷。

3. 使用时要保持脸部干燥，特别是夏天要擦净脸部汗水后再剃须，避免网罩和刀片因长期受汗水酸性侵蚀而生锈。

4. 电动剃须刀剃须宜两三天刮一次，满腮须最好每天刮，要不然胡子较长不易刮净，也影响到网罩与刀片的使用寿命。

5. 每次用完后，应用专用毛刷将剃须刀头内外的须屑清除干净，特别不要让动刀片上积污。动刀片和网罩应及时抹上缝纫机油；配有轧刀的，轧刀上也应经常滴油。

6. 带有轧刀的电动剃须刀，由于功率较小，用于理发会使其受损，因此不宜用来理发。

7. 使用中发生卡须现象，要马上关掉电源。卡须严重的可慢慢旋开网罩离开胡须。如果重新开机仍不能旋转的，要关机拆下网罩清除卡须后再继续使用。

8. 不要轻易调整电动剃须刀刀架中心的螺丝，否则，电动刀片与网罩间间隙过大会发生拔须现象；间隙过小会加快网罩磨损。

电动剃须刀有两种，一种是单用剃须刀，一种是双用剃须刀，如果既需剃胡茬，又要轧长胡须、鬓发和后颈发脚时，可选购两用式；如果单纯为了剃胡茬，选购单用剃须刀即可。

如何正确使用电子消毒柜

科学使用电子消毒柜的一些方法：

1. 在使用电子消毒柜前，要先洗净所有准备消毒的餐具，沥干水分后再放入柜内，这样可以缩短消毒时间。

2. 碗、盘、碟子、杯子等餐具，应竖放在层架上，而不要叠放，而且餐具之间要有一定空隙，便于通气和尽快消毒，同时可节约用电。

3. 不要将塑料等不耐高温的餐具放在高温消毒柜内，应放在臭氧消毒的低温柜内消毒，以免损坏餐饮具。

4. 在使用臭氧消毒柜时，要注意臭氧发生器是不是有效，若听不到高压放电的吱吱声，或看不到放电蓝光，则说明臭氧发生器有了问题，要查看原因，及时处理。

如何保养电热水器

电热水器的保养方法如下：

（1）内胆定期洗。长期使用电热水器时，水中含有的微量杂质和矿物质会沉淀下来，如不定期清洗的话，水质会受到影响，进而影响到人体健康。

（2）每年要对热水器进行一次全面的检查，主要是检查热水器的安全性能以及其他潜在的隐患，及时发现问题，及时做出处理。

（3）热水器长期不用时，要将电源关闭，将内胆的贮水排空，通常，热水器的型号不同，处理不同，具体方法可参照产品说明书。

（4）为确保热水器的正常使用，每月对安全阀进行至少一次的保养，以确保安全阀的正常泄压，具体方法可参照产品说明书。

使用燃气热水器应注意什么问题

燃气热水器使用时一定要保证空气流通。烟道式、强排式、平衡式，都要安装排烟管，而且烟道出口必须要伸到室外。另外，减压阀和燃气管要质量过关的，燃气所输的压力和热水器要相符。使用管道气一定要煤气公司或管理部门接驳燃气管。若有爆燃、黄火、回火、水不热等情况，要立即停止使用，然后找维修人员上门检测。每次使用完必须将煤气阀以及电源开关关好。

每年要请专业人士对热水器进行安全检查，而且还要不定期地对热水器进出水管的过滤网进行清洗。经常用肥皂水对煤气接口检查，定期检查减压阀的压力是不是小于所使用的燃气压力。经常保持热水器表面的清洁，另外，还要经常检查电源线和插座。

如何保养太阳能热水器

太阳能热水器有节能的优点，被越来越多的家庭使用。在使用太阳能热水器过程中要注意以下几个方面的保养：

1. 经常对热水器进行系统排污，以防阻塞管路；对水箱进行清洗，避免污染水质。排污时，在进水的情况下，将排污阀门扭开，直到排污阀流出清水为止。

2太阳能集热器透明盖板上的尘埃、污垢要及时清除，确保盖

板的清洁 。要注意的是，要在清晨或傍晚日照不强、气温较低时进行清洁，以避免透明盖板被冷水激碎。

3. 经常检查透明盖板有没有损坏，若发现破损应及时更换。

4. 若是真空管太阳能热水器，要经常检查真空管的真空度或内玻璃管，如果真空管的钡-钛吸气剂变黑，说明真空度已下降，需要更换真空管。

5. 随时检查热水器各管道、阀门、电磁阀以及连接管等部件，如发现渗水，要及时处理。

6. 防止闷晒。闷晒是指循环系统停止循环的现象。闷晒将会让集热管内部温度升高，进而对涂层造成损伤，让箱体保温层变形和玻璃管破裂。闷晒的原因可能是循环管道堵塞；也可能是冷水供应不足；还有一种可能是在强制循环系统中，由于循环泵停止运转而引发。避免闷晒的发生，就要经常检查各个部位，及时发现问题及时处理。

7. 安装有辅助热源的全天候热水系统，并要定期检查辅助热源装置及换热器工作状态，以便早发现问题早做处理。

8. 在气温低于0℃时，平板型系统应排净集热器内的水。不过假如装有防冻控制系统功能的强制循环系统，可不用排空系统内的水，只要启动防冻系统即可。

对北方用户来说，在太阳能热水器投入使用后，为了有效防冻，要经常使用，每天最好使用 4～5次，间隔时间在 4小时以内。

第三节　家电清洁

如何清除电视机积尘

电视机使用一段时间后，机内就会积上一层灰尘。这些机内灰尘积累多了对电视机有一定的损害，既影响元器件的热量散发，又影响元器件与电路的绝缘性能，甚至产生高压放电打火现象，给电视机带来损害。因此，有必要定时对电视机除尘。清除电视机积尘时要注意以下几点：

1. 除积尘在停机半小时以后进行，以防止高压部分放电不净而带来伤害。事先要拔去电源插头，保证断电作业。

2. 要使用柔软的材料对电视屏幕进行清洁，脱脂棉或柔软的棉布均可，沾上少许玻璃清洁剂，轻轻擦去污垢。

3. 用手动鼓风器或吹风机将灰尘吹出来。对尘垢积累较多的地方，可用软毛刷轻轻刷净再吹出来。

4. 尽可能少移动机内引线，也不要拨动机内元器件，特别是显像管背部和颈尾部更要避免触碰。

5. 不可用湿布擦洗。

如何清除冰箱的各种异味

冰箱在使用过程中要注意保持箱内的清洁卫生，箱内的残物要及时清除掉。一般使用1～2周后，可拔掉电源，用浸有温水的软布擦洗箱体内胆及食品搁架、盛器等附件；水果、蔬菜及生食品要洗净、沥干后才能放入箱内。荤腥食品可先用保鲜纸或塑料袋包好，然后放入箱内。生鱼、生肉要装入塑料袋先进行急冻，在其外表部分形成冻结层后，再放入箱内温度较低的位置保存。生熟食品要分开存放，以免造成交叉污染。若因存放不当或食物腐败变质，导致箱内出现异味或臭味，可用以下办法消除：

1. 用浸有发酵粉或清洁剂温水的软布，擦洗内胆，这样处理后多数异味可消除，然后再用清水擦净。发酵粉的用量是每千克温水内加入 2汤匙。如果用清洁剂清除，则应按产品说明书适当降低清洁剂的浓度。

2. 冰箱内沾有油迹或污垢产生的异味，可用中性洗涤剂擦洗，擦洗后用清水清洗干净，但不要使用强碱性洗衣粉、去污粉、汽油、香蕉水等，这些东西对内胆有损害。

3. 冰箱内的鱼腥臭味，可用浸有食醋或白酒的软布揩擦，可迅速去除鱼腥臭味，同时还可起到消毒作用。

4. 活性炭可去除臭味，平时可将活性炭放入平盘内，将平盘放置在箱内的上层搁架上，可有效消除各种异臭味。活性炭价格便宜，并可重复使用，和许多有毒及有刺激性的气体均有很强的亲合、吸附能力，所以得到广泛应用。适当加大用量即可缩短除臭时间。

5. 可将内装 5克花茶的纱布袋放入冰箱内。由于茶叶吸味能力强，当天就可除去冰箱内异味。一段时间后将茶叶取出晾晒一下，再重新放入可继续使用。

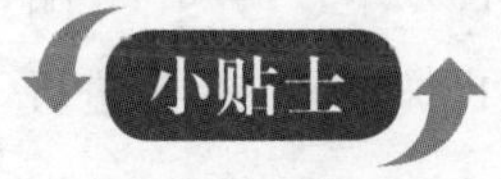

清洁冰箱有“五忌”：不要用酸、碱溶液擦洗冰箱；不要用有

机溶剂擦洗箱体；不要用热水擦洗冰箱；不要用水冲洗电冰箱的外壳和内胆；不要用锐器刮除污垢。

如何清洁冰箱内部

冷藏室的清洁，先将全部附件取出，然后用中性洗涤剂擦拭干净。用毛刷清除接水盘中的污垢，同时疏通导水管。然后，用清水冲洗干净，注意避免污水污染其他地方，然后把冷藏室的内壁洗净，最后擦干。

冷冻室清洁，要先切断电源，将箱内食物全部取出。化霜后，可用毛巾或软布浸溶有中性洗涤剂的温水清刷内壁，同时用毛刷清除缝隙里的污垢，洗刷时注意避免污水到处溢流。间冷式自动化霜结构的冰箱可用清水冲净化霜导管中的污垢，避免用金属工具铲刮冰霜。

冰箱有污渍的地方，也可用酒精擦拭。切断电源，将药用酒精倒在浇花用的喷枪内，对着电冰箱的污染处，一手喷洒，一手拿干布擦拭。污垢被除掉，冰箱臭味也随酒精的蒸发而除去。可用类似办法清洁角落及网状棚架。

如何清洁洗衣机内外

若洗衣机外壳发黄，可用湿布或海绵蘸苏打粉擦拭，即可光洁如新。

如果洗衣机内部有了霉垢，可往洗衣机内注入水，倒入一杯醋后搅拌清洗，直到霉垢去除。如一次不行，可再加点醋，反复进行几次即可把霉垢清除干净。

如何去除电熨斗的污垢

方法一：可将一块旧布对折，在两层布间撒些蜡烛粉，然后给电熨斗插电，等熨斗发热，在布上移动多次，再在干净布上熨数次，即可将熨斗底部污垢清除。也可将热熨斗放在燃烧的蜡烛上灼烧片刻，再用干布擦拭，污垢也可以去除。

方法二：把一条湿毛巾叠成与电熨斗底平面同样大小的形状，在毛巾上均匀地撒一层苏打粉，然后给电熨斗插电，当电熨斗温度达到 100℃时，在湿毛巾上来回搓擦，等水蒸气没有时，再用布擦掉苏打粉，电熨斗上的污垢也随之去掉了。

方法三：在蒸汽熨斗水槽内倒入一大匙食醋，反复摇晃后倒掉，然后再用清水冲洗干净。当蒸汽熨斗水槽里的水垢除去后，再打开蒸汽开关，让水分完全蒸下。

如何清洁消毒柜

清洁前，要拔下消毒柜的电源插头，然后用温湿布擦拭柜内和外表面，接着用中性洗涤剂拭抹，再用清洁干净布抹净。记住不要用开水、汽油、酒精、洗衣粉或碱性洗涤剂清洗。也不要用水直接喷浇冲洗柜体，以防止人为降低电气绝缘性能，引发事故。

如何清洗电饭锅

电饭锅的外漆常因高温米汤的溢出而遭受腐蚀，使外壳的烤漆脱落。开关与安全装置还会因为污物或饭粒的进入而产生故障。因此，需要对电饭锅定时清洗。不同品牌的电饭锅因制作材质不同，清洗时要先阅读说明书。清洗电饭锅通常有以下方法：

1. 内锅受碱或酸的作用会被腐蚀产生黑斑，可用去污粉擦或用醋浸泡清除。

2. 对于电饭锅外壳上的一般性污迹，可用洗洁灵、洗衣粉的水溶液进行清洗，清洗后用干净的水擦拭干净。

3. 当电饭锅内部控制部位有饭粒等小物件掉进去时，应用螺丝刀取下电饭锅底部的螺钉，揭开底盖，将掉入里面的饭粒、污物去除。

4. 如果有污物堆积在控制部位某一处时，可用小刀清除干净后，用无水酒精擦洗。需要注意的是，擦拭时不要损伤电路控制装置。

如何给饮水机消毒

可按照下列步骤给饮水机消毒：

1. 将电源插头拔掉，取下水桶，然后打开饮水机后面的排污管，将余水排空。再打开所有饮水开关放水，放出饮水机内的剩余水。

2. 用镊子夹住蘸酒精的棉花，全面擦洗饮水机内胆和盖子的内外侧。

3. 将300毫升多功能消毒剂溶解到2升左右的水里，再倒入饮水机内胆里，将整个腔体浸泡10～15分钟。

4. 打开饮水机的所有开关，包括排污管和饮水开关，将消毒液排净。

5. 用7～8升清水冲洗整个饮水机腔体，然后打开饮水机的所有开关将冲洗的液体排干净。

6. 用蘸酒精的棉花擦洗开关处的后壁，至此饮水机消毒工作宣告完成。

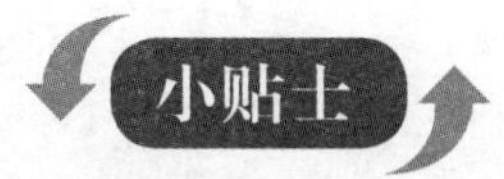

饮水机在消毒后，还可能有微量的消毒液残留，所以应先放一杯水，闻闻有没有氯气味。如果有氯气味，再放水，一直到闻不出氯气味，再饮用。

如何清洁电脑

清洁电脑可按下面介绍的方法进行：

1. 清洁机器表面。电脑的表面的灰尘，可用潮湿的软布和中性高浓度的清洁液进行擦拭。擦完后可不用清水清洗，残留在上面的洗液有助于隔离灰尘，下次清洗时，只需用湿润的毛巾进行擦拭即可。

2. 清洁键盘。键盘的日常清洁很简单，只需将适量清洁剂喷在键盘上，用棉球或干净棉布将键盘正面和按键侧面擦拭干净即可。

每隔一定时间，可进行一次彻底清理。将键盘拆开，用干净干燥的软棉布或柔韧的面巾纸轻轻擦拭，等干燥之后再按原样安装好。

3. 清洁鼠标。鼠标衬垫常因为有灰尘落下，使鼠标小球在滚动时，将灰尘带进鼠标内的转动轴上缠绕起来而转动困难，影响鼠标寿命。这种情况可打开鼠标底部滚动球小盖进行内部的除尘。

4. 机器内部的除尘。使用一段时间后打开机箱，用干净的软布、小毛刷等工具对机箱内部进行除尘。

第四节　家电维修

如何检修冰箱外壳漏电

电冰箱漏电分 4种情况：感应漏电、温度控制器漏电、电动机绕组漏电、电源线绝缘层破损漏电。具体说明如下：

1. 冰箱使用正常，电气绝缘良好，但接触箱体时有麻手感觉。这是因为压缩机组控制线路和箱内照明线路都是在箱体外壳和内胆之间穿越布线，构成了一定的分布电容与绝缘电阻。这个分布电容与绝缘电阻增大时，借助人体对地构成并联通路，所以用手触摸会有麻手感觉。这也是几乎大多数具有电机，附有电阻、电容器、继电器等家用电器都有的情况。只要不是某元器件漏电，这种“触电”不会带来实质性的危险。为更安全起见，可以将箱体接地，即冰箱的电源要使用有接地的三眼插座。

2. 温度控制器一般装在冰箱冷冻室内壁上，如果温控器上有大量凝露，凝露水流入温控器中与箱体短路就会带电。箱体与“地”之间的电压往往要高于 50伏。消除的方法是将温控器卸下放入干燥箱内烘干。要及时擦干箱内的积水，及时除霜和避免箱内温度调节得过高。

3. 电动机绕组漏电，使箱体带电。这种情况不要忽视，它能给人带来危险。这常常是改用两眼插座导致的。当发现电机漏电，要马上关机，不要再用，请维修人员处理。

4. 电源线因绝缘塑料变质、受潮、磨损或其他原因造成绝缘层破坏发生漏电，这种情况要及时将坏掉的电源线换掉。

怎样解决冰箱噪声过大问题

冰箱运转时如果声响较大，会使人感到烦躁，严重时还影响到睡眠。通常而言，电冰箱噪声过大的原因不同，解决的方法也不同：

1. 冰箱放置不合适产生的噪音及解决方法。

（1）冰箱放置不平稳。放置不平稳，在冰箱启动时就容易振动并发出噪声。这种情况可调整冰箱底部螺钉或在底部垫木块等东西，使冰箱保持平稳。冰箱平稳了，自然噪音变小。

（2）冰箱放置位置不当。有时楼下住户感到楼上住户冰箱运转响声大，是由于建筑结构的关系。这种情况应将冰箱放在一个产生噪音最小的地方。

另一种情况是冰箱背面或侧面紧靠墙壁，通过墙壁将压缩机的振动噪音传了出去。这种情况让冰箱离开墙壁10厘米左右，一方面既能减小噪音，另一方面又便于散热通风。

2. 冰箱内部机件产生的噪音及解决方法。

（1）冰箱箱体、压缩机座、散热器等部件的固定螺钉松动了，就会产生振动而发出噪音。这种情况只要将松动的螺钉旋紧就可以了。

（2）管道之间、箱体与管道之间碰擦，或者箱内附件颤动均会产生噪音。这种情况可在管道碰擦部位加垫橡胶或泡沫塑料。箱内接水盘、搁架等附件要摆放平整，噪音也会减小。

（3）冰箱内蒸发器发出异声或气流声过大往往会成为一种噪音。这种情况应加固毛细管出口端部，或者在端部垫合适的柔软物，以减少振动，这样噪声自会降低，也可用改变毛细管出口端弯曲度的措施来降低气流声。

3. 压缩机故障产生噪音要由专业维修人员解决。

这类故障通常为压缩机内吊簧松脱、断裂，或高压缓冲管碰壳，另外，也可能因为时间长，压缩机传动件磨损过大等。如果能确定为压缩机的问题，则要请专业维修人员解决。

冰箱的背面与墙面应成 1～3度倾角，这样冰箱的一侧开口大，一侧开口小，呈现喇叭状。大的一侧放出的噪音多，应面对物体，小的一面噪音出来少，应面对人的活动区。

怎样解决洗衣机异声问题

洗衣机工作时，传动部件间的机械摩擦声和水流的冲击声不属于异声。不过声音过大，就属于异声了，有异声要及时停机进行检修。导致洗衣机异声的原因及解决办法大致如下：

1. 洗衣机没有安放平稳或箱壳变形“共振”发声。对症下药，要将洗衣机安放平稳，如是箱体变形，要对箱壳整形，或衬垫泡沫塑料消除共振作用。

2. 主轴轴承缺油或损坏。轴承部位缺油会产生干摩擦声，可按照说明书的规定加油。运转时有“咯咯”的声响极有可能是轴承损坏了，这种情况要及时更换轴承。

3. 电机轴承位移窜动。这种故障会发出很大的声响。检查时将传动皮带卸下，让电机通电空转，如声响确为电机两端轴承部位的位移窜动所引发，可将电机拆下，重新调整轴承至合适位置并消除窜动。

4. 波轮与桶底碰撞摩擦。通常而言这类故障是由安装不当或波轮质量不过关导致的，可用砂纸插入波轮与桶底空隙的最小位置，按住砂纸，开机让波轮运转摩擦，至不擦碰桶底为止。如果波轮晃动较大，除安装不当外还有波轮变形的问题，这种情况要更换波轮。波轮与桶底的最小缝隙通常为2毫米。

5. 波轮下有硬币、细带、发夹等异物。如是这种情况会听到桶内有“沙沙”的异声。解决的办法为：先把水放尽，使洗衣机斜侧，然后开机试看有没有异物排出；如果无法解决，需要将波轮卸下。

除了上面的原因外，其他有可能导致吸引机有异声的原因还有水封、油封磨损过大；传动轮破损；皮带碰擦电机支架等。消除这些噪声需要请专业人员进行检查维修。

怎样解决洗衣机转盘漏水问题

洗衣机转盘下漏水，常见的原因和解决的办法为：

1. 橡胶密封圈磨损过大。这种情况可将渡轮卸下，取出旧水封，然后将新水封涂润滑脂装妥。装入后不要超过主轴套平面。

2. 主轴套螺帽松动，还有橡胶垫老化、损坏造成密封不良。只要将主轴套螺帽旋紧或调换新橡胶垫即可解决。

3. 洗衣桶口与排水管、排水阀之间的连接不紧密或脱胶。桶管接口可用聚氯乙烯薄膜胶粘结，常温下静置24小时就可以重新使用；管阀接口应检查抱圈、卡簧有没有卡紧或错位。

4. 排水管破裂。若排水管破裂的地方空隙较小，可用橡皮胶布粘贴，这个办法治标不治本，要想根本解决，可更换排水管。

5. 金属洗衣桶焊缝处局部开裂、锈蚀；塑料洗衣桶拉伸处破裂。如属于这个原因，要请专业人员修换。锈蚀缝隙小也可用密封填料修补。

6. 排水阀关闭不严或破损。这种情况可调整排水阀的拉带（绳），使它松紧适度为止；如排水阀组合件中的某个零件损坏，可更换破损件。

如何处理电饭锅煮饭夹生问题

保温式自动电饭锅的零部件有加热器、内锅、锅盖、饭熟断电限温器、自动保温器、指示灯、电源插柱和外壳。电饭锅煮米饭生熟不均匀或者煮焦，原因及解决的办法如下：

1. 加热器发热量不均匀。电饭锅的加热器是由管状电热元件铸在合金铝中制成的电热板。它与内锅底的接触面呈球面状，与内锅底面接触紧密，才能均匀、有效地传热。否则就会造成电饭锅煮饭夹生，需要请专业人员维修。

2. 内锅底与加热器之间夹有杂物。要检查一下内锅底面及加热器板面之间是不是有米粒或饭粒等杂物，有的话，清除即可，平时要保持清洁干净。

3. 饭熟断电限温器与内锅底间接触不好或弹簧失灵。饭熟断电限温器（即磁钢限温器）的感温磁钢与内锅底之间接触不好，或限温器中弹簧有问题，都会让煮出来的饭焦糊。这种情况要更换感温磁钢或整个限温器。

4. 自动保温器失灵。自动保温器失灵或断电温度过高会将饭煮焦。这种情况应调节保温器的调温螺钉或将整个自动保温器换掉。

使用电饭锅煮饭时，要注意锅底和加热板之间是否接触良好，如果发现接触不佳，要查看是否有杂物，确定没有杂物时，再转动内锅几次，即可使锅底和加热板接触良好。

如何处理吸尘器吸力下降问题

吸尘器的吸力下降通常的原因是，吸尘器的进风口与出风口之间空气流通不畅，属于电动机故障的情况是非常少见的。

当发现吸力下降时，可以在断电的情况下将吸尘器打开，检查吸尘管、吸尘口和排气口有没有堵塞，集灰室是否满灰，滤尘器的微孔是否被大量灰尘堵塞等。若是这些情况，只要将堵塞疏通，将灰尘清除干净，就可使吸尘器恢复吸力。

如果吸尘管道通畅，没有任何堵塞现象，但吸力确实下降了，则应检查吸尘管是否有裂缝、接口是否密封。如有裂缝或者密封不好，也会造成吸力下降。如漏气，可用橡皮胶布把漏气处包上几层继续使用，若吸尘管断裂，则只能更换吸尘管。

第五节　家电节能

电视机如何省电

让电视机省电有以下几个窍门：

1. 控制亮度。可在室内开一盏 3~8瓦的日光灯，把电视机亮度调弱一点儿，不影响收看效果。

2. 不看断电。看完电视节目后，将电视关闭，然后拔下电源插头。因为有些电视机在关闭后，显像管仍有灯丝预热，电视机仍处在整机待用状态，依然在耗电。也不要仅仅用遥控器关闭电视，因为用遥控器部分将电视机关闭后，虽然电视机的音像都已消失，然而遥控器部分仍在工作。据测定，20英寸的遥控彩电，在用遥控器关闭电视机后，此时摇控部分的耗电仍达15瓦左右。正因为如此，在使用遥控器关闭电视机之后，还需将电视机上的开关关掉及拔掉电源，以彻底切断电视机工作电源。

3. 控制音量。音量大，功耗高，耗电多。

4. 加防尘罩。灰尘多了就有可能导致漏电，增加电耗，同时影响电视的收看效果，因此，要给电视机加防尘罩。

电冰箱如何省电

让电冰箱省电有以下几个窍门：

1. 电冰箱应选择通风、阴凉、干燥、清洁并少振动的室内放置。避免靠近热源和太阳直晒的地方。箱后（或两侧）冷凝器应离墙10厘米以上，箱底四脚可垫高5～10厘米，以利空气对流。

2. 合理调整温度控制器。可根据春夏秋冬四季节的变更和存放食品的不同，合理调整电冰箱温度。例如夏季环境温度高，一般箱内温度可适当调高一些，若以贮放清凉饮料和瓜果为主时，箱内温度可选取8℃，这样比箱温调控5℃时节电30%左右。同时也不影响短期保存食品的要求。

3. 热食品应该冷却到室内温度后才能贮入箱内；贮存的食物不宜过挤，食物与箱壁间应留出一定空隙，以利箱内冷气对流。夏季制作冰块或量多的清凉饮料时，最好晚上放入箱内。因晚间气温较低，制冷效果比白天好，同时开启箱门机会相对减少，这样可减少箱内冷气损失，提高制冷效率。

4. 尽量减少开门次数，并缩短开门时间，以利于保持箱内温度。试验证明，每开一次箱门，以0.5~1分钟计算，就会使压缩机多运转 5分钟左右。为减少开门次数，应尽量有计划地集中存取食品。

5. 及时除霜。为减少结霜，贮入箱内的湿态食品应加盖或封装在塑料袋内。实验表明，蒸发器霜层厚度为 10毫米时，冰箱制冷量将降低 30%左右。因此，当霜层厚度大于 4毫米时就应及时化霜。

6. 改进有霜冰箱的化霜方法。首先将电源插头拔去，取出箱内食品集中堆放保温，然后在冷冻室内放入约 80℃左右的热水盆，关闭小门，开启大门，以利加速化霜。约 8分钟左右取出热水盆，随即清除霜水，用布擦拭干净，关门通电后可继续使用。这样既节电，又做了清洁工作。

7. 箱体外壳和内壁之间穿过的电线及低压管孔，可用橡皮泥堵塞其缝隙，以减少因箱外热空气渗透而增加压缩机运转的时间。

小贴士

可用硬纸板做一块活动挡板，连在电冰箱的搁架上。这样，每次开箱门取食品时，由于挡板的阻隔，可减少箱内冷气外流，一般每月可节电 5%~10%。

空调如何省电

空调省电的具体方法如下：

1. 使用空调的房间，门窗应关严，制冷时最好挂厚一些的窗帘以阻止室内凉气通过玻璃散失。

2. 温度不要调得很低。夏天以室内温差一般以26℃左右为宜。把空调模式由“制冷”调至“除湿”，既可以保持室内凉爽，又可以省电。

3. 定期消除室外散热片上的尘土，保持清洁。散热片上的灰尘过多，可使耗电量大幅度增加，严重时还会引起压缩机过热，保护器跳闸而停止制冷。

4. 分体式空调器的室外机组与室内机组之间的连接管路越短越好，另外，要做好连接管的隔热保温工作。

5. 掌控好空调的开关时间。空调开启 3分钟就制冷，关闭后能维持低温半小时至 1小时。最好 3小时关机并打开门窗通风换气。既可省电，又防“空调病”。

6. 避免阳光直射。安装空调时，尽量选择背阴的房间或房间的背阴面，避免阳光直接照射在空调器上，如果不具备这种条件，应在空调器上加遮阳罩，这样可节电约 5%。

7. 出风口调节高度要适中。空调制热时导风板位置调为向下，制冷时导风板位置调为水平，这样不但调控温度的效果较好，而且较省电。另外，不要在空调附近堆放大件家具，阻挡出风口散热，增加无谓耗电。

8. 提前关闭空调。在离家前 10分钟左右，最好将空调关闭，可以节省电能。

洗衣机如何省电

洗衣机省电的具体方法如下：

1. 先用清水将衣物浸泡 20分钟，把脏的衣领、袖口用手搓洗干净，机洗时，选用高效低泡洗衣粉。

2. 洗涤用水温度控制在 40℃左右。

3. 洗涤合成纤维和毛丝品，用时 2～4分钟；洗涤棉麻织物，用时 6～8分钟；洗涤极脏的衣物，用时 10～12分钟。

4. 丝绸、柔姿纱、毛料等较高档的衣物，可以弱洗；棉布、化纤、混纺、涤纶等衣料，可以选择中洗；厚绒毯、沙发布和帆布适宜选择强洗。

5. 洗衣时，采用集中洗涤法，一桶洗涤剂可连续洗几批衣物，洗涤剂可经常添加，全部洗完后再逐一漂洗。

6. 洗衣机皮带打滑、松动，电能损耗并没有降低，而洗衣效果会降低，因此要调紧洗衣机皮带，保证效率，既省电，又能延长洗衣机的工作寿命。

电水壶如何省电

由于长期使用，电水壶会在其电热芯上生成大量水垢。将这些水垢及时清除掉，能有效提高电水壶的热效率，达到节省电力的目的，同时还能延长其使用寿命。

电饭锅如何省电

电饭锅省电有如下几种方法：

1. 做饭前先把米泡一会儿，这样做出的米饭既好吃又省电。

2. 用热水做饭，一方面不但可以保持米饭的营养，另一方面还能省电，一举两得。

3. 电饭锅的内锅要与电热盘吻合，中间不要积有杂物，如有杂物，既费电，又对电饭锅有损害。

4. 电饭锅通电后，用毛巾或棉套从上面盖住，不让热量散发掉，在米饭开锅将要溢出时关闭电源，大约过5～10分钟后再接通电源，直到自动关闭，然后继续让饭在锅内焖10分钟左右，可达到省电的目的。

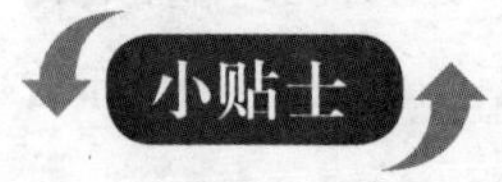

煮饭时一般在电饭锅煮饭档跳闸5分钟后要拔下插头，否则，当锅内温度下降到 70℃以下时，它会断断续续地自动通电，这样既费电又会缩短电饭锅的使用寿命。

电磁炉如何省电

电炒锅省电的具体方法如下：

1. 用电磁炉煮汤时，等水将开时，将电断掉，然后利用电热盘余热将其煮沸。

2. 用电磁炉高档功率炒菜时，油热后，将菜倒入，翻炒六七分熟时将电断掉，利用电热盘余热将菜炒熟。

3. 用电磁炉烙饼时，在将电炒锅烧热后，放入面饼即可断电，约过半分钟后，将功率由高温调至低温，直至饼熟。

家用电脑如何省电

操作电脑时要尽量使用硬盘。一方面，硬盘速度快，不容易被磨损；另一方面，开机后硬盘即会保持高速旋转，就算不用，也一样耗能。因此，要根据具体的工作情况来调整运行速度。

比较新型的电脑都具有节电功能，当电脑在等待时间里，若没有接到鼠标或键盘的输入信号，即会进入“休眠”状态，使机器的运行速度自动降低，减少能耗。

在用电脑听音乐时，可把显示器的亮度调到最暗或者干脆关闭。

家具篇

第一节　家具选购

如何选购组合家具

选购组合家具时，要在同一视角看整套家具漆色均匀相同，无明显色差；用双手摸正面，无凹痕、隆起的油漆积垢和杂质；用尺子量柜体正面的对角线，两对角线应该相等，四角一般均为 90°。

要查看生产厂家的厂标以及质量检验证。

要特别注意看组合家具的含水率，通常含水率不应超 12%，要不然家具容易变形。购买时可以用手摸家具底面或没有上漆的地方，如果发潮，说明含水率超标，这样的家具不宜购买。

框架结构的家具要注意检查结合处是否严紧，有没有开裂的地方。连接件结构的家具要检查好连接处是不是能承受不同方向的力。

如何选购实木家具

实木家具一般有两种：一种是纯实木家具，一种是仿实木家具。纯实木家具指的是家具的所有用材都是实木，没有任何形式的人造板。纯实木家具对工艺及材质有较高的要求。从选材到工艺，如烘干、指接、拼缝等要求都很高。如果哪一道工序把关不严，小则出现开裂、接合处松动等现象，大则整套家具变形，以致无法使用。

仿实木家具从外观上与实木家具相仿，木材的自然纹理、手感及色泽都和实木家具毫无差别，但材质实际上是实木和人造板混合，即侧板顶、底、搁板等部件用薄木贴面的刨花板或中密度纤维板，门和抽屉则采用实木。这种家具节约了木材，降低了成本。

实木家具因含水率的变化往往容易变形，保养要科学，不能让阳光照射，过冷、过热，或过于干燥及潮湿的环境多不利于实木家具。很多优秀厂家的产品往往对实木家具进行了严格的干燥处理，且有良好的售后服务，因此选购实木家具时，要优先选购品牌家具，同时也要仔细检查材质和各项工艺。实木家具因其材质的差异，价格也有所不同，比如红木类，紫檀木和花梨木价格就较高；进口红榉木价格要比国内红榉木价格高，还有枫木类、柚木类、水曲柳类、柞木类、榆木类及杂木类等。所用的实木档次越高、工艺越好，其家具价格也就愈高。通常情况下，同一种木质的，全实木家具价格要比仿实木和人造板结合家具的价格高得多。不过一些做工优良、样式新颖的板式家具价格也可能比那些做工粗糙的实木家具价格要高上许多。

辨别家具是否为整块实木，可看一下有无对应的木纹和疤结。比如一个柜门，外表看上去是一种花纹，那么对应着这个花纹变化的位置，在柜门的背面看有无相应的花纹，如果对应得很好，则可判断其为纯实木柜门。还可以看疤结，看有疤痕的一面所在位置，再找另一面是否有相应花纹，如果有，也可以说明是纯实木柜门，反之则不是。

如何选购红木家具

好的红木家具的材质通常为名贵红木（酸枝木 ）和香红木（花梨木 ），具有质地坚硬、木纹清晰、木质细腻、光泽性强及木材不糟不朽等优点。

选购红木家具时，要看其光泽是不是饱满和顺，色泽是不是均匀和谐。还要检查雕刻的形象是不是生动，立体感是否强，层次是不是很分明，线条是否流畅且粗细均匀，还有孔洞是否光滑，有没有挫刀印，根脚是否清爽，底子是否平整。好的红木家具，漆面不但要薄透而且要结实，用指甲刮不花，用沸水或烟头火烫都不留下伤痕；刮磨面光滑平整，线条清晰，榫口嵌接紧密，木面无裂缝；材质一致，镶嵌的大理石面料无裂纹，雕刻的图案精细、生动、流畅。

真正的红木家具不用一点胶水，不用一根铁钉，这样有利于防止红木家具开裂，所以在选购时可以闻一闻所谓的红木家具有没有胶水味，如果有，则可以断定不是真正的红木家具。

如何选购藤竹制家具

藤竹制家具的材质主要为竹、藤。由于藤竹制家具多数由手工编扎而成，加上藤竹本身具有一定的弹性，因此从结构上说，藤竹制家具不如钢制和木制家具严密，选购时要检查藤竹松紧程度是否均匀，藤竹条的末端有没有松脱现象；还要看藤竹家具的表面是否光滑且光泽度良好，颜色是否一致，各藤竹条之间的缝隙是不是细密且距离接近，有无裂缝和断裂的现象。由于藤竹制家具容易遭受虫蛀，选购时要仔细检查有无虫蛀的痕迹，如发现有蛀孔且影响到竹藤条的牢度，就要放弃选购。

如何选购金属家具

金属家具的选购要注意以下方面：

镀铬要光亮，烤漆要丰润，没有锈斑、掉漆、碰伤及划破等现象；家具的脚落地要平整，折叠要平直，使用灵活；焊接处光滑无疤点，电镀层没有裂纹和麻点，焊接点无疤痕、气孔和砂眼，无开焊和滑焊等现象；螺丝要牢固，铆接处光滑平整，锤痕印迹轻，没有松动，弯曲处自然服帖，少有褶皱和硬棱；表面平滑洁净，无凸凹不平和脱胶起泡等现象，人造革面料平滑完整。

如何鉴别大理石家具

大理石家具有两种，一种是天然大理石家具，另一种是人造大理石家具。

天然大理石可分优质大理石和劣质大理石。优质大理石家具通常选用整块石材原料，然后进行不同部位的用料配比。大理石家具主要部位表面往往有大面积的天然纹路，而边角料会用在椅背、柱头等部位做点缀。劣质大理石家具则往往选用边角料制作，表面缺乏变化。天然大理石有较低的放射性，对人体不会造成伤害，而人造大理石的放射性往往很高。

人造大理石常常用天然大理石或花岗岩的碎石为填充料，用水泥、石膏和不饱合聚酯树脂为黏剂，搅拌成型、研磨和抛光，因此透明度不好，光泽度也差。

天然大理石和人造大理石的区别方法：滴上几滴稀盐酸，天然大理石可迅速起泡，且剧烈，而人造大理石则起泡弱甚至不起泡。

如何选购绿色环保家具

选购绿色环保家具可通过以下几种方法进行：

1. 闻气味。这种方法简单易行，若闻起来刺激性气味较大，或者有刺激眼睛的感觉，则可判断甲醛或挥发性有机化合物含量超标，因此不要选购这类家具。

2. 查原材料来源。选购家具时，要向销售商索要原材料合格证明，检查家具厂采用的材料是否合格，从源头上把好质量关。

3. 对人造板材家具的封边要仔细检查，未封边家具的端面往往会释放大量甲醛，因此如果发现没有封边，就要放弃选购。

优先选购知名品牌。最好到正规的家具市场选购知名品牌，虽然知名品牌价格稍贵些，但质量相对有保证，即便如此，也要认真查看所购买的家具是否有质检报告。

在与商家签订家具购买合同时，注意要增加污染责任条款。如果发现造成室内空气污染，最低要求是必须无条件退货，造成严重后果的还要追究其责任。

如何选购真皮沙发

真皮沙发的选购，可注意以下方面：

1. 从外观上看，优质的真皮沙发皮面包覆平整、丰满，皮革完整没有破损和剐痕。光洁细腻，纹理清晰。

2. 优质的真皮沙发厚薄均匀，手感柔软。牛皮采用硝制加工技术，若工艺成熟，熟皮柔软细腻；反之则生硬板结。

3. 用手重压座面，内中弹簧若发出摩擦声，则说明弹性不好；用腿压住座面，两手晃动沙发双肩，内部亦不应发出声响。

4. 优质的牛皮沙发，每一部分的设计都从人体工程学原理出发，人的臀、背部都能得到较好的依托。坐在上面，身体会得到最大放松。

理想的沙发应当坐上去感到舒适，起坐方便。当就坐时，大腿平放，双足着地，身体重心略向后倾，脊柱呈正常形态，全身肌肉放松，姿态舒适。

如何选购马桶

选购马桶，要检查一下马桶的釉面，看其是否光洁顺滑无起泡，色泽饱和。在检查表面釉面之后，把手伸到马桶的孔里面摸一下里面的釉面如何。若过于粗糙，以后容易造成遗挂。有些质量很差的马桶的里面连釉都没有上。

抽水马桶储水箱漏水是常见的毛病，鉴别其是否漏水，可在在马桶水箱内滴入蓝墨水，搅匀后看马桶出水处有没有蓝色水流出，如果有的话，则说明马桶漏水。水箱最好选高度较高的，这样的马桶会有较好的冲力。另外，还要检查一下水箱里面的零件，好的马桶里面全是铜件，这样的马桶有较长的寿命。劣质马桶水箱里面多是塑料件，要避免选购这样的马桶。

如何选购优质床垫

选购优质床垫可从以下几方面入手：

1. 看资料说明。要对合格证、出厂日期、规格、品名等产品资料详细检查。

2. 看产品外观。主要检查一下床垫厚薄是不是均匀，四周围边是不是顺直平整，垫面包覆是不是完整无破损，面料的印染图案是否满意。另外，有的床垫围边处有网状开口或拉链装置，可以直接打开检查内部垫料是否清洁没有异味

3. 用膝盖跪压床面，或是在床角坐下来，看看受压的床垫是不是能很快恢复原状，一张弹性好的床垫，受压后可很快恢复原状。也可以躺下来左右翻转，看看床面是不是凹凸不平，有没有“咯吱咯吱”的噪声。

柜类、桌椅的标准尺寸都是多少

柜类家具尺寸：一般书柜层高和宽度应该不超过 A4纸大小，即高不应小于 297毫米，宽度不小于 210毫米。衣柜，挂衣杆上沿至柜顶板的距离为 40～60毫米；挂衣杆下沿至柜底板的距离，挂大衣不应该小于 1350毫米，挂短外衣不应小于 850毫米，衣柜的进深要与人的肩宽相适应，通常不小于 500毫米。

桌椅尺寸：对于桌类家具尺寸高度，国家有四个规格的规定，从大到小依次为：760毫米、740毫米、720毫米、700毫米； 对椅凳类家具的座面高度规定了三个标准，从大到小依次为 440毫米、420毫米、400毫米；另外对桌椅配套使用，国家固定桌椅高度差要

在 280 ~ 320毫米范围内。

沙发类尺寸：单人沙发座前宽至少要480毫米；若座深过大则小腿无法自然下垂，腿肚会受到压迫，而过浅就会感觉坐不住；座面的高度要为360 ~ 420毫米。

第二节　家具保养

如何保养木质、藤器、电镀家具

木质家具不要接受强光直射，可用帷布、窗帘将强光挡住，保持与热源的距离，不可过近，防止温度变化剧烈，造成家具褪色开裂。

平时应用干布擦木制家具，如果沾上不易擦掉的污垢，可先用布蘸些牙膏拭擦，然后再用湿布擦除。如果是胶合板制成的家具，沾上污垢后可用洗涤剂去污，严重的污迹可用掺甘油酯的清洁剂擦除。家具表面的油漆层怕烫，所以不要将盛着沸汤的器皿放上面。如果发生这种情况，可以软布蘸浓茶水擦拭几次，即可将印迹去除。使用年久、油漆光泽变暗的家具也可采用这种方法去污。

不要用普通洗涤剂刷洗藤器，因为普通洗涤剂会损伤藤条，可用盐水擦洗藤器，不仅能去污，还可使藤条柔软富有弹性。对藤椅上的灰尘，可用毛头软的刷子自网眼里由内向外拂去。若污迹不易去除，可用洗涤剂抹去，然后再干擦一遍。用刷子蘸上小苏打水刷洗藤器，也可以轻松去除顽垢。不要随地拖动藤器家具，以防破坏结构。一旦发现藤条松动，要及时修理，按原来的卷绕方式卷紧，将末端插入原来的缝中，再用乳胶粘牢。

新购的藤器家具在使用前，要先用清漆涂刷一遍，这样既有利于保护藤条，增加光泽，又有利于沾污后清洗。如污垢难除，可用洗涤剂擦洗，然后用干布擦干。如果是白色藤器家具，还需要抹上蜡，并使之和洗涤剂中和，以防变色。发现虫蛀，应及时向蛀孔中注射杀虫剂或酒精，及时杀死蛀虫，防止虫患。

电镀家具不宜放在潮湿和有煤烟熏烤的地方，也要保持与酸、碱、盐等腐蚀性物品的距离，不可接触。一旦表面出现生锈，要及时用刷子蘸上少许机油涂于锈处，反复擦拭，即可除去锈迹。不要用砂纸打磨电镀家具；也不能用湿布擦拭，要用干布擦拭。

如何保养真皮沙发

真皮沙发的保养有以下方法：

1. 让真皮沙发顺畅“呼吸”。真皮沙发保养的核心在于保持皮质的顺畅“呼吸”，因此，清理就显得很重要了，及时的清洗可让皮表面的毛孔不被灰尘堵塞。此外，还要保持室内通风良好，过于干燥或潮湿都会加速皮革的老化。

2. 平时的保养和清洁。可将纯棉布或丝绸沾湿轻轻擦拭，擦净后可用上光蜡再喷一遍，保证其光泽度。

3. 不要使用碱性清洗液。因为沙发制皮时经酸性处理，碱性液会使皮革柔软性下降，长期使用将导致皮质皲裂。

4. 如果有圆珠笔等痕迹，可用橡皮轻轻擦拭，即可除去。

5. 如是碳酸饮料等脏污，应及时处理，防止水和糖分渗入皮质毛细孔内，可用海棉蘸皮革专用的马鞍皂，以打圈圈的方式向中心集中，最后用软布擦干。

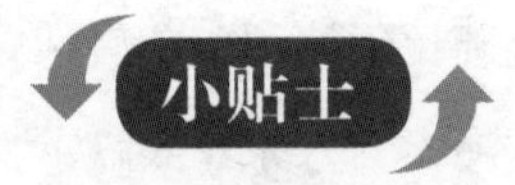

在擦拭真皮沙发时，记得一定不要用力过猛，否则，会损伤漆膜而造成真皮沙发毁坏。

如何保养红木家具

红木家具的保养如下所述：

1. 红木家具忌干燥，更忌暴晒，宜阴湿，不能让空调对着家具吹。

2. 每3个月蘸少许蜡擦一次，或用轻度肥皂水清除表面的油垢。不要用汽油、煤油擦拭。

3. 白醋和温水以1∶1的比例相混合，蘸这种溶液轻轻擦抹红木家具，可除去表面污渍，如果污渍较难清除，可以让醋水稍微停留在污迹表面上，然后再擦除。

4. 如遭虫蛀，可将尖辣椒或花椒捣成末，塞入虫蛀孔，然后涂抹石蜡油，连续10天这样处理，就可以解除虫患。

如何保养硬木家具

硬木家具有着不一样的处理工艺，传统的硬木家具通常表面没有漆层，只是烫蜡。新生产的硬木家具表面一般有清漆保护。通常，工艺不同，其保养方法也是不同的。

通常硬木家具生产时就有伸缩层，但是在使用摆放时还是要注意，不要将其置于过于潮湿或过于干燥的地方，比如靠近暖气等高热处，或者放在过于潮湿的地下室等地方，放在干燥的地方容易干裂，放在潮湿的地方容易霉变。

搬运或者移动硬木家具要轻搬轻放，不能硬拉硬拽，避免破坏榫头的结构。如果要移动很重的家具，可用软绳索套入家具底盘下提起再移动。一定不要用湿抹布或粗糙的抹布揩擦硬木家具。正确的做法是用干净柔软的纯棉布擦拭，过一段时间后加少许家具蜡或者核桃油，顺着木纹轻轻揩擦。

另外，不要在硬木家具表面放置热水杯等发热的物体，更不要将有颜色的液体泼洒在桌面上。

如何保养玻璃家具

清洁玻璃桌面、玻璃茶几，用湿毛巾擦拭即可，如有污迹可用毛巾蘸啤酒或温热的食醋擦除，不宜用酸碱性较强的溶液清洁。有花纹的毛玻璃有污渍，可用蘸有清洁剂的牙刷，顺着图样打圈擦拭，即可将污渍除去。如沾有油渍，先将玻璃全面喷上清洁剂，再贴上保鲜膜促使油渍软化，10分钟左右将保鲜膜揭掉，再以湿布擦拭即可。

为防玻璃面刮花，可在玻璃面上铺上台布。在上面放东西时，要轻拿轻放，不要碰撞。

玻璃家具最好安放在一个不轻易移动的地方，不要随意地来回移动，沉重物件可放在玻璃家具的底部。

如何保养金属家具

金属家具光泽度好，色彩丰富、门类品种多样，多数具有折叠功能，因此很受年轻人的喜爱。在保养金属家具时要注意以下事项：

1. 金属家具要轻拿轻放，保持水平，并且要与墙面保持一定距离。放置的地方要保持干燥，防止受潮、碱化。

2. 与酸碱液体隔离，防止金属柜体被腐化。

3. 柜体表面要保持清洁。若表面有污渍，可先用清洁剂擦拭，再用干布擦拭干净。

4. 开关柜门、抽屉时要注意力度，避免猛烈撞击。

5. 不要用坚硬的物件敲击柜体，也不要用尖利的物品去划柜体表面。

如何保养竹制家具

对于新买回的中小型竹制产品，要高温密封蒸汽重蒸处理，蒸2～3小时，可彻底将竹器中隐藏的昆虫、微生物杀灭。竹制家具要放置在干燥、通风的地方。如长时间放在潮湿、阴暗的地方，会滋生微生物，导致霉蛀产生。

竹制家具表面要涂上清漆或熟桐油，既可起到防蛀功效，又能经久耐用。如发现虫蛀，可用尖辣椒或花椒适量，捣碎成末，塞入蛀孔，并用开水冲注，可消除虫患。

如何保养布艺家具

布艺沙发有一个缺点，就是容易“招灰”，因此，每周要除尘一次以上，特别要注意除去织物间、结构间的积尘。

日常清洁时，若布艺家具上沾有污渍，可用干净抹布蘸水擦拭。清洁时，要从污渍外围抹起，以免留下清洁痕迹。丝绒材质的不可蘸水，要使用干洗剂，所有布套及衬套都要用干洗方式清洗，不可水洗，而且不能漂白。为减少清洁次数，身带汗渍、水渍及泥尘时，不要坐在家具上。如发现松脱线头，不可用手扯断，应用剪刀整齐地将其剪平。3个月左右要清洗一次。刚购回新沙发时，可喷上布面保洁剂，能有效防止脏污或油水吸附。沙发上的布艺靠垫可以翻转换用，可每周翻转一次，让摩擦更均匀地分布。

如何保养木地板

木地板的保养可通过如下方法进行：

1. 要保持通风。木地板安装后，要通风干燥24小时左右，等胶水固化后再使用。

2. 上漆要及时。木地板使用一段时间后，要及时上漆。方法有两种：一是直接上漆并着色，等干燥后涂上地板蜡，蜡一定要涂抹均匀，而且不易涂抹过厚。二是不需任何颜色作底色或油漆，而是直接用地板蜡揩擦，这种方法也可以。

3. 要干擦。在日常清洁时，可用吸尘器或拧干的湿布，沿铺装方向轻擦。注意湿布不要过湿，更不可用水冲洗，也不宜用蒸汽式清洁机和烘干器清洁。

4. 使用清洁剂。注意不要使用覆膜清洁剂或含砂清洁剂，化学清洁剂也要慎用。

5. 防潮湿。木地板最怕潮湿，若不小心洒上水或其他液体，应尽快擦干。

6. 湿度要适宜。当室内湿度低于或达到40%时，要想办法加湿。当室内湿度达到100%时，要设法通风排湿。

7. 避免损伤。要尽量避免金属锐器、玻璃片、钉子等坚硬物器划伤木地板。为降低磨损，要给桌椅脚装上毡垫，较重家具要分开摆放，移动时要抬起来，不要直接推拉，以防压坏地板。也不要直接在地板上放置开水壶等高温物体。此外，尽量不要在地板上使用抛光剂、砂纸，以免损伤木板表面。

为保护木地板避免不必要的磨损，可在门前放置一块蹭脚垫，以减少沙粒对木地板的损伤。

如何保养墙纸和墙布

贴墙布的时间，应选择空气相对湿度在85%以下，温度变化不剧烈的季节，一定不要在潮湿的季节和潮湿的墙面上施工。施工时，要打开门窗，保持通风；而晚上则要将门窗关闭，防止进入潮气。刚贴上墙面的墙纸或墙布，要避免大风猛吹，要不然会影响其粘接牢度。

要备有干净的毛巾，随时对粘贴墙纸、墙布时溢流出的胶黏剂液进行擦除，尤其是接缝处的胶痕，要处理干净，若处理不及时会留下痕迹。

发泡墙纸、墙布容易积灰，很不美观和整洁，应每隔3~6个月清扫一次。可用吸尘器或毛刷蘸清水擦洗，擦洗时不要将水渗进接缝处。

平时要避免硬物撞击和摩擦墙面。如发现有接缝开裂的地方，要及时补贴好，以免开裂越来越大。

厨具篇

第一节　厨具选购

如何选购燃气灶

选购燃气灶一定要有质量保证、售后服务好的专业厂家的产品，要仔细审查产品的质量检测报告和质量合格证。选购时，应仔细检查其点火系统是不是安全可靠，燃烧系统是不是燃烧充分，热量调节是不是灵活。

此外，还要考虑到燃气灶要与厨具设备的设计相匹配。燃气灶的式样有两类，一类是嵌入式，一类是台式，若是嵌入式设计，配置的开关就在顶面。若为台式，要选择开关在前面的，这样才能与厨具的设计相匹配。

如何选购橱柜

选购橱柜要考察以下几方面：

1. 看打孔。如今的板式家具都是靠三合一连接件组装，这需要在板材上打很多定位连接孔。孔位的配合和精度对橱柜箱体的结构牢固性有一定影响。负责任的专业厂家用多排钻一次完成一块板边、板面上的若干孔。这些孔均为一个定位基准，尺寸的精度是符合要求的。

2. 看裁板。裁板也叫板材的开料，是橱柜生产的第一道工序。专业厂家用电子开料锯通过电脑输入加工尺寸，由电脑控制选料尺寸精度，而且可以一次加工很多张板，设备的性能先进稳定，开出的板尺寸精度很高，公差单位在微米，而且板边没有崩茬。

3. 看板材的封边。优质橱柜的封边光滑、细腻，手感较好，封线平直光滑，接头精细。合格的专业厂家用直线封边机一次完成封边、断头、修边、倒角、抛光等多个工序，均匀涂胶，压贴封边的压力稳定，加工尺寸的精度符合设计要求，能保证最精确的尺寸。

4. 看抽屉的滑轨。抽屉的滑轨虽然是个微不足道的细节，却对橱柜质量有着重要影响。由于孔位和板材的尺寸误差，容易造成滑轨安装尺寸配合有误，出现抽屉拉动不顺畅或左右松动的现象，购买时要注意检查，另外，还要注意检查抽屉缝隙是否均匀。

5. 看门板。门板是橱柜对外的展现。有些橱柜的门板由于基材和表面工艺处理不当，外观容易受潮变形，影响美观和使用。

许多橱柜厂家出于节约材料的目的，只做局部封边处理，因此，购买时一定要记得查看橱柜是否做了全部封边。尽可能减少现场封边，因为现场操作很难做到密封牢固整洁。

如何选购铁锅

由于铸造工艺的原因，铁锅都有不规则的浅纹。有疵点、小凸起部分的通常为铁制，对锅的质量影响不大，但小凹坑对锅的质量有较大危害，因此不要购买。

好的铁锅厚薄比较均匀，选购时可将锅底朝天，用手指顶住锅凹面中心，用硬物敲击。若声音越响，手感震动越大，预示质量越好。

有锈斑的铁锅可以选择。锅上有锈斑的不一定质量不好，可能是由于存放时间长导致生锈。相反，铁锅的存放时间越长越好，因为锅内部组织能更趋于稳定，初用时不易裂。

如何挑选不粘锅

在购买不粘锅时，要兼顾到下列几个方面：

1. 看涂层的表面质量。涂层表面的颜色要均匀一致，并有光泽，而且没有裸露的基体。另外，还要检查一下涂层是不是连续的，也就是看一下有没有泥状裂纹存在。

2. 看涂层与基体的结合力。可用指甲试一试能否将锅的边缘涂层剥离，若没有块状涂层脱落，则说明涂层与基体结合力良好。

3. 看涂层硬度。可用指甲轻轻刻划涂层表面，如果不会在涂层表面留下深沟痕，说明涂层表面硬度过关。

4. 看水珠是否留下水迹。往不粘锅内滴几滴水，如果水滴能像在荷叶上一样呈珠状流动，并且水滴流过之后没有水印，则说明质量过关，否则就是质量不过关的不粘锅。

如何挑选不锈钢锅

在普通碳钢的基础上，加入一定量的铬和镍等合金元素就制成了不锈钢，不锈钢锅具具有美观实用的优点，受到了很多家庭的欢迎，那么该如何选择不锈钢锅具呢？

一般不锈钢锅具为中高档产品，不锈钢片材厚度要超过 0. 7毫米，能适用在电磁炉上烹饪。低档不锈钢产品的片材厚度低于 0. 5毫米，为普通的不锈钢材质，适宜在煤气灶上使用。

在挑选不锈钢锅具时，一要检查锅的表面洁净度及表层氧化膜、钝化膜是否完整；二是要看一下锅的制件有没有明显损伤，加工过的表面有没有明显的腐蚀斑点；三要检查一下锅盖结构设计是不是合理，有没有良好的密封性。微凸锅盖设计可以让水分自然循环，密封性好，热量不易流失。要保证手柄不烫手，因为烫手的手柄易老化。另外，要选购适合燃气灶、电磁炉等炉具使用的不锈钢锅具。不锈钢锅底首选多层复合合金结构，单层底的锅具煎炒食物，容易造成菜肴熟得不均匀，对菜肴的味道有不利影响。

好的不锈钢锅在设计上十分人性化，在任何角度都可保证从锅的边缘倒出来的汤汁呈水柱状，不会溅开弄脏周围。

如何挑选砂锅

优质的砂锅所采用的陶质通常会很细而且颜色多呈白色，表面釉的质量也上乘，光亮均匀，有良好的导热性。选购时，要注意鉴别。

优质的砂锅锅体圆正，结构合理，摆放平整，内壁光滑，锅体内外没有突出的砂粒，锅盖扣盖紧密，而且不易变形。选购时，往砂锅内注入水，检查一下是否有渗漏现象。也可用手轻轻敲击锅体，听声音是不是清脆，如有沙哑声，则说明砂锅可能有裂纹，不易选购。

锅底小的砂锅传火快，省燃料，省时间，可以优先购买。砂锅有薄厚之分，以薄的为好，挑选时可将锅底朝天，用手指顶住凹面中心，用硬物轻敲，若锅声响亮，手指震动越大，则说明越好。

如何选购高压锅

选购高压锅可注意以下几方面：

（1）规格方面。根据家庭人口多少，经常烹调哪些食物以及食物的数量来综合决定。如果是4口之家，规格以 24厘米为宜；如果是两口或 3口之家，规格20厘米或 22厘米的都可以；5口或 6口之家，要购买规格 26厘米的。

（2）工作压力方面。通常要根据经常烹调哪些食物来选择。如经常烹调肉食，就要挑工作压力高的。以煮饭为主要用途的，可挑选工作压力适中的。而烹调蔬菜为主要用途的，可挑选工作压力低些的。

在选购时，要优选品质过关的品牌产品，以最大程度保证安全。产品使用说明书、质量保证书、保修单、使用常识小册子等资料都要有。此外，锅盖以及各种配件都要一一检查好。

如何选购筷子

筷子可分为木筷、竹筷、骨筷、金属筷、塑料筷等。不同的筷子有不同的特点，同时也有不同的卫生要求。要避免选购和使用不合格的筷子，以免影响健康。

通常而言，木筷子较为轻便，但容易弯曲，吸水性强，而且容易将细菌随同洗洁精等吸入筷子内，因此不宜购买。

竹筷子没有特殊味道，而且比较结实，更为重要的是不易吸入细菌等杂物。家庭要首选竹筷子。

骨筷子材质多为牛骨及象骨、鹿骨制成，其中以鹿骨制成的骨筷为最佳品，在中医看来，鹿骨筷具有很好的保健作用。

市场上还有一种油漆筷子，这种筷子上涂的油漆中含有铅、铬等有毒物质，因此不宜选用。

如何挑选一把好菜刀

挑选好菜刀，可从下面几点入手：

1. 看刀的硬度。好的菜刀应该是钢硬而不脆。选购时，可用一把菜刀斜压在另一把菜刀上，从刀背上端向下端推移。若“打滑”，则预示钢软，若刀背上留下的刀刃均匀，即表示该菜刀钢质软硬适度，如果没有任何痕迹，则说明钢过硬。

2. 看刀口。好菜刀的刀口平直、均匀，夹钢无裂痕且纯正，刀口无“退火”“过火”现象，即不发蓝或发黄。

3. 看刀身。好菜刀的刀身是光滑平展的，没有毛刺和裂纹。

4. 看刀把。好菜刀刀把一定是牢固的，而且没有裂缝，握手很舒服。

家庭中可预备肉片刀和硬物刀，并与菜刀配合使用，这样可以避免菜刀因一刀多用而缩短使用寿命。用这两种刀切肉片、肉丝、剁肉馅、剁骨头，比普通菜刀要顺手、省力，切出的肉更加理想。

如何选用餐具洗涤剂

选用餐具洗涤剂要从以下几方面来进行：

1. 看外观。质量合格的洗涤剂，在外观上有这样的特色，瓶体光洁，包装整齐，商标图案套印清楚、准确、印刷清晰、色彩纯正、无脱墨现象，在标签或瓶体上印有生产许可证号、卫生许可证和生产日期、使用说明书、执行标准含量、厂址、保质期等，而劣质、假冒产品这些标注模糊不清，甚至没有。

2. 看黏稠度。挑选洗涤剂首先要看它是否为餐具所用，如果为正常产品，其表面活性剂含量就相对高些，而且稠度合适，此时，应用蒸馏水进行稀释后再用。质量差的产品多数为自来水兑制的，容易显现出悬浮物、沉淀物，并有分层现象。要注意辨别。

3. 闻香味是否纯正。每个品类的洗涤剂都有自己与众不同的清香味，尤其是正宗的洗涤剂。而这种清香味多数附有水果香味，如柠檬香、苹果香等，其香气很纯正，没有刺鼻或过分浓郁或夹杂异味之感，闻起来很清香，用起来也很好用。

第二节　厨具使用、保养

如何科学使用电子打火灶

科学使用电子打火灶的方法如下所述：

1. 使用电子打火开关时，要先将开关揿到位，然后再转动打火，操作不要过于猛烈，否则燃气会因尚未通过点火道而无法被点燃。

2. 打火器打不着火，通常原因在于油烟污染了电极。这种情况可用软布擦去污物，或将电极距离扳近，若仍无法打火，可更换打火器中的压电陶瓷试一下。

3. 如果出现回火，要马上关掉开关，稍等一下再重新打火。如果仍有回火现象，则应检查燃烧器上的扇形孔中心是否对准了喷嘴。

4. 若火苗发黄、发虚，可能是燃烧器偏离位置导致的，要予以调整，使扇形孔中心与喷嘴相对。若火力仍不强，往往是燃气压力不足了。

5. 若火头小，最大的可能是喷嘴堵塞影响的，只要用细钢丝捅一下一般就会好。如果是打火器堵塞造成的，要请专业人员帮忙维修。

使用燃气灶要注意什么

定期或不定期用肥皂水检查供气管道的接口处有无泄漏，橡胶软管是否完好，有无老化出现裂纹，一旦发现要及时更换；要定期清理火盖上的火孔，保证燃气畅通；经常对炉头内的灰尘、蛛网等杂物进行清理；灶具火盖损坏后，一定要购买原厂产品，不要随意更换；进气软管若有老化现象一定要及时更换，切不可用胶布粘补后继续使用，以防带来危险。

使用铁制炊具要注意什么

通常而言，成年人在每日的膳食中只要摄入 15 ~ 20毫克的铁即可满足身体所需。若摄入的铁过多，一是损害胰腺，引起胰岛素分泌不足，导致铁源性糖尿病；二是对肝脏有伤害，引起锈肝病等。

在使用铁制炊具时必须注意以下几点：

1. 炒菜时，铲动次数要尽可能少。因为铲动次数越多，菜肴中的含铁量也就越多。

2. 使用前一定要将炊具上的锈斑擦去，铁锈主要为氧化铁，摄入体内对健康有害。

3. 不要用铁制炊具盛放酸碱食物，否则容易生成低铁化合物，食后会引起中毒。

4. 炒菜时要勤刷锅。这样可避免锅内剩余物焦化，对菜肴的颜色味道都有影响。

新买未用的铁锅，使用前在锅内加一匙盐，开火将盐炒黄，再用盐擦锅，之后用干净的布把锅擦干净，最后在锅内放些水和油煮开，锅定会比之前好用。

使用高压锅要注意什么

高压锅内盛放的食品一定不要过多。因为锅内压力产生时，安全缓冲空间很小，继续加热，压力会随热增高，达到一定程度就会引起爆炸。通常情况下，锅内食物不能超过总容积的2/3。

每次加盖之前，都要仔细检查一下锅盖中心的排气孔是不是畅通。若发现堵塞了，一定要将堵塞物去除之后再加盖。加盖后，先不加限压阀，等到加热排出锅内冷空气（以中心孔均匀冒热气为标准）后，再把限压阀加上。加限压阀之前，也一定要检查限压阀上的疏气孔是否通畅。可用嘴对着大孔吹气，若分流疏气孔畅通会冒气。若有堵塞，可用细铁丝捅通之后再用。

另外，用高压锅煮豆类、稀饭、汤类是不适宜的。煮物开始用大火，上气后改用小火。

保养刀具要注意哪些事项

刀具的保养通常要注意以下事项：

1. 不要用砂轮或其他硬物磨，避免刀刃损伤。刀使用完后，要挂在刀架上，以免造成刀刃损伤。

2. 使用时不要用力过猛、左右扭动或与坚硬物品相碰，以免造成刀刃崩损。

3. 刀用完以后，要用清洁的抹布将污物擦净，长期不用的刀，要在刀面上涂一层油，可避免生锈。用过的菜刀用水冲净，然后放到小火上烘干，可有效防止生锈。

用过的刀洗净擦干，然后用姜片擦拭一遍，可以防止生锈。将使用过的刀放进淘米水内，即使长年不磨，也不会生锈。

使用砂锅要注意哪些事项

使用砂锅要注意以下事项：

1. 新砂锅的使用。由于新砂锅内壁粘有许多沙粒，可用小刷子将它们一一刷掉。第一次用时，最好是煮面汤、煮粥，或先煮浓淘米水，然后放一段时间，让面糊、米汤干结，把锅壁的微小孔隙堵住，然后把锅刷净，这样可有效防止漏水，烧水时也不会发出滋滋的声音。

2. 保持一定水量。使用砂锅前，要把外面的冷水揩干，烧时锅内要保持一定的水量，不要干烧。

3. 防止爆裂。砂锅上炉，不宜一上来就用大火，火要逐步加大，以防止爆裂。另外，从火上拿下来的热砂锅不要放在冷湿的地面上，特别是在冬天更不要如此，以避免锅壁内外冷热不匀，引起炸裂，可以放在干燥的木板上。

还有一个问题要注意，使用砂锅的火候与使用其他类型锅的火候有不同。一般用铁锅烧菜的火候是武火——文火——武火，而砂锅烧菜则不一样，是先用文火，再用旺火，等到汤烧开后，最后用文火烧熟。烧好的菜肴也不用盛出来，可将其放在瓷盘上直接上桌，亦可放在干燥的木板或草垫上。

怎样使用保养不锈钢锅具

保养不锈钢器具要注意以下几方面：

1. 不锈钢锅具使用之前要在表面涂上一层薄薄的植物油，然后放到火上烘干，这样就如同给不锈钢制品穿上了一层微黄色的油膜袍，既容易清洗，又可延长其使用寿命。

2. 加热时应该要让锅具受热均匀（可使火苗包围住锅底，如炉口小也可转动器皿使之均匀受热），这样做既不容易糊锅，又可使炒出来的菜味道好。

3. 在使用完不锈钢锅具后要立即用温水洗涤，避免油渍、酱油、醋、番茄汁等食料与器具表面发生作用，导致不锈钢表面黯然失色，甚至产生凹痕。清洗以后，一定要揩干放在干燥的地方，如果长时间不用，要抹上食用油，可防止锈蚀。

4. 不要用砂纸、炉灰或细沙擦拭不锈钢锅具。最好的清除法是用铲子把厚污轻轻铲去（注意不要损伤金属表面造成划痕），然后用棉纱蘸着温碱水擦拭，用厨具清洗剂或去污粉擦拭也可以，洗净后用干软布揩干后放置干燥处。必要时可用不锈钢蜡涂在斑迹上擦净。

5. 不锈钢导热系数小，底部散热缓慢，温度能很快升上去，所以不宜给不锈钢锅具过大火力，应尽量使底部受热面广而均匀，这样既节省燃料，同时可有效避免烧焦食物。

6. 不要让不锈钢锅具与尖硬物碰撞，避免产生划伤瘪痕，影响美观和密封性能。有胶柄的不锈钢餐具，要避免高温使其颜色暗淡。

7. 不要让不锈钢锅的锅底有水渍。特别在煤球炉上使用更要避免，由于煤球内含有硫，燃烧时会产生二氧化硫和三氧化硫，它们遇到水会生成亚硫酸和硫酸，腐蚀锅底。

8. 不锈钢锅锅底使用一段时间后，表面会有一层雾一样的膜，可用软布沾上一些去污粉或者洗洁精擦洗，即可将雾一样的膜去除，如果外面被烟熏黑，亦可用这个办法清除。

9. 不锈钢器皿不宜长时间用水浸泡，否则会使器皿表面暗淡，失去应有的光泽。

怎样保养洗碗机

洗碗机保养要注意以下事项：

1. 使用洗碗机时，一定要接上地线，增加安全度。

2. 注意用洗碗机洗涤的餐具中不要夹带诸如鱼骨、剩菜等其他杂物，因为这些杂物容易堵塞洗碗机的过滤网或妨碍喷嘴旋转，一来影响 洗涤效果，二来可能会损坏机器。

3. 往洗碗机内放餐具时，不要让餐具露出金属篮外。比较小的杯子、勺等器具要防止掉落以及碰撞，必要时把它们放在更加细密的小篮子里，以保证更加安全。

4. 洗碗机内外的清洁卫生要搞好，使用完毕后，要用刷子刷去过滤器上的污垢和积物，防止堵塞；每月应用除臭剂清除洗涤槽内的臭气 1～2次。另外，要注意，应采用专用的洗碗机洗涤剂来清洗洗碗机，而不要用肥皂水或洗衣粉清洁洗碗机。

使用微波炉要注意哪些事项

1. 封闭的罐头食品不宜用微波炉加热，因为微波炉会因瓶罐爆炸而引发事故。

2. 带壳的蛋类不宜用微波炉加热，因为蛋内会产生压力而炸开。

3. 外皮厚实的食物不宜用微波炉加热，因为厚实的外皮会妨碍食物对微波的吸收，如果要用的话，则使用前必需先在外皮上戳几个洞。

4. 油炸食品不宜用微波炉加热，因为油过热，会带来很大的危险性。

5. 不同类别的食物如蔬菜和肉制品，不宜同煮。

6. 金属容器不宜在微波炉内加热。在微波炉内使用金属容器，将导致炉体损坏。不但食物无法变热，还给自身带来危险。

7. 用微波炉加热时不要封闭容器。液体放进微波炉加热时，需要用广口容器盛装。因为封闭容器无法让蒸汽散发出来，气压逐渐升高，会带来爆破事故。

8. 加热完1分钟后取出食物。微波炉关闭后，不宜马上取出食物，因为此时炉内尚有余热，食物还可继续烹调，通常 1分钟后再取出为好。

9. 超时加热不可取。微波炉的加热时间要视放入材料及用量而定，还与食物新鲜程度、含水量有紧密关系。由于各种食物加热时间不相同，因此在不能确定食物所需加热时间时，应以较短时间为宜，加热后如发现食物没有烹饪好，可以再追加加热时间。另外，用微波炉加热或解冻食品，如果一时忘记从中取出来，若时间超过2小时后，则应弃用，防止食物中毒。

10. 半生不熟的食品不宜用微波炉加热。这是因为在半生不熟的食品中仍然可能有细菌， 而用微波炉加热这样半生不熟的的食品，短时间内不能将细菌全部杀死。

11. 不要空烧微波炉。空烧微波炉会损坏微波炉内的磁控管。为防止微波炉空载运行，可在炉腔内置一盛水的玻璃杯。

12. 经微波炉解冻后的肉类不宜再冷冻。放在微波炉中解冻的冰冻肉类食品解冻后如果不能马上食用，也不要再放去冷冻。因为肉类在微波炉中解冻后，实际上已将外面一层低温加热了，在此温度下细菌是能够成活的，虽然再冷冻可使其停止繁殖，却无法将活菌杀死。所以，若要再冷冻，需要将其加热至全熟。

13. 要定期检查炉门四周和门锁。一定要将微波炉的炉门关好，确保连锁开关和安全开关的闭合。如有损坏、闭合不良，不要再使用，以防微波泄漏。

微波炉散发的电磁波可造成空气污染，因此，卧室内最好不放微波炉。通常而言，微波炉要放置在通风的地方，而且附近周围不要有磁性物质，以免干扰炉腔内磁场的均匀状态，造成微波炉工作效率下降。微波炉在开启后，人应远离微波炉或距离微波炉至少在1米之外，防止身体受到损害。此外，还要注意不要让物品遮挡微波炉上的散热窗栅。

第三节　厨具清洁

如何清除微波炉的顽垢

微波炉用过后要随即擦拭干净，否则容易在内部结成油垢。可将一个装有热水的容器放入微波炉内热两三分钟，这样微波炉内就会充满蒸气，蒸汽使顽垢含有水分而变得松软，容易除去。

清洁微波炉时，用中性清洁剂的稀释水先将其擦一遍，再分别用干净的抹布作最后的清洁。如果仍无法将顽垢除掉，可以用塑料卡片之类来刮除。记住一定不要用金属片刮，避免伤及内部。

微波炉长时间使用后，炉腔内会有异味，可用柠檬或食醋加水在炉内加热煮沸，即可消除异味。

微波炉不管在使用后，还是在清洁擦洗后，炉腔内难免都会有水蒸气，可用干布擦干或将炉门稍打开使其通风干燥，这样可以很大程度降低微波炉故障率，延长微波炉的使用寿命。

如何清洁抽油烟机

抽油烟机使用一段时间后，需要清洁，方法如下：

1. 用高压锅蒸汽冲洗。用高压锅将水烧沸，然后等蒸汽不断排出时取下限压阀，打开抽油烟机，让蒸汽水柱对准旋转扇叶，高热水蒸气不断冲入扇叶等部件，上面的油污就会融化流入废油杯里。

2. 用洗洁精和食醋混合液浸泡。拆下抽油烟机叶轮，将其浸泡在用3～5滴洗洁精和 50毫升食醋混合的温水中，10～20分钟后，取出用干净的抹布擦洗。此法也适用于外壳及其他部件清洗。这种方法不损伤皮肤，对抽油烟机也无腐蚀，而且清洗效果很好，不妨采用。

3. 用肥皂糊表面涂抹。将肥皂调制成糊状，然后将其涂抹在叶轮等器件表面。继续使用抽油烟机，一段时间后，拆下叶轮等器件，用抹布一擦，油污随着糊状的肥皂液被擦去了。

4. 使用油烟清洁剂。市场出售的油烟清洁剂有较强的去油能力，用它清洗后的油烟机光亮、防油，且带有喷雾器，使用方便。每次做完饭可少喷一点，稍置数分钟，用湿布一擦即洁净。清洗叶片，也只需在不用油烟机时适量向叶片喷上一些，将叶片润湿，待完全浸入再开机，油污就会被溶解流进油盒。

如何清洗新铁锅

新铁锅的清洗可采用以下几种方法：

1. 把新铁锅放在火上烧热后，往锅里注入 200克左右醋，再烧一会儿，然后用硬刷子在锅里反复擦洗，之后将脏醋倒掉，最后用清水将锅冲洗干净即可。

2. 在新铁锅内放几匙盐，将其放火上把盐炒黄，然后用热盐擦锅，擦后去掉盐再用干净纸把锅擦干净。然后往锅内注入少量的水和 1匙油，再放在火上将水烧开，开水就会把油均匀地“涂”在锅表面上，经这样处理的锅会比之前的好用多了。

3. 将少量洗衣粉放进新铁锅里，再加进少量水，待溶化后，用丝瓜络洗刷。等锅里的水变黑了，再用同一方法洗刷。这样洗刷2～3遍，最后用清水冲洗干净锅就可用了。

4. 将新铁锅用水洗干净，往锅内放10克茶叶，再放少量水，置火上烧开，盖锅闷2小时以上，然后把茶叶倒掉，重新洗净锅，再用铁锅烹饪就不会有铁锈味了。

如何清洁油污厨具

用温茶渣擦拭油污厨具，通常擦几遍即可将油污除去。如没有新鲜的温茶渣，可将干茶渣用开水浸泡后替代。

厨房用的塑料篮或筐，时间长了，网眼里积存了一些污秽和油垢，清除方法是取旧牙刷蘸一点醋、肥皂水刷洗网眼，之后用水冲刷即可让其恢复光亮。

用橘子皮、柚子皮浸泡或煎煮后滤出橘皮水，用橘皮水洗涤油腻器皿，即可除去油腻，同时还可起到灭菌防腐的作用。

如何清洁金属器皿

若金属罐子中有异味，可往罐里洒几滴酒精，点燃后将盖盖好，后洗干净即可。

金属器皿有锈垢时，用食盐擦洗，就可让其恢复光亮。也可用柠檬汁加盐擦洗，或用土豆皮擦拭，均可轻松除去锈污。

用蚊香灰擦拭金属制品，能很轻松地擦得光洁平滑而明亮。但要注意，用蚊香灰擦拭后，一定要将金属器皿清洗干净。

如何清洁树脂器皿

用树脂材料加工制成的碗或盆有轻便的优点，但却会散发出一股异味。可将少许白酒温热后，用布蘸取擦拭新树脂器皿，等器皿干了之后再用清水洗净，原先残留难闻的气味就消失无踪了。

如何给菜板消毒

菜板在厨房中使用频率最高，因此十分有必要对菜板消毒。常用的消毒方法有以下几种：

1. 洗烫消毒。先用硬刷将菜板表面和缝隙洗刷干净，然后再用沸水冲洗即可。

2. 阳光消毒。阳光照射强烈时，将菜板放到太阳光下暴晒，这样可有效杀死细菌，同时保持菜板干燥，减少细菌繁殖。

3. 撒盐消毒。在使用完菜板后，清洗干净，然后每隔一周左右在板面上撒一层盐，这样一方面既可杀菌，另一方面又可防止菜板干裂。

4. 姜蒜消毒。用大蒜或生姜将菜板擦一遍，然后边用热水冲，边用刷子刷洗。

5. 洒醋消毒。切过鱼的菜板腥味很大，往板上洒上一些醋，放在阳光下晒干，然后用清水冲刷，腥味就会去无踪。

如何给抹布消毒

抹布最容易藏污纳垢，所以要常给抹布消毒：

1. 将抹布浸泡于水中，加热煮沸半小时，把清水换成碱水，消毒效果会更好。

2. 将抹布浸泡在消毒剂溶液（0. 5%的漂白粉上清液、0. 5%的苯扎溴铵溶液等）里，半小时后再用清水洗干净即可。

3. 先将抹布洗净，再将其放在微波炉里，高火加热 2 ~ 3分钟左右后，会取得良好的消毒效果。

4. 将抹布放在臭氧消毒柜里，半小时后取出，即可达到消毒的效果。

休闲篇

第一节　养鸟

从哪几方面挑选宠物鸟

如今，饲养宠物鸟的家庭越来越多，家庭饲养宠物鸟主要出于三个目的：第一是观赏它们艳丽的羽毛。第二是聆听其动听的鸣叫。第三是把玩其灵巧的技艺。鸣禽类和攀禽类鸟多数外形小巧，颜色华丽，鸣叫动听，且聪明伶俐，因此是家庭饲养的首选。家庭饲养时可根据个人的爱好从以下几个方面选择相应的品种：

1. 以鸣叫胜出。代表品种有芙蓉鸟、画眉等。

2. 以羽毛华丽胜出。代表品种有黄鹂、蓝翡翠、红嘴相思鸟等。

3. 以能歌善舞胜出。代表品种有云雀、百灵、绣眼鸟等。

4. 以技艺高超胜出。代表品种有金翅雀、朱顶雀、黄雀等。

5. 以善争斗胜出。代表品种有：鹌鹑、鹦鹉、鹩哥等。

如何饲养好观赏鸟

要想饲养好观赏鸟，要做到：

1. 给予新鲜食物和水。无论饲养什么品种的观赏鸟，每天早晨都要给予新鲜的食物和水，除固定的鸟食之外，带水的青菜也是十分有益的辅助食物。

2. 创造良好的饲养环境。放置鸟笼的地方应空气流通好。及时清理鸟的排泄物，以避免寄生虫的侵害。每隔一段时间，还需用热水或消毒药水对鸟笼进行清洗，以杀菌消毒。

3. 找个玩伴或玩具。通常，活跃、食欲好且所排的粪便黑白各半的鸟，才是健康的。每当受到惊吓或太过无聊时，它们就会啄自己身上的羽毛，所以平时要给爱鸟找个玩伴，或是放个玩具到鸟笼里，以转移它的注意力。

4. 修理过长的爪子。由于观赏鸟的活动空间狭窄，其爪子没有机会能像在野外生活时有沙石、树木、土壤等磨损，往往生长过长，影响鸟的站立、行走，甚至会发生鸟爪插入鸟笼缝中导致鸟受伤的事，所以应及时修理过长的爪子。一般情况下，当爪子的长度超过趾长的 2/3时或爪子已向后弯曲时就要及时修理。修理可用锋利的剪刀和锉。修时在爪内血管外端 1 ~ 2厘米处向内斜剪一刀，剪后用锉稍锉几下就可以了。

5. 修理过长的鸟喙。同爪子生长过长的原因类似，观赏鸟食物供应充足、精细，其喙缺乏必要的磨损而生长过长或弯曲，常常影响取食，需要修理，可用锉将过长的部分锉去。还可在鸟食物中加入一些沙粒，鸟在啄食时其喙就会得到磨损，不致生长过快，但是这种方法只适用于部分观赏鸟。

调制鸟食需要注意哪些问题

鸟食的调制需要注意以下问题：

1. 要保持新鲜。尤其是动物性饲料一定要保持新鲜，如蝗虫、油葫芦等，死后容易腐烂、发臭，如果用不新鲜的饲料喂鸟，容易导致鸟腹泻，甚至死亡。

2. 防止调配好主饲料发霉。为了防止调配好的主饲料受潮和发霉，要把它们放在干燥通风的地方。不要用发霉的饲料饲喂爱鸟，要不然会引起黄曲霉或烟曲霉中毒症，轻者会导致鸟体弱消瘦，重者会导致鸟死亡。

3. 青饲料要清洗干净。由于蔬菜的叶子上往往残留农药和寄生虫卵，所以青饲料要清洗干净后才能饲喂。清洗方法是将青菜用清水清洗，然后再放在干净的水中浸泡 5~10分钟，之后取出晾干后才可以用来喂鸟。另外，如果喂水果，水果也要新鲜，而且要去掉皮和核。

4. 清除杂物。要随时留心主饲料中的杂物，如果发现有带刺的草芥、果壳和铁屑等，一定要彻底清除之后才可以用来喂鸟。

变质的昆虫饲料不能饲喂宠物鸟，也不要将其烘干研成粉料混合在主饲料中一起饲喂。

如何给鸟喂粒料、粉料、青料

喂养观赏鸟的方法：

1. 粒料的喂法。以粒料为食物的硬食鸟，剥落的籽壳常会覆盖在粒料的上面，造成食缸内还有饲料的假象，喂养的时候要注意这一点，不然容易造成鸟无食，或者吃不到籽壳下面的饲料，因此每天至少 1次将食缸内的饲料倾出，将籽壳和碎屑去除，并再添加些饲料。

没有外壳的粒料，如蛋米，为避免变质，炒蛋米两天要更换1次，蒸蛋米在夏、秋季节每天更换。新买回来的粟、黍、谷、苏子、麻子等饲料，因可能会有稍发霉的饲料夹杂其中，因此要在阳光下翻晒1～2次和过筛1次，再用于饲喂。即使无霉变，也要用水淘洗几遍，晒干后才能使用。

很多时候，鸟常会拣食喜爱的菜籽、苏子和麻子等油脂饲料吃，而将粟、黍、稗、稻谷等饲料剩下。遇到这种情况不能任其下去，就只加油脂饲料。油脂饲料会增加鸟的脂肪积累，对鸟无益，正确的做法是减少油脂饲料的比例，引导鸟食取混合饲料。

2. 粉料的喂法。喂用粉料更要提高警惕，因粉料富含蛋白质，很适宜细菌生长。在调配时，研磨、加水和搅拌，给细菌接种创造了条件，因而在温暖季节，粉料5～6小时后就会变酸腐败，鸟吃了腐败变质的饲料，轻则拉稀，重则死亡，要根据气候情况分次调配。通常，气温在12℃以下时，1天粉料可1次调配；24℃以下时要分2次调配；24℃以上分3次调配。添加粉料时，需要把食缸内的剩料清除干净，不然新料容易受剩粉污染而变质。

3. 青料的喂法。青料中青菜较多，青菜不必切细，大棵青菜用刀纵剖成2～4片，小棵的不必剖开，可整棵投喂。青菜不能萎黄干瘪，要保持新鲜，因鸟没有牙齿，萎瘪的菜叶不脆，不利啄食。喂时可将青菜插入盛水的器具中，以避免青菜枯萎。如在鸟房内放喂，可把青菜插在竹钉上，避免鸟踏脏、污染。

怎样让鹦鹉开口说话

鹦鹉有着艳丽的羽毛，动听的鸣叫，而且还能学人语，因此，倍受养鸟爱好者的喜爱。如何让鹦鹉开口说话一直是众多养鸟人的追求，下面的方法不妨一试：

首先要帮助鹦鹉适应环境，让鹦鹉精神安定。其次要悉心照料，培养人鸟之间的感情。适时往鹦鹉身上喷些水雾，使之理顺羽毛。第三，饲喂鹦鹉的饲料以谷子、玉米为主，可适当加些多维葡萄糖之类的营养品。另外，要定时到户外遛鸟，让鹦鹉保持好心情。

养鸟者往往把鹦鹉第一次开口说话叫“冲”。为使鹦鹉顺利通过“冲”关，可于每天清晨带它去公园，让它在“大自然”中保持好心情。一段时间后，在“喂喂”的招呼声中，鹦鹉最终会冲出“喂”的声音。平时多用口语教它说话，也可用录音机放音教鹦鹉说话。按照单音节词、双音节词、句子的顺序，循序渐进教鹦鹉说话。

教鸟儿说话的最好时间段为每天清晨，因为鸟的鸣叫在清晨最为活跃。另外，已经学会说话的鸟，平时要经常逗引它学说，以防遗忘。在它学话时，不要去惊扰它，以免打断它的学话。

如何防治鸟的常见病

宠物鸟常见病多半是由饮食不当或气温突变引起。下列情况较为多见：

1. 滞食。滞食是由于饮水不及时、摄入过多硬料和干粉料，致使饲料在嗉囊中停滞而引起嗉囊胀大。如发现滞食，可以人为帮其软化食物。可用植物油从口滴入嗉囊，然后用手轻轻摩挲嗉囊，促使食物进入消化道。

2. 便秘。鸟的便秘通常是由于长时间缺乏脂肪饲料、青料、沙砾或饮用水中断等原因引起。主要症状为羽毛松散，神情焦躁，做排粪状但不见粪出。可采用这样的救治方法：调整饲料搭配比例，并从口中滴入4～5滴植物油，以稀释粪便。如果情况严重，除采取以上措施外，还可将滴管插入肛门，滴入植物油，促进排便。

3. 寄生虫。如鸟体外有寄生虫，主要表现为：羽毛凌乱，有时残缺，皮肤有损伤，精神焦躁，生长缓慢。治疗的办法：用0. 2%～0. 5%的六六六粉撒擦患处，让药粉进入羽毛层，杀死虱虫。为避免中毒，擦药后，要将鸟放在通风良好的地方。如鸟体内有寄生虫，主要表现为：食欲不振，粪便少，消瘦，嗉囊有时呈饱胀状。救治的方法：可用驱虫净（四咪唑）杀虫，用药比例为每50克体重加入2～4毫克驱虫净。

4. 肠炎。鸟肠炎的主要表现为精神萎靡，粪便黏稠，常沾满肛门，严重时便血。救治首先要保证饲料卫生。药物救治是从口中滴灌25%的葡萄糖水，内加痢特灵0. 2～1毫克，每日2次，每次给鸟喂下0. 5～1毫升这种葡萄糖水，另，可每日喂服2～3次少量蒜泥。

5. 感冒。鸟的感冒多数情况下发生在气温突变时，主要表现为喜欢呆立，羽毛逆立。感冒严重会由于鼻孔被黏液堵塞而不得不张嘴呼吸。处理办法是将病鸟放在温暖处或箱笼里，避免风吹。按每10毫升饮水加1/10片长效磺胺的比例用药，每日要更换两次药水。

6. 肺炎。鸟的肺炎多半是由感冒引发的。主要表现为精神萎靡不振，羽毛呛立，身体蜷缩，厌食。处理办法是让病鸟服下25%的葡萄糖水，喂服两次，每次0. 5～1毫升，内加2～4毫克土霉素。

鸟笼为什么不宜放在居室内

很多家庭养鸟有一个很不好的习惯，那就是经常将鸟笼放在居室内。科学家曾对49名肺癌患者调查发现，其中有33人有过将鸟笼放在居室内的经历。这与患肺癌有没有什么关系呢？研究分析后得出结论，将鸟笼放在居室内，鸟儿的呼吸、排泄物以及身上带的灰尘等不洁物质，会污染居室内的空气。时间长了，大量的灰尘、细微鸟毛经呼吸道进入人的肺部，致使人体内的某些红血球失去效能，引起免疫机能受损，最终导致居室内的人罹患肺病。

如何挑选一个好的鸟笼

鸟笼的规格、式样有很多种，其中以木质、竹质、金属质的圆形笼和方形笼居多，腰鼓形、六角形等笼在南方比较常见。挑选鸟笼的关键是要使鸟笼适合自己所养的鸟，同时也要便于饲养。

首先，鸟笼的空间要合适。鸟笼是鸟栖息、活动的处所，若空间太小，鸟的活动则受到限制，容易碰掉羽毛，不利于鸟的生长。但也不宜过大，若笼子过大，鸟易受惊，另外，提拎、悬挂、遛鸟，也会造成很多不便。

其次，鸟笼结构要简单合理，材料结实，接口牢固，不易变形，活动门、插杆、插片等部件要趁手，方便操作，提拎时甩动灵活。

第三，要细致考究。由于养鸟的主要目的是欣赏、娱乐，因此有必要讲究美观性。好的鸟笼材料质地精良，造型美观，做工细致考究，令观者赏心悦目，获得美的享受。

另外，附属器具应配套齐全，比如食缸、栖棍、笼罩等，其材质、型号、色彩等应与笼体保持和谐。八哥为常见的家庭养鸟，它的鸟笼空间要大些，笼丝要粗些，以圆形笼为好。虎皮鹦鹉嘴甲尖硬，而且喜欢叼啄东西，因此它的笼子要金属丝编笼，以选方形箱体为好。画眉笼种类最多，制作材料通常为竹料。

此外，笼钩、笼丝、笼圈、笼门以及各种配饰、附属器具等也要尽量大小合适、结构轻巧、选材考究、做工精细、结实耐用。

鸟笼里要放些沙子，最好是河沙，因河沙细而柔软，且凉性较大，能让鸟沙浴时感到清凉舒适，并可以擦拭羽毛，使羽毛整齐。

第二节　养鱼

如何挑选上品金鱼

金鱼有很多品种，各品种特征不一，优劣有别，购买时应认真挑选。

上品金鱼体态应匀称，体宽圆且短，左右两眼对称，头部肉瘤丰满发达，无畸形。在挑选时要注意观察是否无破鳍、掉鳞；鳍是否分叉成四开，如不是四开而是三开或不开叉，可以断其为次品。游动时，鱼鳍应宽大舒展，像一根飘带。金鱼遍体要肤色光泽明亮，清晰鲜艳，颜色纯正。有的金鱼品种原是黑色的，若变成灰色或黑灰色，则可断定其不是上品。

另外，要注意金鱼在水中是不是游动自如？游动时是不是合群？是不是经常浮头？若靠在一旁不动或只是晃着脑袋而不动身子，一副精神不振的样子，那可能为患病鱼。好的金鱼应游动自如，且合群、不浮头。

金鱼的饲养要点有哪些

饲养金鱼的基本要点：

1. 饲养金鱼器具的准备。养 4 ~ 6条、1. 5寸左右的小金鱼，需要一个直径 20厘米左右的玻璃缸，或是 30 ~ 40厘米左右的水族箱。若数量多或金鱼的体型大，那么饲养的器具也应再大些，以保证水中有足够的氧气。也可以用家里现成的瓷缸、陶盆、陶缸等饲养，只要上口宽敞，深度约 30厘米即可。

2. 捞鱼网斗的准备。可动手自己做捞鱼网斗。先将粗铁丝弯曲成带柄的圆圈，圆圈的直径要达 8厘米。圆圈内缝上一层纱布，注意不要把纱布绷紧，成锅底状，一个捞鱼网斗就做好了。

3. 准备一根塑胶管。塑胶管主要用来吸除鱼缸内的污物和水，同时也可以用来注入新水。一根直径约 1厘米，1米或2米长的塑胶管即可。

4. 鱼缸的安放。金鱼缸的位置应该在通风，没有太阳直射的地方。注意不要将鱼缸放在电视机 4米内的周围。因为电视机发射出来的射线，会给金鱼带来危害，严重时甚至造成金鱼死亡。

5. 饲料要适当、适量。饲料要鲜活，如鱼虫、孑孓等，也可用干鱼虫、麸皮、面包屑和合成饵料饲喂。条件许可的话，最好能经常调剂饲料的品种，避免营养不良。喂食要做到定时定量，每天早晚各一次，以在 1 ~ 2小时内吃空不剩为标准。若当天喂的饲料没有吃尽，要用吸管将吃剩下的残渣吸出，避免发酵影响水质。

饲喂是否适量，通过金鱼粪便的颜色就可判断，若粪便是棕色的、墨色的，表明饲喂适量；若粪便是灰白、浅黄色的，则说明饲料有些多了。

刚买回来的金鱼，不要马上饲喂，可以先喂以少量的红虫或其他人工合成饲料，然后再转入正常的饲养。不要给金鱼饲喂含油质的食物，如饼干、蛋糕等。

6. 保持水质良好，换水是为了给金鱼创造一个舒适的生活环境。换水的时间因季节而变，春秋两季，下午 3时左右，夏季下午5时以后，一日一次即可。冬天要提前到下午 2时左右换水，并可适当延长两次换水的间隔时间。

换水之前先用去污布兜将浮在水面上的污物去除，接着搅动池水，使其轻轻旋转，让池底污物集中到池中心，然后用吸管将它们吸除，同时再吸出一部分底层浑浊的脏水，之后再用干净的抹布将鱼缸四周的污渍擦净，最后缓缓注入与吸出等量的新水。需要注意的是自来水要放置二至三天，才可注入鱼缸。

可放一些水草在金鱼缸里，这些水草可以进行光合作用，提高水中的溶氧量，还可以净化水质，为金鱼提供一个更加健康的生活环境。

如何使金鱼安全度过伏天

金鱼是温水杂食性鱼类，比较娇弱，因此人工饲养要精心，炎炎夏天更要小心饲喂，需要严格掌控换水和喂养等方面的环节，一般需要做到：

1. 把金鱼缸放在通风的窗口。

2. 容器要大，密度要低。为了让金鱼获得充足的氧气，放养金鱼的尾数不要过多。

3. 少喂饵，勤换水。三伏时，金鱼不要喂得过饱，最好喂活食，比如红虫，红虫可以吃掉水中一部分浮生物，可净化水质，但不要一次投放过多，同时每天晚上要将鱼缸中的死虫剩饵吸净，避免对氧的消耗。

换水次数取决于水质的好坏。若水的颜色呈铅灰色，有臭腥味传出，就要换水。可在下午5点钟以后换水，如水质没有坏，一次换水不要全部换尽，只需抽掉 1/3老水，再兑进相等的熟水（自来水晒放 36小时以上）即可，不要用未经晒放过的生自来水。

4. 勤观察。三伏时期，天气闷热，金鱼浮头常常在后半夜即开始，如果发现金鱼游水面，散乱却不沉，说明水中可能缺氧。用手轻轻拍鱼缸，若鱼马上下沉，说明浮头较轻，如金鱼腮盖不动，发呆，而且呈休克状态，说明情况危急，要及时抢救，可把鱼捞至备用的鱼缸或盆中，不严重的话很快就能缓过来。

如何使金鱼安全过冬

霜降之后，气温很低，这个时期金鱼的活动和吃食大为减少，处于半休眠状态。为了防止金鱼失膘，保持其健康的体质和正常的性腺发育，安全过冬，管理上需要做到：

1. 将鱼缸置于室内光线充足的地方，室温不要低于 4℃，保持金鱼的食欲。

2. 保持清新的水质，减少换水。1周至半月换水一次，换水要在中午进行。换水时只需抽去缸底鱼粪和污物，然后注入新水即可。

3. 投喂合适的饵料。2～4天，可在中午投饵 1次。如果与换水重合，可以在换水后投饵。适合投以活蚯蚓、蚯蚓干体或合成饵料，投饵的多少以半小时内吃完为准，并随气温高低增减。冬眠的鱼不用饲喂，只要管理得当，金鱼安全越冬就不是问题。

如何净化鱼缸水质

鱼缸中的水净化要及时。可使用水处理循环设备进行。

大型和中型鱼缸主要使用循环过滤设备，而小型的鱼缸使用生化棉即可。可以在鱼缸中放置生化球和陶瓷环，以培养有益的细菌，把水体中有毒的氨氮和亚硝酸盐分解成无毒的硝酸盐。另外，隔一段时间往鱼缸中添加有益的细菌，如光合细菌、硝化细菌、芽孢杆菌等，他们有净化鱼缸水质的作用。

当鱼缸内水体出现混浊、变白、变黄、变绿时，说明由于时间过长，水质变酸或者有机物含量过高造成水体富磷、氮，此时就需要给鱼缸换水了。

如何防治金鱼的常见病

金鱼常见病及防治如下：

1. 白点病。主要表现为鱼体上长出很多小白点，治疗方法：将患病金鱼捞出，然后用石灰或高锰酸钾对鱼缸彻底消毒，10天后再放养。若发现鱼体有小瓜虫，可用 2ppm的硝酸亚汞浸洗，浸泡时间约 1～2小时。

2. 体烂病。体烂病是由鱼体外伤被病毒或细菌感染而引发。治疗方法：将高锰酸钾溶于水中，以水呈淡紫色为宜，然后将患病金鱼放在此高锰酸钾溶液中浸洗，浸泡大约3～5分钟后，捞出用漂白粉涂抹患处，每天用此法治疗 1次，直到此病去除。

3. 水霉病。患病初期鱼体上覆有一层白膜，后期体表呈白色棉絮状物，似白毛，治疗方法：将患病鱼捞出放入小容器中，放入医用呋喃西林，也可用3%～5%盐水将鱼浸洗，浸泡时间大约15分钟。每天 3次，直至此病去除。

4. 烂腮病。这种病对金鱼有很大的危害，常因鱼腮失去正常功能，导致呼吸困难，最后窒息而死。主要症状为鱼腮下部出血，救治方法：初期用 3%的食盐水擦洗腐烂处，以消毒，另可用硫酸铜或硫酸铜和硫酸亚铁混合剂（两者的比例为 5∶2），在患病鱼缸中泼洒，这种方法对治疗病情较轻的鱼有效，如病情严重，药物很难救治，因此对此病的早期预防十分必要。

饲养热带鱼要注意哪些事项

热带鱼的生存环境与众不同，饲养方法也迥别与其他的鱼类，饲养好热带鱼要注意以下方面：

1. 对酸碱度的要求。多数热带鱼适应生活在pH值在 6. 0～8. 0之间的水中。有些热带鱼适宜生活在偏酸性的水中，如七彩神仙鱼适合 pH值小于 6. 5的水质；而有些鱼适应生活在偏碱性的水中，如非洲慈鲷科鱼适合 pH值为 8. 0左右的水质。

可以通过 pH 试纸对水的 pH值进行测定，而对水的 pH值调整，可使用市场上销售的水族专用增酸剂或增碱剂。

2. 水温要求。热带鱼对温度的变化十分敏感，若温度不适宜，很容易死亡. 。大多数热带鱼的水温以 20～24℃为宜，在繁殖期的水温以25～28℃为宜，白天和夜晚的温差不能超过 4℃。

3. 对氧气的需求。热带鱼需要充足的氧气，可以在鱼缸里放置一些的水草，因为水生植物光合作用时会产生氧气，从而提高水中的含氧量。

4. 对光照的要求。热带鱼鱼缸要放在有阳光的房间里，在早晚阳光不强时，各接受1小时左右的阳光照射；若将鱼缸放在没有阳光的房间，可以采用灯光照射水草，如用60瓦的白炽灯泡或40瓦日光灯每天照6小时左右。

5. 密度要求。通常，放养热带鱼的密度根据鱼缸的大小而定。如果经验不足，热带鱼密度越小越好，同时还要添置充气泵。

6. 对饲料要求。热带鱼的饲料要多样，可饲喂鱼虫、红虫及适合不同种类热带鱼的包装饲料。需要注意的是生饵、活饵一定要洗干净后，再饲喂。

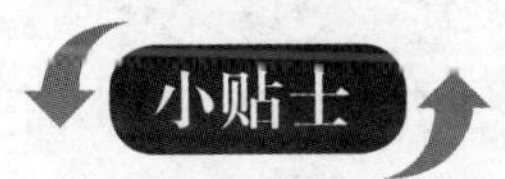

也可以采用水下彩光灯照明对热带鱼鱼缸加热，可直接将彩光灯管放在水下吸附在玻璃缸壁上，其灯管可发出不同的色彩，如红色、蓝色、绿色、白色，能够制造出十分美的水下景观。

第三节　养花

城市家庭适宜养哪些花卉

家庭养花是一种有益身心的休闲方式。庭院、阳台、室内都可以成为家庭养花的场所。家庭适宜养的有以下花卉：

1. 室内养花。以喜阴的、观赏绿叶为主的花木，例如吊兰、水竹、文竹、常春藤、君子兰、丝兰、棕竹、铁树、凤尾竹、龟背竹、橡皮树、朱兰等。这些花木喜暖畏寒，每年 10月到第二年3月间，是一定要在室内过冬的。从4～9月期间，只要室内空气流通，天热时，将其放在窗口通风处，它们就可以很好地生长。其中，君子兰还能开出鲜艳夺目的花供人们观赏。

2. 阳台栽花。由于多数阳台位于楼房的向阳面，阳光比较充足，空气流通性也好，缺点是风有些大，空气湿度差，因此，在阳台栽花有一定的要求，如不得法很难将花栽好。根据高楼阳台的特点，栽花宜选用喜光耐旱的品种，阳台花卉的首选是多肉植物仙人掌类花卉，另外，阳台也适合月季生长，尤其是白色、黄色或很香的品种，如紫雾、雪海香踪、月光花、金不换之类，更为适宜。

适宜在阳台栽种的花木有海棠、石榴、夜来香、六月雪、春梅、迎春、茉莉花，以及苏铁、盆松、盆竹等；草花类有晚香玉、水仙花、五色椒、康乃馨、仙客来、倒挂金钟、太阳花等，还适宜可以吊空盆栽的品种，如矮牵牛、香豌豆、蟹爪兰、茑萝、扶桑、吊兰、宝石花、紫鸭跖草等。

家庭养花浇水要注意哪些问题

养花经常的养护工作之一要浇水。浇水要根据花木习性和气候条件的差异，适时适量地进行：

1. 水质。通常来说，雨水、雪水浇花比较好，自来水也可以，但若消毒物含量大，气味重，就要先贮存两天，让其沉淀与散发后再用。茶叶水、淘米水、金鱼缸中换下的废水也适宜用来浇花，不要用含有肥皂或洗衣粉成分的洗衣水以及有油污的洗碗水浇花。不宜用隔夜的茶水浇灌仙人球之类的喜碱性花卉，这因为喝剩的隔夜茶叶水中，咖啡碱、茶碱的含量变得稀薄，剩下的主要成分是鞣酸，水液呈微酸性，不宜浇灌喜碱性花卉。

2. 水温。不适宜用和花卉土壤温度相差较大的水浇花。可选择早晚适当时间浇花，或将水温调节合适后再浇。

3. 水量。盆栽有“九多九少”之说：草本多浇水，木本少浇水；喜潮花卉多浇水，喜旱花卉少浇水；叶大质软的多浇水，叶小有蜡的少浇水；生长旺期多浇水，休眠期少浇水；盆小苗大的多浇水，盆大苗小的少浇水；放置阳台的多浇水，小院中的少浇水；天热时多浇水，天冷时少浇水；旱天时多浇水，阴天少浇水；孕蕾期间多浇水，开花期少浇水。这里的多与少，是在同一条件下相比较来说的，如遇干旱脱水，枝叶萎蔫，这种情况，要先将花移到阴凉处，盆内少加些水，叶面喷少量水，待茎叶挺起后，再浇透水。如果直接大量浇水，根叶容易受到伤害。

花木栽种后第一次浇水被称为定根水。定根水一定要浇足浇透。因为初栽土壤没有完全沉实，土壤中有很多空隙，只有浇水充分，土壤与根系才能结合在一起。

花卉四季管理要注意哪些问题

花卉四季管理需要注意如下问题：

1. 春季管理。花卉在春季出房，春季的气温是逐渐升高的，但有时气温会突然下降，因此出房不宜过早，要不然容易遭受晚霜，会冻坏幼芽。稳妥的办法是让花逐渐适应室外温度逐步将其移出室外。

2. 夏季管理。夏季气候炎热，阳光照射强烈，可依据不同花卉对光照、温度的要求将其放于适当地方。喜光的放在阳光充足的地方，喜荫的可采取遮阳措施或是将其放在阴凉处。

3. 秋季管理。秋季气温逐渐转凉，这个时期要将入冬前的准备工作都做好，做好翻盆换土、水肥的管理和修剪工作。盆花移入室内初期要注意通风，中午气温较高可打开窗户通风。

4. 冬季管理。冬季温度低，花的新陈代谢缓慢，减少了对肥水的要求，盆土可干燥一些。如果叶面蒙上灰尘，可趁气温较高时将花搬到阳光下喷水淋浴。对已休眠及停止生长的花卉，这个时期就不要再施肥了。

哪些花卉有净化环境的能力

家庭养花如选品合适，管理科学，不仅可以美化环境，增加生活乐趣，还可以起到净化空气、保护环境的作用，例如，米兰对空气中的二氧化硫和氯气有吸收作用。紫藤、月季对空气中的氯气有吸收作用。水仙花对汞有吸收作用。万寿菊、矮牵牛能吸收空气中的氟化物。花卉分泌的物质，有的对虫害有一定的防治作用。在窗台上放置一盆天竺葵，其特殊香气可以驱除许多虫子。石竹花能克制蝼蛄危害别的花卉。花卉中还有许多相生相克的互应现象，如在葡萄架旁种些紫罗兰，一方面它们可以互相促进，生长良好，另一方面结出的葡萄还带有紫罗兰香味。

哪些花卉不宜摆放在室内

并不是所有花卉都适宜在室内摆放，如：

夜来香。夜来香在不进行光合作用的情况下，会排放出很多香气，使高血压和心脏病患者感到气闷。

松柏类植物。松柏类植物放出的松香油味对食欲有一定影响，可令孕妇感到恶心。

洋绣球。洋绣球可令某些人产生过敏反应。

郁金香。郁金香的花朵含有毒碱，对人体健康不利。

含羞草。含羞草含有含羞草碱，过多接触会导致人的毛发脱落，因此，不宜放室内。

怎样延长插花花期

插花是根据内心的一些奇思妙想来选材，遵循一定的创作法则将花插在瓶、盘、盆等容器里，通常表达一种主题，传递一种情感和情趣，给人一种美感，由此获得精神上的愉悦。以下是延长插花花期的一些小技巧：

1. 对野外采摘的花枝，可用事先准备好的药棉或废纸将折断处包住，浸湿药棉或废纸装进食品袋，再将食品袋捆紧，注意不能让太阳晒着，这样可使插花保持新鲜。

2. 对枝条硬而脆的花枝，插瓶前用手将其折断，注意不要用剪刀剪断，避免剪刀压坏导管。用手折断的花枝吸水力强，花期长。

3. 玉兰、梅花、紫藤之类的花，敲破花枝末端长 3厘米左右，这样可使吸水面积变大，有利于延长水养期。

4. 在瓶中放0. 1%的食盐能增强防腐功效；放 0. 1%的食糖可增

加营养。

5. 将花枝末端在火上烧焦，然后将烧焦部位浸入酒精里，1分钟后取出，用清水漂洗后插瓶。经过这样处理后可有效防止养分下泄以及防止插后枝条烂坏。

6. 可在瓶中放1∶4000的高锰酸钾或适当的硼酸、水杨酸、维生素、硫黄、石炭酸等，有利于延长花期。

7. 在花瓶里放入一片阿司匹林，有利于延长花期。这是由于阿司匹林经花枝吸水后，叶子气孔容易闭合，减慢水分的蒸发。

如何让茉莉花枝繁叶茂

茉莉花素雅芳香，受人喜爱。若要茉莉花常开、花繁叶茂，需要掌握好下列事项：

1. 保证阳光充足，忌蔽荫、不通风。

2. 要保持盆土疏松肥沃，每年或隔年翻盆。

3. 4月下旬翻盆换土，同时全面摘叶与修枝，也就是摘除全部叶片，将病枯枝、细弱枝、膛内过密枝、细嫩徒长枝剪去。其余保留的有用枝条，顶梢部分也要适当剪去一部分。

4. 不留初花。茉莉通常在 6月上旬开始开花。这个时候植株还很弱，花小且少。摘除初花可以减少养分消耗，促进植株成长。这样从 6月下旬起，到10月上旬止，就会相继出现霉花、伏花及秋花三个盛花期。

5. 水肥要充足。 6～9月的生长发育旺盛期一定要薄肥勤施，肥中应含氮、磷、钾多种元素。其他时间可不用施肥，浇水也要有所节制，保持盆土略为湿润就行。

如何让倒挂金钟平安过夏

倒挂金钟受养花者喜爱，因此被广泛栽培。倒挂金钟产自中、南美洲的山岳地带，喜欢比较温暖但又凉爽的环境，有冬季畏寒、夏季忌热的习性，最适宜的生长温度是 20℃，最低生长温度为 5℃左右，最高生存温度为 30℃，因此引进我国以后，只在东北、西北、云南等夏季凉爽的地方才长得好，而在华东几省一到夏天就会“水土不服”，生长受阻。那么怎样叫它在室内安全地度过夏天呢？可参考下面的办法：

1. 在夏天气温接近30℃时期，要将其放在通风良好、凉爽且又无阳光直射的北窗附近，或者避晒、通风、防雨的室外蔽荫处。

2. 春季时，要换土换盆，经常施以稀薄液肥，确保其生长健壮，这样可以提高其在夏季抗高温的能力。

3. 高温天气里，中午前后应向叶面喷洒水雾 1～2次，使其温度降下来，湿度增加，不过不要将水淋入盆内。这时盆土浇水要尽可能减少，只要略微潮润就可以了。若浇水过勤，容易烂根落叶。

4. 早春和晚秋利用嫩枝扦插，提高其成活率，只要有一盆母株就可以繁殖成数盆。多养几盆则大大提高其度过夏天的可能性，而且新繁殖的植株抗暑能力也要强过衰老的植株。

如何解决仙人球不开花的问题

仙人球类植株不育不开花主要是栽培管理措施不符合仙人球的生长习性所造成的。

通常有以下几种情况：

1. 多数仙人球均在二三年生以上，球的直径达 3厘米左右才会开花。若植株过小，且没有到育花年龄，自然不会开花，此属正常现象。

2. 导致仙人球不开花的主要原因之一是生长期间温度过低、光照不足，以至影响花蕾的形成与发育。

3. 若生长的环境闷热、通风不畅，容易引起红蜘蛛、介壳虫的侵袭，让植株表面呈锈斑状，这种情况下仙人球不会开花。

4. 盆土选配不合适，造成长期板结，或经常偏湿，以致仙人球根系发育不良，从而导致不开花。

5. 在4～10月这段生长期内若不精心管理，如盆土过于贫瘠，或仅单纯施用氮肥，或长时间盆土偏湿或偏燥，都会使其不开花。

要想使仙人球应时开花，一定要注意以下问题：

1. 除盛夏高温时要为其遮荫防止烈日暴晒外，其余时间都要为其创造一个阳光充足、气温高、空气湿度大的生长环境。

2. 冬季一定要节制水分，同时还应保证正常的水肥管理，让盆土经常不干不湿。施肥应以磷钾肥为主，也要配合施用氮肥、钙肥。

3. 仙人球在疏松、中性、肥沃的沙质土壤生长良好，可在盆土中掺入约十分之一、二带石灰质的陈墙泥屑，对其生长开花有一定促进作用。

如何培育独本菊

按自然习性，菊花常常一株多干，一干数花。若不整枝摘蕾，那么一株菊花少说也要开四五十朵花。如果经过嫁接，培育成大立菊，那么可开花多达上千朵。一般的盆栽立菊都可保持 7朵左右。独本菊，可每株只留一干，开一朵花，由于养分供给比较集中，因此花朵开得十分硕大，其花型、姿态及色泽都可以充分发挥与体现原品种的特性，正因为如此又称标本菊。

培育独本菊的方法不止一种，这里只介绍一种常用的简单做法。通常可于7月上旬在盆内扦插，7月温度较高，发根容易，20天左右就可分盆。分盆时取出菊苗于6~7寸泥盆中定植，以后不用翻盆。定植后进入夏季高温，生长减缓。入秋后生长变得迅速，要保证水肥充足，盆土要稍微干些，等到嫩梢略呈萎蔫再浇水，这样可将株高控制在30厘米左右，同时可促进根群生长。为确保叶色鲜嫩而有光泽，每星期要给叶面喷施一次0.5%的尿素液。9月中旬花芽形成后，植株不再高长，且未经摘心，也不发侧枝。从开始出现花蕾之日起，一定要保证水肥充足，每星期须施肥两次，粪水要浓到占40~50%。

此外，日常如发现有腋芽萌发要立即剥除。初见花蕾时，只选留两个花蕾。等花蕾直径长到近1厘米时再次去蕾，只保留1个花蕾，一直到开花。

盆栽月季花如何管理

月季的根系十分发达，适宜用大而深的花盆。盆栽的管理要善于缩枝。缩枝通常在花枝的基部向上留2~3芽，即2~3片复叶，其他的剪去，这样可保证枝茁壮、花生长旺盛、树有姿。月季盆栽，要每年翻盆，换土修根。小盆逐年加大。翻盆的时间适宜定在越冬前。月季的浇水因季节而不同。夏季要早晚各浇1次，水量要丰富些，特别是傍晚一次要浇足。春秋季每天早晨或日落时各浇1次水。冬季要让土壤稍湿，只要不干透即可。月季花喜肥，浇水时，每隔1周要根据情况加液肥（最好用豆类、鱼内脏等的腐熟液）于水中施用，这样可保叶片肥厚深绿而有光泽。早春发芽前，可施1次较浓的液肥。若已萌发，开始放叶，这时正旺生新根，可不用施肥。5月盛花期不要施肥。6月花谢后，腋芽未放前，可施一次中等浓度的液肥。9月间第4次或第5次腋芽将发未发时，再施1次中等液肥，主要是为了促进秋花繁茂。12月休眠期可施腐熟的有机肥，以助越冬。

在阳光充足、通气排水通畅的环境下，月季生长良好，因此月季每天可晒4~5小时。盆栽月季要经常进行松土，以保证其土壤不板结，这也是保证月季叶绿花大的要诀之一。月季耐冬寒，但畏早春冷风。冬季只要将其置于避风处，保持土壤一定湿度，通常都可以安全越冬。但初春萌发新芽时，要避免被寒风吹到，若疏忽，植株会迅速脱水而枯死。

黑斑病与白粉病是月季的常见病害。防治的主要方法是，在早春叶芽萌动之前，喷施石灰硫黄合剂，或抽芽时喷波尔多液。若发现白粉要立即刮除，若病枝严重要及时剪去并烧毁，避免蔓延，也可用合成洗衣粉水涂洗，洗过2~3分钟后，再用清水漂净，隔天进行1次，2~3次后即可消除。增施磷钾肥，有利于提高植株抗病力。

蚜虫和红蜘蛛是月季常见的虫害。月季几乎整个生长期都脱不了它们的侵害。可用40%乐果乳剂1500~2500倍液喷杀，1周后复喷1次，可取得良好效果。

家庭如何盆栽荷花

荷花被称为“湖之娇子”，不过它不仅能在湖塘栽种，而且盆、钵或缸栽都是可行的。家庭盆栽荷花，可在早春时倒出盆土，有机肥（如碎骨块等）做底肥洒在盆底，上面加土5~6厘米厚。每盆放入留有三个节的藕2~3条（藕要将泥土洗掉，并剪去老朽藕鞭，前端要带完好的顶芽），把前端的生长点向下斜栽入土内，保持尾部稍露出水面，防止新生藕鞭顶出土面，以避免叶与花梗倒伏，此为“藏头露尾”法。

栽好种藕后，在上面再覆盖一层素沙土，以保持水质清洁，然后在盆的中央慢慢浇水。开始时，水位不要太高，待叶长出后，再逐渐加高。若浮叶过于浓密，可将过多的叶片塞入泥中。生长过程中，不用再施肥，到6~9月花期，就会结蕾吐芳。

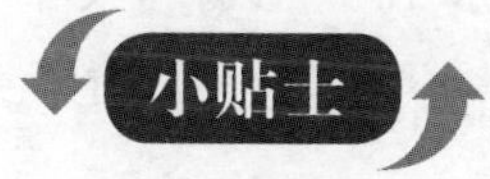

家庭盆栽荷花，“碗莲”品种是首选，因其叶小、花小、植株亦小，更显得小巧雅致。

家庭盆栽吊兰如何管理

吊兰叶色鲜翠，叶形如兰，十分雅致，从叶腋中抽生出的匍匐茎，刚柔兼备，翠色如洗，惹人喜爱。将花盆挂于梁下檐底，或悬于室内空中，或置于阳台栏干之上，能与其他盆花上下相映成趣。

吊兰有很多品种，形态各具特色，比较常见的品种有吊兰、金边吊兰、银边吊兰、紫吊兰、花吊兰。花期 6~10月。各种吊兰对肥料有很强的吸收力，以追施油脂肥为宜，每隔 1月可施肥1次。繁殖都用分株法，简单易行。每年从春到秋，匍匐茎上所长出的新植株，有根有叶，剪取另栽，成活率很高。也可将老本根茎多的用刀分割开来，分割株以每株留有 3个茎为好。另可用种子繁殖。将种子在温度 15℃的条件下，覆土 0.5厘米，2周后自会发芽。

吊兰在温暖湿润的环境下生长良好，不耐寒。栽种时，中等大小的盆一般种3株左右。盆以较高的紫砂盆为首选，既美观，又有助于吊兰生长。

要想让茎叶茂盛，每年3月要翻盆1次。如果盆较深，基肥也足，可2~3年翻1次盆。将植株从盆中倒出，将腐朽的根和多余的根须剪去，换上培养土，施以腐熟的厚粪肥作基肥，栽好后放在阴处。等植株健壮后，再将花盆挂于廊下或室内合适的地方。要保证通风与适当光照，但注意避免强光长时间直射。生长旺盛季节，每隔半月施稀薄液肥1次。每隔1星期用喷壶喷水1次，以保持枝叶清新。

家庭盆栽仙人掌如何管理

仙人掌在夏天开红色或鲜黄色花，美丽异常。花后结果，果实椭圆形，熟时为黄色或紫红色，浆果肉质，有甜味，可生食。

家庭多采用扦插法栽培仙人掌类植物，成活率极高。夏季最宜栽培，春秋两季也可以。插穗以较老而坚实的茎块或球为佳，太老太嫩都不适合。切下母株上的茎块，将其放在半阴通风处晾5~7天，等切口干燥，皮层稍微向里收缩时，再行扦插。仙人球可随摘随插。与一般花草有所不同，插后浇水要少些，待见干再少浇一点即可。用土必须利于透水，不能积涝。仙人掌扦插20天左右后生根，仙人山、仙人球30~40天生根。扦插3年，有希望开花。仙人掌类的根须通常都少而短，在土中吸收营养的范围有限，因此要经常翻盆。翻盆时要是不换新土，可将原盆土上下翻翻身，也会促进植株生长。通常每年要翻盆2~3次以上，最好在春秋季节进行，花盆以小为佳，只要比植株形体稍大即合适。盆土以排水、透气性好的疏松土壤为好，较黏的土壤可以掺进老墙石灰末、草木灰或煤球灰予以改善。栽时注意不要过深，只要能在盆中立稳就可以。虽然仙人掌类有耐旱的特征，但并不是愈干愈好。通常来说，春、夏、秋生长季节，水要多浇一些，而冬季休眠时期，一定要少浇，只要使土壤不干透即可。肥料可用腐熟而稀薄的人粪尿或豆汁水，在生长季节间隔 10天或半个月施 1次，冬季可不必施。仙人掌类植物要多晒日光，光照愈充分愈好，不过在酷暑季节要采取一定的遮荫措施。

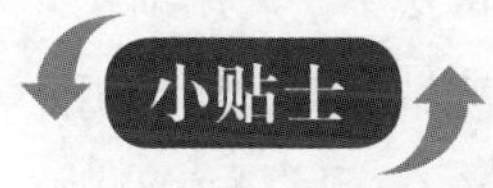

为了促使仙人掌植株开花，要及时修剪。每年春末夏初，秋末冬初都要剪去仙人掌刚刚长出的肉质茎，避免它们消耗较多养分而阻碍开花。

蟹爪兰如何扦插繁殖

蟹爪兰，别称霸王鞭、仙人蟹爪、锦上添花、蟹足鞭土树，属仙人掌科。

蟹爪兰的花色艳丽，受人欢迎。“蟹足”满盆下垂，花开时翠绿中闪现娇红，再加性耐阴，很适于作室内美化环境的盆栽花卉。

蟹爪兰扦插繁殖适于在 4～5月进行。选取长约 6厘米不太嫩的枝作插穗，插穗剪下要晾 1～2天，待切口稍微干后，将一半插入疏松沙土中。扦插后置于阴处，浇水不可偏湿，1个月左右发根。扦插的蟹爪生长不盛，开花也不多，没有嫁接的长势旺、造型好。春、秋干燥季节蟹爪兰均可进行嫁接，3～4月最适宜。不要在雨季嫁接，雨季嫁接切口易烂。砧木常用仙人掌或三棱剑，因它们的生命力强。砧木顶部与接穗的大小要相适应，砧木要在前一年扦插成活，每盆1株，做好准备。接穗要选不老不嫩的分枝，按2～5节数剪下，用刀从下端一节两面斜削成鸭嘴形，削面的长度约3厘米，每面最好要一刀削成，若多刀则削面会凹凸不平，不利成活。削成以后，要马上插入砧木的裂口内，不能让切口干燥。切削砧木裂口的要求，是在砧木顶端纵切一刀，切口宽度与深度以接穗削面为准，稍大稍深一点。因为砧木与接穗都有黏滑液体，相接时接穗往往游动，因此要用手加以固定，半分钟左右才可松手，后用细线捆绑，或用仙人掌的刺插入固定。嫁接完成后，要把嫁接苗放到阴凉的地方，在空气干燥的北方地区，可用塑料袋连盆罩住，此举主要是为了增加空气湿度，提高成活率。嫁接后不要过多浇水，不干则不浇，注意浇水时不要沾接口。嫁接后5～6天，如果接穗仍保持硬挺鲜绿，说明已经成活。一个月后，根据情况可把已经成活的植株移到有阳光的地方，进行正常管理。

嫁接繁殖的蟹爪兰株型往往都比较优美，且砧木的根系发达，生长力强，植株健壮，开花也比较多。通常来说，嫁接繁殖的蟹爪兰可在当年开花。

制作树桩盆景应注意哪些问题

盆景在我国有悠久的历史，有“立体的画，无声的诗”的美誉。很多人都喜爱盆景艺术，想亲手制作盆景。制作树桩盆景要注意以下问题：

1. 树桩盆景造型的构思设计。由于桩头材料、种类、特性不同，形象也有差异，制作者需要“因材制宜，扬长避短”地进行总体的构思，最好先在纸上把设计构图画出来。整体的设计，应注意以下几个方面：

（1）主题要确定。例如：表现刚健，桩头的主干一定要粗犷壮实，枝繁叶茂；表现野趣，应着重刻画桩头主干的斑痕、枝杈的短曲；表现险峻，可采用“悬崖式”的造型，让桩头枝干居高曲折而下。

（2）主次要分清。局部要服从整体，并突出作品主调，重点渲染；局部基调，作酝酿烘托之用，使作品既和谐统一为一个整体，又富于层次变化。

（3）适度取舍。制作者首先要记住，盆景桩头具有持续生长的特点，需要根据其整体形式决定根、枝、干、叶的高低，决定前后、左右的取舍部位，使之合乎“以小见大”“缩龙成寸”的造型规则。

2. 按照创作意图，将刚直的桩头枝干合理地弯扭成各种形态，使其富于三维空间的变化。常见的弯曲方法分别是：棕扎法（使用粗细不同的棕绳绑扎桩头干枝，致使弯曲成型）、金属线扎法（利用粗细不同的铜、铝、铅、铁等丝线的可塑性和坚韧性，对桩头干枝进行缠绕，致使弯曲成型）、穿透助弯法、曲木助弯法、切割弯法、锯齿助弯法、刻槽法等。

3. 对选用的桩头进行适当的剪裁和雕饰，树桩盆景造型就会更加贴近创作意图。剪裁是为了促使其多分枝，控制其生长速度，使桩头能够在有限的养分盆钵中正常生长，生机蓬勃。正确的裁剪顺序是：从主干到枝叶，从大到小，从内到外。树桩盆景造型的雕饰是为了表现其古老病残的形象，以显示其历经沧桑、年岁较长的“风范”。

此外，树桩盆景的造型还要考虑到露根、嫁接、叶芽修整等问题。

自幼培养的树苗，一般在三到五年后可加工造型；野生的树桩，多数可以在养胚后一年即可进行加工造型。

如何给树桩盆景施肥、浇水

虽然树桩盆景不像花卉需要充足的水分和肥料，但是在浇水和施肥的时候，也需要掌握一些技巧：

1. 浇水。树桩盆景一般浇水的原则是“不干不浇，浇则浇透”。生长的旺季需要多浇一些水，浇水要依据树种和盆的大小深浅来决定浇水量的多少。夏天一般生长较旺，水量需要较多，可每天浇 2 次，早晚各浇1次。晴天要多浇，阴天少浇和不浇，大盆比小盆多浇，深盆比浅盆多浇。有时还要根据植物的种类来浇水，喜干的植物应少浇，喜湿的植物应多浇。

2. 施肥。树桩盆景应根据不同的品种和习性来施肥，一定要薄肥勤施。施肥最好是在盆土较干的情况下进行。施肥后用清水喷洒叶面，避免将肥水沾在叶面上，这样一是不让肥烧伤叶面，二是可使叶面保持清洁，有光泽，提高观赏价值。

如何自制花卉培养土

花卉生长的基础是土壤，因此土壤的好坏决定育花的成败。花卉大多都喜欢土质疏松、肥沃、排水和透气良好的环境，下面介绍自制花卉培养土的方法：

1. 选料。

（1）锯木屑。锯木屑可以使土壤疏松，还能起到腐烂后补充有机肥的作用。

（2）炉渣或细河沙。可以改善土质，调节土壤中的酸碱度。

（3）腐植土。由园土、枯叶、豆类植物根须或豆壳、鸡鸭鱼的内脏及金属碎屑等沤制而成，为培养土的主体。富含植物所需的有机质、氮、磷、铁、钙、镁等金属元素。

（4）草木灰。可供给植物所需的钾肥。

2. 配制。在配制前，要将腐植土和炉渣分别碾碎，再分别把木屑、腐植土、河沙或炉渣、草木灰过筛，剔去杂物和控制粒度。根据花卉对土壤化学性质的需求，可适当选择上述成分，配制成不同用途的培养土。茉莉、含笑、山茶、米兰等花卉，因喜欢微酸性土壤，培养土可以选择：腐植土、木屑、细河沙 3∶1∶1，另加少许草木灰。对喜欢中性土壤的大多数花卉，可选择：腐植土、木屑、炉渣 2∶1∶1，另加一定量的草木灰。对雀梅、仙人掌类喜欢碱性的花卉，可选：腐植土、炉渣、草木灰 3∶4∶1，也可以添加一些木屑。

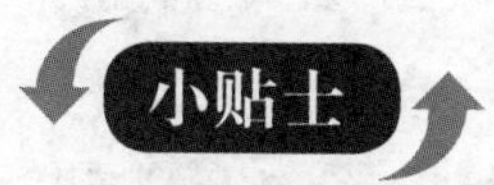

配制好的培养土，还需在日光下暴晒或置于铁锅中炒干，以消除病菌及虫卵。冷却后，置于密封的容器或塑料袋中待用。

如何防治盆花叶子发黄

盆栽花卉的叶子非常容易发黄，甚至枯死，盆栽花卉叶子发黄常见的原因以及防治的方法如下：

1. 肥黄。施肥过量或者浇灌用水与盆土碱性偏重，使土壤碱分浓度过高，根系不能正常吸水，主要表现为新叶肥厚有光泽，但是并不平整，老叶发黄脱落。这时应该增加浇水量，停止施肥，降低土壤碱分浓度，保证根系的正常吸水。平时施肥需要注意，必须施充分腐熟之肥，并加以稀释，一定不要过量。

2. 旱黄。旱黄是因为浇水或者脱水不足，在烈日下暴晒等原因造成的，一般表现为顶心和新叶正常，但是下部叶片会渐渐枯黄脱落。如果出现这种情况必须马上浇水，而且还要浇透，如果是因为夏天烈日暴晒所引起，要将其移至阴凉处，切记不要用凉水浇灌。

3. 水黄。如果浇水过量，盆土长期处于潮湿状态，土中缺乏氧气，导致烂根，表现为新芽、顶心萎缩，老叶暗黄，嫩叶淡黄。这个时候需要把花放置阴凉处，经常松土，改善盆土通气情况，并且停止浇水。

4. 饿黄。长时间没有进行换土换盆及施肥，养分缺乏，根系衰老过密，光照不足，表现为枝嫩、节长、叶薄嫩黄。此时应将植株换盆换土，并按时施用腐熟液肥，增加光照。

另外，由于长时间没有换盆土或者施肥不当，花卉因缺乏某些必要的矿质元素而造成叶子变焦变黄，例如缺氮，表现为植株浅绿，基部叶片黄色，干燥或者呈褐色，茎细而且短；缺磷，则表现为植株深绿，常呈红、紫色，基部叶片发黄，干燥时暗绿、茎细而短；缺钾，老叶有灼伤状，叶缘卷曲、变干，叶脉间泛黄。如果可以知道症状所在，对症下肥，缺氮补氮，缺钾补钾，缺磷补磷，叶黄状况很快就会改变。

第四节　宠物犬的挑选和饲养

从哪些方面挑选理想宠物犬

很多家庭都喜欢饲养宠物，这已经成为人们生活中的乐趣。挑选宠物犬可以参照以下方面：

1. 头部：头的长度与全身相称、平衡，高抬头的犬为上品。

2. 被毛：被毛要有光泽。

3. 前肢：如从侧面去观察犬的前肢，笔直的为佳。

4. 后肢：后肢应有弹性，关节呈弯曲状。

5. 耳朵：耳道应干净、无臭味。

6. 眼睛：眼睛应清秀、有神。眼的边缘不要有粉红色。

7. 口腔：牙齿呈剪状咬合，无缺损，口腔黏膜呈粉红色。

8. 背部：背部正中线要垂直，不能弯曲。

9. 血统：在挑选时要注意血统。有好血统的犬，才有希望成为理想的犬，所以在选择幼犬时，一定要知道其“父母”的血统，可查看血统证明书。

宠物犬夏季高温护理应注意什么

在高温的夏季，对宠物犬的护理应注意以下问题：

1. 选择清淡的饮食。夏季气温高，犬类容易食欲不振，这个时候就要减少肉食，增加新鲜蔬菜以及肉汤，并且适当增添饲料种类，多给饮用清水。另外，要经常对宠物犬的眼睛和耳朵进行清洗，防止皮肤湿疹。

2. 适当进行冷水浴。宠物犬在湿度大、气温高的环境中，由于体热散发困难，非常容易中暑。所以，尽量避免在烈日下活动，犬舍也应设在阴凉的地方，炎热天气时要适当为宠物犬进行冷水浴。

一旦察觉宠物犬出现呼吸困难、心跳加速、皮温增高等症状时，应立即用湿冷毛巾冷敷头部，并将其移到阴凉通风处，或者尽快请兽医治疗。为防潮湿，要勤换、勤洗垫褥等铺垫物。用水冲洗犬舍后，切记要彻底晾干才能让犬进入，如果犬被雨水淋湿要及时用毛巾揩干。

给宠物犬洗澡有什么技巧

在洗澡前要带宠物犬出去溜一溜，让它把尿和粪便排出去，之后洗澡时将宠物犬放在36~38℃的温水里面，先将肛门旁边的分泌物清洗掉。接下来将海绵浸泡在稀释几十分之一的洗发水里，再从头部向后全身冲洗，后再用清水清洗干净。注意避免水进入眼睛、鼻子和嘴里。清洗完后，先让宠物犬把身上的水抖一抖，再用毛巾将其擦干。长毛犬在擦净体表的水分后，须用吹风机和梳子把毛吹干整理。给宠物犬洗澡是生下来两个月后、接种预防针两个星期以上才开始的。如果是病犬，先不要给它洗澡，因为病犬的身体功能比较差，抗病力弱，这个时候洗澡，不但会加重病情，还可能会引发感冒。

给爱犬洗澡时间最好选在中午和傍晚之间，防止因气温变化大而导致爱犬感冒。

给宠物犬喂食有什么技巧

一定要做到定时、定点、定量给宠物犬喂食。喂食不但要在固定的时间，还尽量在固定的地点喂食，喂食量也应该有所控制，初期喂食时尽量低于正常食量，以后慢慢地增加到正常的食量。要避免吃剩食或者吃得太饱。每天准备一些干净的水，方便宠物犬随时饮用。在喂食的时候，要培养宠物犬一些规矩，引导它慢慢进食。宠物犬吃完后，立即把食盆拿走，避免爱犬随时过来吃。

如何给宠物犬喂药

给宠物犬喂药的具体方法：

一是先用两腿紧紧夹住宠物犬，再用双膝卡住它的肩部，不让它跑掉，然后用一只手抓住宠物犬的口鼻处，用另外一只手抓住它的下颌，将嘴打开，然后稍稍抬起犬头。

二是把药放在食物中，最好是将药片夹在宠物犬喜欢吃的食物里，例如将药片夹在肉里面，或者夹在面包中间。

如果宠物犬拒绝吞药片，可以将药片捣碎，混在水里，再使用注射器向它的口里打入。治疗咳嗽的药水也可以借助注射器来喂食。

如何护理宠物犬的眼睛

如果宠物犬患了眼疾，眼睑大多都会红肿，眼角内会出现大量黏液或者脓性分泌物，这个时候，要对宠物犬的眼睛进行治疗和护理。可以用浓度为2%的硼酸棉球或者凉开水，从眼内角向外轻轻擦拭，将眼睛擦洗干净，一定不要反复擦拭。擦完后，再滴入眼药水或者涂上眼药膏，消退炎症。

有一些宠物犬会因为头部的皱皮多，眼睫毛会倒着生长，倒着生长的睫毛会刺激眼球，引起宠物犬视觉模糊、角膜浑浊、结膜发炎，这时候可以用镊子把倒睫毛拔掉，也可以找兽医做个小手术，将宠物犬的部分眼皮割去。

如何给宠物犬清洁耳道

首先应该用酒精棉球给宠物犬的外耳道消毒，再将浓度为2%的硼酸水或者浓度为3%的碳酸氢钠滴耳液滴在耳垢上，等宠物犬的耳垢软化以后，再使用小镊子将其取出。注意镊子不要插入耳道太深，以免损伤耳道。如果宠物犬摇动头部，要快速将镊子取出，以免刺伤它们的耳朵鼓膜或者刺破耳道黏膜。假如宠物犬的耳道有炎症，可以用浓度为 4%的硼酸甘油滴耳液、浓度为 25%的氯霉素甘油滴耳液，或者可的松新霉素滴耳液等滴耳，每天使用 3次即可。

为了保护宠物犬的耳道，平时要定期修剪宠物犬耳道附近的长毛，在洗澡时要防止洗发剂和水溅入它的耳道。

如何给宠物犬修剪趾甲

宠物犬的趾甲特别坚固，需使用特制的犬猫专用趾爪剪来进行修剪。对于退化了的“狼爪”，最好在宠物犬出生后两至三周之间让兽医切除掉，切除后需要缝针。平时给宠物犬修剪趾甲时，除了使用专用的趾爪剪外，最好在宠物犬洗澡时，把趾甲泡软后再剪。需要注意的是在剪趾甲时，宠物犬的每一个趾爪的基部都有血管神经。修剪时切记别剪得太深，只剪除爪的1/3就差不多了，剪后将其锉平，以免造成损伤。假如出现破损或者出血的情况，可以涂擦碘酒消毒。

如何挑选理想的猫咪

挑选猫咪时需要注意的是：

一、要看猫的品种。在日常梳洗和照顾上的时间长毛猫和短毛猫是不一样的，要预先想到自己有没有精力和时间来照顾和管理。

二、要看猫的年龄。购买小猫时要了解小猫是不是已经断奶，看看小猫能不能食用干饲料。最好购买八周左右的小猫，这个时期的小猫要比成年猫的适应能力更强，很容易和主人建立感情。

在挑选小猫时，观察小猫的眼睛是不是很明亮，有没有分泌物。眼睛明亮，没有分泌物才是健康的小猫。小猫的牙要洁白，牙龈是粉嫩色的，不要有口臭；鼻头是柔软潮湿的，不能有鼻涕，呼吸要平稳顺畅；毛色要平顺、柔软、光亮。此外，还要观察小猫的灵活性以及活动能力。灵活性和活动能力强的小猫大多都很健康，而且容易养。

幼猫喂养要注意什么

小猫断奶后的饮食一要有营养，二要卫生，最好喂食新鲜的、容易消化的蛋白质、维生素和矿物质等食物。

刚断奶后的小猫对维生素的需求量增加，所以需要给它们补充维生素。如果小猫是夏天断奶的，由于夏天气温比较高，食物很容易腐败变质，所以，要对食物做好保鲜、防腐的工作，千万不要把变质的食物给小猫吃。如果小猫的断奶时间在比较寒冷的 2月到 3月，就要注意给小猫保暖，不要让小猫着凉感冒。白天多让小猫活动，增强小猫的抵抗力。

还有，一定要用干净的食具给小猫盛放食物，食具要定期进行消毒，猫窝也要保持清洁卫生，并且注意通风。因为幼猫的抵抗力比较弱，容易受到寄生虫的侵袭，所以，幼猫一个月后就应该按时驱虫。幼猫九周时要进行一次免疫注射，接受注射前，不要让幼猫外出，以免感染传染病。

对于幼猫来说，牛奶是很重要的营养品，但不适宜给幼猫喂鲜奶，因为鲜奶可能会使幼猫不适应，出现腹泻现象，所以最好给幼猫喂专门的猫奶粉，或者喂普通的婴儿奶粉。

给猫咪喂食要注意什么

猫属于肉食性动物，它的饲料必须以肉食为主，而且一定是要煮过的。另外，平时应备有大量干净的水供猫饮用。千万不要让猫咪吃一些食物残渣，因为这些食物不会为猫咪带来全面而均衡的营养。即使喂这些食物，也注意适量，另外，还要注意不能让猫养成偏食的习惯，否则也会导致猫咪获取不到全面均衡的营养，而且还会对猫咪造成伤害。

1. 如果偏食生鱼，会破坏维生素 B1的酶，缺乏维生素 B1很容易使猫患上神经疾病，所以切记要将鱼做熟以后再喂猫。

2. 如果大量食用动物肝脏，会导致猫咪过多地摄入维生素 A，导致猫咪肌肉僵硬、颈痛、骨骼和关节变形，还会引起肝脏疾病。

3. 如果偏食肉类食物，将会导致矿物质和维生素摄入不均。

4. 如果偏食鱼肝油，会导致维生素 A和维生素 D的超量摄入，进而引发骨骼疾病。

另外，如果猫的饮食中含有大量高脂肪的鱼类或不新鲜的肥肉，会导致维生素 E的摄入不足，从而引起猫的身体发炎。

如何给猫咪洗脸

猫咪是非常喜欢干净的动物，我们常常会发现猫咪用爪子把自己的脸清洗得非常干净。但有些品种的猫，比如波斯猫和喜马拉雅猫，由于鼻子内陷，泪腺很短，眼睛旁边经常会出现分泌物，而猫自己是没有办法清理干净的，所以，这类猫咪的眼角容易结痂，需要人帮助清洁。

给猫洗脸时，最好在水里加一些盐，冬天要用温水清洗。先用左手按住猫头后颈，再用右手拿湿毛巾轻轻擦拭猫眼内角以及鼻梁深陷处。可以使用棉花棒蘸取湿水清除眼屎。擦洗速度要快，如果时间长了猫会感觉不舒服，会使劲挣脱。每天早晚喂完猫后，都要洗 1次。在洗脸过程中，顺便清洗一下猫的耳朵，检查一下耳朵里有没有发炎或呈黑色油脂状分泌物，以防止猫咪患上慢性耳疾。

如何帮猫咪剪脚爪

给猫咪修剪脚爪时，要先将猫咪的脚趾抓住，轻轻地按压，使爪子露出，再用剪爪器将前面尖端弯曲的部分剪掉。在修剪时一定要细心，切记不要剪到粉红色的真皮层，不然会造成流血。一旦出现破损和出血现象，应及时涂擦碘酒消毒。

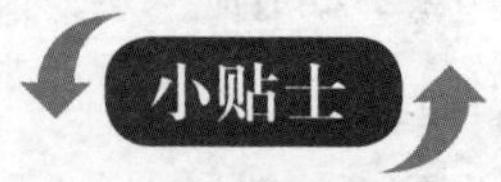

在宠物商店或者网上可以买到专门给猫咪剪指甲的专用指甲刀，刀刃越锋利，剪脚爪时就会越轻松。

第五节　邮币、图书集藏

邮票志号代表什么

我国的纪念邮票以及特种邮票的底边上，分别列有志号，这在世界邮票发行史上是一个创举。这些志号代表：

1. 1949年10月至1967年3月邮票志号，例如：1枚《诺尔曼·白求恩》邮票底边左侧志号“纪84. 2–1表示该票是纪念邮票第84套，全套共2枚，本票是第一枚。底边右侧志号“（277）1960”表示本票是纪念邮票总序列中第277枚，1960年发行。特种邮票的志号把“纪”字换成“特”字，其余认法相同。

2. 1967年4月至1970年6月发行邮票没有编号。

3. 1970年7月至1973年12月，纪念邮票和特种邮票以枚为单位，统一连续编号。

4. 1974年以后，纪念邮票志号的“纪”字改为汉语拼音字头“J”。特种邮票标志号的“特”字改为汉语拼音字头“T”。取消了总顺序号。其他与1949年10月至1967年3月的编号相同。

如何检查邮票品相

可以通过如下方法来检验邮票品相：

1. 检查邮票的表面。主要查看邮票的正面有无褪色、擦伤、指纹、墨渍、霉点等污点；齿孔有无平齿、短齿、圆角等现象；邮票背面有没有撕裂、硬折痕、揭薄、漏胶、背胶不良等现象。

2. 进行平视检查。视线要保持和邮票平面一致，检查邮票有无软折痕。

3. 进行对光检查。将邮票平面对着强光检查，看看有没有微微揭薄（指邮票没有经水浸或浸水不透，便硬将邮票从信上揭下而造成邮票纸张受伤变薄）、针孔和修补痕迹；擦伤、揭薄、圆角（指邮票四角受伤，如角上一个齿短，成为小圆角；一个齿缺或两齿短缺，即成为大圆角）等缺陷。品质差的邮票经过人工修补，不仔细看发现不了，但是一对着光看就一目了然了。

不要用手抓取邮票。用手抓取邮票易使邮票折角断齿，取放应使用镊子。集邮用的镊子尖端要扁平、圆滑、无锈、松紧适度。

好的邮票品相应具备哪些条件

邮票的品相就是指邮票的外貌。虽然有一些家庭收集了很多的邮票，但是没有注意邮票的品相，本来很珍贵的邮票给弄脏了，捏皱了，甚至被揭破了，就失去了保存价值。所以，收藏邮票要学会鉴赏邮票品相，收集时要让它保持完好无损。好的邮票品相包括下列几方面：

1. 画面居中，邮票白边上下左右宽窄得当。

2. 票面整洁，没有破损、斑点、折痕、污迹、皱纹等。

3. 齿孔完整，没有缺角、断齿、缺齿和撕裂。

4. 票背贴胶完好，信销票没有扯薄、揭痕等毛病。

5. 邮票的编号、面值等文字清晰，印色鲜艳。

6. 盖销票印迹整洁、清晰，日戳位置适当，不破坏画面等。

通常是以单枚来衡量邮票品相的，而邮票的发行及设计是以套为单位的，集邮者也多以套为单位来收集，假如其中一枚品相不好，整套邮票的价值都会受到影响。所以，在收藏邮票时，一定要细心鉴别。

如何鉴别邮票真假

可从以下几方面鉴别邮票真假：

1. 看是不是邮票纸。真的邮票纸使用的是邮政部门指定生产厂家的专用涂料，它和普通的胶版纸、铜版纸在色泽上有着很大差异。通过仔细观察纸张表面，就可以辨别出它们的真假。

2. 观察印刷质量。真假邮票最大的区别是，真票有立体感，邮票图案及铭文的墨层凸起，图案清晰，图纹坚实，手感明显，色彩均匀柔和；假票则网点粗大，图案模糊，字体变形，会出现叠色、露色的现象。

3. 观察齿孔。邮票印刷厂的打孔设备有严格的工艺标准，所打齿孔形状规则，光洁圆滑；大多造假者都不具备同等的技术条件，包括齿形、打孔方式与齿孔度数。若工艺上不合格，用眼睛就可以看出齿孔的不规则来。

4. 观察票面的色彩效果。真的邮票色相正，色泽浓艳，而假票由于使用普通油墨胶印，颜色会比较暗淡，色相也不正，还会因为套色不准产生叠色、露红，透过20倍放大镜观察，图纹会显示彩色网点。

5. 观察有没有背胶。假邮票大多没有背胶，有的是在票背上涂上一种半透明的白色涂料，以冒充背胶，但没有黏性。也有的涂刷胶水，因为手法拙劣，连齿孔纸毛也沾上了胶水。

如何预防邮票发霉受损

预防邮票发霉需要注意以下事项：

1. 切记不要在下雨天、梅雨季和伏天整理邮票，因为此时空气湿度比较大，容易使邮票发霉或者产生黄斑。

2. 不要将集邮册平放。平放时，重量的增加会把邮票压出印痕。应立着存放，并保持不松不紧。

3. 邮票插入集邮册时应注意：每套邮票应先套上透明的保护袋；普通集邮册里的邮票如果插一部分露一部分，时间长了，露出的部分会变黄，影响品相；买回来的新集邮册，不要着急插入邮票，因为这种集邮册在生产中不是自然风干的，最好先放3～6个月，彻底干燥后再使用。

4. 不管是新票还是经过漂洗处理的旧票（盖销、信销票）都不要用手指去拿，要使用特制的邮票镊子，以确保邮票的整洁，防止手上有汗迹和脏物污损邮票。

5. 从整张邮票上将单枚邮票撕下时，有齿孔的邮票应该先沿着齿孔直线反复折叠几次，再轻轻地将其撕开。不要用剪刀之类的工具裁剪有齿孔的邮票，防止造成损伤。

6. 暂时存放的邮票也应该将其插入邮票册中。如邮票册上的玻璃纸紧贴册页，不能顺利插进去，也不要用力塞，以免损伤齿孔或者票角。可以先用其他纸张试插，然后掀开一条缝后再把邮票插进去，平整以后再将插页合上。

7. 如需要将有背胶的邮票放入插册内存放，应在插槽里先垫衬一层蜡纸或在带背胶邮票胶面上洒一些滑石粉，也可以将邮票装入“护邮袋”内再插入，以免因天气潮湿邮票背胶熔化粘在插册插页纸上。

8. 邮册要放置在干燥通风的地方，最好立着放，不要相叠着平放，避免相互挤压。要防止潮气浸入，造成邮票产生黄霉斑点。隔十几天，找一个晴朗的天气，把邮册打开成扇形竖立在桌上，每页之间稍留一些空隙，让邮册内的湿气散掉。若让太阳光直接照射邮票，容易造成票面褪色，所以15～20分钟后要将邮册合起来，装入塑料袋中“封”起来，过了“梅雨”季节后再晾一次就可以收藏起来。

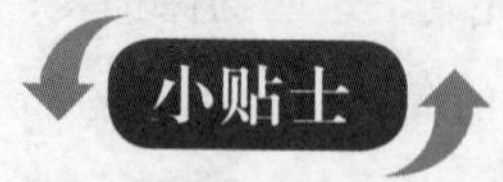

如邮票已经受潮粘牢在邮册插页上，千万不要用手去硬撕，可试用以下方法：

1. 用滑石粉洒在邮票四周，使其渗入邮票背面吸除水份，邮票自然分离。

2. 暂时不管它，等季节干燥后，受潮的胶水自然恢复干燥，再用镊子轻轻撕脱。

如何去除邮票上的污渍

假如收藏的邮票上面出现了污渍，可以按下面介绍的方法来处理:

1. 去除墨渍。如果邮票上面沾了墨水渍，可以将食盐溶于开水中，冷却后把邮票浸入片刻，墨水迹通常就会被消除掉。

2. 去除印泥渍。如果邮票染上了红印泥，可用棉花球蘸汽油轻轻均匀擦拭，即可除去。

3. 去除霉斑。邮票上有了黄色霉斑，可在碗里放一点细盐，把烧开的牛奶倒入盐里溶解。待凉后，将邮票浸泡1小时后取出，再用清水冲干净，霉斑就会被除去。

4. 去除指纹或油印痕迹。如果邮票上有了指纹或者油印痕迹，可用脱脂棉棒蘸少许汽油或酒精轻轻擦拭，需要注意的是，擦一下要换一个棉球，这是为了防止把棉球本身沾上的油迹再粘到邮票上，当痕迹差不多擦干净了，用清水漂洗一下，最后把它放在吸水性好的纸张上吸干即可。

5. 去除油污、蜡迹。邮票上若沾染了油或者蜡迹。只要把邮票夹在两张吸水纸中间用电熨斗烫一下，污迹就会被吸附掉。或者将沾染了油渍的邮票，放在平底的浅碟里，倒上点汽油，浸泡5~10分钟后，用镊子轻轻将邮票捞起，放在一张干净纸上，等汽油挥发后，邮票上的油渍也就随之消失了。

哪些连环画有收藏价值

具有收藏价值的连环画有：

1.“文革”期间的连环画。即使那时候的连环画印刷条件不太好，但因为是历史的见证者，存世量越来越少，所以它的收藏价值很可观。

2. 专题连环画。专题收藏的形式有很多，有些按照艺术的表现划分，有的按照题材划分，有的按照作者划分，也有的按出版社区分，还有的专藏同一题材的不同版本。一般来说，专题连环画的市场价值都不错。

3. 全集型。以种类多见长，无论是国家正式出版社印刷，还是单位自行组织印刷的，任何一册都属于这个范围，种类越多越引人关注。

4. 专集套书。由于成套品种内容丰富而且连续性比较强，对研究特定历史时期的文化发展趋势有很大好处，所以专集套书具有很大的收藏价值。

一部好的连环画应该绘画精细，手法娴熟，图中人物、情景、道具均能给人以栩栩如生、呼之欲出之感。

哪些图书版本有收藏价值

以下这些图书版本有收藏价值：

1. 孤本书。世界上仅存一册或者几册的有价值的书籍，往往有很高的收藏价值。

2. 古籍善本。通常来说，年代越久远的图书越有收藏价值，如唐诗、宋词、明清小说等老版本。

3. 精印本。指精装印刷本或特殊印刷本。

4. 未裁本。指边缘不曾为装订工具裁剪的书籍，也叫做毛装本或毛边本。

5. 港台原版本。台港文史类的原版本，因印刷精美而备受大陆收藏者喜爱。

6. 签名本。有一些书出于名家之手，或者名人在扉页上留言签名，收藏价值也高。

7. 发行背景特殊的版本。比如，“文革”期间印刷的“红宝书”和“小人书”是很受欢迎的收藏图书。

哪些人民币有收藏价值

人民币也是有收藏价值的，是人们收藏货币的一种。新中国成立之前的第一套人民币，从1万元到5万元，12个面额计62个种类，整套转让价已经高达数万元，其中5万元券由于设计问题没有发行，单张的价格也是特别昂贵。

从我国1948年12月1日成立“中国人民银行”起，迄今为止共发行五套人民币。1955年发行含银含金流通硬币，1957年12月1日研制并发行铝合金硬币。还有含上百种金、银、铜、镍等不同质地的纪念币。这些人民币都有收藏价值。

第一套纸币有12种面额，60种版面，同币值销票多，纸质差，容易作假。

第二套纸币从1955年开始发行，以中国革命圣地为主图。共有 11种面额，13种版面。因为被香港以及台湾收藏界看好，这套纸币的收藏价值很大。

第三套人民币从 1962年 4月起陆续发行。版别有 1960年的 1角、2角、1元、5元 4种，1962年的 1角（背绿）、1角（背褐）、2角3种，1965年版的 10元 1种，1972年的 5角 1种，一共有 7种面额，9种版面。这套人民币首次采用国产钞票水印纸，刚开始发行就受到人们的喜爱，其中的5元券被国际钞票界誉为“世界纸币精品”。

人们比较熟悉第四套和第五套纸币，第四套纸币国家已经在逐步回收。

收藏古币应注意什么

一些古币的市场价位非常高，收藏的人也很多。在收藏古币的时候，需要认真考察以下几个方面：

1. 看年代。很多钱币的年代，通过钱文就能看出来。

2. 观察外形。我国最早的铸造钱币是春秋时期的“布” 和“刀”，“布”的形状如同农具铲子，“刀”的形状好像兵器朴刀，自秦朝以后钱币被统一为圆形方孔钱。钱币的主要功能在于流通和商品交换。古代有些马鞍钱、荚形钱、藕心钱、佩物钱、供养钱、僧道符录钱等，虽然也称之为“钱”，但由于不具备商品的交换功能，外形上与古代钱币也有区别，所以并不是真正意义上的“钱”。

3. 去伪存真。

（1）伪币多数是后世补铸的，其锈色多数是用盐卤浸仿而成，只要用舌尖一舔就能知道。

（2）伪币文字锈色深浅不均，有些新铸的伪币锈色发白，字画不坚实，用醋或杏干水擦拭，锈色就会脱落。

（3）伪币边缘和穿口往往留有翻铸痕迹。

（4）古代铸币所用的铜，多为红铜，铜内含有金银成分，质地非常细润。如果铜质粗糙，则多为伪币。

（5）古钱币上的文字都出自皇帝或者名家之手，都有不同的特定风格，这是模仿不了的。即使用旧钱翻印，其文字神韵也会大为逊色。

4. 选优淘劣。主要观察币体是否完整无缺，文字是不是整洁清晰，铜质是否湿润坚重，手感是否沉实牢固，锈色有没有古色古香的美。

如何收藏参观门券

我国历史悠久，山水名胜非常多，当我们游览名山、探索历史名胜古迹之后，大多都会收获一枚枚设计精巧、构图优美的参观门券。

全国各地的参观门券形式各异，五彩缤纷。有像报纸那样大的，也有像邮票那样小的，其中有很多迷人的摄影佳作，有龙飞凤舞的书法题字；有构思精巧的立体图片，还有古色古香的工艺小品，种类非常丰富。

收藏参观门券的渠道主要有：

1. 自己在参观游览时所得到的。

2. 可以联系各地的旅游景点，邮购门券样品。

3. 请全国各地亲友帮助收集。

4. 参加各种联谊活动，广泛交友，相互交换。

虽然参观门券已经收集到手了，但是我们还要按照一定的标准编排成册、分类保存，以方便查找。

为了使其更加丰富和有价值，参观门券可以和旅游地图、旅游书籍、景点史料等相关资料结合成册。借以帮助我们了解历史、开阔视野，丰富社会、地理、园林、建筑、艺术审美等各方面的知识。

法律篇

第一节　家庭婚姻

夫妻个人财产和共同财产如何界定

在夫妻双方没有财产协议的前提下，下列财产属于夫妻个人财产：

（一）一方的婚前财产，不管双方在一起生活多少年；（二）一方因身体受到伤害而获得的医药费、残疾补助费等；遗嘱中明确规定只属于夫妻一方的财产；（三）明确规定只赠与夫妻一方的财产；（四）独属一方专用的生活物品；（五）其他应当归夫妻一方的财产，如军人的医药生活补助、伤亡保险金、伤残补助金；一方从事职业、工作和业余学习、兴趣、爱好等专用财产；一方具有人身性质的补助金、人身保险金、伤残补助金、医疗费、保健费等；一方在社会贡献中所得的荣誉奖品、奖章等；另外，双方约定为个人所拥有的财产。

在夫妻双方没有财产协议的前提下，下列财产属于夫妻共同财产：

（一）夫妻双方的工资和奖金；（二）来自生产、经营所得；（三）来自著作权、专利权、商标权等知识产权方面的收益；（四）继承的遗产（但遗嘱规定只留给夫妻一方的财产除外）或受赠的财产（赠与人明确赠与夫妻一方的除外）；（五）军人名下的复员费、自主择业费等一次性费用的，以夫妻婚姻关系存续年限乘以年平均值的所得额；（六）一方以个人财产投资取得的收益；（七）双方已经得到或者应该得到的住房补贴、住房公积金；（八）双方已经得到或者应该得到的养老保险金及破产安置费等。

夫妻对共同财产如何处理

法律规定，对双方共同的财产，夫妻拥有平等的处理权。具体的规定是这样的：双方拥有完全平等的权利，因日常生活需要而处理夫妻共同财产的，任何一方均有权决定；非因日常生活需要对夫妻共同财产做重要处理决定，夫妻双方应当平等协商，取得一致意见；即使夫或妻一方对财产的处理行为未经与另一方协商，如果第三方有足够的理由相信该处理是双方协商的结果，该处理行为也是有效的，这项规定是为了保障第三方的利益。

夫妻对约定财产如何处理

夫妻双方约定的财产范围很广泛，既包括对婚姻关系存续期间的财产做出的约定，也包括对双方的婚前财产做出的约定。但是不包括对国家、集体及他人的财产所有权进行约定，因为这超出了对婚姻财产约定的范畴。

双方一方面可以约定双方的财产为双方所共同所有，另一方面也可以约定各自的收入归各自所有；既可以约定双方财产中的一部分为双方所有，一部分归各自所有，也可以约定一方财产的一部分归另一方所有。也就是说，双方对财产进行各种形式的所有权约定都在法律允许的范围内。

双方订立了财产约定后，如果双方因某种原因离婚，双方的财产约定依然有效，若一方不承认，另一方完全可以拿着书面合同去法院起诉，要求法院根据合同约定来判决具体财产的归属。通常，法院在查明该财产约定是双方真实的意思表述，并且没有损害第三人利益，往往会根据该约定做出与约定相符的判决。由此可见，本质上，夫妻双方关于财产的约定与一般合同没有什么不同，一方违约，另一方有权要求对方履约。

在时间上，夫妻双方约定财产既可以在婚前，也可以在婚后，还可以对已经约定的财产根据夫妻双方的意愿重新约定，没有严格的时间规定。

如何提出离婚损害赔偿

在审理离婚案件时，人民法院往往会通过书面告知当事人，当事人任何一方享有要求离婚损害赔偿的权利。若原告为离婚诉讼中的无过错方，那么他要在离婚诉讼的同时提出离婚损害赔偿。若被告为该离婚诉讼中的无过错方，但是他既不同意离婚，也没有提起离婚损害赔偿要求，可以在离婚后一年内就此单独提起诉讼。若该无过错方是离婚诉讼中的被告，虽然在一审的时候没有提出离婚损害赔偿请求，但是在二审却提出来了，人民法院要就此进行调解，调解没有成功的话，当事人可在离婚后一年内另行起诉。

离婚损害赔偿的范围有哪些

离婚损害赔偿的范围包括两方面，一方面是财产损害赔偿，另一方面是精神损害赔偿，精神损害赔偿是法律的新规定，主要是为了抚慰无过错一方的精神，对其精神损失进行弥补。以往我国法律对精神损害赔偿一直采取模糊的态度，现在的法律明确了这一点，显然，这对无过错一方是更有利的。

那么，离婚损害赔偿可以在什么情况下提出来呢？首先有一点很明确，那就是只有在离婚的时候，无过错方才能基于特定原因提出这一要求。这里指的特定的原因包括：重婚的；有配偶者与他人同居的；实施家庭暴力的；虐待、遗弃家庭成员的。如果对方仅仅是和他人偶尔发生婚外性行为，另一方在离婚的时候是不能要求离婚损害赔偿的。

若双方决定继续维持婚姻，双方都没有权利主张损害赔偿。

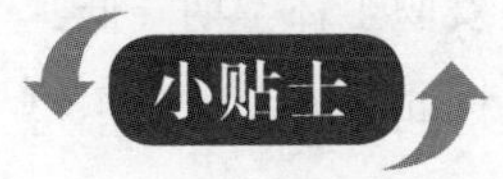

我国现行法律规定，不支持婚内损害赔偿，包括，不支持既不起诉离婚同时又单独提起婚姻损害赔偿，另外，不支持对判决不准离婚案件的当事人的婚姻损害赔偿请求。

结婚证或离婚证遗失怎么办

结婚证、离婚证是证明双方是否有婚姻关系的最有力的证据。若证件遗失或者损毁，当事人可以拿着户口簿、身份证向原办理婚姻登记的机关或者一方当事人常住户口所在地的婚姻登记机关申请补领。《婚姻法》规定："婚姻登记管理机关对当事人出具婚姻关系证明的申请进行审查，并根据当事人的婚姻登记档案，为遗失或者损毁结婚证的当事人出具夫妻关系证明书。为遗失或者损毁离婚证的当事人出具解除夫妻关系证明书。"夫妻关系证明书、解除夫妻关系证明书，与结婚证、离婚证具有同等的法律效力。

结婚证的补办不必非要当事人亲自去，可以委托他人办理，但应当提交经公证机关公证的当事人的身份证件复印件和委托书，委托书上要写明当事人办理婚姻登记的时间及承办机关、目前的婚姻状况、委托事由、受托人的姓名和身份证件号码。受托人要提交本人的身份证件。若婚姻登记档案丢失，当事人要提交能够证明其婚姻状况的证明。

在职孕妇应得到哪些特殊待遇

国家从法律层面上给予了怀孕妇女周全的保护，在劳动保护方面有着详细规定，主要有：用人单位不得在女职工怀孕期降低其基本工资，或者解除劳动合同；女职工在怀孕期间，所在单位不得安排其从事国家规定的第三级体力劳动强度的劳动和孕期禁忌从事的劳动，不得在正常劳动日以外延长劳动时间；对不能胜任原劳动的，应当根据医务部门的证明，予以减轻劳动量或者安排其他劳动；怀孕 7个月以上（含 7个月 ）的女职工，一般不得安排其从事夜班劳动；在劳动时间内应当安排一定的休息时间。怀孕的女职工，在劳动时间内进行产前检查，应当算作劳动时间。

哺乳期女性应得到哪些特殊待遇

我国现行法律固定，女职工在哺乳期内，所在单位不得安排其从事国家规定的第三级体力劳动强度和哺乳期禁忌从事的劳动，不得延长其劳动时间，一般不得安排其从事夜班劳动。有不满 1周岁婴儿的女职工，其所在单位应当在每班劳动时间内给予其两次哺乳（含人工喂养）时间，每次30分钟。多胞胎生育的，每多哺乳一个婴儿，每次哺乳时间增加 30分钟。女职工每班劳动时间内的两次哺乳时间，可以合并使用。哺乳时间和在本单位内哺乳往返途中的时间，算作劳动时间。此外，用人单位决不可以在女职工哺乳期降低基本工资，或者解除劳动合同。另外，法律规定，女职工产假为90天，其中产前休假 15天。难产的，增加产假 15天。多胞胎生育的，每多生育一个婴儿，增加产假 15天。

哺乳期离婚子女随母亲还是随父亲生活，通常是根据“有利于子女健康成长”的原则来决定。《婚姻法》第三十六条第三款规定：“离婚后，哺乳期内的子女，以随哺乳的母亲抚养为原则。哺乳期后的子女，如双方因抚养问题发生争执不能达成协议时，由人民法院根据子女的利益和双方的具体情况判决。”

第二节　消费赔偿

消费者有哪些受保护的权益

法律规定，消费者的权益受到损害，有权要求维护自己的合法权益。那么，消费者到底有哪些受法律保护的权益?《消费者权益保护法》规定消费者依法享有以下9项权利：

1. 安全权。消费者在购买、使用商品和接受服务时享有人身、财产安全不受损害的权利。

2. 知情权。消费者享有知悉购买、使用的商品或者接受的服务的真实情况的权利。

3. 选择权。消费者享有自主选择商品或者服务的权利。

4. 公平交易权。消费者在购买商品或接受服务时，有权获得质量保障、价格合理、计量正确等公平交易条件，有权拒绝经营者的强制交易行为。

5. 求偿权。消费者因购买、使用商品或者接受服务受到人身、财产损害时，享有依法获得赔偿的权利。

6. 结社权。消费者享有依法成立维护自身合法权益的社会团体的权利。

7. 获取知识权。消费者享有获得有关消费和消费者权益保护方面的知识的权利。

8. 受尊重权。消费者在购买、使用商品和接受服务时，享有其人格尊严、民族风俗习惯得到尊重的权利。

9. 监督权。消费者享有对商品和服务以及保护消费者权益工作进行监督的权利。有权检举、控告侵害消费者权益的行为，有权对保护消费者权益工作提出批评、建议。

消费者应了解哪些投诉问题

消费者有投诉保护自身权益的权利，但事先需要了解以下投诉问题：

1. 投诉的范围。消费者购买的生活消费品的质量、价格、安全、卫生、计量，以及服务的质量、服务价格（各娱乐场所、教育、医疗、维修等行业的收费等），均在消费者投诉的范围内。

2. 投诉的途径。投诉前，消费者最好先向商家或厂家反映自身权益受侵害的问题。由于大多数商家、厂家并不希望一些质量和服务问题影响自己的形象，往往会妥善处理，所以最好先就近解决，这样一来问题解决快，二来避免事情扩大化。如果反映没有效果，可根据受损情况向消费者协会投诉或向当地工商行政管理、物价、标准计量等部门或商店的上级主管部门反映，请求出面处理问题。

3. 投诉的时间。在发现自身权益受损或者其他问题先向厂家、商家反映后，没有得到合理的解决，就要及时投诉，切勿拖延。时间拖得太长，不利于对商品损坏程度和维修服务中产生的问题的判断，很难对问题定性，更会导致超过“三包期”。如果真是这样，必然让问题变得复杂，不利于问题的解决。

4. 投诉的要求。投诉不能要求过分，更不能无理取闹，无论是要求退、换、修，还是要求赔偿损失，都应合理合法。反之，容易让问题扩大化、复杂化，甚至会导致投诉失败。

5. 投诉的材料。投诉要有材料，投诉材料一定要把投诉的内容以及投诉原因、本人姓名等一一写明。购物地址、购买商品日期、品名、牌号规格应准确。质量、价格、数量、生产及销售单位的名称也要尽量详细确切。若受理单位没有提出要求，投诉时可以不用携带实物。另外，无论是投诉商品质量问题，还是服务问题，都应提供购货发票或服务收费发票，有的还需要有相关部门的鉴定。双方提交的文字材料，都是投诉成败的关键所在。

6. 投诉注意事项。通常，投诉采取就近原则，就是如果当地消费者协会能够处理的，就先到消费者协会投诉，要求处理，这样处理问题方便及时。

若是消费者自己造成商品损害或是消费者不合理要求，对此类的诉讼，消费者协会可以不予受理；若购买商品是用于生产、销售之目的，个人之间私下交易以及提出与被投诉者的名称和地址不详的，消费者协会也有权不予受理。

受到哪些损害时消费者可以要求索赔或补偿

消费者有权维护自己的合法权益，当自身权益受到损害时，可以向商家索赔或申请补偿。一般来说，消费者受到下列损害时，可及时如实向有关部门反映和投诉，提出索赔或要求补偿：

1. 购买到假冒伪劣商品。通常包括不合质量标准、卫生标准、计量标准的商品；掺假使假的商品；冒牌商品；标志、说明不全、有误或夸张的商品。

2. 受诱骗而受损。如预售商品收款却不交货，或者拖延交货时间、商品与样品不一致，捆绑销售，利用刊登虚假邮购商品广告和有奖销售方式诱售的假冒伪劣产品等。

3. 有偿服务使其受损。如商品维修质量差，卫生、旅游、通信、教育等服务质量差、乱收费等。

4. 有偿获得的精神享受受损害。如在文化娱乐方面，消费者花了钱却受到一些低级趣味和不健康的东西的影响而受到的损害。

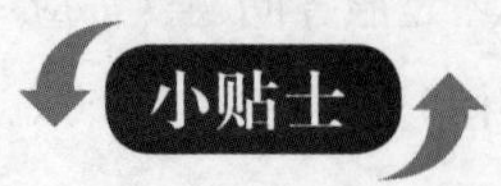

因商品质量差造成人身、财产损害的，消费者可以向销售者要求赔偿，也可以向生产者要求赔偿。而生产者或销售者在向消费者

履行赔偿义务后有权向造成损害的责任者追偿。

没有购物发票如何索赔

购物发票是购物的原始凭证，是证明消费者购买或享用某商品或服务的凭证，也是消费者向有关部门投诉的主要依据。我国《消费者权益保护法》第二十一条规定，经营者提供商品或服务，应当按照国家有关规定或者商业惯例，向消费者出具购物凭证或者服务单据；消费者索要购物凭证或者服务单据的，经营者必须出具。

若发票丢失或者经营者欺骗消费者不开发票，一旦发生产品质量问题无疑会让消费者的投诉变得困难，但是，困难并不等于不能索赔。

消费者与经营者无法达成协议后，可向本人所在地的消费者协会或经营者所在地的消费者协会投诉。投诉可以采取口头方式，也可以采取书面方式，还可以网上投诉。可以致电消费投诉电话12315，早上9点到晚上9点人工服务、晚上9点到第二天早上9点录音投诉。

投诉时注意要把投诉人的姓名、地址、邮政编码和被投诉单位或个人的名称、地址、受损害事实以及所购产品的名称、规格、数量、价格、生产单位和交涉经过等内容写清或讲清。在协会没有要求的情况下，不要寄票证、单据及实物，避免丢失证据。

通常，在接到消费者投诉之日起10日内，消费者协会会做出是否受理的决定并就决定说明理由，没有正当理由，消费者协会一般不得拒绝受理消费者投诉。如消费者的权益受到的损害比较严重，需要向人民法院起诉的，消费者协会有义务无偿提供帮助。

防伪标志有哪些识别窍门

防伪标志是具有防伪作用的标识。目前国内有防伪标志的产品有几百种。作为消费者，要具备正确识别这些防伪标志的能力，这样才可能有效保护自己的权益不受损害。

防伪标志一般有以下几种识别方法：

1. 温变型防伪标志的识别。防伪标志受热后，颜色会发生变化。一般受热颜变的部分是该产品商标上某个部分，用火熏或烟头烫一下，其图案的颜色就变得和本色不相同。

2. 萤火型防伪标志的识别。通过专用的防伪鉴别灯一照，该类型防伪标志就会发亮，而且发亮的部分会有一个较为清晰的特定标志。

3. 激光全息型防伪标志的识别。将国家或人物从不同角度拍照再叠加处理，会产生不同颜色的效应。

4. 隐形技术防伪标志的识别。这类型防伪标志在太阳光或聚光电筒的照射下会反射出一种图案。

如何认定假冒伪劣商品

通常情况下，有这些特征的商品可认定其为假冒伪劣商品：

1. 腐烂变质、过期失效的商品。

2. 不符合安全、卫生标准的商品。

3. 用不允许的原材料、零部件生产或组装的商品。

4. 名称与质地不相符，以假充真的商品。

5. 没有按照规定标明生产地、企业名称、企业地址和其他应列项目的商品。

6. 仿冒他人商标和企业的名称的商品。

7. 国家已不允许上市流通的商品。

8. 掺杂使假，以次充好或以不合格冒充合格品的商品。

9. 没有按照相关规定标明商品规格、等级、主要技术指标或成分含量的商品。

10. 生产、经销剧毒、易燃、易爆等危险品而未标明有关标志或未按规定提供使用说明的商品。

11. 限期使用的商品却不标明或未如实标明生产日期和失效时间的商品。

12. 其他不符合国家有关质量、安全、卫生、计量等标准的商品

小贴士

商标是品牌或品牌的一部分在政府相关部门依法注册的标识。商标受法律的保护，注册者有专用权。真品商标纸质好，文字图案清晰，色泽鲜艳、印刷美观，精细考究，纯正、光亮。而假冒商标是假冒真品的商标，往往纸质较差，印刷粗糙，图案、造型不协调，线条、花纹、笔画模糊，颜色不正，灰暗，且无防伪标记。

第三节　财产纠纷

家庭立遗嘱有哪些方式和要求

我国家庭立遗嘱通常有以下五种形式和要求：

1. 公证遗嘱。由遗嘱人经公证机关办理。

2. 录音遗嘱。以录音形式立的遗嘱，应当有两个以上见证人在场见证。

3. 口头遗嘱。遗嘱人在危急情况下，可以立口头遗嘱。口头遗嘱应当有两个以上见证人在场见证。

4. 自书遗嘱。自书遗嘱由遗嘱人亲笔书写、签名、注明年月日。（遗书中涉及死后个人财产内容，确为死者真实意思，有本人签名并注明年月日，又无相反证据的，可按自书遗嘱对待。）

5. 代书遗嘱。代书遗嘱应有两个以上见证人在场见证，由其中一人代书，注明年月日，并由代书人、其他见证人和遗嘱人签名。

遗嘱可以撤销、变更，如撤销、变更原遗嘱，通常采用原来立遗嘱的方式，只要符合法律规定的方式和要求就可以了。如果原遗嘱经过公证，需要撤销或变更，必须要向公证机关提出申请，由公证机关遵照法律程序办理。

哪些遗嘱有法律效力

继承法规定遗嘱人在立遗嘱时必须要具备遗嘱能力。遗嘱能力是指完全行为能力人具有的订立遗嘱的行为能力。无行为能力人所立的遗嘱，即使后来本人有了行为能力，之前所离得遗嘱仍为无效遗嘱。遗嘱内容必须与立遗嘱之人处理遗产的内心意愿保持一致，否则即不具备法律行为的有效条件。伪造的遗嘱无效；遗嘱被篡改的，篡改的内容无效。

《继承法》规定："遗嘱应当对缺乏劳动能力又没有生活来源的继承人保留必要的遗产份额。"所以，凡是取消这种继承人继承权的遗嘱，也是没有法律效力的。

遗嘱是是指遗嘱人在法律允许的范围内，按照法律规定的方式对其遗产或其他事务所作的个人处理，并于创立遗嘱人死亡时发生效力的法律行为。对他人所有的财产，遗嘱人没有权力处理。遗嘱内容不得违反社会公德和公共利益。若遗嘱人的遗嘱违反社会公德或公共利益的，其遗嘱是不具备法律效力的。

遗嘱执行人有哪些职责

如果遗嘱人没有指定执行人，则全体继承人以平等的地位参与遗嘱的执行；为保障不在继承开始地点的继承人和未成年的继承人的利益，遗嘱人可以委托继承人以外的其他个人或者组织充当遗嘱执行人，负责执行遗嘱；遗嘱执行人通常是遗嘱人所信赖的无利害关系的人。

一般来说，遗嘱执行人要履行以下职责：掌握遗嘱内容；清理遗产，编制遗产清册。管理遗产，其管理费用可在遗产中扣除，或由继承人支付；分割遗产，在清偿被继承人所欠税款和债务后或明确继承人分担被继承人债务后，按遗嘱所指定的份额或数额，将遗产交付继承人。

继承分配有什么规定和原则

我国现行法律对家庭财产的继承分配做了如下规定：

第一顺序继承人先继承，第一顺序继承人为配偶、子女、父母。无第一顺序继承人或第一顺序继承人放弃继承的，由第二顺序继承人继承，第二顺序继承人为兄弟姐妹、祖父母、外祖父母。同一顺序继承人有数人的，遗产份额均等。

若被继承人的子女在被继承人之前死亡，由被继承人的子女的晚辈直系血亲代位继承。这种情况被继承人的子女的晚辈直系血亲只能继承他们父亲或母亲有权继承的遗产份额。胎儿的继承份额要予以保留。如胎儿出生时是死体，保留的份额按法定继承处理。

丧偶儿媳对公婆、丧偶女婿对岳父母尽了主要赡养义务的，应视为第一顺序继承人。对继承人以外的依靠被继承人抚养缺乏劳动能力又没有生活来源的人，或者继承人以外的对被继承人抚养较多的人，可分得适当的遗产。

我国《继承法》规定："无人继承又无人受遗赠的遗产，归国家所有；死者生前是集体所有制组织成员的，归所在集体所有制组织所有。"

离异后家庭债务如何承担

离异后家庭债务情况有两类：一种是夫妻一方的债务，另一种是夫妻共同债务。两种情况要分别对待：

1. 夫妻一方的个人债务。在双方离婚后，债权人只能找借款一方偿还。

2. 夫妻共同债务。有些夫妻为了逃避债务，办理了假离婚，为了保障债权人的利益，法律规定，即使双方的离婚协议中约定此项债务完全由其中一方承担，或者法院已经对夫妻财产分割问题做出裁定，债权人仍然有权力就此共同债务向原夫妻任何一方要求偿还债务，并且原夫妻任何一方都有还清全部借款的义务。当然，为了平衡离婚双方的利益，若一方就共同债务承担了全部责任，可以根据离婚财产协议或者人民法院的判决向另一方追讨债务。

父母对未成年子女有什么义务

父母是未成年子女的法定监护人，对未成年子女负有照顾、教育的义务，具体来说主要有：保护子女的身体健康；照顾子女的生活；管理和保护子女财产；为子女利益合理利用和处分其财产；代理子女进行民事活动；代理子女进行诉讼；子女给他人造成损害的，父母要承担赔偿损害等义务。

理财篇

第一节　储蓄投资

家庭储蓄可选取哪些品种

家庭储蓄通常可考虑以下品种：

1. 活用活期存款。这个储蓄品种比较适合月薪家庭。通常家庭生活支出是陆续的，因此可“量入为储”。如月初发工资，可先将发2/3或半数工资存活期储蓄，中、下旬陆续支用，这样可获得时间差的利息。

2. 整存整取得高息。较长时间内不计划动用的钱可存 1、3、5年期整存整取存款，这类储蓄利息较高。

3. 存本取息两相宜。若手里有一笔数额较大资金，且几年内不准备动用，但是，每月又想取出些利息来用，可选这种储蓄。通常，整存整取储蓄利息没有国库券高，而国库券又不能每月取得利息，这种情况下，亦可选择此种储蓄。选择 5年期的存本取息存款，如把每月所得的利息再存 5年期零存整取储蓄。这样，会取得比同期国库券还高的利息。

4. 通知存款享高息。若手里有一笔数额较大资金，不知道什么时候用，但也不准备长期储蓄，以备不时之需，可选存此种储蓄。

它的优点是随时需要，随时可取，根据实际存期，支付相应档次的利率，它的好处在于既享用了活期存款的方便，又收获了定期存款的丰厚利息，可谓一举两得。

5. 个人大额可转让存单保收益。如手里有一笔资金，预计 3个月到1年内不动用，在这种情况下可选存此种存单。它的优点是，3、6、9个月，一年都可以支取，存期短，利率却超过同期整存整取存款利率。利率档次也多（3、6、9、12个月均可）。如不想提前支取本息，损失利息，也可以转让给他人，享受最大限度的利息。

6. 选择外币。由于外币的存款利率和该货币本国的利率的关系，有些时候某些外币的存款利率会高于人民币。因此，在储蓄时可以了解一下外币的利率情况，如获利超过人民币，可酌情购买。

如何计算储蓄存款利息

存款利息计算的基本公式为：利息=本金×存期×利率。通常情况下，储蓄利息是不计复息的；利息金额通常算到厘位，计到分位，分位以下四舍五入；从元起计息，元以下不计利息。分段计算利息时，各段利息要先保留到厘位，各段相加得出的利息总额计至分位，厘位四舍五入；起息日从存款当日算起，算至取款的前 1天为止，每月按 30天计算。

无论哪种定期储蓄存款，在原定存期内若遇利率调整，不管如何调整，利率均按存单开户日所定利率计算，而不分段计算。如定期存款正好赶上法定节假日到期，造成储户无法按期取款，储户可在节假日前一天办理支取存款，利息按到期支取计算。办理存取款时，储户要提供本人身份证件。各种定期储蓄存款，若提前或逾期支取部分，均按支取日实行的活期存款利率计付利息。

储蓄增息有哪些方法

储蓄增息有以下几种方法：

1. 阶梯存储法。对收入稳定的工薪家庭来说，阶梯存储法是一项比较不错的理财方式，可当作一种中长期投资。比如存储3万元，可分别用1万元存 1~3年期的定期储蓄各一份。一年后到期的1万元，再开一个三年期的存单，以此类推，三年后，存单则全部为三年期，只不过到期的年限不一样，依次间隔一年。这种储蓄方式可使年度储蓄到期额保持等量平衡，一方面遇储蓄利率调整时可灵活应对，另一方面又可享受三年期存款的较高利息。

2. 四分存储法。四分存储法的好处之一是可以减少利息的损失。比如存1万元，可分存成4张定期存单，每张存款额呈梯形状，即将1万元分别存成1000元、2000元、3000元、4000元这4张一年的定期存单。假如一年内需要支取2000元，就只需动用2000元的存单，而不必动用其他存单，避免了动用全部存单而致的利息损失。

3. 组合存储法。组合存储法可以理解为存本取息与零存整取的组合。以存5万元为例，可以先存入存本取息储蓄户，在一个月后，取出第一个月利息，再开设一个零存整取储蓄户，然后将每月的利息存入零存整取储蓄。这样的安排，一方面不仅获得了存本取息的储蓄利息，另一方面，获得的储蓄利息在存入零存整取储蓄后又获得了利息。

4. 12张存单法。12张存单法一个最显著的好处是可以最大限度地发挥储蓄的灵活性，非常适合工薪家庭筹集资金。如家庭每月的固定收入为8000元，可每月拿出3000元用于储蓄，具体是选择一年期限开一张存单，一年后，手中便有了12张存单。在第一笔3000元存单到期时，取出到期本金与利息，和第二笔所存的3000元相加，再存成一年期定期存单。后面的存单依此法处理，手中便时时有 12张存单。如果有需要，可支取到期或近期的存单，而不必动用其他存单，这样就避免了更多利息损失。

通常情况下，存款存期越长，利率越高，所得的利息就越多。如果手中活期存款较多，可采用零存整取的方式，其一年期的年利率要远超过活期利率。

如何减少利息损失

存取款要兼顾到下列这几方面，可减少利息损失：

1. 选择恰当储蓄种类和储蓄期限。储蓄存款有许多品种，比如活期存款、定期存款、存本取息存款、零存整取存款等。定期存款中也有不同分类，通常，种类、期限不同的存款，其存款的利率也是有差别的。一般来说，期限愈长，利率愈高。如果储户选择了利率较高的定期储蓄存款，但是在还没有到期时想动用，那么就属提前支取，而提前支取的存款利息是要按照活期存款利息计算的，这样就会造成损失，因此在选择存款的种类和期限时，一定要根据自身的实际情况认真考虑，避免利息损失。

2. 提前支取部分存款。如果必须要动用还没有到期的定期储蓄存款，若所用款额小于定期储蓄存款额，那么就可采取部分提取存款的方法，这样可减少利息损失。将部分存款提取后，未提取的部分仍可按原存单的存入日期、原利率、原到期日计算利息。依据现行储蓄条例的要求，只有定期储蓄存款，包括通知存款才能办理部分提前支取，其余储蓄品种则不可以。

3. 办理存单质押贷款。在存入一年期以上的定期储蓄存款以后，遇到急事，需全额提前支取定期存款，而用款日期不是很长，或距定期存款到期日很短，这种情况下，可以用原存单作质押，办理小额贷款。这样的好处，一是既满足了对资金的需求，又大大减少了利息损失。

4. 向收益高的资产转移。当储蓄利率较低时，可将部分到期的存款，转投向其他收益较高的资产，比如国债，这样可获得最理想的理财效果。

有哪些省钱的购物方式

现在购物方式多元化，所以，要聪明地选择省钱的购物方式：

1. 批量购物。根据家庭需要，可定期去超市、大卖场批量购物，这样既可获得折扣优惠，同时也节省了多次往返的车费及时间。

2. 活动时买下。这种方式适于购买大件物品或者较贵重物品，平时要多多留意，同时多观察比较不同卖场的价格，等商家搞活动时将前期已看好的物品买下。

3. 在展销会上购买。一般情况下，展览会上的很多商品，价格低于超市和市场同类商品的价格，所以有时间不妨常逛逛展销会，发现合适的就可以买下，长期下来会节省不少钱。

4. 新店开张时买下。通常情况下，新开的店铺会利用开张的时候扩大知名度，吸引住顾客，所以一般在开张时会搞许多优惠活动，因此，在新店开张优惠活动期间，发现合适的物品，不妨买下。

5. 去合适的场所购物。由于各种因素的影响，同一地区，同样的商品，价格也会不同，所以，要去合适的场所购物。通常，买电子产品，去专柜买要比大卖场买要优惠。日用品，通常，大型卖场要比普通日用品店售价贵些。

6. 尽量在周末购物。虽然周末购物人多，但商家为招徕更多顾客，往往选择在周末推出多种酬宾活动，如买二送一、满88抽奖的活动或其他优惠。大部分快到保存期限的商品都会降价销售，也会有一部分商品属于单纯的促销。

7. 做到货比三家。由于多种因素的影响，同样商品在不同购物平台的价格往往不一致。因此购物不妨多看几家，货比三家，仔细比较后再买，做到物美价廉。

8. 谨防“杀熟”。有的店主抓住熟人不好意思讨价还价的心理，开的价都比较高，这就是所谓的“杀熟”。而去不熟悉的店购物就完全没有这些心理障碍了，感到价格不满意就可以大胆砍价。

9. 购买反季节商品。夏天买冬装，冬天买夏装，就是反季节购物。这种消费方式可以节省下来不少钱。

10. 购买换季产品。同购买反季节商品类似，有些商品属于季节性的，当换季时，商家为避免产品积压，回笼资金，往往采取降价销售的方式。

网上购物与传统购物相比，具有很多优势。但是，同时，也存在不容忽视的不足之处，因此，网上购物要多加注意。

家庭投资可以采取哪些方式

通常情况下，家庭可根据实际情况，采取以下几种投资方式：

1. 投资楼市。通常，地段好、品相好的楼市有升值空间。只要在楼价下跌到底部时买进，等价格上涨时出售，自然就会获得丰厚的投资回报。期间，可租与他人，收取租金，等价格上涨较大时再售出。

2. 收藏邮币卡、艺术品。邮币卡、艺术品既有收藏价值，又有投资升值空间，是一种既可满足收藏爱好，又可赚钱的新型投资理财方式。只要选好品种，在低位买进，科学保管，升值是早晚的事。

3. 投资基金。证券投资基金由专业人士操作，常采用组合投资，风险较小，但收益稳定。它很适合那些时间紧张、精力有限、又无专业炒股知识的广大中小投资者购买。一旦选对了基金，获利空间也是比较大的。

4. 投资股票。股票投资是一项有风险的投资，它风险较高，但变现力强，极富挑战性。通常情况下，具有较强的行业分析、公司基本面分析和技术分析能力的投资者，在股票市场能获得较高的投资收益。一般家庭应谨慎参与。

5. 投资债券。债券，特别是国债、建设公债，虽有风险，但很小，本金安全，收益稳定，不会像股票投资那样风险高，比较适合稳健型的投资者。

使用银行卡要注意哪些事

使用银行卡的注意事项如下：

1. 在申请到银行卡后，要当场检查密码信封，若发现信封被打开过则应要求更换。另外，要马上修改密码，密码不宜用易被猜到的电话号码、生日等。

2. 要保护好密码和卡号。要注意对密码和卡号的保护，因犯罪分子只要知道密码和卡号，即可利用高科技盗取现金。ATM机上的回单也不可随意丢掉，防止被犯罪分子利用。

3. 不要将身份证与信用卡一起存放，以防同时丢失或者被盗。因有身份证无密码也可以将款提走，所以，要保存好身份证，不可轻易借人。

4. 不要将银行卡与磁性物体放在一起，避免银行卡被消磁。

5. 在使用ATM机存取款时，要认真观察 ATM机上是否有摄像头等多余“装置”，防止密码被偷拍。另外，“吃卡”及卡丢失后要及时挂失，及时更改密码。

6. 对“紧急通知”和“公告”要认真核查，以防受骗。

7. 在公共场所消费时，要注意对银行卡卡号和密码以及二维码的保护，避免被盗取、盗刷。另外，输入密码后观察消费单是否正常打印出来，还有，注意只在一张 POS单上签字。

投资流通纪念币有哪些技巧

流通纪念币的铸造有特定的时限，且发行量少，同时设计铸作精美，因此具有较高的收藏价值。投资流通纪念币通常要兼顾下列方法和技巧：

1. 投资发行量较小的流通纪念币。决定纪念币是否具有投资价值的重要因素之一是发行量的多少，纪念币的量与价总体上呈反比关系，即发行量少，价格就高，发行量多，价格就低。

2. 投资题材独特的流通纪念币。如投资世乒赛金银币、香港回归祖国金银币等。

3. 涨幅过大的流通纪念币不要轻易投资。涨幅过大的纪念币由于市场空间小，其市场需求远低于实际存世量，而且过高的涨幅将其今后若干年的上升空间全部封死，因此，投资这类流通纪念币有很大的风险，不要轻易投资。

4. 经过狂炒回落的纪念币不宜投资。因为在高位涌现了大量的被套住的投资者，以后其价格一旦上涨，这些被套住的投资者就会在很短的时间内将这些收藏品抛售，再度炒作的可能性很小。

如何辨识真假人民币

真假人民币鱼目混珠，扰乱市场，辨别方法如下：

1. 看水印。10元以上的人民币可以看到人头像或花卉水印。

2. 看安全线。第五套人民币 1999版 50元、100元钞票在币面左侧有一条清晰的直线。假币水印一般是浅色油墨印盖在纸币的正面或背面，或在夹层中涂上白色糊状物，再在上面压盖水印印模。真币的水印清晰，立体感强，生动传神，而假币水印多为线条组成，立体感很差。

3. 摸凸凹感。 真币5元以上面额采用的是凹版印刷，线条形成凸出纸面的油墨道，尤其在盲文点、“中国人民银行” 字样等处有较为明显的凹凸感。假币通常使用胶版印刷，平滑，凹凸感很差。

4. 听声音。用来印刷人民币的纸张是特制纸，结实挺括，新印出来的钞票用手指弹动会发出很清脆的响声。 而假币纸张发软、偏薄，用手指弹，不会发出清脆的声音，而是发闷，更经不起揉折。

5. 测荧光反应。用仪器进行荧光检测，人民币纸张没有经过荧光漂白，因此在荧光灯下不会发生荧光反应，纸张发暗。而假币纸张多数要经过漂白，在荧光灯下有比较明显的荧光反应，纸张发白发亮。真人民币上有几处荧光文字，呈淡黄色，而假人民币荧光文字光泽色彩不正，多为惨白色。

第二节　家庭保险

家庭选择保险公司有哪些窍门

家庭在购买保险时，由于缺乏专业知识，常常会有诸多疑问，最大的一个问题是不知该如何选择保险公司，实际上，选择保险公司可遵照以下基本原则进行：

1. 看保险公司的偿付能力。简单说，支付保险金的能力即为保险公司的偿付能力，表现为实际资产减去实际负债后的数额。保险公司的偿付能力是决定该公司经营的核心因素。偿付能力好，保险公司就可以保证在发生保险事故的情况下，有足够的资金向被保险人支付保险金，保证保险公司的运营发展，相反，就无法提供应支付的保险金。

影响保险公司偿付能力的因素主要有：

（1）资本金、准备金和公积金。保险公司的资本金、准备金和公积金的数额多少直接决定了保险公司的偿付能力。

（2）业务规模。保险公司的业务规模指的是保险公司的业务范围和业务总量。

（3）保险费率。保险费率是保险的价格，也是保险公司收取保险费的依据。

这三方面是决定保险公司偿付能力的主要因素。除了这三项因素外，保险资金的运用、再保险业务等情况也会影响到公司的偿付能力。

2. 看合同条款是否适合自己。虽然保险合同的基本款项原则上是大同小异的，但不同的保险公司其合同条款还是有较大差别的。因此，投保人一定要清楚所购买的保险是否能够满足自己的需要。

3. 看理赔实践的情况。理赔实践是投保人了解一个保险公司的一个重要方面。在购买保险之前，投保人可以从以下几个渠道获取有关公司理赔实践的信息：

（1）向保险公司的管理部门咨询该公司受投保人投诉实情。

（2）从相关的咨询平台上收集该公司有关理赔实践的文章和报道。

（3）从保险代理人和经纪人那里获取保险公司过去的理赔情况。

4. 看承保能力的大小。虽然在大多数情况下，只有符合某些规定的条件的投保人才能被保险公司接受为消费者，这个过程也就是保险公司业务承保的过程。对保险公司来说，面临如下三种抉择：接受投保；拒绝投保；接受投保，但要做出一些变动。对投保人来说，投保时最好能了解保险公司的承保能力有多大，以决定是否投保。

5. 查看售后服务的情况。通常，投保人需要的服务大致来自四个方面，即确定保险需求方面的帮助；选择保险项目方面的帮助；预防损失方面的帮助以及索赔方面的帮助。在保险公司的选择上，要从两个方面注意其服务质量和数量：一是从保险公司代理人那里所能获得的服务；一是从保险公司那里所能获得的服务。这两方面可以看出保险公司售后服务是否到位。

保险属于一种合同行为，即通过签订保险合同，明确双方当事人的权利与义务。被保险人缴纳保费获取保险合同规定范围内的赔偿，而保险人则有收受保费的权利和提供赔偿的义务。

家庭财产投保要注意哪些事项

家庭财产投保要注意以下事项：

1. 要清楚保险对象和保险责任的范畴。保险公司可承保包括个人拥有产权的房屋（包括附属设备）、家用电器、家具、服装、生活用品等。不包括金银制品、古董、邮票、钱币、货币、存折、股票、字画及无法估算价值的其他物品。另外，电器自身故障或被保险人自身行为所致、虫蛀、霉烂、变质造成的人为财产损失，保险公司也不予承保。

2. 要清楚险种的保险期限。通常情况下，普通家庭财产险的保险期限为一年，中途不退保、不退费；长效家庭财产险的保险期限最短 5年，如果被保险人不退保，则保险单一直有效，并可继承，但需办理批改手续。

3. 要足额投保。因为保险公司理赔时是在保险金额范围内进行赔偿的。若不足额投保，如果发生事故造成损失，保险公司不会对超出投保额的部分履行赔偿责任。另外，投保人的财产增加后，要及时加保，以确保足额投保。

4. 要向保险公司如实告知保险财产的存放地点、状况以及被保险人、受益人的相关情况。在承保有效期内，如果被保险人、受益人名称以及被保险财产存放地点、保险财产所有权、占有性质、危险程度等情况发生了变化，都要及时通知保险公司，如没有及时告知，发生损失后，保险公司将不会给予理赔。

5. 如在保险期内发生了失窃、火灾、暴力等保险责任内的灾害或事故，在可能的条件下要尽量履行挽救义务，以减少损失。如果因自己防范不当而导致的损失，保险公司有理由、有权利不予理赔。

在损失发生后要24小时内到投保的财险公司报案，请保险公司来人查勘。勘查中，要认真清点物品、核算损失。在申请赔偿时，应提供保险单及投保家庭财产险的发票和损失清单，并到公安机关、本单位、居民委员会等有关部门开具相关证明，以促使赔付工作顺利开展，尽早得到合理赔付。

老年人适合买什么保险

目前市场上的老年险，有三类：一类是医疗保险；一类是意外伤害保险；另外一类是寿险。在选择保险产品前，投保人首先要确定自己更侧重于解决哪方面的问题，是意外风险、生病医药费，还是安度晚年的养老险。

老年人患病的可能性要超过其他群体。在社会医疗保障体系还不十分完善的情况下，需要通过商业医疗保险来弥补不足，因此老年人在考虑购买保险时首先要考虑的应该是医疗保险。此外，老年人遭受意外伤害的概率也要超过其他群体，如交通事故、意外跌伤等，老年人受伤害的几率和程度往往更多、更大，因此意外伤害保险也应该成为老年人优先考虑的投保的险种。

在这三类保险中，寿险是最靠后的选择，寿险包括死亡险、生存险和生死合险，不包括健康险。很多老年人已经退休，通常不需要再照顾子女、父母，也多半没有了房贷等负担，所以不需要死亡险的保障。至于生存险的购买，正确的做法是年轻时买，老时享用。

医疗篇

第一节　日常保健

怎样选择牙刷

牙刷首选软毛保健牙刷。因为这种牙刷对牙龈不会造成损伤，有效保护牙龈硬组织。

牙刷的刷头不宜过大，一般长度不要超过35毫米，宽度不要超过13毫米，毛束以2～4排为宜。因为毛束多的牙刷在口腔内转动不灵，口腔后部的牙齿不容易被刷到。

由于毛束多而密、每排一样齐或外形为半月形的牙刷不容易刷到牙缝间隙和牙齿的裂沟处，达不到洁齿目的，还容易损伤牙龈，因此，不宜选择。

如何正确刷牙

经常刷牙既能有效保持口腔的清洁卫生，预防龋齿及牙周病的发生，还可以增强牙周血液循环，增大牙周组织的抵抗力。但是，它有一个前提条件，那就是刷牙的方法一定要正确，若不然不但达不到上述目的，可能还会产生不良后果。

牙齿在牙槽骨内竖立，横排成弓形，齿与齿之间即为牙缝，而食物残渣是最容易嵌塞和滞留在牙缝的。因此，刷牙竖刷为好，而不宜横刷。拉锯式的横刷不容易把牙缝里的嵌塞物清除干净，时间长了牙缝里的嵌塞物就会引起龋齿或牙周炎症。此外，长期的横刷还会磨损牙颈部，初期，该组织会呈线状缺损，久而久之会形成两个斜面的楔状缺损。轻度的楔状缺损症状不明显，而严重的的楔状缺损遇到冷热刺激就会酸痛，更严重的会丧失咀嚼功能。

科学的刷牙方法是先把刷毛垂直方向贴在牙齿上，刷毛的尖端指向牙龈，然后利用手腕的力量，让牙刷顺着牙缝上下旋转拂刷，依次将上下牙齿的左右、内外各个面都刷干净。

让你轻松入睡的小妙招有哪些

难以入眠的滋味很不好受，下面几个让你轻松入睡的小妙招不妨一试：

1. 眨眼催眠法。采取仰卧姿势，眼睛盯着天花板，尽量往头后看，反复开闭眼睑，待眼皮酸累，眼肌疲劳状态时，眼睛就会自然闭合，安然入睡。坚持做下去，不但可以改善睡眠，还能有效预防老年性眼睑下垂。

2. 暗示催眠法。可把自己想象成一个硕大的有几处漏气的大气球，随着气体的泄露，身体逐渐缩小，待气体泄漏完，身体放松，自然安然入睡。也可把自己想象成一只蜷缩的猫咪，放松肌肉，暗示自己已经十分困倦，张嘴打几个哈欠，睡意自然很快袭来。

3. 风油精涂穴法。当感觉心烦意乱辗转反侧无法入睡时，可用风油精涂擦太阳、风池两穴，会缓解状况，逐渐入睡。

4. 搓足催眠法。睡前热水泡脚，擦干后用手从里向外搓脚心100次左右，有助于睡眠。

5. 快步催眠法。临睡前快步行走15分钟，有助于睡眠。

6. 按穴催眠法。双手呈握拳状，中指伸直，从左右两腿膝下的足三里穴向下按摩至上巨虚穴，约3寸左右距离，上下反复按摩100次，有助于入眠。

7. 药枕法。杭菊花250克、灯芯草250克做成药枕，常用此药枕，有助于睡眠。

哪些自我按摩方法具有保健作用

按摩有调节神经的功效，可有效调节大脑皮质的兴奋和抑制过程，降低大脑皮层对疼痛的感觉，起到镇静作用；能提高抵抗力，促进血液循环，改善消化吸收和营养代谢，增强身体的抗病能力；还可舒筋活络，消炎散瘀，使按摩部位的毛细血管舒张，促进炎症渗出物的吸收。

按摩手法常见的有推、擦、揉、捏、掐、点、拿、抓、揪、叩、搓。

下面是适用广泛的按摩健身12法，可在家庭日常生活中随时随地进行按摩：

1. 抹额。方法：手指掌贴紧前额左右反复抹动，摩擦生热，坚持每天早晚各一次，对预防和治疗头痛、失眠、神经衰弱、用脑过度引起的记忆力减退等有较为明显的疗效。

2. 转眼。方法：将双眼从左至右，从右至左转动各12次，然后紧闭一下，之后睁开，大拇指弯曲揉抹眼和上眼皮5～6次，长用此法，可增强眼球的血液循环，提高视神经、动眼神经以及眼肌的功能，有效防止近视或远视的发生。

3. 抹耳。方法：双手食指、拇指紧贴耳轮，再以食指中节按在耳前，用大拇指贴在耳根后部，上下搓动，发热后停止，坚持此法，可有效防止耳聋、耳鸣、听力下降。

4. 扣齿。将嘴闭合，上下牙齿轻轻叩击30次，每天坚持早晚各一次，能防止牙齿松动或过早脱落。

5. 鼓漱。方法：将嘴闭合，上下牙齿对齐，口中如含物状，用两腮和舌作漱口动作，约30次，口内会唾液满口，此时，分3次慢慢吞下，此法有利于消化。

6. 搓脾。方法：两手对搓至发热，然后用两手紧按腰眼，用力向下搓至臀部，之后再搓回腰眼处，这样反复搓30次，可增强腰部的血液循环，有助于壮腰强肾、预防腰背酸痛。

7. 摩掌。方法：用手指按摩掌中劳宫穴（第2、3掌骨之间偏于第3掌骨，握拳屈指时中指尖处），每日按摩2~3次，每次1~2分钟，可起到清心安神、降逆和胃的疗效。

8. 揉腹。方法：右手放至丹田部位，先顺时针方向按揉36次（或倍数），之后逆时针方向按揉36次（或倍数），坚持此法，可起到健脾胃、助消化的作用。

9. 提肛。方法：在吸气的时候，用力提肛并缩紧，带动会阴上升，之后放松并呼气，反复6~7次，坚持每天进行，可有效防治便秘、痔漏、肛裂等。

10. 浴胸。方法：先将右手掌放在右乳上方，保持手指向下，用力推到左大腿根处，然后再用左手从左乳上方同样用力推到右大腿根处，两个动作交叉进行，各推十余次，坚持此法，有助于改善心血管机能与肺活力。

11. 旋膝。方法：将两手掌心放在两膝上，先一齐向外旋转数十次，再一齐向内旋转数十次，然后两手同时揉左右膝几十次，至膝部发热。此法能灵活筋骨，驱风逐寒，改善并提高膝部关节功能，预防关节炎等症。

12. 擦脚心。方法：将两手搓热，然后紧按脚心，交替进行，各搓脚心50～80次，坚持下去有利于导引肾脏虚火，并促使上身浊气下降，有舒肝明目的功效。

常梳头亦可起到按摩的功效。梳头经过很多穴位，有百会、太阳、玉枕、风池、眉冲、曲差、通天、目窗、承炎、天冲、浮白、神庭、后顶、前顶、印堂等，常梳头可起到平肝息风、开窍宁神、健脑、改善头部神经、增强大脑血液循环的作用。

防治感冒的家庭小妙招有哪些

可采用如下方法防治感冒：

1. 按摩鼻部防感冒。用右手大拇指和食指捏住鼻梁，做上下按摩运动，50～60次。按摩时要集中精神，手指用力适度，早晚各按摩一次。经常按摩可有效预防感冒。

2. 冷水擦身。将毛巾浸入冷水，浸湿拧干后擦全身，把身上突出的部位擦得稍见红色。背后向上擦，前胸向下擦，上肢、下肢都是外面往下擦，里面往上擦。擦遍全身约需 10分钟左右，每天早晚进行。

3. 葱姜粥预防风寒感冒。将粳米250克洗净放入 2000克清水中大火灼烧，锅开后改用微火，待六成熟时加入事先洗净切成碎末的葱白 100克、姜粒 25克，继续微火，待九成熟时再加入 100克红糖，熬熟即成葱姜粥。此粥可有效预防风寒感冒。

4. 红枣核桃仁预防感冒。3枚大红枣和2个核桃仁洗净放锅内，注入适量的水，开火煮熟，熟后连汤一起服下。每天清晨服 1次，坚持连续30～60天不间断，有良好的预防感冒疗效。

5. 鲜姜煮可乐防治感冒。取 25克鲜姜，将皮刮去，切碎，放在可口可乐中，用锅煮开，趁热喝下，有防治感冒的功效。

6. 葱、姜、蒜水沏红糖治感冒发烧。严寒冬季，用葱、姜、蒜水沏红糖水可有效防治流感。方法如下：大葱一根，葱白切成数段；拇指大小的生姜一块，切成薄片；大蒜 3～4瓣，切成薄片。以上三种原料共同放进砂锅，注入500克水煮。煮开后慢火继续煮 10分钟。之后，将红糖 1～2勺放入碗内，注入刚煮好的水，搅拌均匀趁热喝下，然后盖被躺下。几分钟后即出汗，汗出透，流感就已经消失不见。

手指梳头有什么好处

用手指梳头有两个主要好处，一个是增强脑部的血液循环，提高脑部营养，消除疲劳；另外，还可促进头发生长，推迟大脑老化进程。

方法是：每天早晚或长时间脑力工作后，用双手手指梳头，由前向后梳，可稍微用力些，以感觉舒适为度，动作宜快。感觉头皮发热后即可停止，之后双手稍用力拍头 1～2分钟。

敲背对健康有何好处

与其他按摩方法一样，敲背可以反射性地调节内脏活动，增强血液循环，放松肌肉，消除疲劳，收养精神。

敲背常用的方法是拍击法，即用虚掌、虚拳、掌根、掌侧拍打身体。动作要求轻巧、协调，着力要有弹性，每分钟 以60～100次为宜，用单手或双手均可。肩、背、腰、四肢等肌肉厚实酸痛不适处均可用此法调治。

养生十二“常”法的内容有哪些

养生十二“常”法如下：

1. 发要常梳。经常用十指揉、梳头，可起到明目祛风、稳固发根的功效。

2. 面要常擦。经常用双掌浴面，能增强脸部光泽度，少起皱纹。

3. 目要常运。两眼经常活动，可有效防治防近、远视。

4. 耳要常弹。经常活动耳朵，或轻拍耳部，可防耳鸣、头晕，并益补丹田。

5. 齿要常叩。每日让上下齿互叩数十下，有固齿、护齿之疗效。

6. 舌常抵颚。以舌尖轻抵上颚，可促进津液产生。

7. 津要常咽。将所生津液咽下，一日数次，有助于消化。

8. 浊要常呵。大小便均用力排出，不使积聚，可有效避免膀胱炎、直肠病的发生。

9. 腹要常擦。每天用手掌按顺逆时针方向摩擦腹部，可使腹部脂肪消散，加强腹肌力量，防治胃下垂。

10. 肛要常提。每天将肛门收缩数十下，可锻炼收缩括约肌，对避免痔疮和便秘有积极意义。

11. 肢节要常摇。经常活动四肢，可促使血液流通更加顺畅。

12. 皮肤要常摩。经常用手掌在身体各处作干浴运动，可运行气血，使肌肤紧实。

第二节　自诊自疗

如何判定身体是否处于正常状态

身体是否处于正常状态，可以通过下列几个方面来判断：

1. 通过体温、脉搏、呼吸、排泄、睡眠来判断。人体每日的体温波动不应超过 1℃；人在安静状态下每分钟脉搏跳动75次左右；成年人正常呼吸每分钟为 16～20次；大便定时，每天 1～2次；成年人一昼夜排尿 1500毫升左右；成年人每天的睡眠 为6～8小时。

2. 通过血压判断。血压是血液施加于血管内壁的压力，它随着年龄的增加而变化，而且每个人情况不同，一般在休息或睡眠时下降，在运动或精神紧张时升高。正常值为：收缩压 90～140毫米汞柱、舒张压 60～90毫米汞柱。如果经多次重复测量，血压都高于 140/90（收缩压 /舒张压），那么就预示着可能患有高血压病。

3. 通过血脂判断。正常人的血脂含量（单位：毫克 /100毫升）为：脂类总量 400～700毫克（平均 500毫克）；甘油三酯 10～160毫克（平均 100毫克）；胆固醇 150～250毫克（平均 200毫克）；磷脂 150～250毫克（平均 200毫克）。通过判断血脂的含量，即可了解身体的状况。

饮食中脂肪量对血脂含量有较大影响。摄入高脂肪膳食后，血浆中脂类含量会暂时性大幅度上升，3～6小时后，会渐渐恢复正常。脂肪代谢异常会导致糖尿病、脂肪痢、脂肪肝、肥胖症、高血脂、动脉硬化等病的发生。

4. 通过体温判断。人的体温通常在37℃左右，体温高于37.3℃就是发烧，37.4～38℃属于低烧，38.1～39℃属于中度发热，39.1～41℃是高热，41℃以上为超高热。

低热和中度发热，不要急于用退烧药，要请医生查明原因。对高热和超高热，要马上采取物理降温，并速送医院做进一步的诊疗。

如何看脸色知健康

皮肤的颜色与皮下毛细血管的分布、色素的多少，以及皮下脂肪的厚薄有着很紧密的关系。通常黄种人的皮肤是红润的，但某些疾病可能让皮肤的颜色改变，所以，可以从皮肤的颜色诊断疾病：

1. 脸色苍白。贫血者通常有程度不一的皮肤苍白现象。寒冷、惊恐、休克或主动脉瓣关闭不全等，往往会让末梢毛细血管痉挛或充盈不足，并进而导致皮肤苍白。另外，雷诺氏病、血栓闭塞性脉管炎等疾病，因肢体动脉痉挛或阻塞，也会导致肢端苍白。

2. 脸色发红。在无异常情况下，多因运动、饮酒导致；疾病情况下见于发热性疾病，常见的有大叶性肺炎、肺结核、猩红热等。

3. 脸色呈樱桃红色。这种颜色多见于煤气或氰化物中毒。煤气中毒的人，其血红蛋白和一氧化碳结合成碳氧血红蛋白，无法运送氧气，导致肌体缺氧。当碳氧血红蛋白达到30%～40%时，患者的皮肤就会呈樱桃红色。

4. 脸色暗紫。脸色出现这种颜色多见于重度肺气肿、肺源性心脏病、发绀型先天性心脏病等。

5. 脸棕色或紫黑色。出现这种脸色多见于亚硝酸盐中毒，蔬菜中的小白菜、油菜、菠菜、韭菜及腌制的咸菜等，都含有较多的硝酸盐，食用过多后，肠道细菌能将硝酸盐还原为亚硝酸盐，亚硝酸盐是氧化剂，可以夺取血液中的氧气，致使血红蛋白失去了输送氧气的能力，从而导致组织缺氧，使低铁血红蛋白变成高铁血红蛋白，血液就会变为棕色或紫黑色。

6. 脸色发黄。一个常见的原因是，由于食用胡萝卜、南瓜、橘子汁等食物过多，血液中胡萝卜素含量激增，当其含量超过 2500 毫克 /升时，皮肤就会发黄。另外，长期服用带有黄色素的药物，如阿的平、呋喃类药物时，同样会让皮肤发黄。

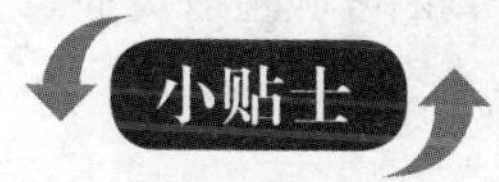

要想让脸色健康红润有光泽，平时可多摄入一些红枣、木耳等补血食物，或者饮木耳红枣汤，需要注意的是喝汤时不要同时吃海鲜，否则容易导致腹痛。另外，红枣每次食用不宜超过 10颗。

如何看嘴唇知健康

健康人的嘴唇红润且有光泽，而患有某些疾病的人的嘴唇则会出现各种异常的颜色：

1. 下唇绛红色。最常见的原因是胃热所致，也见于胃痛、肢体重滞、嗳呃、腹胀等症。

2. 下唇苍白。常见原因为胃虚寒所致，可出现上吐下泻、胃部发冷、胃阵痛等症状。

3. 上唇颜色发焦或醋红。导致嘴唇这种颜色常见于大肠疾病，同时有肩膀紧痛、口臭口疹、喉咙不畅、耳鼻不通等症状。

4. 上唇苍白泛青。多为大肠虚寒所致，常伴有泄泻、胀气、腹绞痛、冷热交加等症状。

5. 唇青紫。现代医学称之为“紫绀”，这是机体缺氧或药物中毒常见症状之一，多伴有面色暗红或淡青，胸闷不舒或刺痛，心慌气短，舌有淤斑、淤点等症状。

6. 唇皲裂。古称“唇裂肿”“唇燥裂”，是指口唇出现裂隙或裂沟的现象，多见于核黄素（维生素B2）缺乏或脾胃热盛、反阴火旺。

7. 唇内黄色。常见于肝炎患者，若唇色黯淡，肝胆功能一定不佳。

8. 唇色火红如赤。如伴有发烧，心火旺，可判断呼吸道有炎症。

9. 唇色黯黑而浊。多为消化系统功能失调所致，且常发生便秘、腹泻、头痛、失眠、食欲不振等症状。

10. 唇色泛白。多为血虚所致。血液循环减慢，四肢冰冷发紫，若营养失调，起居失常，容易导致贫血。

11. 双唇黄而燥。为脾脏分泌不畅的表现，若如此，免疫系统的抵抗力及辅助造血功能减弱，容易受感染。

如何看舌头知健康

通过看舌可以察知身体的某些疾患。看舌头包括观察舌质和舌苔两个方面。

1. 观舌质。（1）舌质淡白，多为贫血症、营养不良、慢性肾炎、内分泌腺功能不足等疾病所导致。（2）整个舌头发红，多见于高热症或化脓性感染。也常因过度劳累、失眠，消耗过大，导致体内维生素或其他营养物质缺乏所致。如果由红转绛，患者心神不安，预示有转变败血症的可能；舌边发红，多因高血压、甲状腺机能亢进和发烧所致。（3）舌质红而有刺，由于很像杨梅，因此又称这种舌为杨梅舌，多因猩红热或高热持续几天以上所致。（4）舌质青紫，可因缺氧或血液循环障碍所致，常见于肺部疾病、慢性支气管炎、充血性心力衰竭、肝硬化等疾病。另外，也见于妇科疾病和胃肠疾病。（5）如果舌质长期呈暗红或紫色，就要预防癌症的发生。其中多见于食管癌、贲门癌。（6）少女舌尖或舌侧部位出现分散的青紫色淤点或淤斑，且常伴有月经失调、痛经或子宫功能性出血等病症；成年人的舌质亦有这种情况发生，往往预示体内存有淤血。

2. 观舌苔。健康人的舌苔是薄白而清净的，干湿适中，不腻不厚，但是当身体某些部位出了毛病时，舌苔会出现相应的变化。（1）如果舌苔白厚而滑。滑指非常湿润，看上去反光增强，这种症状多是因为慢性支气管炎、哮喘、支气管扩张等病患引起。（2）如果舌苔黄厚，多是因为患上了浅表性胃炎、胃溃疡。黄色的深浅与炎症的轻重成正比。也见于胃热伤津者。（3）如果舌苔青灰，多因为体弱者患热性病，或身体状况不佳兼消化不良。（4）舌苔白色，若出现在舌中间，则表明可能是十二指肠发生了病变；若出现于舌体后1/3处，则说明可能小肠与大肠发生了病变。（5）如果舌面呈点片状白色顽癣，形似地图状，多因为消化不良。

如何从手部变化知健康

健康人的手指伸屈自如，转动灵活，感知敏锐。一旦手指变形或笨拙，多预示健康状况出了问题。指尖比指节更粗大，常预示有先天性心脏病、慢性肺脓肿、肺结核、肺心病等。手腕如下垂无力，或手指关节像鸟爪（由此称“爪状手”）；大鱼际肌和小鱼际肌有明显的萎缩，使手掌变平（又称“猿形手 ”），两者都缘于手臂神经受损。手指关节肿胀，两头小中间粗，而且活动时疼痛加剧，多因类风湿性关节炎所致。

健康人的手指红润丰满，手掌呈淡红色或粉红色，明润光泽，肤色均匀。如果手掌颜色变深或变浅，甚至变成其他颜色，则预示身体出现了某种变化。手的肤色变深，多见于色素失调症、肠胃疾病；手掌呈淡白色，多因贫血或慢性失血导致；手掌呈青绿色，可能是血循环出现了问题；手掌呈黄色，多见于慢性病症；手掌呈金黄色，可能是肝脏疾病所致；手掌显现红色网状毛细血管，多见于维生素 C缺乏；手掌表面，特别是大拇指根部和小指根部下面鼓起的地方发红，似手掌红斑，多因肝硬化和肝癌所致；手掌呈红色后又逐渐变成暗紫色，这种情况多是因为心脏病所致，并预示病情在逐渐加重；手掌呈黑色，多因肾脏病所致；手掌中间呈黑褐色，主要见于肠胃疾患。

通常，人们对手指轻微麻木不予以重视，但若是老年人，要想到患中风的可能。中风麻木的特点是先从无名指开始麻木，然后逐渐过渡到中指，最终全手都变得麻木。有的人也可能食指先麻木，然后逐渐向上辐射，严重时整个前臂都会麻木。

如何从指甲变化知健康

从指甲颜色和形态的变化中可以窥知身体的状况。

1. 观指甲颜色。（1）指甲部分或全部变绿，多半是因为长期接触洗涤剂或肥皂所致，也有可能是被绿脓杆菌感染了。（2）若指甲呈灰色，多是因为营养不良、类风湿性关节炎、偏瘫或黏液水肿所致。（3）若指甲呈棕褐色或黑色，可能是因为肾上腺皮质功能减退、黑色素斑、胃肠息肉综合征所致，另外，服用环磷酰胺等抗肿瘤药物也可引起这种变化。（4）若指甲呈黄色，多是因为甲癣、黄疸、甲状腺功能减退、肾病所导致。（5）若指甲呈青色，可能是因急腹症所致。另外，若指甲出现青色淤斑，有时也预示中毒或早期癌症。（6）若指甲呈紫色与苍白色交替出现，多预示肢端动脉痉挛症。（7）若指甲呈白色，主要见于低色素性贫血症；指甲呈毛玻璃样白色，甚至连指甲根部的淡色半圆形部分也模糊，或在指甲远端部横贯一粉红色线条，则往往预示患上了肝硬化。（8）若指甲呈青紫色，常见于缺氧，另外，也往往预示患有先天性心脏病、心力衰竭或大叶性肺炎、重度肺气肿等。

2. 观指甲形态。（1）若指甲软，硬度不够，多半是营养不良的表现。（2）若指甲变薄，中央凹陷，边缘翘起，多因低血色素性贫血、长期缺铁或甲状腺功能亢进、肾上腺功能亢进、风湿热等疾患所致。（3）若圆形甲，可怀疑为心脏病、肺病、肝萎缩、肾衰竭等疾患所致。（4）若指甲增厚，多半因为外伤、霉菌感染、银屑病、毛囊角化症等所致。（5）若指甲甲板剥离，可怀疑为霉菌感染和银屑病。（6）若指甲凹凸，可疑为银屑病、斑秃、肢端皮炎或湿疹、扁平苔藓所致。（7）若指甲质地松脆，有纵嵴，易断裂，多半是因为周围循环障碍、缺铁性贫血、长期碱水浸泡所致。（8）若指甲变薄，多是因为发育缺陷、末梢循环障碍、扁平苔藓等所致。（9）若指甲竖条纹，可能是缺乏维生素A的缘故。（10）若指甲横纹，最常见的原因是缺乏营养，也见于心肌梗塞发病前。另外，肠道感染或肺炎，也有此症状出现。横贯的白色线条，多因砷、铅等金属中毒所致。（11）若指甲的横脊和纵脊弯曲高高隆起，常见于慢性肺病、先天性心脏病、甲状腺疾患、肝硬化、溃疡性结肠炎及某些恶性肿瘤等。

如何正确使用家用温度计

通常家庭使用的温度计为水银温度计，在使用此温度计时，先把体温计的汞柱甩到 35℃以下，然后用蘸消毒液的棉球擦拭温度计消毒。擦拭消毒完毕后就可以使用了。

用水银温度计测量体温的方法有三种，试口表、试腋下和试肛。试口表时，将有水银的一侧埋在舌下，然后闭唇含住，3分钟后看结果。需要注意的是，测前 5分钟内不可饮热水或冰水，以免影响测试结果。正常口腔温度为 36.3～37.2℃。

试腋下温度前，需要擦干腋下，然后把有水银的一侧放在腋下夹紧，5分钟后看结果。通常腋下温度要比口腔温度低 0.2～0.4℃。试腋下温度前 10分钟不要洗操、擦身，也不要剧烈运动，否则测量结果不准确。

试肛温度前，先在有水银一侧涂上油或油膏，之后轻轻插入肛门约 3厘米，要捏紧温度计另一端以防体温计滑出或折断。5分钟后取出看结果。通常直肠内温度要比口腔高 0.3～0.5℃。

体温升高，也就是发热，常见于各种传染病、全身与局部的感染。另外，非感染性疾病也可导致身体发热，如白血病、外伤、大手术、烧伤等由于组织分解而引起发热。

体温低于正常范围，是由于中枢神经抑制所致，这个时候身体对各种刺激的反应和组织的代谢都明显降低，耗氧量也显著减少。在发生重病重伤时，体温降低，则表明情况危重。

如何测呼吸和脉搏

人的呼吸频率不是一个固定值，它是随着年龄、活动、情绪等因素而不同。通常，年龄越小呼吸越快，婴儿每分钟呼吸 60次左右，幼儿每分钟呼吸 25～30次，学龄期儿童每分钟呼吸 20～25次，而健康成人每分钟呼吸 16～20次。

呼吸受情绪影响较大，因此测量呼吸时要在平静的情况下进行。眼睛观察胸腹部的起伏，一起一伏即为一次呼吸。如果呼吸浅表不易观察时，可将棉线放在鼻孔处，观察吹动的次数，吹动的次数即为呼吸次数。

人的脉搏频率也不是一个固定值，通常，婴儿每分钟脉搏跳动120～140次，幼儿每分钟脉搏跳动90～100次，学龄期儿童每分钟脉搏跳动 80～90次，健康成年人每分钟脉搏跳动 70～80次。运动和情绪激动时，脉搏跳动增快，而休息、睡眠时则脉搏减慢。

测量脉搏最方便和常用的方法是用拇指测手腕上的桡动脉，其次是测靠近外耳道处的颈部两侧的颈动脉。脉搏要在安静的情况下测量，可用食指、中指、无名指并排按在动脉上，以能摸到脉搏跳动为准，每次测量1分钟。正常脉搏跳动节律规则，搏动力量均匀。若发现脉搏跳动节律不规则，要及时去医院检查诊治。

如何进行冷敷和热敷

冷敷即用冰袋或冷湿毛巾敷于头额、颈后或病变部位皮肤上，可使毛细血管收缩，减轻局部充血；可让神经末梢的敏感性降低，从而减轻疼痛；降温退热，可降低局部血流，防止炎症扩散；有助于体内热传导发散，从而加大散热，降低体温。

扁桃体摘除术后、鼻出血、早期局部软组织损伤、高热病人及中暑者、牙痛患者可采用冷敷，以改善病情和减轻疼痛。

将毛巾浸入冷水或冰水中，湿透后取出拧成半干，敷于局部，每隔1～3分钟更换一次，持续 15～20分钟。也可用冰袋裹上毛巾敷于局部，不过这种方式要注意，防止发生冻伤。

热敷有助于炎症的消退，在炎症的早期，热敷对炎症的吸收和消散很有效；后期可使炎症局限，对坏死组织的消除和组织修复有推动作用。热敷可使肌肉、肌腱和韧带等组织松弛，解除因肌肉痉挛、僵直而引起的疼痛，如腰肌劳损、扭伤等。另外，热敷亦能减轻深部组织充血，使局部血管扩张。

同冷敷操作差不多，热敷既可以将毛巾浸入热水，湿透后取出拧成半干使用，也可用热水袋灌上热水裹上毛巾敷于患处，但这种方法要避免水过热烫伤患者。

不是什么情况都适用冷敷和热敷。刚受闭合性外伤（即无伤口的外伤）时，不可开始就热敷，要不然会促进血管扩张，让瘀紫肿胀加剧。应先用冷敷，以控制出血，然后再用热敷，以扩张血管，加速血瘀吸收。注意有感染时要避免热敷，另外，各种内脏出血、急腹症，热敷也是不适宜的。

家庭生活中怎样预防冠心病

冠心病是冠状动脉血管发生动脉粥样硬化病变而引起血管腔狭窄或阻塞，造成心肌缺血、缺氧或坏死而导致的心脏病。40岁以上的人群是冠心病的多发人群，且男性多于女性。

冠心病的发生与饮食和日常生活行为有着很紧密的关系，在家庭中可采取以下措施积极预防冠心病的发生：

1. 饮食合理，不偏食，降低高胆固醇、高脂肪食物的摄入量，以素食为主。同时要控制总热量的摄入，避免体重增加。

2. 生活规律化，避免过度紧张；睡眠要充足，培养多种生活情趣；保持情绪稳定，遇事不要急躁，不要激动，避免抑郁。

3. 进行适合自己的体育锻炼活动，增强体质。

4. 适当多喝茶，统计资料表明，不喝茶人的冠心病发病率为3.1%，偶尔喝茶人的冠心病发病率为2.3%，常喝茶人的冠心病发病率只有1.4%。研究表明，冠心病的发生与加重，与冠状动脉供血不足及血栓形成有一定关系，而茶多酚中的儿茶素以及茶多本酚在煎煮过程中不断氧化形成的茶色素，有显著的抗凝、促进纤溶、抗血栓形成等作用，所以，没有喝茶习惯的人不妨养成喝茶习惯。

5. 避免吸烟、酗酒。烟可使动脉壁收缩加剧，促进动脉粥样硬化，而酗酒则易情绪失控，导致血压升高，诱发冠心病。

6. 积极防治慢性疾病，如高血压、高血脂、糖尿病等，研究表明，冠心病的发生与这些疾病有着很紧密的关系，因此要积极防治这些慢性疾病。

对冠心病人如何进行家庭护理

作为中老年人常见的心血管疾病，对冠心病的预防和对冠心病病人的家庭护理非常必要且有着积极的意义，家庭护理可参照如下措施进行：

1. 劳逸结合。不能让病人过度疲劳，要适当休息，除遵医嘱外，通常可不必长期卧床休息，可量力而行，参加一些强度不大的工作。每天要保证睡眠8小时，临睡前注意不要饮浓茶或咖啡等刺激性饮料。

2. 合理饮食。饮食以清淡为主，荤素搭配。不吃得过饱，不要摄入太甜、太咸的食物，多吃新鲜蔬菜、豆制品和水果，少吃含胆固醇高的食物，避免吸烟、酗酒。

3. 情绪要保持稳定。注意心情要保持舒畅，尽量不要参加竞争性文娱活动，如打牌、下棋等，以防止情绪大起大落。避免看惊险刺激的电影、电视和小说，以防止心绞痛的发生。

4. 按时吃药，根据医嘱服药，不要擅自滥用。同时，要注意观察病情变化，如发现病人脸色苍白、口唇紫绀、胸痛剧烈、出冷汗等症状，要及时送医院检查诊治。

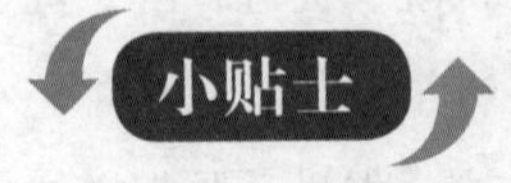

生活中要起居有常，避免情绪剧烈波动，要早睡早起，避免熬夜工作，临睡前不看紧张、恐怖小说及电视节目。

如何预防胃炎

胃炎是胃黏膜发炎的简称，有急性和慢性两类。急性胃炎多因吃了细菌或毒素污染的食物，过度饱餐或酗酒，再就是服用某些损伤胃黏膜的药物，或误服强酸、强碱及腐蚀胃黏膜的物品引起。急性胃炎发病很快，通常四个小时左右就会剧烈腹痛、恶心、呕吐和腹泻。

慢性胃炎常由急性胃炎转化而来，长期饮酒、吸烟、吃刺激性食物，或摄入过冷过热食品也可导致慢性胃炎。慢性胃炎病程很长，表现一般为食欲降低、上腹部不适和隐痛、嗳气、泛酸。

做好预防意义重大，通常要做到以下几方面：

1. 保证适当的休息、锻炼，生活规律。慢性胃炎的重要诱因就是生活不规律，过于劳累，精神高度紧张，以及睡眠不足，因此，要尽可能让生活规律化。

2. 保持精神愉悦。胃炎的发生和加剧与情绪有一定关系，通常情绪抑郁、低沉、顾虑重重，会诱发及加重各类胃炎。这是因为当情绪不佳时，人的心情变坏，对食物的兴趣下降，各种消化腺分泌减少，胃肠蠕动也相应减少。此时若进食，往往消化不良，患者会产生腹胀不适等症状，当胃肠活动进一步发生紊乱时，则出现腹痛。所以，在进餐时，要保持精神愉悦，避免谈及不愉快或关系个人切身利益的事情，以免诱发胃炎。

3. 饮食合理。首先要避免暴饮暴食、酗酒。避免或少摄入有刺激性的食物，如生蒜、大葱、芥末等，这类食物或调料可诱发和加重病情。另外，饮食时要细嚼慢咽，最好定时定量。

4. 自我按摩。研究表明，按摩脘腹部，有利于促进胃肠蠕动，使胃肠分泌腺功能增强，提高消化能力，同时，还可以解痉止痛。操作方法：用手掌或掌根鱼际部在剑突与脐连线之中点（中脘穴）部位作环形按摩，节奏不紧不慢，用力适度。每日1~2次，每次10~15分钟。

如何预防肾炎

肾炎是细菌感染引起肾脏的一种炎性反应病变。细菌并不是直接侵犯肾脏，而是通过变态反应导致肾脏病理发生变化。通常开始由细菌引起扁桃体炎、上呼吸道感染、脓皮病等疾病，这些细菌都是抗原物质，身体会产生相应的抗体物质与其对抗。一到两周后，抗体与细菌抗原作用生成的复合物会沉着到肾脏里，引起肾脏炎症反应而致病。

肾炎有急性和慢性之分：急性肾炎起病较快、病程短；慢性肾炎周期长，时好时坏，反复发生。

在预防肾炎方面，平时要多参加有氧运动，适当锻炼身体，多出汗有助于将体内多余的酸性物质排出，从而预防肾病的发生。另外，要保持愉悦心情，避免有过大的心理压力，压力过重会让酸性物质沉积增加，影响代谢的正常进行。还要养成良好的生活习惯，良好的生活习惯有助于保持弱碱性体质，降低和避免肾病的发生。

肾炎患者要注意些什么

生活中，肾炎患者要注意以下方面：

1. 保持起居有常，防风寒，避免感冒。

2. 防止过度劳累，过度劳累会加剧病情。

3. 注意饮食科学，轻症患者可多吃一些高蛋白食物，如鱼类、蛋类、奶类、豆及豆制品等，同时，还要多吃些新鲜蔬菜和水果。重症患者合并尿毒症时，要避免吃高蛋白食物，高蛋白食物会加重病情。浮肿明显者可适当多吃些萝卜、冬瓜、赤豆、西瓜、黑豆、丝瓜，这些食物有利尿功效。肾炎兼见血尿者，可适当多吃些莲藕、花生、茄子等，这类食物有止血作用。伴高血压者，适当多摄入芹菜、菠菜、木耳、黄豆芽、绿豆芽、鲜玉米，这类食物有降血压作用。

肾炎患者，无论病情轻重，均应少摄入或不摄含盐食物，以免水钠潴留，加重水肿。另外，还要少吃刺激性食物，戒烟酒。

4. 防止患咽炎、扁桃体炎、上呼吸道感染等病，以免加重病情。

如何治疗灰指甲

灰指甲是甲癣的俗称，是皮癣菌侵犯甲板或甲下所引起的疾病。日常生活中，可以采用下列方法：

1. 把手或脚洗干净，在其上滴几滴氯霉素滴眼液。几天后，从指甲根部逐渐开始恢复正常。

2. 将患病指甲浸入米醋中，每天两次，每次半小时，一般一个月左右就可痊愈。还可以在灰指甲上涂抹碘酒，每天涂抹一次，半月左右就会好转。

3. 捣碎紫皮蒜，将之与醋混合，放置三天后用来涂擦患处。每天涂抹，直到痊愈。

4. 把指甲花捣碎敷在灰指甲上，上面再放上一片绿叶，用线捆牢，每天进行一次，患病指甲会逐渐软化并长出新指甲。

要注意对指甲的护理，通常，指甲可修剪成弧状，而足趾甲应尽量保持跟甲床平齐，以避免在承重时趾甲嵌入甲床，导致甲沟炎或嵌甲。

第三节　家庭用药

家里要常备哪些药物及用品

在家里自备一些必要的药物和用品是很有必要的。家庭通常可准备下列药物和用品：

体温计；纱布绷带，消毒纱布和脱脂棉；宽窄胶布，小剪子；牙签（卷上棉花可做成棉签，用来蘸取碘酒等药物）；磁酒盅，缝衣针，火柴。酒盅用来放棉块和酒精，点燃后可用来消毒针、剪刀等物；缝衣针消毒后可挑刺。

外用药：2%碘酒，用来消毒皮肤、涂擦脓疮。注意涂后要用酒精脱碘，防止灼伤皮肤。70%乙醇（酒精），用来对皮肤及器械消毒。紫药水，用来涂口唇疱疹、皮肤、粘膜创伤、感染及溃疡。氯霉素眼药水，患结膜炎时滴眼消炎，游泳后滴眼，预防感染。冷硼散，治牙龈肿痛、口腔黏膜溃疡等。清凉油，涂太阳穴有驱暑、醒脑作用，也常用于虫咬及局部炎症。伤湿止痛膏，关节肌肉酸痛、肌肉创伤肿痛可用以止痛。甘油栓或开塞露，便秘时塞入或注入肛内。高锰酸钾结晶，平时可储藏在深色玻璃瓶中，高锰酸钾溶液用以对瓜果消毒；坐浴和浸泡时，将少许高锰酸钾结晶放入水中以消毒。烫伤油膏，烫伤时，可涂灼患处。

内服药：乳酶生，用以治消化不良、胀气；胃舒平防胃痛，还应准备藿香正气丸、黄连素、扑尔敏、感冒冲剂、人丹等，以作应急之用。

当察觉身体不适，若不能确定病因和对症下药，应去医院就治，在医生指导下用药，不要擅自乱用药。

家里要常备哪些小儿中成药

假如家中有小孩，要准备以下几种儿科常用中成药，有需要时对症按说明服药，以应一时之急：

1. 至宝锭：功效清热导滞、祛风化痰。对小儿发烧.吐泻、烦躁口渴、睡卧不安有一定疗效。

2. 妙灵丹：功效清热解表、祛风化痰。对小儿头痛发烧、咳嗽痰多、气促喘息、四肢抽搐有一定疗效。

3. 犀角解毒丸：功效清热、化毒、消肿。对小儿面赤腮肿，咽喉肿痛，口古生兆，牙龈出血，烦躁便秘有 定疗效。

4. 小儿百寿丸：功效清热安神、消食化滞。对小儿感冒，头痛发烧，咳嗽痰多，烦躁口渴有一定疗效。

5. 泻痢保童丸：功效健脾止泻、温中化痢。对小儿水泻痢疾、肚腹疼痛、口干舌燥、四肢倦怠、恶心呕吐有一定疗效。

夏季家庭应备哪些药品

夏日炎炎，人们容易发生中暑，饮食不节又容易腹痛腹泻，此外，暑热感冒、蚊叮虫咬以及烧烫伤等也多了起来，因此，有必要在家中自备一些夏季常用中成药，以备不时之需。夏季家庭常备的药品有以下几种：

1. 人丹。人丹的功效为祛风、舒气、生津、健胃，对消化滞胀、晕车船及因气候闷热所引起的不适有一定疗效。

2. 清凉油。清凉油有清热解毒、提神醒脑的功效，适用于感冒、头痛、头晕、蚊叮虫咬等。使用方法是擦于太阳穴及患处。

3. 六一散。六一散有清暑利湿的功效，对暑热身倦、口渴泄泻、小便黄少等有治疗效果，外擦患处可治痱子刺痒。

4. 风油精。风油精对小儿暑令受热、伤风头痛有一定疗效，外用可以鼻闻或擦太阳穴，内服需遵照医嘱。

5. 藿香正气水。藿香正气水有解表化湿、理气和中的作用，夏季感冒、中暑、急性胃肠炎时，可内服。

6. 芸香精。芸香精有提神醒脑、解暑避邪的功效，外擦对防治伤风感冒、支气管炎、关节疼痛、头晕目眩及蚊虫叮咬所引起的痒痛有一定效果。

家庭储存常备药物应注意什么

家庭储备的常用药，要储藏好，否则容易霉变、分解、过期失效，同时，还要对其做好分类，以便在需要时能及时找到。

储藏药品要有明确的标志，应特别注明药品名称、用途、用法、用量、注意事项及失效期等。内服、外用药，最好分开储存，避免误服误用，造成不良后果。药品说明书也要保存好，需要时可以阅读，获取信息。另外，不要用一种药的瓶子去装另一种药，防止误服误用，带来危险。

用剩的药如果没有保存的价值，就做垃圾处理。保存的药物不要随意放置，以防让孩子拿到误服，更不要把药品给孩子当玩具玩。

家庭如何保管中药材

中药材保管有一定的要求，如保管方法不当，很容易造成药材霉烂、虫蛀、变色以及失效。要根据自身的条件，采用合适的方法保管：

1. 石灰埋藏法。此方法适用于易变色、走油、不适合暴晒或烘干的药材，如黄连、田七、党参、杞子、红花等。保存时将药材用双层白纸包好，装入大口玻璃瓶内，然后往玻璃瓶内放入石灰埋没药材，拧紧瓶盖，将其放在阴凉干燥处。

2. 谷壳埋藏法。此方法适用于保存鹿角胶、龟板胶、阿胶等药材。将药材用油纸包好，放瓶中，用谷壳埋没药材，封好口，放阴凉处保存，可防软化和霉变。

3. 酒精防虫法。此方法适用于当归、杞子、莲米、大枣等容易被虫蛀的药材，将药材装入罐内，在罐底放一开口的内有酒精的小酒精瓶，封严罐口。

4. 花椒或大蒜防虫法。此法适用于蛤蚧、乌蛀、土鳖虫等动物类药材的保存。将药材放入容器内，再放入少许花椒或大蒜，即可达到防虫效果。

如何巧用伤湿止痛膏

巧用伤湿止痛膏如下：

1. 治牙痛：用伤湿止痛膏外贴在两腮痛处，可治风火牙痛，三到四小时即可消肿止痛。可睡前贴用，早晨剥掉，通常连贴 3次就可祛病止疼。

2. 防晕车：将4×4厘米的伤湿止痛膏，乘车前，将其贴在肚脐上，可以预防晕车、晕船。

3. 治冻疮：适用于冻疮初起，手脚受冻而形成裂口，外贴，效果良好，但冻疮破溃时就不能再用此法。

4. 止腹泻：将4×4厘米的伤湿止痛膏贴在肚脐中央，每半天至一天更换1次，可有效治疗婴幼儿单纯性消化不良所致的腹泻。

5. 治胆囊炎：慢性胆囊炎发作时，将伤湿止痛膏贴在肋下疼痛处，不久疼痛即可缓解，并渐渐消失。经常贴用可延长此病发作间隔时间，并让症状减轻。

如何识别家藏变质药品

家藏的药物是否变质，可通过外在形态从以下10个方面来进行鉴定：

1. 丸药。如发现丸药有变形、发霉、有臭味、变色等特征，可断定该丸药已经变质。

2. 注射剂。如发现注射剂色度异常、有沉淀、发浑、有絮状物，则可判断其已经变质。

3. 片剂。如发现片剂表面粗糙或潮解、变色、发霉、表面出现斑点或结晶，则可以判定其已经变质。

4. 胶囊。如发现胶囊变软、发霉、碎裂或出现粘连、变色，基本可以判定其已经变质。

5. 糖衣片。如发现糖衣片出现黏片或显现黑色斑点、糖衣层裂开、发霉，则断定其已经变质。

6. 冲剂。如发现冲剂出现糖结块、溶化，则可判定其已经变质。

7. 粉针剂。如发现药粉有结块、摇动不散开、药粉粘瓶壁，或已变色，则可判定其已经变质。

8. 混悬剂及乳剂。如发现有大量沉淀，或出现分层，摇动亦不匀，则表明其已经变质。

9. 栓剂、眼药膏及其他药膏。如有臭味、酸败味，或见颗粒干涸及稀薄、变色、水油分离，则说明其已经变质。

10. 中成药丸、片剂。如发现生虫、潮化、有霉味，或者蜡封丸的蜡封裂开等，则可断定其已经变质。

需要注意的是，虽然有一些药品在外观上没有明显的变化，但药品内部已经变质了，因此，凡是过了“有效期”的药品，就不要再使用了。

如何看懂药物批号和药品有效期

批号指药品每批生产的时期，一般采用六位数表示，前两位数表示年，中间两位数表示月，末尾两位数表示日，如“180915即”表示此药是2018年9月15日生产出来的。如印有“180915-2”，则表示此药是2018年9月15日第二批生产出来的。

药物的有效期，是经过一系列科学实验，观察其在一定存贮条件下，从生产出来之日算起，一直能够保持药效的时间而定，通常以整年计算。如批号为“20180915”，有效期为三年，即表示该药物的有效期是从 2018年9月 15日起，到 2021年 9月 15日止，即 2021年 9月 15前有效。

有些药品，标有失效期，如“失效期”2018年 9月 1日，是说到 2018年9月1日就失效了。如果药品超过有效期，原则上要停止使用。要是药品保管得很好，稍微超过有效期，还可能保持原有疗效，或疗效稍有降低。如因特殊情况，仍想使用此药，要请有经验的人员检验一下，看是否还能再用，千万不要贸然使用。

青霉素、链霉素、红霉素、庆大霉素、卡那霉素、四环素、胰岛素、胰酶片、乳酶生、硝酸甘油片、利福平、疫苗、血清、抗毒素以及激素（如强的松、地塞米松）等，均为有效期药物。

如何看懂药品说明书

药品说明书的前面一般是药品的名字与许可证号。药品的许可证通常由各省卫生部门核准颁发。如果写的是“某卫药准字第某某某号”，表明该药品是由国内某省卫生厅核准制造的，如果是“卫药输字第某某某号”，则指该药品是由国外制造而输入进口的。

可以从以下 10个方面看懂说明书：

1. 药名。通常可从商品名或学名来了解药品的名字。学名是世界通用的，无论哪一本书提到该药品都应该是同一个名称，一般以英文和译文表示。而商品名则不那么严谨，每一家生产药厂都可为它的产品取一个商品名。由此，相同成分的药品，或是学名相同的药品，商品名可以有很多个。不同的商品名，意味不同厂家的产品，也代表不同品质的产品。

2. 主要成分。药品成分可分为单一成分和复合成分（复方）。成药里以复方产品居多，医师开处方药则以单方居多。家庭从药店买的药标明的通常主要成分，如感冒清热的主要成分为板蓝根、山芝麻、岗梅根、穿心莲、扑热息痛、盐酸吗啉胍等。

3. 适应症。适应症即常说的作用与用途，具体说，就是根据药品的药理作用及临床应用情况，将使用本品确有疗效的疾病列入其防治范围。在一些中成药的说明书中这项往往用“功能与主治”表示。

4. 用法与用量。一般情况下，说明书上的药品用量指的是成人剂量。儿童剂量则要根据年龄或体重计算。也有一些药品注明了儿童用量。许多中西药的重量用克（g）、毫克（mg）等表示，容量用毫升（ml）表示，并按 1克=1000毫克，1升 =1000毫升的比例换算。每片 0. 5克与每片 500毫克是等同的。药物用量常注明一日几次，每次多少量；儿童常用每日每千克体重多少量来表示。有些药物如生化制剂或抗生素，计量常常用“生物效价”来核算，并以“国际单位”（m）来表示。中药计量单位以克来表示。

药品的用法通常要根据该药的剂型和特性注明， 主要包括口服、肌肉注射、静脉用药、外用等。患者要严格按照说明书载明的方法用药。

5. 不良反应。许多约物在使用过程中会出现程度不一的副作用，出现这种情况除药物本身的特性外，还与患者的体质、健康状况有一定关系。如有过敏体质的人使用青霉素、链霉素就很容易发生过敏反应。有些药品口服对肠胃有刺激作用，容易引起恶心、呕吐等反应。有些药物对肝肾有毒性，使用过程中容易对肝、肾功能造成伤害等，这些不良反应在说明书中通常有简要注明。

6. 注意事项。为了安全使用药物， 说明书上要列出该药的慎用、忌用和禁用对象。

7. 规格。规格是指该药每片或每支的含量。

8. 贮藏。此项载明如何保存该药品。绝大多数药品均需避光、密闭并在阴凉干燥处保存。 许多生物制品要在冷藏或低温条件下贮藏。

9. 有效期、保质期或失效期。许多药品均注明有效期、保质期和失效期。药品超过有效期. 或达到失效期后即为过期失效，不应再用。

10. 批号。药品批号一般表示该药的生产日期。需要注意的是：一些欧洲国家进口药的年月日写法往往倒过来表示，即按日、月、年排列。美国进口药大多按月、日、年次序表述，日本进口药大多按年、月、日次序表述。

“慎用”“忌用”和“禁用”的含义有何不同

“慎用”“忌用”和“禁用”三者含义是不同的，下面是三者的区别：

1. 慎用。很好理解，就是提醒吃此药的人在服用本药时要慎重。在服用之后，要细心地观察有无不良反应出现，如有就必须立即停用；如没有就可继续使用。

2. 忌用。忌用的程度要超过慎用，已达到了不适宜使用或应避免使用的程度。标明忌用的药，表明已经很明确其不良反应了，而且已经知道发生不良后果的可能性很大，但人有个体差异而不能一概而论，因此用“忌用”一词以示警告。

3. 禁用。这是对用药的最严厉警告，禁用就是禁止使用。

通常，小儿、老人、孕妇及心、肝、肾功能不全者，是“慎用”辐射范围，因此在用药时要特别注意观察有无不良反应，一旦发现问题，要马上停止用药。

如何理解合理用药

合理用药包含的意思：一是选择药物正确；二是给药剂量恰当；三是给药途径适宜；四是共同用药合理，把药物对人体产生的毒性和副作用降到最低，以达到治疗和预防疾病的目的。

在还没有获得明确诊断前，不要盲目用药，比如急性阑尾炎肚子疼痛，如果用止痛药止痛，疼痛是止住了，但是却会因此掩盖了症状，容易引起误诊，或延误了诊断。

药物选择要准确，也就是要对症下药，例如病毒感染引起感冒，如果用抗生素，不用抗病毒药，就属于选药不准确。

给药剂量恰当。用药剂量与疾病的治疗效果有着极为紧密的关系。有些药物为马上达到一定的血液浓度，第一次使用时剂量要加倍，而有些药物剂量过大不但不能增加疗效，而且还可能对机体造成一定的伤害。

用药疗程适当。通常病情不同，用药的时间也不同。有些疾病给药的时间要充足，而有些药物给药时间不宜过长，还有些药物长期使用会造成蓄积中毒。

正确选择药物的合并应用。有些时候需要几种药物共用，这个时候，应该询问医生哪些药物可以同时用，哪些不可以同时用；哪些药物要先用，哪些药物后服用，避免将不宜一起吃的药物共用。

合理用药是一个相对复杂的问题，家庭用药通常以简单、小量、短时为稳妥，复杂的病情和较为严重的症状应当去医院，请教医生，遵医嘱服药。

在家里换药注意什么

有时也需要在家里换药，在家里换药要注意以下几个问题：

1. 先将双手洗干净，再用消毒好的镊子或一双筷子轻轻揭去伤面上的纱布，若纱布与伤面粘得紧不容易揭掉时，可以先用双氧水或淡盐凉开水将纱布浸湿泡软，这时再去揭就容易多了。

2. 用消毒棉花蘸淡盐水对伤口进行清洗，再用酒精棉球，从伤口的边缘由里向外擦，注意不要把酒精擦到伤口里。清洗消毒完毕后，上药，如果不用上药可以盖上消毒纱布，再包扎好。

3. 如果伤口有较多脓液，而且臭味较大，应每天换药 1～2次；若伤口脓液很多，而臭味不大时，可以 1～2天换药 1次；若没有化脓，可以3～5天换药 1次。若伤口是新的，消毒包扎后，不要随便打开，以防感染。

如果在换药时，发现伤口比较大或颜色发暗、脓液很多，还有发亮水泡时，不要犹豫，要马上去医院找医生诊治。

什么时候服药疗效最佳

为了让药物发挥最佳的疗效，需要对症用药，按量服药，还要适时服药。

通常，饭前服药吸收好，药效发挥快，饭后服用吸收和疗效没有饭前好。有刺激性的药物通常安排在饭后服用；而苦味健胃药则宜安排在饭前服用。

饭前服药的时间通常安排于饭前半小时至 1小时。一是苦味健胃药，如大黄制剂，它有增加食欲和胃液分泌的功效；二是胃壁保护药，如胃舒平、多酶片，可使药更好作用于胃壁；三是抑酸药，如小苏打片，在胃空时，更易于发挥效用；四是肠道抗感染药，如磺胺，饭前服药使药物通过胃时，不会由于过分稀释而影响吸收。此外，一些滋补药物，为了更快更好吸收，也适宜在饭前服用。

饭后服药的时间通常安排于饭后 15 ~ 30分钟。如泻药、驱蛔虫药，通常在服后 8 ~ 12小时才生效。另外，由于很多人多在早晨排便，因此应在睡前服药。睡眠药或带有安定及助眠成分的药物也应在睡前服用。

此外，为维持血中的有效浓度，有些药需要间隔一定时间服用，如抗生素类药。

服用维生素要注意什么

维生素是人体必需的一种微量有机物质，来源于食物。它在人体生长、代谢、发育过程中起着非常重要的作用。维生素虽然与其他药品有所不同，但其服用仍然要遵循以下事项：

1. 空腹不要服用。如空腹服用维生素，血液中浓度会快速升高，特别是水溶性维生素 B族和维生素 C，在体内还没有被充分利用，就从尿液中排出。

2. 适宜饭后服用。饭后服用，维生素和食物混合在一起，机体吸收充分，尤其是维生素 A、维生素 D、维生素 E，需溶于油脂后才被吸收，因此更要在饭后服用。

3. 服用要适量。维生素 A、维生素 D、维生素 E均属于脂溶性维生素，常与脂肪共存，如果服用过量，容易造成沉积，产生毒副作用。B族维生素、维生素 C属于水溶性维生素，容易和水溶合，轻度过量会随体内水分排出，导致维生素之间失去平衡。

生活中要尽量摄入多品种食物，以保证维生素充足，另外，还要注意科学储存食物及减少烹饪破坏，以保证最大程度摄入维生素。

哪些药不宜用热水送服

生活中，有一些人服药时，总是先把药含在嘴里，然后用热水送服。这种做法是不妥当的，因为有些药在遇到热水后会发生化学变化。下列几种常用药就不可用热水送服：

1. 助消化类药物。如多酶片、酵母片等，这些药中的酶是活性蛋白质，遇热后会凝固变性而失去原有的催化活性，失去了助消化的作用。

2. 金银花露。金银花露具有一定的挥发性，如果用热水送服，可加速有效成分的挥发，让药效大为降低。

3. 维生素C。维生素C是水溶性制剂，很不稳定，遇热后容易分解导致失去药效。

4. 止咳糖浆类药物。止咳药溶解在糖浆里，在发炎的咽部黏膜表面形成薄膜，可减缓黏膜炎症反应，隔断刺激而缓解咳嗽。如果用热水冲服将会让糖浆浓度变小，黏膜稠度降低，不能有效生成保护性薄膜，也就无法发挥药效。

哪些药不宜用茶水送服

生活中，有一部分人在服药时嫌麻烦，很随意用茶水送服，岂不知这种做法是不适宜的。茶叶里含有鞣酸，用茶水服药，鞣酸就会和药物中的蛋白质、生物碱或重金属盐等起化学作用而发生沉淀，进而影响甚至破坏了药效，例如，贫血病人常服铁剂，如用茶水送服，茶叶中的鞣酸遇到铁，便生成一种新的沉淀物“鞣酸铁”，由此让药物失去疗效，并刺激肠胃道引起身体不适。

另外，茶叶中含有的咖啡、茶碱、可可碱等成分，具有兴奋神经中枢、强心利尿、刺激胃酸分泌的作用，因此在服镇静、催眠药物时，不要喝茶，更不要用茶水送服。

哪些药不宜与牛奶同服

除了用热水和茶水服药外，还有些人用牛奶服药，这也是不对的。因为牛奶及其奶制品中含有丰富的钙、铁等离子，一般每升鲜牛奶中含钙 1300毫克，铁 0. 4毫克。这些离子和某些药物（如四环素类等 ）能结合生成稳定的铬合物或难溶解的盐，致使胃肠道难以吸收药物，另外，这些离子还会破坏某些药物成分，降低药物在血液中的浓度，从而影响了疗效。正确的做法应是，食用牛奶及奶制品要与服药时间间隔一个半小时以上。

第四节　急救常识

应该学会哪些急救措施

生活中，难免遇到意料不到的伤害，有些伤害很严重，甚至会危及生命，若能采取一些有效的临时措施，就可减缓危情，所以掌握一定的急救措施是非常必要的。

1. 窒息救生术。窒息，就是呼吸道堵塞，对人伤害很大，可让人在很短时间死亡。它的发生往往是由于食物突然堵塞气道或吸入气管，致使呼吸中断。人的咽喉部有食管和气管，它们有个共同的通道，这个共同的通道由一个形似叶片的会厌软骨来掌管。呼吸时，咽喉下降，会厌软骨张开，空气进出气管、口腔，在吞咽食物时，咽喉升高，会厌软骨将喉口遮盖，以防止食物误入气管。人在清醒状态时，会厌软骨在人的支配下工作顺畅，从不发生差错。而人在昏迷、昏睡时，或一边吃东西一边谈笑时，会厌软骨会出现工作失误，使食物等物进入气管，从而导致窒息。

为防止危情发生，在吞咽时，特别是小孩进食时一定不要逗笑。如果家中有昏睡病人，要注意观察，发现其口腔内有呕吐物，要及时用毛巾或干净纱布将呕吐物扣除。经常呕吐的病人在睡觉时要取侧卧位，这样可以有效防止食物进入或吸入气管。

若窒息者呈站位或坐位，可以在其身后将其拦腰抱住，一手握拳放在窒息者腰部肝脏下方（右上腹），同时将另一手放在拳上，同时用力向头部方向用力挤压，努力将异物顶出气管。若窒息者是躺在地上的，可以将一只手手心向下放在窒息者的腹部，另一只手叠放在上面，用力向上推压。

2. 人工呼吸术。自然呼吸停止时，人工呼吸术是最常用的一种急救方法。一种方法是用手或机械装置将空气有节律地压入肺脏，利用胸腔组织的弹性回缩力，让进入肺内的气体呼出，一压一呼，周而复始，代替了自主呼吸运动。

二是口对口呼吸法。进行口对口人工呼吸时，应该让被救助者仰卧，解开被救助者的衣领衣服，将其口鼻中分泌物清除干净，必要时将舌拉出来，以免舌根后坠堵住呼吸道。然后让被救助者的头部后仰，使呼吸道伸展。随后将口紧贴被救助者的口，条件许可，在被救助者的口上覆盖一纱布，救助者一手捏紧被救助者的鼻孔以免漏气，然后深吸一口气，向被救助者口内均匀吹气，让其胸部能随吹气呼吸16～18次。假如被救助者的牙关紧闭，无法进行口对口呼吸，可以用口对鼻呼吸法（将被救助者口唇紧闭）。直到被救助者自动呼吸恢复为止。

除口对口呼吸外，仰卧压胸式人工呼吸、俯卧压背式人工呼吸、仰卧牵臂式人工呼吸等都是切实可行的急救方法。

在进行口对口的人工呼吸的同时，可以进行胸外心脏按压，具体是口对口人工呼吸2次，每分钟按压心脏15次。若另有其他人员，可以一人做人工呼吸，一人做心脏按压，在2次吹气之间，有节奏地按压胸骨5次。

3. 胸外心脏按压。胸外心脏按压通常与人工呼吸同步进行。具体操作时，一手的掌部靠紧胸中、下1/3交界处的正中线上或剑突（位于胸前部正中的一块扁骨）上2. 5～5厘米处，另一手放在这只手背上，两手平行重叠，而且手指交叉并互相握着抬起。施救者的双臂应绷直，利用其上半身体重和肩、臂部肌肉力量垂直向下按压，让胸骨下陷4～5厘米。按压频率为每分钟60～70次，最高上限为每分钟80次，小儿的按压频率要高，为每分钟90～100次。

4. 心肺复苏术。心肺复苏术是对心脏骤停的人的一种外力施救。心脏骤停往往是因心脏突然衰竭不能射出足量血液来保证脑需氧量而出现的紧急病症。表现特征为突然失去了神志，摸不到大动脉搏动，听不见心音，呼吸停止，瞳孔固定放大。

在进行心肺复苏术时，要将患者安放在平坦的地方，不要轻易搬动患者。救助时一手置于患者前额使头后仰，另一手的食指与中指置于患者的下颌骨近下颌角处，托起下颌，以保证呼吸顺利，然后在进行人工呼吸和胸外心脏按压。

外伤如何止血

出血现象在家庭生活中比较常见，所以学会止血是十分有必要的。

疾病和外伤可导致人体出血。疾病导致的有咳血、呕血、鼻血、尿血和便血等；外伤导致的出血有内出血，比如内脏破裂出血、皮下血肿等，还有外出血，比如受外伤导致血液流出。

按出血部位，出血又有皮下出血、外出血和内出血三类。家庭生活中发生的创伤出血，绝大多数都属于皮下出血和外出血。

1. 皮下出血。皮下出血通常是在跌倒、挤压、挫伤的情况下发生的，皮肤没有破损，只是皮下软组织发生出血，形成血肿、瘀斑。这种出血相对好处理，通常外用活血化瘀、消肿止痛药即可，不长时间便可痊愈。

2. 外出血。皮肤损伤后，血液从伤口流出即为外出血。根据流出的血液颜色和出血状态，又可将外出血分为静脉出血、动脉出血和毛细血管出血三种。毛细血管出血是最为常见的。毛细血管出血时，血液是红色的，像水珠一样，通常可以自己凝固而止血，危险不大。静脉出血时，血色是暗红色的，连续不断均匀地从受损的地方流出，危险性没有动脉出血大。动脉出血时，血液是鲜红色的，从破损的地方呈喷射状或随着心搏频率一股一股地冒出。动脉出血是最为危险的。

通常，出血原因不同，止血的方法也不一样。疾病导致的出血可采用止血药、手术等方法止血；外伤导致的出血，止血方法不止一种，较严重的内脏出血需手术治疗。一般伤口的外伤出血可根据情况采取如下一些止血措施：

（1）加压包扎止血。将无菌纱布盖在伤口上，再在其上放上棉花或纱布团，然后再用绷带包扎好。

（2）指压止血。指压出血适用于遇到鲜血喷射而出的动脉出血，具体操作可在动脉近心脏的一端用手指压迫。头面部出血可压迫枕动脉和面动脉；颈部出血可压迫颈动脉；上肢出血可压迫腋动脉；下肢出血可压迫股动脉。

（3）止血带止血。止血带止血适用于四肢大血管出血，具体操作可用橡皮带、绷带等绕肢收紧打结。因为止血带止血有可能让肢体缺血坏死，因此时间不宜过长。这种止血方法和前几种方法一样都是在紧急情况下采取的临时应对措施，处理好后，要及时去医院找专业医生处理。

外伤如何包扎

外伤包扎是家庭常用的一种急救措施，用无菌敷料包覆伤口，起到止血和避免污物和细菌沾染的作用。

用来包扎的敷料有多种，主要有绷带、纱巾、三角巾、多头巾等，情况紧急时可用干净的衣服、布片、手帕、毛巾等来包扎。包扎时要快速、敏捷和谨慎，注意避免牵扯伤口，以免疼痛和出血；包扎要不松不紧，过紧会阻碍血液循环，过松敷料不牢固。下面是几种常见的包扎方法：

1. 绷带包扎：

（1）螺旋形法。通常，前臂、手指、躯干等处的包扎多采用此法。适用于粗细大致相等且大面积受伤的肢体的包扎。包扎时，绷带螺旋向上，后一圈压在前一圈的1/2处。

（2）8字形法。肩、髂、膝、髁等处的包扎多采用此法。包扎时先将绷带一圈向上，再一圈向下，每圈在正面和前一圈叠加在一起，并压盖在前一圈的1/2处。

2. 三角巾包扎：

将长宽约1米的布沿对角线剪开，就形成两块大三角巾。

（1）腹部包扎法。将三角巾底边横放于上腹部，将两底角向后拉，紧贴腰部结在一起，顶角朝下，在顶角处接一小带，将顶角从两腿之间拉向臀部，与在腰部打结后的底角接在一起。

（2）头部包扎法。将三角巾底边的正中点放在前额，将两底角拉到脑后，交叉后从耳绕到额部拉紧打结，再将顶角从底边嵌入，向上反折后接在一起。

在包扎时，需要注意：①所用敷料要干净无污染。②扎四肢时，不要将指（趾）端包裹起来，留在外面观察血液流通情况。③对脱出的内脏不要压挤，更不要将脱出的内脏送回腹腔内。

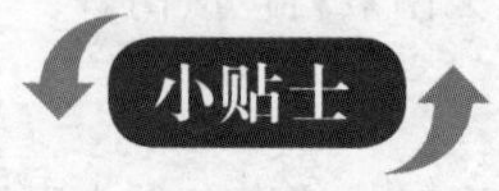

在包扎时，一定要注意观察患者肢体远端血液循环的情况，如果包扎的外层被渗液浸透，要及时更换绷带或三角巾。

中暑如何救治

正常状况下，人体之所以体温能恒定，是因为内产热与向体外散热是保持相对平衡的。假如人体产热和散热不能保持相对平衡，如产热量大大超过散热量，人的体温就会升高，那样身体会受不了的。要使体温降低，恢复正常，只有通过出汗散发热量。人的汗液中不但含有水分，还有不少盐分。出汗很多时，水和盐大量丢失，如不能得到及时的补充，人体正常的生理功能就会发生紊乱，从而引起中暑。

根据中暑程度，可将中暑分为先兆中暑、轻症中暑和重症中暑。发现中暑病人要迅速将病人移到阴凉通风的地方，解开衣服，用冷水或酒精擦拭身体，以把病人体温迅速降下来，然后给病人喝含盐的清凉饮料，以及服用十滴水、人丹、解暑片等，通常，这些措施会得到积极的效果，会有效缓解“暑”情。

触电如何救治

虽然家庭生活中，触碰到裸露电的情况不是很多，但却有这样的情况发生。超过一定量的电流通过人体能够对组织和重要器官造成损伤。一般情况下，2毫安以下的电流通过人体，人能感到麻感，对身体危害不大。8 ~ 12毫安电流通过人体，肌肉会自动收缩，有电击感产生，会受到惊吓，有头晕感，对身体伤害不是很大。当身体通过20毫安电流时，触电部位会发生灼伤和肌肉剧烈收缩。25毫安以上电流通过时，人的呼吸、心跳可停止，人会昏迷，甚至死亡。如发现有人触电要迅速采取以下抢救措施：

1. 立即将电源切断，若离电闸或开关很近，可立即将其关闭，也可用木棍等非导电体将触电者推离电击场所。

2. 在切断电源后，要将触电者口腔内的积物去除干净，使其呼吸道通畅。

3. 如发现触电者没有了心跳和呼吸，要马上进行胸外心脏按压和口对口人工呼吸，心肺复苏术一定要连续进行，不可轻易放弃。

4. 若心脏已复苏，或在持续的胸外心脏按压及人工呼吸下，要迅速将触电者送往医院救治。

灼伤如何救治

误接触了热水、火焰、强光、强酸、强碱，及误触碰了裸电，或被放射线或有毒气体击中，都会造成皮肤灼伤。

根据皮肤损伤的程度，可将灼伤分为三度：一度皮肤发红，没有疼痛感；二度皮肤发红，有水泡和出水，伴有疼痛感；三度皮肤表面干燥，呈苍白、焦黄和焦黑色，却无无疼痛感觉。

若发生了灼伤，不要慌张，要迅速用干净的冷水清洗创面，直至冲洗干净，不要乱涂药物。通常对一度灼伤，不必作特殊处理，可将毛巾浸入冷水，拧半干湿敷，一周左右就会痊愈。二度、三度灼伤，需要及时到医院找专业医生处理。

烫伤如何救治

家庭生活中，烫伤是常有的事。如轻度烫伤，烫伤的地方皮肤发红、肿胀，有火辣辣的灼伤感。这种烫伤发生后，要马上将烫伤的地方浸入干净的凉水中，可有效止痛，减轻肿胀，防止起泡。随后可用鸡蛋清、植物油涂搽烫伤之处。也可将干的泡过水的茶叶在火上焙微焦后研细，与植物油混合调成糊状，涂搽伤处，也能起到消肿止痛的作用。

严重些的烫伤，局部皮肤会起水泡，烫伤的地方会发热，有灼伤感。如发生这样的烫伤，可先用生理盐水或干净的清水冲洗干净创面，然后把针在火上烧消毒，然后用针刺破水泡，将泡液放出。将泡液放出来后，用紫药水擦拭伤口，多涂几次。如是手脚烫伤，包扎时一定要将指（趾）分开包扎，或者在指（趾）间夹上消毒的纱布，以避免指（趾）间粘连。

创伤包扎好后，气味正常，无臭味，也没有渗水，体温不上升，说明没有感染化脓，十天左右，可打开检查创伤。

更严重的烫伤，注意不要往创伤上涂药，而要在创伤上盖上干净的纱布，马上送医院治疗。在此过程中，可让患者服镇静、止痛药和消炎药。

注意，烫伤创面不要用碱面、酱油、牙膏等当药涂抹，以免造成感染。

鼻子出血如何救治

家庭生活中，会出现鼻子出血的情况，可采取以下几种方法止血：

1. 手指压迫法。鼻子出血时，不要惊慌，可先坐下，将头后仰。接着用清洁药棉堵住出血的鼻孔，同时，用两个手指分别点压鼻翼两侧，也可点压出血一侧的鼻翼，保持5分钟左右。止血后约半小时可取出药棉。

2. 冷敷法。鼻子出血后，用冷水拍额头，或将毛巾浸入冷水，拧干敷额，也可以用冰块贴于头部。这种方法是通过冷的刺激，使头部以及鼻子的毛细血管收缩，以达到止血的目的。

3. 热脚法。鼻子出血后，可将脚浸在温热的水中，这样做的目的是让脚部的毛细血管扩大，让血液快速流向脚部，有助于止鼻血。

4. 举手法。若左鼻孔出血，可将右手举起；若右鼻孔出血，可将左手举起。举手时要将大臂和小臂高举伸直，并让大臂紧贴耳边。这种方法见效快，止血好。

上面所述方法都是处理出血量不多的鼻出血，但如果出血多，用这些方法都不见效时，一定要及时到医院就诊，以免延误病情。

耳朵进水如何处理

洗头或洗澡时，水有时会进入耳朵。耳朵进了水，不但让人不舒服，而且也影响了听力，所以要及时进行处理，可采用下列几种方法将耳内的水排出：

1. 假如水进入不太深时，只需将头歪向进水的耳朵一侧，用手接连拉几下耳垂，水自然就会从耳中排出来。

2. 假如水进入耳较深，可以单脚跳，促使水排出。若右耳进水，头歪向右侧，左脚抬起，用右脚跳；若左耳进水，头歪向左侧，右脚抬起，用左脚跳。需要做到要连续跳，而且跳起落地时，脚跟着地要重，这样做是为了震动头部，进而震动耳中的水，使水流出来。

3. 也可用棉签轻柔地伸进耳道，让耳中的水浸入棉签。

跌伤如何救治

生活中，不慎跌伤偶有发生。跌伤有轻有重，通常跌在什么部位和严重程度是由跌伤时的姿势、高度以及地面条件等因素综合决定的。

跌伤轻的仅伤在表皮；严重些的伤到肌腱、骨头；更严重的是伤到内脏。处理措施要根据跌伤的轻重度来决定：

1. 表皮擦伤。这种轻微跌伤只是有少量渗出或轻微出血，有疼痛感。这种情况可局部涂红汞药水。若伤面较大，伤口处粘着杂物，可先用温开水加少许食盐冲洗，洗净后再涂红汞药水。

2. 皮肤撕裂伤。这种情况皮肤撕裂，有血从裂口流出，疼痛感强。可先用干净毛巾压住伤口，促进止血，然后马上去医院做进一步的处理。

3. 肌肉肌腱损伤。这种情况通常是关节着地，因此关节周围部位肿胀，不能负重，不敢活动，有压痛感。处理方法是先用冷敷，可用冷水浸湿后的毛巾或冷水袋覆盖伤处，促使局部血管收缩，以减少出血，1小时左右后，若局部仍红肿疼痛，冷敷改用热敷，促使局部血管扩张，加速局部血液循环。

4. 骨折。这是较为严重的跌伤。跌伤部位可见肿胀，不敢负重，不敢活动，压痛感强烈。

遇有骨折，如有出血，要马上绑扎止血。用宽些的毛巾在伤处的上方绑扎，每隔 5分钟要解绑毛巾以便血液流通。找一块长度超过伤处上下各一关节的木板，将其放在骨折肢体的下面，将受伤肢体与木板固定，然后立即送医院复位，记住一定不要未经固定就移动患者，要不然容易造成错位。

5. 跌伤造成内脏损伤。这是最严重的跌伤，假如发现跌伤患者不哭不叫，呼唤没反应，面色苍白，手脚发凉，脉搏增快或不停抽搐，说明情况严重，可能损伤已至内脏，要赶紧送医院救治，不可延误。

脚扭伤如何应对

脚扭伤也是常见的事，通常采取如下措施应对：

1. 首先分清伤势轻重度。假如脚扭伤后，还能站立，而且勉强走路，说明为轻度扭伤，这种情况不用去医院；假如扭伤后，活动足踝时有剧痛，无法站立和走路，疼的地方在骨头上，并且疼的地方肿胀，说明可能伤到骨头，这种情况要马上去医院诊治。

2. 分情况用热敷和冷敷。如果不是骨折，扭伤初期，若发现破裂的小血管流血，可用冷敷，让血管收缩，以促进凝血。十几个小时后，破裂血管流血停止，冷敷改用热敷，加速受伤部位的血液循环，促使淤血消散。

3. 按揉扭伤部位。扭伤初期，在血肿的地方做持续的按法（骨折除外）。十几个小时后做揉法，可以肿处为中心，向四周擦揉。

4. 适当进行活动。扭伤初期，肿胀和疼痛是不断增强的，这时不宜活动，要将患肢抬高。过一段时间后，只要不是很痛，可逐步加大足踝部的活动。

5. 合理用药。扭伤初期，通常不用服药，也不用外敷活血的药物，以免加大出血，加重肿胀。十几个小时后，可吃些云南白药、活血止痛散等，之后可外敷消肿药物，消肿后，内服药和外敷药都可停止了。

用弹性绷带绑扎受伤部位时，不要过松或过紧，过松容易脱落，过紧脚趾会肿麻，阻碍血液畅通。

软组织损伤如何处理

软组织损伤的处理办法如下：

1. 软组织擦伤。擦伤一般是在冲击作用下皮肤与硬物相擦而形成的皮肤表皮的创伤。通常擦伤的部位浅且脏，面积有大有小，不规则。这种擦伤可先用凉开水或生理盐水将擦伤的部位清洗干净，若受损面积不是很大，可在擦伤处涂上红汞水或紫药水；若擦伤面积较大，可贴敷油纱布包扎，然后去医院做进一步处理。

2. 软组织刺花伤。摔倒时，皮肤与地面上的石块、渣屑磕碰，致使小石块、渣屑嵌入皮肤，造成刺花伤。刺花伤可同擦伤一样，先用凉开水或盐水将创面清洗干净，有时砂粒或渣屑不易冲去，可取来软毛刷边刷边冲洗，弄干净后，给损伤部位消毒，然后敷盖药纱布包扎。记住一定要将砂粒、渣屑冲洗掉，要不然会影响伤口的愈合。

3. 肌肉、韧带撕裂伤。肌肉、韧带撕裂伤，就是平时所说的扭伤，这种软组织损伤通常为四肢关节部位的肌肉、韧带、关节囊等软组织由于过度牵拉而发生的损伤。损伤后，受损部位充血、肿胀，有较强的疼痛感，不敢活动。肌肉、韧带撕裂后可做这样的处理：刚损伤时，要停止活动，避免加大出血。假如软组织内有明显的出血，可冷敷一下，冷敷有利于止血、消肿、止痛。一天后，出血停止，停用冷敷，改用温热疗法，以消肿和促进血液吸收。在进行温热敷时，要注意温度不要太高，时间也不要过长，半个小时左右即可，时间过长会加重渗血、水肿或发生再出血。根据情况，严重者可内服七厘散，亦可外敷，有活血止痛作用。

煤气中毒如何救治

家庭生活中，发生煤气中毒的几率虽然不是很大，但确有发生，因此也不能掉以轻心。煤气中毒也就是一氧化碳中毒。一氧化碳气体对人体有很大的伤害，大量吸入体内后，会与红细胞中的血红蛋白结合，导致血红蛋白失去了输送氧气能力，造成全身缺氧。

还有，一氧化碳还可对人体组织，特别对大脑组织有较大的毒害。

一氧化碳有无色无嗅的特征，吸入人体后，没有任何感觉，往往直到出现症状才知晓。一氧化碳中毒分两种，一种为轻度中毒，一种为重度中毒，轻度中毒表现为头痛、眩晕、恶心、呕吐，身体乏力。重度中毒可出现昏迷、虚脱、惊厥、高热，同时皮肤、指甲、口唇会呈现樱桃红色，危害严重，要马上救治，否则生命会受到严重影响。

一氧化碳中毒后，要立即将中毒者移到空气流通的地方，然后给中毒者吸入氧气，若发现呼吸、心跳已经停止，要立即进行人工呼吸和心脏按摩。

气管异物如何处理

气管异物多发生在三岁之前的小儿身上，由于这个阶段的小孩神经发育不健全，喉部的保护功能相对较差，同时，喜欢将小件物品，如小圆球、小木块、纽扣等放入口内，由此发生小物件卡在气管内的事。另外，在吃东西时跑动，或哭闹或发笑，也容易发生异物进入气管内的事，这都属于气管异物。

若异物进入气管，严重的会有窒息的危险，轻者可发生呛咳、呕吐、声音嘶哑、憋气，呼吸时发出类似吹口哨的声音，同时口唇发紫。如果异物停留在气管，可有阵发性咳嗽，呼吸时呼噜有声，感觉气管有物，但是却咳不出来，有时还会呼吸困难。如异物较小，进入支气管，表现不明显，但仔细观察，患儿多有气喘现象，活动时气喘加重，入睡后情况有所改变。若让异物长期存留，会引起肺气肿、肺炎、肺脓肿等并发症。

如果发现小儿发生气管异物，可将患儿倒置，抓紧患儿双腿让患儿头朝下，再用手拍打其背部，努力将异物排出。经过急救后，如仍然不能排出异物，要立即送往医院急救。

晕厥如何急救护理

晕厥是因各种原因导致一时性脑供血不足引起的意识障碍。在家遇到晕厥病人时，要迅速将病人平卧或头部略放低，将下肢抬高，以增加回心血量；同时，将病人衣领及过紧衣服松开；如果有假牙要去除，给病人喝些热茶、姜糖水或糖开水。如果病人呕吐，要将病人的头偏向一侧，避免呕吐物吸入气管或肺部，造成窒息或吸入性肺炎；如果病人意识丧失，要将病人头向后仰，同时托起下颌，防止舌头后坠，将气管阻塞；当病人意识恢复时，可慢慢扶病人至坐位，稍后可缓缓扶其站起，避免扶起病人过快而再次发生晕厥，通常要至少休息 半个小时，才可使病人重新站立。

急性心肌梗塞如何救治

急性心肌梗塞往往发生在年纪较大人身上，急性心肌梗塞是一种突发性强的危险急病，在发病前多会出现各种先兆症状，识别这种症状对及时救治有着重大意义。患者会感觉心前区闷胀不适，有钝痛感，有时向手臂或颈部放射，同时可有恶心、呕吐、气促及出冷汗等症状。此时，要立刻停止体力活动，控制情绪，以减轻心肌耗氧量，同时口服硝酸甘油片或亚硝酸异戊酯等速效扩血管药物，这样的应急措施有时会避免心肌梗塞的发生。

当该病发生时，有时有些患者没有剧烈胸痛感觉，也有的由于心肌下壁缺血而导致突发性上腹部剧烈疼痛，同时还有其他症状，休息和服用速效扩血管药物也没有效果，疼痛依旧。这时，应立即送往医院救治。在救援人员到来之前，可采取自救措施，先深呼吸，然后用力咳嗽，深呼吸和咳嗽可引起身体震动及产生的胸压，与心肺复苏中的胸外心脏按摩有着类似的效果，有延缓救治时间的作用。

如患者身边有人，可扶着患者慢慢躺下，并尽量减少体位变动，同时可给予10毫克安定口服，这些措施有助于延缓病情发展。

在医生救治之前，如发现患者手足湿冷、肤色变白，且心跳加快，预示患者要发生休克，这个时候让患者平卧，使其足部抬高，以改善大脑缺血状况。如患者已经失去意识，心脏突然停止跳动，千万不要将其抱起晃动呼叫，应马上拳击心前区，帮助患者心脏重新跳动。如果见效甚微，要立即进行胸外心脏按摩和口对口人工呼吸，不要轻易放弃。

食物中毒有哪些类型及表现

食物中毒现象在生活中数见不鲜，中毒的原因有很多，如，夏季吃了不干净的或腐坏变质的食物；四季豆、黄豆及豆制品未烧透食用，还有食用含有毒素的野蘑菇亦可导致中毒。

细菌性食物中毒和非细菌性食物中毒是食物中毒的两大类。

吃了被细菌或其毒素污染的食物引起的中毒即为细菌性食物中毒，细菌性食物中毒多发生在夏秋季节，而且通常是全家人或同时用餐的人一起发生，如沙门氏菌食物中毒、葡萄球菌毒素中毒等。

除了细菌性食物中毒外，就是非细菌性食物中毒，多是吃了本身具有毒素的动植物而引起的，如河豚有河豚毒素、野蘑菇有毒蕈素。这些食物会引起较为严重的食物中毒。另外，误食混入有毒化学物质如农药或铅、砷、汞等物质的食物也可引起食物中毒。

通常，食物中毒起病较快，症状多表现为急性胃肠炎症状，如恶心、呕吐、腹痛、腹泻、发烧、虚脱等，严重食物中毒可导致患者死亡，因此要引起注意，提高警惕。

发生食物中毒后，首先要查明引起食物中毒的原因，如是毒蕈中毒、河豚中毒，要立即催吐或洗胃，把体内毒素排除干净，之后要及时补液，使用抗生素及解毒药物等。

食物中毒的预防十分必要，不要吃发霉、腐烂、变质以及被污染的食物，烹饪食品时间要够，以彻底杀灭食物中的病原体。

误食发芽马铃薯中毒如何急救

未成熟或发芽的马铃薯含有毒素，食入后在十几分钟至几小时内即可发生中毒现象。发芽马铃薯含有的毒素是龙葵碱。正常情况下的马铃薯龙葵碱含量很低，在贮藏过程中龙葵素呈增加态势，马铃薯发芽后，幼芽和芽眼部分的龙葵碱含量迅速增加，人食入后就可导致中毒。

龙葵碱对胃肠道黏膜的刺激性很强，且可麻痹呼吸中枢，并可进一步引起脑水肿，充血。龙葵碱中毒后的症状为咽喉部瘙痒、有烧灼感，呕吐、腹痛、腹泻，且伴有头痛、头晕，中毒深者会发生言语障碍、意识障碍，甚至抽搐、呼吸困难，更严重者呼吸停止。

如果发现中毒，要马上催吐，可用手指、筷子等刺激舌根和咽后壁引起呕吐，还可喝一些温开水反复催吐，直至无物可吐为止。吐完后要酌情服用泻药，如硫酸镁，以减少毒素吸收。吐泻严重者要多饮淡盐水、牛奶或含盐饮料，以补充水分，防止脱水。如情况严重，要迅速前往医院诊治。

食用变质蔬菜中毒如何急救

家庭生活中，人们常食用菠菜、小白菜、荠菜等绿叶蔬菜，这些蔬菜中含有一定量的硝酸盐及亚硝酸盐，正常情况下，人食入新鲜的绿叶蔬菜不会引起中毒，但是如果这些蔬菜变质，人食入后，这些变质蔬菜中的硝酸盐，可在体内还原为有毒的亚硝酸盐。一旦亚硝酸盐超过 0.35克，就会导致中毒。

中毒的通常症状表现为口唇、指趾端紫绀，头晕，头痛，精神恍惚，嗜睡，反应迟缓，严重者会失去意识，四肢湿冷，抽搐，以及心律不齐，呼吸衰竭，危及生命，因此一定要引起重视。

如不幸发生了食用变质蔬菜中毒，要立即催吐，催吐后口服硫酸镁导泻，以尽量将体内毒素排干净。然后，将中毒者放于通风良好处，卧床休息，注意保暖，多喝水。如发现紫绀和呼吸困难要给予吸氧。严重者要立即送医院救治。

火灾发生时如何防烟

水火无情，当火灾突如其来的时候，多数人会出现惶恐，这是最可怕的。此时保持冷静的头脑，采取正确的行动，对生命的护佑有着巨大的意义。

活生生的事实告诉我们，发生火灾时，在死亡的人员中有很多人并不是被火烧死的，而是被烟气熏死的。所以，一旦遇到起火而被围困后，一定要及时采取防烟措施。

家庭生活中，毛巾防烟法可以说是最为简单同时也是很实用的一种防烟措施：

可以将毛巾浸湿折叠起来捂住口鼻。试验证明，湿毛巾在消除烟雾和阻止烟雾中刺激性物质方面的效果要远胜过干毛巾，但是要注意的是毛巾不要过湿，要不然会增大呼吸阻力，造成呼吸困难。在使用湿毛巾防烟时，通常毛巾含水量不要超过毛巾本身重量的 3 倍。另外，使用毛巾捂住口鼻时，要尽可能增大过滤烟的面积，将口鼻捂严。在穿过烟雾区时，即使感到呼吸困难，也千万不要将毛巾从口鼻上拿开，否则可能立即导致中毒。

楼层火灾，尤其是高层建筑火灾之所以蔓延快，很多时候都是因打开了门窗导致的。如果屋内充满烟雾，无法忍受时，也只能打开背火一侧的门窗，将烟雾排除后要立即关闭好。

服错药或误服药如何急救

服错了药是一件很麻烦的事，如果是错服了或误服了一些外用药或有毒药物时，情况更糟糕，要及时进行急救。

当然，并不是误服了什么药都很危急，如误服了维生素类药，就不必特殊处理，因为这类药副作用较小。但大多数药，如常用的解热镇痛药、安眠药、解痉药、抗生素等，如果误服了，都会产生不同程度的毒副作用，主要症状为头痛、腹疼、意识出现障碍等，这时要紧急处理，可用筷子、手指刺激咽部，引起呕吐，将药物排出体外，催吐要反复进行。

如果误服了碘酒，可立即喝稠米汤、面糊或其他含淀粉的液体，因为淀粉与碘发生反应，生成一种稳定的蓝墨水样的化合物，然后再将这种化合物吐出来。这样反复地喝、吐，直到吐出来的东西不再是蓝色。

若误服了来苏儿或石碳酸，因为它们腐蚀性很强，对食道和胃黏膜的刺激很大，所以要及时对食道和胃黏膜进行保护，以免引起严重的腐蚀。处理的办法是喝生蛋清、牛奶、稠米汤或豆浆，这些东西可以附着在食道和胃的黏膜上，隔离了腐蚀物。越是及早地采用这些方法，越是能能减轻药物对人体的腐蚀，所以保护宜早不宜迟，不要等到医院再做处理，伤害一旦造成，将不可弥补。

实际上，能做洗胃液的还有肥皂水、小苏打水，不过敌敌畏中毒时不能用它们洗胃，因为敌敌畏遇上肥皂或小苏打水就会变成毒性更大的敌百虫。安全起见，在没有弄清毒物性质时，清水是最好的选择。

第五节　孕产保健

孕前要注意什么问题

孕妇受孕前应注意以下几个问题：

1. 饮食营养。在受孕前夫妇双方都要注意饮食营养，多摄入高蛋白及富含维生素的食物，特别是维生素 A和维生素 C要多摄入些。因为维生素 A和维生素 C是人体不可缺少的成分，同时也是生育的物质基础。补充途径：可以多吃水果，水果是补充维生素的最佳途径之一。

2. 适当活动。在空气良好的情况下，早晚去户外散步，到空气新鲜的地方呼吸新鲜空气。参加适合自己身体情况的娱乐活动，既锻炼身体，又陶冶了情操。

3. 避免生病。受孕前应防止生病，特别是病毒性疾病，更要避免发生，如风疹、流行性感冒等，因为病毒和胎儿畸形有着直接的联系。

4. 远离烟、酒，勿滥用药物。烟、酒都对生殖细胞有害，滥用药物是造成胎儿畸形的常见原因。比如，服用女性激素类药物能使胎儿女性化，服用男性激素类药物能使胎儿男性化。另外，也要远离放射性物质及有毒的放射性物质。

孕前要补充哪些营养素

孕前孕妇要补充以下营养素：

1. 蛋白质：蛋白质是构成人肌肉、内脏以及健脑的基本营养素，可以说是生命的基础元素。如果在孕前摄取蛋白质不足，怀孕的几率就会缩小，即使怀孕了也会由于蛋白质供给不足，造成胚胎发育迟缓，而且容易流产，或者胎儿发育不良，先天性疾病及畸形的几率增加。此外，会延长产后母体的恢复，有的女性就是因为产前摄入蛋白质不足，分娩后身体一直没有恢复，严重者还导致并发症。

富含蛋白质的食物有很多，动物性食物有牛肉、猪肉、鸡肉、鱼、蛋、牛奶等；植物性食物有各种豆类及豆制品。

2. 钙：骨骼与牙齿的主要成分就是钙，钙是人体的支架，更是胎儿发育过程不可缺少的一种主要成分。此外，钙有加强母体血液的凝固性的作用，可以安定精神，防止疲劳，有助于哺乳。因此，孕妇一定要及时摄取比平常多2倍的钙质。

鱼类、牛奶、乳酪、海藻类及绿色蔬菜等均含有丰富的钙。

3. 铁：血红蛋白的主要成分就是铁质，在人体内最主要的功能是组成血红蛋白，从而进一步形成血细胞。体内如果铁质不足，就容易贫血，产生倦怠感。怀孕中期，孕妇容易发生贫血，这是因为这个时期胎儿长得快，每天都要吸收约5毫克的铁质，这样就导致母体血液中的铁质减少。孕妇贫血危害性很大，不但影响胎儿的生长，而且在生育时容易造成产妇出现低热或迟缓出血等并发症，增大出血量，造成产后母体恢复较慢。为了防止女性怀孕中期贫血，孕前就要注意多摄入铁质，孕中也不宜间断。铁可在人体内储存长达4个月，因此在孕前3个月补充铁是比较适宜的。

猪肝、猪血、牛肉、鸡蛋、大豆、海藻类、芝麻酱、黑木耳、香菇富含铁质。

4. 维生素：维生素对身体十分重要，属于人体生长最基本的要素，是维持人体正常生理功能必须的物质。如果女性体内维生素不足，其受孕几率就会低得多。此外，如果体内维生素不足，即使其他营养素进到体内，也无法充分发挥作用，比如人体摄入钙后，如果缺少了维生素D的作用，人体对铁质的吸收就不会很好。因此，女性在受孕前，一定要注意补充各类维生素，通常在孕前2～3个月就要开始补充。

绿黄色蔬菜、动物肝、肉、蛋、牛奶以及水果都富含维生素。

5. 叶酸：叶酸的重要功能是抗贫血，还有助于提高胎儿的智力。医学实验证明，适量的叶酸可以治疗和防止妊娠期巨幼细胞性贫血、婴儿营养性大细胞性贫血等症，此外，叶酸在改善唐氏综合征（先天愚型）患儿智力方面也有特殊的医疗功能。所以，孕前孕后都要注意叶酸的补充。

含叶酸丰富的食物有动物肝、多叶绿色蔬菜、豆类、谷物、花生等。

孕妇体内叶酸缺乏是造成早产的重要原因之一，因此，在打算怀孕的前3个月，每天要补充叶酸，通常，每天要补充0.4毫克叶酸。

妊娠早期要多吃哪些食物

妊娠早期，由于早孕反应，很多孕妇产生厌食现象。为了补充营养，要尽可能满足孕妇口味。早餐可选择牛奶、鸡蛋和淀粉类食品，如面包、馒头、饼干等。午餐营养要丰富，除主食外，要多摄入肉类、蛋类、蔬菜等。晚餐以清淡容易消化为主，但要兼顾营养全面。两餐之间可食用专业配方奶粉、牛奶、果汁及水果。

通常第一个月孕妇还不清楚自己是否怀孕，没有过多注意饮食问题。实际上，这个时候应该开始进食含氨基酸较多的食物，并开始多食新鲜水果。

第二个月孕妇往往有了早孕反应，心情比较烦躁，没有好的食欲，此时可多摄入一些能开胃健脾的食物，而且要尽量保证营养全面。

第三个月早孕反应还没有结束，情绪可能还不稳定，且容易发生便秘。此时膳食大致与第一个月相似，但要相应增加含纤维素较多的新鲜蔬菜，以促进排便。

妊娠中期要多吃哪些食物

妊娠中期，孕妇要多摄入些含较高热量、蛋白质的食物，适当增加脂肪、糖类的摄入量，比如肉类、鱼虾类、蛋类、豆制品以及蔬菜和水果。

孕中后期，孕妇每天应当摄入 400 ~ 500克的主食。为保证钙及维生素的摄入量，孕妇每天应饮用 500毫升以上的牛奶或奶制品，不喜欢喝牛奶，可改用酸奶。多吃些含钙质丰富的食物，如虾皮和芝麻酱。

妊娠后期要多吃哪些食物

妊娠后期，孕妇的食欲通常比较好，这时胎儿的发育迅速，所以营养一定要跟上。在饮食上，可多摄入富含蛋白质的豆制品，如豆腐和豆浆等。海产品，如海带、紫菜等也要多摄入，另外，动物内脏和坚果类食品也要适量摄入。

在保证全面营养的同时，要控制钠的摄入，但要增加铁及维生素 K、维生素 C的摄入，为分娩做好准备。

妊娠晚期适宜少吃多餐，一日吃 4~5次为宜。适当减少主食的摄入，增加副食，另外，多摄入乳制品、新鲜蔬菜等，以防止便秘。

妊娠早期为什么不宜多食动物肝脏

妊娠早期，不宜多食动物肝脏。虽然动物肝脏营养丰富，含有多种微量元素及丰富的蛋白质，但妊娠早期摄入过多动物肝脏，会造成胎儿畸形。这是因为动物肝脏中含有丰富的维生素 A，尤其是鸡肝、牛肝、猪肝，每100克中所含维生素 A的平均值为正常每日规定饮食量所需维生素 A值的 4～12倍，过多的维生素A可造成胎儿畸形，因此，妊娠早期孕妇不要过多摄入动物肝脏及其他富含维生素 A的食物。

孕妇为什么不要过量喝茶

科学证明，孕妇如果喝茶过量，或者喝茶太浓，特别是饮用浓红茶，会给腹中胎儿带来危害。

茶叶中含有 2%～5%的咖啡因，每500毫升浓红茶水大约含咖啡因 006毫克，假如每日喝 5杯浓茶，就相当于服用 0. 3～0. 35毫克的咖啡因。咖啡因的刺激作用会让胎儿躁动不安，甚至危害胎儿的生长发育。

此外，茶叶中还含有多量的鞣酸，鞣酸可与孕妇食物中的铁元素结合成一种不能被机体吸收的复合物，因此孕妇如果过多地饮用浓茶，容易造成贫血，也给胎儿造成患先天性缺铁性贫血的隐患，因此，孕期的女性饮茶要适可而止。

孕妇可喝些淡茶，但不宜在空腹时饮用，一般可于饭后 1小时喝上一小杯。

孕妇为什么不要喝咖啡

事实证明，长期过量饮用咖啡，会让人患上失眠症，并可增加胰腺癌的发病率。孕妇长期饮用咖啡，心跳会加快，血压会升高，并易患心脏病。另外，咖啡中的咖啡因能够破坏维生素 B1，长期饮用会让孕妇缺乏维生素 B1，导致孕妇出现烦躁、容易疲劳、记忆力减退、食欲下降及便秘等症状，甚至可能发生神经组织损伤、心脏损伤、肌肉组织损伤及浮肿，因此，孕妇一定不要喝咖啡，更不要过量饮用。

孕妇为什么不宜多吃油条

油条在制作时，要加入一定量的明矾，明矾是一种无机物，含铝。炸油条时，每500克面粉要加入 15克明矾。如果孕妇每天吃两根油条，就摄入体内约 3克明矾，这样日积月累，体内的铝的含量就十分丰富了。这些含量丰富的铝会通过胎盘，侵入胎儿的大脑，造成胎儿大脑障碍，增加生痴呆儿的几率。

孕妇为什么不要食甲鱼、螃蟹

甲鱼，也叫鳖，具有滋阴益肾的功效，对普通人来说，它是一道营养丰富的菜肴。但是由于甲鱼性味咸寒，有较强的通血络、散瘀块作用，对孕妇来说，特别是妊娠早期，食用后容易造成流产，因此，孕妇不宜食用。同甲鱼一样，螃蟹虽然好吃，但其性寒凉，也有活血祛瘀的功效，对孕妇来说，食用后也容易造成出血、流产，因此，孕妇也不要食用螃蟹。

孕妇为什么要多摄入钙和铁

钙对人体非常重要，虽然在人体含量最多，但也最易缺乏。通常，成人每日应该摄入 600毫克钙，而孕妇则需要多摄入，范围可控制在 1200～1500毫克钙。

胎儿在生长发育过程中，骨骼的形成和生长，都离不开钙质的参与，如果孕妇饮食中钙的供应不足，胎儿的骨骼则迟缓，智力也会发育不良。孕妇也会因缺乏钙质而发生牙齿松动，甚至脱落，骨质疏松等现象。因此，孕妇饮食中钙含量一定要保持充足。

通常膳食中的钙，只有 40%～60%才被吸收，所以孕妇多吃含钙丰富的食物以保证摄入足量的钙质，含钙丰富的食物有牛奶、脆骨、鱼、豆类及豆制品等。

孕妇也要多摄入铁质。铁在人体内含量很少，主要含在血红蛋白内。铁的主要功能是参加肌体内部氧的输送和组织呼吸。若膳食中铁质不足或铁的吸收受到限制，容易引起缺铁性贫血，如是孕妇缺铁性贫血发病率更高，而且在分娩过程中有一定量的失血，所以要给孕妇提供铁质含量丰富的食物。铁质丰富的食物有蛋黄、动物肝脏、菠菜、瘦肉、豆制品、海带、紫菜等。

孕妇为什么不宜睡席梦思床

席梦思床柔软、舒适，许多年轻人都很喜欢，但孕妇则不宜睡席梦思床。这是因为：

1. 易致孕妇脊柱变形。孕妇的脊柱较正常腰部前曲更大，睡席梦思床及其他柔软沙发床，会对腰椎产生严重影响。仰卧时，脊柱呈弧形，增加了原本已经前曲的腰椎小关节摩擦；侧卧时，脊柱也向侧面弯曲。时间长了，容易让脊柱的位置变形，压迫神经，增加腰肌的负担，既不利于消除疲劳，又不利生理功能的发挥，并且引起腰痛。

2. 不容易翻身。正常人在睡后姿势不是一成不变的，而是经常变动的，一夜辗转反侧可达 二十几次。适当的翻身有助于大脑皮质抑制的扩散，提高睡眠效果。可是，席梦思床太软，孕妇身沉深陷其中，翻身费力。同时，孕妇仰卧时，增大的子宫压迫腹主动脉及下腔静脉，让子宫供血减少，对胎儿发育不利，同时，会让孕妇下肢、外阴及直肠静脉曲张，有些孕妇因此而患痔疮。右侧卧位时，上述压迫症状消失，但胎儿可压迫孕妇的右输尿管，让孕妇容易患上肾盂肾炎。左侧卧位时虽然没有了上述弊处，可是会让心脏负担加重，胃内容物排入肠道受阻，对身体健康不利，所以，孕妇要避免睡席梦思。

孕妇以睡棕绷床或硬床上铺9厘米左右厚的棉垫为宜，同时要保持枕头松软，高低适宜。

孕妇为什么要适时改变躺卧姿势

孕妇卧床的姿势影响孕妇和胎儿的健康，因此要引起重视。在妊娠早期，可以采用自己觉得舒适的姿势，妊娠中、晚期则要侧卧，最好是左侧卧，而不要仰卧，原因在于：

1. 妊娠时子宫增大，胎盘血循环渐成，导致血容量增加。盆腔静脉血通过下腔静脉回到心脏的血量也相应增加。如果采取仰卧，尤其是在妊娠晚期，子宫已经变得很大的情况下，采取仰卧，会压迫下腔静脉，致使血液回流发生障碍，回心血量减少，胎盘血流量也随之减少，影响胎儿对氧和营养物质的吸收。若子宫压迫腹主动脉，使子宫动脉压力下降，也势必对胎盘血流量产生影响。

2. 采取仰卧姿势时，下半身血液回流产生障碍，造成下肢、直肠和外阴的静脉压力增高，容易让下肢、外阴患上静脉曲张，严重会患上痔疮和下肢水肿。

3. 采取仰卧姿势时，子宫在骨盆入口对输尿管造成压迫，使肾盂被动扩张，尿液潴留。尿量减少的同时也会引起钠潴留，加重了水肿。

4. 侧卧位可降低舒张压，可有效预防、治疗妊娠高血压综合征。同时，妊娠子宫大部分向右旋转。子宫血管也随之扭曲。一定程度上，左侧位的姿势可纠正子宫右旋，促进血管复位，血流通畅。

孕妇为什么一定要远离宠物

如今，豢养宠物的家庭日渐增多，其中以养猫、养狗为多，但是家中有孕妇的话，最好不要养宠物，孕妇本人也要注意远离宠物，因为宠物容易让孕妇患上传染病，如猫能传播一种叫弓形体的致病寄生虫。孕妇接触可受感染，并可使胎儿受到侵犯，其后果相当严重。

弓形体寄生虫体型微小，肉眼看不见，由它感染引起的疾病叫弓形体病。它在猫等动物的肠黏膜内进行有性繁殖，据测定，一只猫每天可以从粪便中排泄出数以万计的弓形体卵囊，一个卵囊在体外分成两个孢子囊，人和动物食入含有弓形虫卵囊的食物后，就感染了弓形体病。除了这种方式外，接触病猫的唾液、痰，或饮用受污染的水，都可感染上。人受到传染以后，如果抵抗力强，一段时间内不会出现症状，这称为隐性感染；如果抵抗力比较低，短时间内即可引起淋巴结肿大、脑炎、癫痫、眼炎、肺炎或心肌炎等病症，这叫显性感染。

孕妇的免疫功能比怀孕前降低，因此更易受到感染。孕妇感染后，弓形体通过胎盘进入胎儿体内，容易导致流产、早产或死胎。即使胎儿出生，也极容易罹患小头症、脑积水、斜视等各种畸形病。通常，感染越早对胎儿危害越大。因此，孕妇家中不要养宠物，孕妇更要远离宠物。

孕妇洗澡要注意哪些问题

女性怀孕以后，机体内分泌发生了改变，新陈代谢变得旺盛，汗腺及皮脂腺分泌也随之旺盛。因此，孕妇洗澡要比常人更要次数高些，孕妇洗澡以淋浴为主。

孕妇淋浴应注意以下问题：

1. 水温要适宜。孕妇洗澡水温不要过高，过高的话容易损害胎儿的中枢神经系统。通常，水的温度越高，损害越重。孕妇沐浴时水的温度应控制在38℃以下。需要注意的是，孕妇不要去温水池或盆堂沐浴，同时，避免腹部长期浸在热水中。

2. 不要在浴罩内沐浴。浴罩空间狭小，浴盆内水较热，罩内水蒸汽充盈，随着呼吸，氧气逐渐减少，加上温度又较高，氧气供应会越来越不足；另外，由于热水浴的作用，引起全身体表的毛细血管扩张，会加剧孕妇脑部供血不足，容易让孕妇发生晕厥。同时会导致胎儿出现缺氧、胎心心跳加快等现象，严重者会影响到胎儿的神经系统发育。

3. 洗浴时间要适当。通常，浴室通风不是很好，空气混浊，湿度大，闷热，加上热水的作用，致使全身血管扩张，造成大脑、胎盘供血减少，使胎儿缺氧，并影响胎儿的神经系统发育，因此热水浴的时间不宜过长，以不超过15分钟为宜。

4. 宜采取立位。孕妇洗澡宜用淋浴的方式，不要坐在澡盆里洗澡。原因在于妇女怀孕后机体的内分泌功能发生了诸多的变化，阴道内具有灭菌作用的酸性分泌物减少，致使身体抵抗力变低，这个时期，如果坐浴，水中的细菌、病毒很容易侵入孕妇阴道、子宫，导致阴道、输卵管发生炎症等，另外，立位洗澡不用弯腰，很适合妊娠晚期弯腰困难的孕妇。

5. 防滑跌。孕期，孕妇身沉，行动不灵便，为防止意外发生，洗澡时要扶着墙，防止跌滑，同时，动作要轻柔迟缓，如有必要要请人帮忙洗浴。

孕妇为什么不宜久坐久站

孕妇不宜久坐久站，主要是防止静脉曲张。妊娠时期，孕妇常发生静脉曲张，其中下肢和外阴部静脉曲张最为常见，通常，静脉曲张随着妊娠月份的增加而逐渐加重，也就是说，越是妊娠晚期，静脉曲张越厉害，经产妇比初产妇静脉曲张更为常见而且严重。原因在于：妊娠时子宫和卵巢的血容量增加，这让下肢静脉回流受到影响；同时，增大的子宫压迫盆腔内静脉，阻碍下肢静脉的血液回流。如果孕妇久坐久站，必然加重阻碍下肢静脉的血液回流，加大静脉曲张的程度。

采取一些措施是可以预防静脉曲张，对于孕妇来说，妊娠期要休息好，平时不要久坐久站，也不要负重，就可有效预防下肢静脉曲张的发生。

孕妇出现下肢或外阴部静脉曲张，会感觉到下肢酸痛或肿张，小腿隐痛，踝部和足背水肿，容易疲倦，行动不便，如出现这些症状，要加强休息，如有必要可卧床休息。

产后需要注意哪些问题

孕妇产后，身体状况有了很明显的变化，身体十分虚弱，这个时期，要特别注意营养和卫生情况，通常要注意以下问题：

1. 注意饮食的营养。孕妇产后要保证科学合理的营养，这是产后身体复原的重要条件。

2. 劳逸结合。分娩过程中，产妇体力消耗很大，产后一般疲惫嗜睡。因此，产后最初24小时内，产妇要卧床休息。之后，根据实际情况，可酌情在室内活动，适当的活动有利于恶露的排出和子宫的尽快复原，也有利于产后大小便通畅。

整个产褥期，孕妇都要保证充足的睡眠和休息，不可从事重体力劳动，但也不宜整日卧床，这同样不利于身体复原。

3. 注意排尿。一般情况下，产后不久，尿量较多，应尽早自解小便，避免膀胱膨胀，有碍于子宫的复原。若产后6~8小时产妇仍没有小便，可鼓励和帮助产妇下床排尿，也可在产妇下腹部放一个热水袋，或用温开水缓慢冲洗外阴，以刺激和诱导排尿。

4. 防止便秘。分娩时多要对产妇灌肠，大便已排空，因此产后两天内可无大便。由于产后较长时间卧床不动，肠蠕动减弱，加上会阴部疼痛，很多产妇不愿解大便，由此容易形成便秘，要鼓励和帮助产妇排便。有痔疮的产妇更应防止便秘。

5. 注意会阴部卫生。产后，特别是产褥期，会阴部会增加分泌物，因此这个时期要特别注意会阴部卫生。每天可用温开水或1/5000的高锰酸钾溶液冲洗外阴部1～3次，并保持会阴部清洁和干燥，阴垫要勤换。

如何预防产妇产褥中暑

产褥中暑，医学上又称为产褥期热射病，是指产妇在高温闷热环境中，体内热量不能及时散发而引起中枢性体温调节功能障碍。主要症状为头晕、眼花、耳鸣、胸闷、出汗、四肢无力，如天气炎热，室内温度高，通风不畅，可怀疑产妇产褥中暑。

要采取积极有效措施预防产妇产褥中暑，可从以下几方面进行：

1. 室内要通风良好，保持凉爽。产妇的房间要经常开窗开门，保持通风良好，温度适宜。可以适当使用空调降温，但注意不要让产妇受“穿堂风”直吹，也不要用电风扇直吹。

2. 经常用温开水洗浴。坐月子期间，产妇每天都要做到用温热开水擦洗身上，如身体状况不允许，可请家人帮忙洗浴。产妇要穿宽大透气的衣裤，最好穿纯棉衣裤，不要穿化纤类的，化纤类的衣裤不透气，不利于散热。

3. 多喝些绿豆汤等降温饮料。产妇饮食要多样化，常吃稀薄、易消化的食物和水果、蔬菜，炎热时日，要多喝些温开水、绿豆汤等饮料，以防暑降温。

如发现产妇中暑，要及时采取措施处理，可迅速将产妇移至凉爽通风处，解开衣服，助其喝下凉开水或盐开水，使其安静休息。如果情况严重，比如呕吐、面色苍白，意识不清等情况，要马上送医院检查治疗。

产妇产褥期怎样做康复体操

产妇产褥期做康复体操有利于身体及早康复，做动作前姿势统一，即身体平卧，头平直，胸部挺起。运动开始时首先深深吸口气，运动时暂停呼吸，之后慢慢呼气。每天做5~10次，分娩第二天就可以开始做，随着身体状况改善逐渐增加运动次数及运动量。以下是产褥康复体操的几个简单动作：

1. 腹部运动。仰卧，将两臂上举至头的两侧，与双耳平行。深吸一口气，腹肌收缩，使腹壁下陷，内脏提向上方，然后慢慢呼气，同时将两臂收回。

2. 臀肌及腰背部肌肉运动。仰卧姿势，微屈髋与膝，平放双脚，两臂放在身体的两侧。深吸一口气，之后努力抬高臀部，让背部离开床面，然后慢慢呼气，放下臀部，归回原位。

3. 提肛肌运动。仰卧姿势，微曲双腿，双膝分开，平放双脚，双臂放于身体两侧。双腿内合拢，同时收缩肛门，然后分开双腿，同时放松肛门。

除上述运动外，产妇随时可做收缩肛门及憋尿的动作，每日30~50次，这些动作对盆底肌肉张力的恢复有好处。平时卧床休息时，也不要总是仰卧，可俯卧，可侧卧，避免子宫后倾。此外，还可酌情在床上做仰卧起坐，锻炼腹直肌张力。

产褥期的康复体操有利于补充产褥早期产妇起床活动的不足，对腹壁及盆底肌肉张力的恢复有促进作用，对产后尿失禁、膀胱及直肠膨出、子宫脱垂等也有预防作用。

第六节　幼儿保健

如何给宝宝喂奶粉

给宝宝喂奶粉很有讲究，通常要注意以下几个问题：

1. 将调制奶粉所需的用具，比如消过毒的奶嘴、奶瓶，以及奶粉和适量的水准备好。

2. 把准备好的50～60℃热水的2/3量倒入奶瓶中。

3. 依照要求用奶粉罐所附的汤匙加入适量奶粉。

4. 晃动奶瓶，让奶粉充分化开，不要有结块。

5. 化开后，加入剩余的1/3热水，然后把奶瓶放平，查看刻度看是否够量。

6. 将奶瓶盖盖上，然后轻轻晃动奶瓶。注意不要剧烈晃动，以免起泡沫。

7. 先在手腕处滴几滴调好的奶，试试温度。以稍感温热为宜。

8. 找一个可以持久的姿势，如坐在床边，然后一手拿奶瓶，另一手搂着宝宝，让宝宝的头枕在手肘上，用小臂支撑宝宝的身体。喂的时候随着奶瓶中奶量的减少逐渐加大奶瓶的倾斜度。

9. 喂完后，要竖着抱起宝宝，并让宝宝的头靠在自己身上，用手轻拍宝宝的后背，让宝宝打嗝，排出喝奶时吞进胃内的空气。

混合喂养要注意什么

用母乳和代乳品混合喂养宝宝就是混合喂养，代乳品包括牛奶、羊奶、奶粉等。混合喂养要注意以下两点：

1. 先喂母乳。每次哺乳前要先喂母乳，待婴儿把母乳吸空后，再喂代乳品。由于代乳品甜度要高于母乳，婴儿往往愿意吃，因此，母乳要先喂，要不然会出现吃完代乳品后不吃母乳的现象。另外，母乳如不排空，会影响下一次泌乳，长时间不排空，会导致母乳越来越少。

另外，要避免一顿全吃母乳，另一顿全吃代乳品的事。若因某些原因乳母无法按时给婴儿喂奶时，可用代乳品代替一次，但一天内用母乳喂哺的次数不要少于3次，经常少于这个次数会影响乳汁的正常分泌。

2. 代乳品不要过甜。代乳品的甜度往往超过母乳，如果过甜，婴儿就会觉得母乳淡而无味了，从而不愿意吃母乳。另外，橡胶奶嘴的孔不要过大，如果让婴儿习惯了用容易吸吮的奶嘴，那么就更不愿意吮吸母乳了。

儿童不宜多吃哪些食品

儿童正处于发育阶段，过多摄入某些食品会有损健康，要注意避免：

1. 爆米花。爆米花中含铅量很高，摄入过多，会损害神经、造血和消化系统。

2. 甜度高的食品。糖葫芦、棉花糖、糖块这些食品含糖量大，甜度高，且大多不符合卫生要求，因此孩子不宜多吃。

3. 有根茎的食物。芹菜、黄豆芽等根茎食物，摄入过多容易造成儿童消化不良，发生腹泻，因此不宜多食。

4. 过咸食物。过咸食物容易引起儿童高血压。

5. 动物脂肪含量高的食物。如摄入过多动物脂肪含量高的食物，将会影响铁、钙的吸收，导致缺钙，另外，还容易让血脂和血中胆固醇增高，诱发心血管类疾病。

半岁前的宝宝不宜吃鸡蛋清，因为容易引起小儿湿疹和过敏。1岁前的宝宝不宜吃蜂蜜，吃蜂蜜容易导致中毒。

小儿发育的各项指标是什么

小儿发育有相对的指标，通常有：

1. 体重：正常新生儿体重通常在3～3. 5千克之间，出生后6个月，每月增长600克；2岁以后，小儿的体重可按照年龄×2+8计算。

2. 身长：新生儿出生时平均身长约50厘米；生后第一年约长25厘米；2岁以后每年约增5厘米。

3. 出牙顺序：新牙通常在6～7个月开始萌出；2～3岁牙长齐。

4. 小儿智力和动作的发育：

（1）2个月的宝宝能仰卧看东西。

（2）3个月的宝宝俯卧能抬头。

（3）4个月的宝宝见东西想拿，放在手中的玩具可握。

（4）5个月的宝宝可以翻身。

（5）6个月的宝宝能认人。

（6）7个月的宝宝会独坐。

（7）8个月的宝宝会爬。

（8）9~10个月的宝宝能站起来。

（9）13~15个月的宝宝可以独自行走，会叫爸爸妈妈。

如何给宝宝正确补钙

通常情况下，得到充足母乳的宝宝体内不缺少钙，自然也就不需要再加钙喂养。若用奶粉喂养宝宝，由于宝宝对奶粉中钙的吸收不是很好，因此小儿容易缺乏维生素 D。因为维生素 D能促进肠道对磷脂的吸收，所以宝宝缺乏维生素 D时，血中也就缺钙，可使宝宝发生骨化不全等一系列佝偻病症状。

生后3个月到3岁阶段，是小儿佝偻病的发病期。3个月以前的小儿，出生前从母体获得的钙可以满足其生长发育的需要，而在 3个月后母乳不足时，容易钙缺乏，此时要注意钙的摄取。当然 1岁以上的宝宝能够正常进食，没有佝偻症状就没有必要额外补充钙。通常3岁以上小儿如果没有特殊原因，比如患慢性消化系统疾病或室外活动接受日光照射的时间短，很少会发生佝偻病，就不必补充钙。

过多补充维生素 D也是不适宜的，过量服用后，维生素D积聚在体内，会引起食欲下降、恶心和消瘦等症状，同时也会导致血钙

和尿钙的发生，肾、脑、心和肺等脏器也有可能异常钙化。因此，不要随意给宝宝补钙，要注意安全补钙。

如何护理宝宝乳牙

人一生要换一次牙，最初的牙叫乳牙，乳牙后叫恒牙。乳牙最早的可以 4个月萌出，最晚的也有 12个月萌出的。2岁半左右，乳牙出齐，共计 20颗，6~7岁时，乳牙脱落，换成恒牙，20岁左右恒牙出齐。无论乳牙，还是恒牙，牙齿的质量与遗传、营养情况、卫生习惯等都有紧密的联系。若营养不良可导致牙齿钙化；不讲口腔卫生会导致龋齿；吮手指、咬口唇会让牙齿参差不齐，上下齿闭合不严，严重者不但有损容颜，还影响进食和说话。

宝宝乳牙的护理要从下列方面进行：

1. 平时多摄入富含蛋白质和钙的食物，比如鸡蛋、虾皮。

2. 控制甜食的摄入量，不要过多给宝宝吃甜食，避免让宝宝含着奶头或糖块入睡。

3. 入睡前要让宝宝多喝些白开水，清洁口腔，平时多漱口，以预防龋齿。

4. 戒除宝宝不良习惯，如吮手指、啃玩具、咬口唇、咬坚硬物等。

5. 避免长期侧睡。宝宝可仰卧睡觉，不宜长期侧睡，以避免乳牙长得参差不齐。

如何预防小儿贫血

小儿贫血主要表现为小儿血液中红血球数减少，或红细胞中红蛋白低于正常数值。

小儿贫血多为缺铁性贫血，主要症状为头发黄而稀，皮肤、口唇苍白，神情倦怠，精神萎靡，身体乏力，食欲减退，抗病能力弱，容易患肺炎、消化不良等疾病。

小儿发生缺铁性贫血后，要及时补充营养，增加造血原料，主要应吃些富含铁和蛋白质的食品，如瘦肉、蛋黄、动物肝脏、豆类、水果、蔬菜等。由于乳类中铁质少，因此哺乳期婴儿从 4个月起可适当补充蛋黄、肝泥、豆制品、瘦肉末汤等。此外，要让宝宝适当多活动，促进新陈代谢，增加食欲，提高造血器官的机能，如此食物中的营养吸收率也就高了。

婴幼儿喂养要遵循哪些原则

婴幼儿的喂养很有讲究，有一定的科学性，通常要遵循下列原则：

1. 温度适宜。婴幼儿消化机能还很弱，对食物的适应能力差，冷食很容易损伤小儿胃肠功能，影响消化吸收，所以婴幼儿不宜吃冷食，以吃母乳为好，母乳温度适宜，容易消化吸收。如果吃牛奶、豆浆等，也一定要温热合适。

2. 软硬适度。婴幼儿牙齿钙化不够，咀嚼功能差，食物的消化全靠脆弱的胃肠承担，因此不宜喂食硬物，即使像面条一类的软食等也需要煮烂后喂食。

3. 多少适量。由于小儿饮食自制性差，如果缺乏合理喂养，容易导致乳食过剩，变生疾病。通常情况下，喂奶以每 3～4小时一次为宜，且每次不超过一刻钟。添加辅食，以由少到多，定时喂食为原则，一定不要暴饮暴食。

如何应对新生儿生理性黄疸

通常，50%~70%的新生儿在出生后 2~3天皮肤会逐渐发黄，4~5天达到高峰。10~14天逐渐消退，这就是新生儿生理性黄疸。

导致新生儿生理性黄疸的原因是胎儿在母体内处于血氧浓度相对较低的环境，胎儿体内有较多的红细胞携带氧气供给胎儿。出生后，新生儿开始了外呼吸，致使体内血氧浓度升高，红细胞的需求量减少，大量的胎儿红细胞被破坏，产生大量的胆红素。同时，新生儿肝脏功能还没有成熟，与胆红素代谢有关的酶不足，无法及时将过量的胆红素处理后排出体外，过多潴留于血液内的胆红素随着血液的流动，染黄了新生儿的皮肤、黏膜和巩膜，由此造成黄疸。

通常，新生儿黄疸很轻微，无需治疗，喂些葡萄糖水即可，而早产婴儿发生黄疸几率较高，而且较为严重，通常出现得早而退得晚，经3周左右才逐渐消退。

如果新生儿黄疸出现过早，如生后 24小时内就出现黄疸，并且发展很快，或黄疸消退迟缓，或消退后反复出现，这些都属于病理变化，这种情况要及早去医院诊治。

如何应对新生儿脐疝

新生儿脐疝，就是平时所说的“鼓肚脐”。有些新生儿的脐部有圆形或卵圆形肿块突出，当孩子啼哭或咳嗽时，这个突出更为明显。肿块周围的皮肤颜色与身体其他部分不同，当孩子睡眠和安静时肿块可消失，如用手指可将肿块推回腹腔，这就是新生儿脐疝。

新生儿脐疝的发生是因新生儿脐部未闭合好，肠管自脐环突出至皮下而致。

新生儿得了脐疝通常不需治疗，一般会在 1～2岁时自愈，有时即使到了 3～4岁，仍可以不用看医生而能自愈。

新生儿患脐疝期间，尽量避免孩子哭闹和咳嗽，哭闹和咳嗽会增大腹内压，不利于脐疝的愈合。也可在医生指导下采用绕婴儿两周半的皮带，加上棉花包硬币围腰压紧脐疝的方法来治疗。治疗期间要注意防止脐部发炎及大便干燥，可给婴儿口服维生素 B1，每次 5毫克，每天 3次。

如果脐孔直径超过 2厘米，自愈的可能性有困难时，要及时去医院做手术修补。

如何应对新生儿鹅口疮

鹅口疮是新生儿易患的一种口腔疾病，该病是由白色念珠菌引起的疾病，通常发生在新生儿或婴儿的口腔黏膜上，主要症状为新生儿口腔咽喉部、颊部的黏膜表面，或舌面上有乳白色豆腐渣样斑块附着，若放任不管可蔓延至食管或下呼吸道。其边缘清楚，用棉棒擦拭，无法擦掉。

鹅口疮初期，轻者没有明显症状，对新生儿吮乳没有影响，发展下去其口腔内黏膜各部会长满一层厚厚的白膜，周围充血、水肿，且有疼痛感，这时会影响新生儿吮乳。

鹅口疮是能够治愈的，但重在预防。预防鹅口疮要做到：用具要消毒，比如奶嘴、奶瓶、毛巾等用前要消毒。喂奶前要用干净的湿毛巾将奶头擦洗干净。平时多给孩子喂水，这些措施避免病从口入，或有利于将病菌排出体外。

若得了鹅口疮，不要乱用抗生素，应及时到医院诊治。

新生儿腹泻有哪些症状

多数情况下，母乳喂养的新生儿发生腹泻的几率不大，原因在于母乳不仅营养成分比例恰当，非常适合新生儿需要，而且其中含有多种抗体可以防止腹泻的发生。而人工喂养的新生儿，由于牛奶放置时间往往过长，牛奶容易变质或者食具消毒不严，常致消化道感染，导致腹泻的发生。另外，气温变化大、牛奶或奶粉冲配不当均可造成新生儿消化道功能紊乱，导致腹泻的发生。

若腹泻不严重，大便为黄绿色，带有少量黏液，呈薄糊状，有酸臭味，一两天后，可好转。若每天大便次数达 10次以上，且出现脱水现象、小儿哭声低微、食欲减退、尿少等，表示病情严重，应及时去医院就诊。

为什么不能轻易给新生儿用退烧药

新生儿很容易发烧，原因在于新生儿体温调节功能不完善，保暖、出汗、散热功能都比较差，因而容易发烧。新生儿发烧后，不要随意用退烧药。若随意服用退烧药，往往会给新生儿带来极大的身体损害。

因为新生儿在服用退烧药后，常可使其体温突然下降，皮肤青紫，严重者还可出现便血、吐血、脐部出血、颅内出血等，若抢救不及时可造成严重后果。所以新生儿发烧后，千万不要乱用退烧药，以防出现危险，要及时去医院诊治。

当新生儿发烧到 38～39℃，先将包裹新生儿的衣物松开，通过皮肤散温，同时多喂些开水；若体温上升到 39℃以上，可洗温水浴，水温要比体温低 1～2℃。一旦体温降下来，则应及时取消降温措施。若体温没有降下来，要及时去医院诊治。